Roland Kalb

BÄR · LUCHS · WOLF

Verfolgt – Ausgerottet – Zurückgekehrt

Stocker
stv

Roland Kalb

BÄR
LUCHS
WOLF

Verfolgt
Ausgerottet
Zurückgekehrt

Leopold Stocker Verlag

Graz – Stuttgart

Umschlaggestaltung: Werbeagentur | Digitalstudio Rypka GmbH., 8020 Graz
Titelbilder: oben: Roland Kalb, Dauchingen
unten: Manfred Danegger, Owingen-Billafingen

Bibliografische Information Der Deutschen Bibliothek

Die Deutsche Bibliothek verzeichnet diese Publikation in der Deutschen Nationalbibliografie;
detaillierte bibliografische Daten sind im Internet über http://dnb.ddb.de abrufbar.

Hinweis

Dieses Buch wurde auf chlorfrei gebleichtem, unter den Richtlinien von ISO 9001 hergestelltem
Papier gedruckt. Die zum Schutz vor Verschmutzung verwendete Einschweißfolie ist aus Poly-
ethylen chlor- und schwefelfrei hergestellt. Diese umweltfreundliche Folie verhält sich grund-
wasserneutral, ist voll recyclingfähig und verbrennt in Müllverbrennungsanlagen völlig ungiftig.

ISBN 978-3-7020-1146-8
Alle Rechte der Verbreitung, auch durch Film, Funk und Fernsehen, fotomechanische Wieder-
gabe, Tonträger jeder Art, auszugsweisen Nachdruck oder Einspeicherung und Rückgewin-
nung in Datenverarbeitungsanlagen aller Art, sind vorbehalten.
© Copyright by Leopold Stocker Verlag, Graz 2007
Gestaltung, Layout und Repro: Werbeagentur | Digitalstudio Rypka GmbH., 8020 Graz
Druck und Bindung: Gorenjski tisk, Kranj-Slovenia

Inhaltsverzeichnis

Der Pardelluchs

Der Braunbär

Vorwort

„Wölfe und Bären fehlen noch!" betitelte ein Jäger und Heger aus dem Berner Oberland zu Beginn der 1980er Jahre einen Leserbrief an Schweizer Tageszeitungen, in dem er seinen Widerstand gegen die Rückkehr des Luchses darlegte. Seit den ersten Luchsaussetzungen in der Zentralschweiz waren damals gerade 10 Jahre vergangen, und noch war nicht abzuschätzen, ob die umstrittene Wiederansiedlung der großen Katze gelingen würde. Als junger Student, der sich gerade an sein Diplomarbeitsthema herantastete, besuchte ich den engagierten Leserbriefschreiber, und wir unterhielten uns lange über Sinn und Unsinn der Rückkehr des Luchses. Beim Luchs fanden wir keinen gemeinsamen Nenner, aber immerhin waren wir uns einig, dass die Rückkehr von Wolf und Braunbär wohl undenkbar sei.

Das war vor fünfundzwanzig Jahren. Die Feder des Leserbriefschreibers ruht seit vielen Jahren; er hat nicht mehr erlebt, wie gründlich wir uns irrten. Heute zählen wir die Großen Drei wieder zur aktuellen Fauna Deutschlands, Österreichs und der Schweiz. Zwar haben wir noch keine „Minimum Viable Population" – die kleinste überlebensfähige Population –, aber immerhin pflanzen sich Wölfe seit einigen Jahren erfolgreich in Deutschland fort, in Österreich wurde rund um den berühmten Ötscherbären ein kleiner Bestand von Braunbären begründet, und in den schweizerischen Nordwestalpen besteht eine räumlich limitierte, aber vitale Luchspopulation. Wolf, Bär und Luchs kehren zurück, und zwar in eine Landschaft, die zu den weltweit am stärksten vom Menschen beanspruchten überhaupt gehört. Das ist das wohl bemerkenswerteste ökologische Ereignis unserer Zeit und weckt das Interesse der Menschen wie keine andere Tiergeschichte.

Die Diskussion, die ich damals mit dem Jäger aus dem Berner Oberland führte, interessiert heute breite Kreise, Fachleute und Betroffene ebenso wie Unbeteiligte, die die Rückkehr der Großraubtiere nur durch die Medien erleben. Die Frage, ob Tiere wie Wolf, Luchs oder Bär wieder in unseren Landschaften heimisch werden können, wird von ihnen gleich selbst beantwortet. Sie können. Der Lebensraum – vor allem Wälder – ist geeigneter als zur Zeit ihrer Ausrottung, und der Tisch ist reichlicher gedeckt als sonst irgendwann in den vergangenen Jahrhunderten. Die Erfahrungen der letzten zwanzig Jahre haben uns gelehrt, dass Großraubtiere, diese so oft zitierten Symbole der wilden, unberührten Natur, erstaunlich anpassungsfähig sind und die Nischen, die ihnen unsere moderne Kulturlandschaft bietet, geschickt – manchmal zu geschickt – auszunützen vermögen. Luchs, Bär und Wolf verstehen es, sich mit uns Menschen zu arrangieren. Aber können wir es auch wieder lernen, mit ihnen zusammen zu leben? Die Großraubtiere kehren in eine Welt zurück, die sie sich mit Förstern, Viehzüchtern, Jägern, Freizeitsportlern und Erholungssuchenden teilen müssen, in der jeder seinen Teil an der Landschaft haben will und seinen Nutzungsanspruch auch zu verteidigen bereit ist.

Dieses Buch von Roland Kalb kommt zur rechten Zeit. Die Rückkehr der Großraubtiere offenbart uns die Chance, die „wilde Natur" wieder in unsere Kulturlandschaft zu intrigieren, und zwingt uns gleichzeitig, unsere eigenen Ansprüche an diese Landschaft zu hinterfragen. Die geltende Naturschutz-Gesetzgebung in ganz Europa belegt, dass wir Tiere wie Bär, Luchs und Wolf wieder haben wollen – die große Frage aber ist, wie wir dieses Ziel erreichen und wie wir unser Zusammenleben einrichten können. Diese Fragen sind von so breiter gesellschaftlicher Bedeutung, dass sie nicht ausschließlich in Fachkreisen beantwortet werden können. Eine breite Diskussion setzt aber auch ein breites Verstehen voraus. Und genau dazu leistet dieses Buch einen wesentlichen Beitrag

Urs Breitenmoser,
Muri/Bern im Oktober 2006

Die Rückkehr der großen Beutegreifer

Die drei großen Beutegreifer Luchs, Bär und Wolf besiedelten noch vor wenigen hundert Jahren weite Teile Europas. Doch sie traten, was ihr Nahrungsspektrum betraf, schon frühzeitig in Konkurrenz zu den Menschen. Deshalb wurden sie bis zur Ausrottung verfolgt, ein Prozess, der meist langsam einsetzte und mit der zunehmenden Handlichkeit der Feuerwaffen immer schneller ablief. In wenigen Rückzugsgebieten konnten die Tiere jedoch überleben.

Mit der Zeit fanden Wissenschaftler heraus, dass mit ihrem Verschwinden ein wichtiger Teil aus der Evolutionskette herausgebrochen war. Beutegreifer und Beute hatten sich im Verlauf langer Zeiträume mit Strategien und Gegenstrategien wechselseitig aneinander angepasst.

Heute wissen wir, dass die genannten Tiere weder Menschen fressende Ungeheuer waren, wie uns „Rotkäppchen und der böse Wolf" suggerierte, noch mit dem Teufel und ähnlichen bösen Mächten in Verbindung standen, wie uns das Mittelalter lehrte. Diese Erkenntnisse führten zu einem Umdenken.

Es waren zuerst wenige Idealisten, die sich für Luchs, Bär und Wolf einsetzten und ihre Rückkehr, teilweise mit Aussetzungen, ermöglichten. Einer dieser Pioniere war der Oberförster Lienert aus Obwalden bei Engelberg, der dort mit Freilassungen die heutige Schweizer Luchspopulation begründete. Inzwischen hat der Luchs in Europa wieder einige seiner alten Streifgebiete besiedelt. Aus Deutschland gibt es vereinzelte Meldungen, die vom Schwarzwald ausgehen, im Norden in der Eifel enden und nach Osten den Harz und den Bayerischen Wald umfassen. Wölfe haben Frankreich, die Schweiz und den Osten Deutschlands erreicht, und man versucht, die Bärenpopulation mit Aussetzungen wieder auf ein fortpflanzungsfähiges Niveau zu bringen. Bei dem bis auf wenige Tiere zusammengeschrumpften Bestand des Pardelluchses, der am meisten gefährdeten Katze der Welt, wird in einer Pflege- und Aufzuchtstation in der Coto Donana praktisch in letzter Minute versucht, dem Vorkommen, begleitet von anderen bestandsstützenden und bestandsfördernden Maßnahmen, wieder einen Aufwärtstrend zu verleihen.

Der Nordluchs und der Braunbär sind ebenfalls auf eine menschliche Hilfestellung angewiesen, wenn sie einmal in einer miteinander verbundenen und kommunizierenden Population die genannten Gebiete besiedeln sollen. Der Wolf braucht für sein Vordringen nur Hilfe in Form von Verständnis. Dieses zu wecken, notwendige Maßnahmen aufzuzeigen und Vorurteile abzubauen, dazu soll das vorliegende Buch einen Beitrag leisten.

DER LUCHS

Der Nord-Luchs

Der 85 bis 110 cm lange Nord-luchs ist eine hochbeinige Katze mit einer Schulterhöhe von 50 bis 75 cm.

Biologie und Ökologie

Luchsarten und ihre systematische Einordnung

Die stammesgeschichtliche Entwicklung der Raubtiere und damit auch die Geschichte unserer heutigen Luchse begann am Anfang des Tertiärs, vor ca. 60 Millionen Jahren. 40 Millionen Jahre alte Fossilienfunde aus Asien belegen, dass die ersten Katzen im Jung-Eozän lebten. Es dauerte weitere 37 Millionen Jahre, bis sich im Jung-Pliozän eine einheitliche Gruppe von Kleinkatzen herausgebildet hatte. Das waren die Luchse.

Die ältesten Funde katzen- und hundeartiger Raubtiere haben zahlreiche übereinstimmende Merkmale, die auf eine gemeinsame Wurzel schließen lassen.

Deshalb sind sie bei der Großgliederung der Landraubtiere in einer Überfamilie *(Cynofeloiden)* zusammengefasst. Unter dem Dach dieser Überfamilie leben wiederum mehrere Familien, und eine davon ist die der Katzen *(Felidae)*. Diese Familie umfasst zwei Unterfamilien, die Geparden und die echten Katzen *(Felinae)*. Die Felinae teilen sich wieder in zwei Gattungen, die Großkatzen *(Pantherini)* und schließlich die Kleinkatzen *(Felini)*, zu denen insgesamt 28 überwiegend kleine Katzenarten gehören, darunter auch die Luchse.

In Europa sind zwei der insgesamt vier Luchsarten beheimatet – der Nordluchs *(Lynx lynx)* und der Pardelluchs *(Lynx pardinus)*. Das Verbreitungsgebiet der Nordluchse erstreckt sich über die Wiedereinbürgerungsgebiete Mitteleuropas bis in die Karpaten, über Teile Nordeuropas, Ostsibiriens, Zentral- und Mittelasiens, einschließlich Koreas, während der Pardelluchs auf der Iberischen Halbinsel zu Hause ist. Aufgrund seiner größeren Bedeutung für Mitteleuropa und im Hinblick auf die Einbürgerungsversuche wird im überwiegendem Teil des Buches der Nordluchs behandelt, während die Schilderung der augenblicklichen Situation des Pardelluchses trotz ihrer Ausführlichkeit weniger Platz einnimmt. Wenn in den weiteren Ausführungen immer wieder einmal von der Großkatze gesprochen wird, bezieht sich das nicht auf die Gattung, sondern auf die relative Größe des Luchses, verglichen mit anderen Kleinkatzenarten.

Luchsforschung

Auf die Luchsforschung sollte schon zu Beginn des Kapitels über Luchse eingegangen werden, weil auf ein wichtiges Teilgebiet, die Telemetrie, immer wieder Bezug genommen wird.

Die Methoden der Luchsforschung umfassen die Auswertung und Beurteilung überlieferter Daten aus früheren Zeiten, die Spurenverfolgung im Winter oder auf Sandböden, Kotuntersuchungen, Auswertung von Rissplatzfunden, Beobachtungen gefangener und freilebender Tiere und den Einsatz der Telemetrie, die verlässliche Daten über Raumnutzung und Nahrungsauswahl liefert.

Bezüglich der Anwendung der Telemetrie kann hier auf die Erfahrungen in der Schweiz und im Bayerischen Wald zurückgegriffen werden. Im Rahmen der Wiedereinbürgerung erhält der Luchs vor der Freilassung ein Halsband, an dem ein kleiner Sender befestigt ist. Die ersten in der Schweiz ausgesetzten Luchse erhielten jedoch ohne dieses Halsband die Freiheit. Erst später fing man einige dieser Tiere wieder ein, um den Sender anzubringen. Die installierte Batterie liefert für drei Jahre Strom. Das Halsband, das mit seinem gesamten Zubehör 280 g wiegt, hat eine Bruchstelle, die nach einer gewissen Zeit durchrostet, so dass das Halsband von selbst abfällt. Eine tägliche

Luchsarten

	Verbreitungs-gebiet	Hauptbeutetiere

Nordluchs
(Lynx lynx)

Eurasien

In Mitteleuropa über-wiegend Rehe, Hasen, Jungtiere von Rotwild, In großen Arealen Skan-dinaviens und Rußlands Schneehasen (Lepus ti-midus)

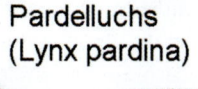

Pardelluchs
(Lynx pardina)

Iberische
Halbinsel

Kaninchen
(Oryclolagus cuniculus)

Kanadaluchs
(Lynx canadensis)

Kanada,
Alaska

Schneeschuhhasen
(Lepus americanus)

Rotluchs
(Lynx rufus)

Nordamerikanischer
Kontinent, ausge-nommen das nörd-liche Areal

Baumwollschwanzkaninchen
(Sylvilagus floridanus)

Anpeilung des Senders durch eine Kontrollperson gibt Auskunft über die Ausbreitung des Luchses in noch nicht besiedelte Gebiete, den Raumbedarf und sonstigen Aktionsradius, bevorzugte Lebensräume und die Aktivitätsphasen. Der Umgang mit der Telemetrie erfordert Erfahrung. Nicht so sehr mit der Technik, sondern bei der Wiederauffindung des eventuell veränderten Standortes. Das ist nicht immer ganz einfach, da die Empfangsweite des Senders von den Geländebedingungen abhängt. Unter Sichtverbindung kann sie 20 bis 25 km betragen. In dem bergigen Gelände Mitteleuropas, in denen die Luchspopulationen leben, funktioniert die Anpeilung mit Hilfe der Richtantenne allerdings oft nur über wenige hundert Meter. Die tägliche Peilung beginnt gewöhnlich an der Stelle, an der nach der Ortung des Vortages der neue Standort vermutet wird. Ist die Reichweite durch die beschriebenen Gegebenheiten eingeschränkt, gehört ein gewisser Spürsinn dazu, den Luchs zu orten. Das Piepsen des Empfängers, wenn es überhaupt ertönt, gibt Hinweise auf die Richtung, in der die Suche weitergeführt werden muss, nicht jedoch auf die Distanz zu dem angepeilten Luchs. Bei der Kreuzpeilung wird die Richtung des stärksten Sendesignals von mehreren Orten aus bestimmt und in einer Karte eingetragen. Wo sich die verschiedenen Peilungen kreuzen, befindet sich der momentane Aufenthaltsort des Luchses. Ein Absuchen dieses Platzes, um Hinweise auf Losung sowie Fährte- oder Beutereste zu bekommen, erfolgt erst, wenn das Tier diesen Bereich verlassen hat. So erfährt man viel über das Tier, ohne es gesehen zu haben. Um die Tiere nicht zu stören, werden im Bayerischen Wald während der telemetrischen Überwachung die benutzten Straßen, Forstwege oder Wanderpfade von den Naturparkmitarbeitern nicht verlassen.

In Bayerischen Wald werden die Luchse in der Regel am Tag nur einmal mit unterschiedlicher Genauigkeit geortet. Ist man nur an dem ungefähren Standort interessiert, reichen drei Peilungen aus größerer Entfernung aus, die aber an verschiedenen Standorten vorgenommen werden müssen. Will man aber einen Rissstandort oder ein Tageslager lokalisieren, sind oftmals Dutzende von Peilungen

Der Luchs ist ein Tier, das in freier Wildbahn wegen seiner heimlichen Lebensweise nur durch Zufall auszumachen ist. Um doch Daten zu erhalten, ist die Luchsforschung auf die Anbringung von Halsbandsendern, Spurenverfolgung, den Einsatz von Foto- und Videofallen sowie Kotuntersuchungen und Rissfunde angewiesen.

auch aus einer geringeren Distanz notwendig, die manchmal mehrere Stunden in Anspruch nehmen. Je öfter der Luchs seinen Rissplatz aufsucht, desto besser kann dieser eingegrenzt werden und umso leichter kann man ihn auch finden. Das bedeutet, dass größere Beutetiere, die der Luchs wiederholt aufsucht und die damit auch mehrere Peilungen ermöglichen, leichter zu finden sind. Doch nicht selten fällt der Sender wegen eines Defektes eher aus als die Batterie.

Die Spurenverfolgung im Alpenraum lässt sich infolge schwieriger Geländebedingungen nur bedingt anwenden. Die Telemetriedaten, die helfen, die normale Lebensweise des Luchses zu erforschen, geben nur dann eine richtige Auskunft, wenn sie sich auf etablierte Bestände beziehen.

Einen wesentlichen Fortschritt in der Telemetrie brachte der Einsatz von GPS-GSM Sendern, die bei der Luchsforschung zum ersten Mal 2005 im Bayerischen Wald eingesetzt wurden. Sie kommunizieren mit Satelliten, wodurch es jetzt möglich ist, ohne irgendwelche Störungen den Aufenthaltsort des Tieres zu ermitteln, und das mit einer Genauigkeit, die innerhalb einer 20-m-Grenze liegt, um die Wanderbewegungen und Wanderrouten zur verfolgen, auch wenn sie über weite Strecken führen. Weiters erhält man Auskunft über bevorzugte Aufenthaltsorte, mögliche Barrieren und evt. sogar über Todesursachen

Um wildlebende Luchse zu besendern, muss man sie erst fangen. Das geschieht mittels Kastenfallen oder mit eigens dafür konstruierten Schlingfallen. Diese Schlingen werden an Luchsrissen befestigt. Sobald der Luchs zum Rissplatz zurückkehrt und in die Falle tritt, löst das automatisch die Alarmierung des in der Nähe wachenden Fangteams aus. Der Luchs wird mit einem Netz niedergedrückt und betäubt. Nach einer gründlichen Untersuchung erhält das Tier den Halsbandsender. Das Team kontrolliert noch die Aufwachphase, und dann darf der Luchs wieder seines Weges ziehen.

Die Verwendung der Telemetrie im Bayerischen Wald hat eine Vorgeschichte. Angeregt von den tschechischen Nachbarn, sollten auch Luchse auf bayerischer Seite gefangen und mit einem Sender ausgerüstet werden. 1998 und 1999 kam es zu Gesprächen, an denen die Behörden und die Führungsgremien von Verbänden beteiligt waren. Die Teilnehmer befürworteten den Einsatz der Telemetrie. Bei einem Treffen auf regionaler Ebene im Herbst 1999 stimmte man dem Pilotprojekt „Luchstelemetrie" einstimmig zu. Während der Pilotphase 2000/2001 war für die Besenderung der Fang von vier Luchsen vorgesehen.

Die kurze Schilderung dieses Ablaufes kann Hilfestellung geben, wenn in anderen Regionen ähnliche Vorgehensweisen geplant werden.

Zum Ausgleich der methodischen Schwäche, kleine Beutetiere kaum zu finden, dient das Sammeln von Luchslosungen, um sie von einer Universität analysieren zu lassen. Dabei wurde bisher ein deutlich breiteres Nahrungsspektrum festgestellt, als bisher bekannt war.

Eine weitere Methode in der Luchsforschung ist der Einsatz von Fotofallen. Sie erlauben eine Schätzung der Populationsgröße und die Identifizierung einzelner Luchse aufgrund ihres Fellmusters. In der Schweiz hat sich die Installation von je zwei Kameras besonders bewährt, denn die Aufnahmen erfassen das Fellmuster von beiden Flanken, was die Identifizierung weitaus sicherer und leichter macht. Die Fotofallen werden an Luchswechseln und an Rissplätzen angebracht. Die zweite Kamera wird durch den Blitz der Fotofalle ausgelöst. So konnten zwischen Dezember 2004 und Mai 2005 in der Nordostschweiz an acht Standorten insgesamt 15-mal Luchse fotografiert werden. Die Fotofallen werden in der Schweiz nach einem vorgegebenen Raster eingestellt und mehrere Wochen an der gleichen Stelle belassen. Die Aussage der Bilder wird noch von Infrarot-Videofallen übertroffen. Mit ihnen sind längere Studien ohne erkennbare Beeinflussung möglich.

Körpermerkmale, Lautgebung und Begrüßungsrituale des Nordluchses

Der 85 bis 110 cm lange Nordluchs ist eine hochbeinige Katze mit einer Schulterhöhe von 50 bis 75 cm. Das Gewicht liegt je nach Lebensraum zwischen 14 kg und 36,5 kg. Die Männchen sind im Durchschnitt 15 % schwerer als die Weibchen.

Drei Unterscheidungsmerkmale heben den Luchs von den anderen Katzenarten deutlich ab. Das sind die bereits erwähnte Hochbeinigkeit, der mit 12 bis 17 cm verhältnismäßig kurze Schwanz mit seiner schwarzen Spitze und die Pinselohren. Die bis zu vier Zentimeter langen Ohrpinsel verstärken seine Fähigkeit, Schall zu orten.

Die Augen mit ihrer gelb- bis ockerbraunen Färbung stehen eng beisammen, sind nach vorn gerichtet und überblicken durch diese Anordnung einen weiten zusammenhängenden Bereich. Die verhältnismäßig großen Pfoten haben in ihrer Mitte und am Rand dichte Haarpolster, die als Kälteschutz wirken. Die breiten Sohlen verteilen den Druck, den das Körpergewicht auf den Boden ausübt, auf eine große Fläche (Flächenbelastung pro Quadratzentimeter 40 g), was dem Luchs eine gute Fortbewegung im Schnee ermöglicht.

Die Musterung des Fells kann bei den Großkatzen einer Region verschieden stark ausgeprägt sein. Das Sommerfell ist rötlichbraun und besitzt eine schwarze Fleckung. Im Winter nimmt es eine gräuliche Färbung an, ist dicht und weniger intensiv gefleckt. Insgesamt besteht das Fell aus

Eines der Merkmale, welches den Luchs von den anderen Katzenarten unterscheidet, ist der mit 12 bis 17 cm verhältnismäßig kurze Schwanz, der mit einer schwarzen Spitze endet.

einer dichten Unterwolle und den darüberliegenden fünf bis sieben Zentimeter langen Grannenhaaren. Der Bauch ist lockerer behaart als der Rücken, der Backenbart ist dagegen stark ausgebildet.

Das weniger intensiv gefleckte, dafür aber dichtere Winterfell ist grau.
Die breiten Sohlen verteilen den Druck auf eine große Fläche, was dem Luchs eine gute Fortbewegung im Schnee ermöglicht.

In der Lautgebung ist der Luchs etwas variabel. Überwiegend wird ein leises „woup, woup" bei der Mutter-Kindverständigung vorgetragen. Ein „ouuh", besonders während der Ranzzeit stimmgewaltig in die Dämmerung oder Nacht hinausgerufen, ist weithin zu hören. Bei einer freundschaftlichen Begegnung von zwei Luchsen kommt es zu einer Begrüßungsmethode, die sich bei anderen Tierarten, überwiegend in der Brunftzeit, zu einem Kampfritual entwickelt hat: Sie stoßen mit ihren Köpfen zusammen. Die gleiche Verhaltenweise kann man bei Hauskatzen beobachten. Sie besitzen an ihren Köpfen Duftdrüsen und markieren damit

Die bis zu 4 cm langen Ohrpinsel verstärken seine Fähigkeit, Schall zu orten.

ihr Gegenüber. Vermutlich ist bei der Katzenart Luchs eine ähnliche Deutung dieses Verhaltens nicht auszuschließen.

Lebens- und Aktionsraum

Eine Luchspopulation benötigt großräumige und den Tieren zusagende Lebensbedingungen. Dazu gehört in der Regel ein zusammenhängendes Waldareal. Beispiele aus der Vergangenheit zeigen jedoch, dass Luchse auch fast baumlose Landschaften besiedeln, wenn diese genug Deckungsmöglichkeiten aufweisen. Im Gebirge, z. B. in den Schweizer Alpen, gelten heute Höhenlagen zwischen 1000 und 1600 Metern als vom Luchs bevorzugte Standorte, wobei steilere, felsige Hänge häufiger aufgesucht werden als fla-

Spuren von Luchs,
Hund und Fuchs

Luchs

**Bei einer Luchsspur sind in der Regel keine Krallenabdrücke sichtbar.
Der Luchs zieht ähnlich wie die Hauskatze seine Krallen beim Laufen in die Hauttaschen zurück.
So nutzt sich ihre Schärfe nicht ab.**

Hund

Fuchs

cher auslaufende. Im Norden Eurasiens erstreckt sich der Lebensraum bis in die aufgelockerte Waldregion der Taiga.

Man darf also zu Recht fragen, inwieweit oder ob die Zurückdrängung und Zerstörung des Waldes überhaupt zur Ausrottung des Luchses beigetragen hat. Ein Blick in die Luchsgeschichte zeigt, dass die Landschaften, in denen er länger überleben konnte, die wenig bewaldeten, aber deckungsreichen Felsenregionen des Aostatales und der Seealpen waren.

Als in der Schweiz die Bestandsminderungen spürbar wurden, war die Zurückdrängung des Waldes schon lange abgeschlossen. Aus alledem folgt, dass der Luchs durchaus auch in von landwirtschaftlichen Nutzflächen unterbrochenen Wäldern leben kann, ohne dass seine Bewegungsfreiheit wesentlich eingeschränkt wird. „Wesentlich" bezieht sich auf die Jahreszeiten, denn freies, deckungsloses Gelände wird von der Großkatze in der Regel gemieden. Während der Vegetationszeit bieten die Wälder und Wiesen entsprechenden Sichtschutz, was im Winter dagegen kaum der Fall ist.

Die dämmerungs- und nachtaktiven Luchse verbringen den Tag im Schutz des Waldes. Der Einsatz der Telemetrie brachte hier genauere Erkenntnisse. So wurden die gefleckten Jäger in den

Wie die Auswertung von Telemetriedaten zeigen, verbringen die dämme-
rungs- und nachtaktiven Luchse den
Tag im Schutz des Waldes.

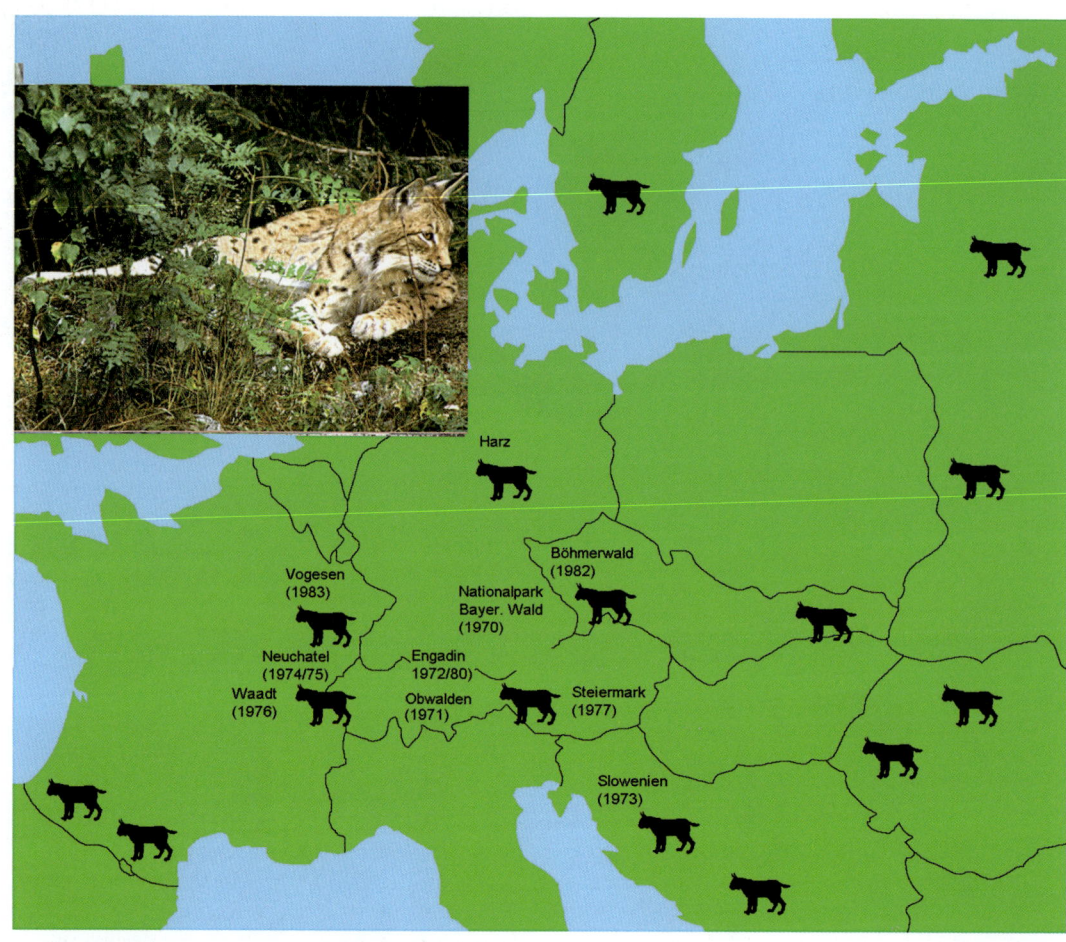

Harz

Böhmerwald
(1982)

Vogesen
(1983)

Nationalpark
Bayer. Wald
(1970)

Neuchatel
(1974/75)

Engadin
1972/80)

Steiermark
(1977)

Waadt
(1976)

Obwalden
(1971)

Slowenien
(1973)

Nordluchs
(Lynx lynx)

Natürliche Vorkommen
und Wiedereinbürgerungsprojekte

nach natur 5/91
geändert Kalb

Vogesen während des Tages überhaupt nicht außerhalb des Baumbestandes angetroffen, in den Schweizer Nordalpen nur bei 4 bis 6 % aller Anpeilungen. Als Tageseinstände werden Felspartien mit halbhöhlenartigen Überhängen bevorzugt, die bei schlechten Witterungsunbilden einen entsprechenden Schutz bieten und in die der Wind eine warmhaltende Laubschicht hineingeweht hat.

Ist die Sonne am Horizont untergetaucht, betreten die Tiere auf ihren Jagdzügen auch freies Gelände. Hier rissen zwei unter Telemetriebeobachtung stehende Luchse 38 % ihrer Beute. Diese Rissplätze lagen aber immer noch im Umfeld des Waldes, im Durchschnitt in einer Entfernung von 203 m. Dass der Luchs diese landwirtschaftlichen Areale in der Nacht in sein Jagdrevier einbezieht, liegt am Verhalten der Beutetiere. Diese verlassen meistens in der Dämmerung oder in der Dunkelheit ihre Einstände, um zur Äsung die Felder oder Wiesen aufzusuchen.

Neben den Waldrändern wird der Aktivitätsradius des Luchses auch durch die menschliche Besiedlungsdichte bestimmt. Der Abstand zu den Ortschaften und ihren Verbindungsstraßen lag nur bei 14 % der überwiegend am Tag angepeilten Tiere zwischen 200 und 500 m. Während der

Nacht bewegen sich Luchse dagegen häufiger in der Nähe von menschlichen Siedlungen. Immerhin waren 36 % der Fundplätze nächtlicher Luchsrisse nicht weiter als 500 m von Wohnorten entfernt.

Ist die Sonne am Horizont untergetaucht, berühren die Luchse auf ihren Streifzügen auch freies Gelände.

Dass sich Luchse an die Zivilisation mit ihrem Rummel gewöhnen, wenn entsprechende Ausweichareale zur Verfügung stehen, belegen auch andere Beispiele: In den Felsen des Falkensteins im Bayerischen Wald führt ein von Menschen stark begangener Weg in der Nähe eines dichten, deckungsbietenden Baumbestandes vorbei. Hier hatte ein Luchs sein Lager bezogen, ohne sich vom Besucherstrom stören zu lassen. In nur 200 bis 300 m Entfernung von einem in der Saison gut besuchten Gasthof in den Vogesen war ebenfalls in einer größeren Dickung der bevorzugte Aufenthaltsplatz einer Luchsin. Nebeneinander geparkte PKWs von Wochenendausflüglern, mit ihrem, abgesehen von den Autos, nicht gerade leise ablaufenden „Rastgebaren" waren für „Meister Pinselohr" kein Grund, den Standort zu wechseln. Nur 200 m Abstand lagen zwischen einem Kinderheim und der Kinderstube junger Luchse. Trotz dieser Beobachtungen unterliegt der Lebensraum der hochbeinigen Katzen gewissen Grenzen, die sie nicht oder nur sehr schwer überwinden können. Seen, stark befahrene Straßen und dicht bevölkerte Täler mit einer mehr als 1 km breiten Talsohle können für Luchse Hindernisse darstellen. Ausnahmen bestätigen die Regel: Um in den Schwarzwald zu gelangen, überquerte 1988 ein Luchs den Rhein und stark befahrene Straßen.

Die Einschätzung der durchschnittlichen Reviergröße – und damit auch des Luchsbestandes – ist schwierig, da diese Katzen in der Lage sind, in einer Nacht 20 km und mehr zurückzulegen. Mittels Telemetrie konnte man feststellen, dass ein weiblicher Luchs innerhalb von 24 Stunden vom westlichen Areal des Sustenpasses in das kleine Melchtal im Kanton Oberwalden wanderte. Die Standorte, die ein Luchs im Verlauf von sechs Monaten durchstreifte, lagen an ihren entferntesten Punkten 62 km auseinander. Großräumig gibt es keine exakten Ermittlungsmethoden, die eine ganze Luchspopulation erfassen. Man ist hier auf Schätzungen angewiesen, die jedoch von der Wirklichkeit weit abweichen können.

Die Größe eines Luchsrevieres hängt von verschiedenen Faktoren ab. Dazu gehören das Waldangebot, die Verteilung des Waldes, in nahezu baumfreien Gebieten die Ausdehnung der Deckung bietenden Flächen, die topografischen Verhältnisse, das Beuteangebot und die menschliche Siedlungsdichte. Untersuchungen von zwei weiblichen Exemplaren und einem männlichen Luchs im Bayerischen Wald durch ZACHARIAE haben ergeben, dass dort die Aktionsräume aus einem 33 km² großen Kerngebiet und einer kaum aufgesuchten Randzone bestanden. Diese Angaben sollten jedoch mit kritischer Distanz betrachtet werden. Das untersuchte Gebiet ist ein Grenzgebirge, dessen tschechischer Teil während der Beobachtungszeit für Wissenschaftler nicht zugänglich war. Es ist nicht auszuschließen, dass die bewegungsfreudigen Tiere nicht nur auf deutscher Seite unterwegs waren. Telemetrische Untersuchungen von vier Luchsen in den Schweizer Nordalpen ergaben ein völlig anderes Bild der „Wohngebietsflächen". Die ermittelten Reviere umfassten 96 bis 450 km². Die Durchschnittsgröße lag bei 250 km², wobei die Männchen größere Areale durchstreiften als die Weibchen. Bei der Aufenthaltshäufigkeit innerhalb eines Revieres wurden bei verschiedenen Tieren unterschiedliche Werte ermittelt, die sich zwischen 75 und 95 % bewegten. Die Weibchen waren hier weniger „ausschweifend" als die Männchen, sie hielten sich in ihrem Revier flächendeckender auf. Das Gebiet, welches ein unter Beobachtung stehendes Luchsmännchen im Justistal in einem Monat durchwanderte, hatte eine Größe von 570 km².

Bei ihrer Jagd im Gebirge durchstreifen die Luchse zumeist die Hangwaldgürtel. Zentrale Teile ihres Areals suchen sie dabei mindestens einmal im Monat auf, die Randzonen wesentlich seltener. 70 % aller Tagespeilungen ergaben jeweilige Standortveränderungen um 0,5 km. Diese ermittelte Strecke war jedoch jahreszeitlichen Schwankungen unterworfen. Im Verlauf der Ranzzeit ist sie in der Regel größer, bei weiblichen Tieren während der Jungenaufzucht meistens kleiner. Die einzelnen Tagespeilungen erbrachten allerdings nicht immer einheitliche Werte. Ein bis zum völligen Verzehr aufgesuchter Riss konnte den Luchs über mehrere Tage am gleichen Ort halten. Selbstverständlich versuchte man bei der Angabe von Reviergrößen

Das Streifgebiet eines Luchses im Bereich des Brienzer Sees.

diese und andere Schwankungen zu berücksichtigen. Trotzdem sind alle Zahlen der heutigen Populationsgrößen und Populationsdichten Schätzungen, die von der Wirklichkeit wesentlich abweichen können, soweit sie nicht auf telemetrischen Beobachtungen beruhen. Im Berner Oberland vermutet man ein bis zwei

Der Luchs muss den Jagddruck dosieren können. Denn zuviele Artgenossen machen das Wild scheu. Ein sesshafter Luchs darf deshalb in seinem Revier keinen zweiten dulden – außer den Jungen und seinem Fortpflanzungspartner.

Tiere pro 100 km². Umgelegt auf das Gesamtareal dieser Region, einschließlich des Kantons Obwalden, ergibt das eine Population von 20 Luchsen. Die Schätzungen für den Schweizer Jura gehen von einem 100 bis 150 km² umfassenden Aktionsraum pro Luchs aus. Der im Verhältnis zu

In dem abgebildeten Käfig wurden zeitweise drei Luchse gehalten. Jedes erwachsene Tier hat in der Freiheit ein Streifgebiet, dessen Größe zwischen 80 und 2000 km² schwankt, so dass diese Art der Unterbringung alles andere als artgerecht ist. Solche Verhältnisse sind aufgrund einer völlig unzureichenden Gesetzgebung möglich, in der für einen in Gefangenschaft lebenden Luchs nur 10 m² vorgeschrieben sind.

den Nordalpen geringere Flächenbedarf dieser Lebensräume ist auf den höheren Waldanteil des Mittelgebirges zurückzuführen.

Kurz nach der Wiederansiedlung eines Luchses reicht ein verhältnismäßig kleines Areal zum Beuteerwerb aus, da sich das Wild noch nicht auf den neuen Jäger eingestellt hat. Je mehr Luchserfahrung die bejagten Tiere erwerben, desto größer wird ihre Aufmerksamkeit und damit ihre Chance, einem Angriff zu entkommen. Um seinen Erfolg zu sichern, muss der Luchs seinen Aktionsraum immer weiter ausdehnen. Das zeigt, dass kleine Reviere auch durch eine Neuansiedlung bedingt sein können, während größere eventuell auf „eingespielte" Luchsvorkommen hinweisen. Über die Schweizer Luchspopulation, die auf insgesamt 50 bis 100 Tiere geschätzt wird, lässt sich zusammenfassend Folgendes ausführen: In den Beobachtungsgebieten haben die einzelnen Luchse Aktionsräume besiedelt, die bei den Weibchen im Durchschnitt 100 bis 150 km² und bei den Männchen 200 bis 400 km² umfassen.

Die Areale von Männchen und Weibchen überlappen fast völlig. Die Risse sind hier mittlerweile gleichmäßig und in einem weiten Umkreis verteilt, obwohl vor noch nicht allzu langer Zeit die Zentralalpen vorwiegend kleinere Luchsreviere mit konzentrierten Rissflächen aufwiesen.

In den Vogesen durchstreift der Luchs ein Flächenareal von 250 bis 300 km².

In der Grenzregion von Steiermark und Kärnten ergab sich ein Anfangsbedarf bei vier überwachten Luchsen von je 31 km². Neun Tiere wurden hier insgesamt ausgesetzt, von denen man jedoch eines wieder einfing. Im vierten Aussetzungsjahr besiedelten diese Großkatzen einschließlich ihrer Jungen und abzüglich möglicher Verluste eine ca. 1000 km² umfassende Region in Kärnten. Eine genauere Aussage über die Bestandsentwicklung ist aufgrund dieser schwer einschätzbaren Faktoren nicht möglich.

In den Karpaten der Slowakei haben die Reviere aufgrund ihrer unterschiedlichen Struktur und des Beuteangebotes Ausdehnungen, die sich zwischen 10 km² und 40 km² bewegen. Das ergibt einen Durchschnittswert von 27 km², wobei sich die Luchse hier das Gebiet mit Braunbären und Wölfen teilen müssen.

In Schweden durchstreifen die hochbeinigen Jäger die größten Reviere. Dort haben drei untersuchte Aktionsräume eine Ausdehnung von 300, 625 und 2000 km². Im Schwarzwald könnten, wenn der Luchs hier wirklich wieder angesiedelt wird, entsprechend der von GROSSMANN-KÖLLNER und EISFELD erarbeiteten Untersuchungsergebnisse auf einer geeigneten Gesamtfläche von 4100 km² 41 Luchse leben. Das Gesamtareal für eine überlebensfähige Luchspopulation sollte nach BREITENMOSER und HALLER mindestens 4000 bis 8000 km² umfassen. Wenn man berücksichtigt, dass es genügend geeignete Luchskorridore zwischen dem Schwarzwald und der Schwäbischen Alb gibt, wodurch ein Übergreifen von Meister Pinselohr auf diesen Landesteil nicht auszuschließen ist, ergibt das nochmals eine wesentliche Arealsvergrößerung. Dass diese Annahme nicht mehr in den spekulativen Bereich gehört, zeigen Luchsbeobachtungen nach der Jahrtausendwende aus dem Raum Tuttlingen.

Ein Fallbeispiel soll veranschaulichen, wie Luchse in ihren Streifgebieten leben.

Kora und ihre Partner (BUWAL 3/2000)

Kora hat sich verabschiedet. Im Mai 2000 wurde das mindestens sechsjährige Luchsweibchen letztmals gepeilt. Das Signal des Halsbandsenders kam nur noch schwach, später war die Batterie wohl verbraucht. Jetzt ist Kora wieder ganz in die Heimlichkeit abgetaucht.

Die Luchsin trägt nicht zufällig den Namen des Schweizer Beutegreifer-Forschungsprogramms KORA, das größtenteils vom BUWAL finanziert wird. Sie und ihr Jungtier Sina waren die ersten Luchse, welche Mitarbeiter des Forschungsprojekts Luchs in den Nordwestalpen gefangen und mit einem Halsbandsender bestückt hatten. Das war im Januar 1997.

Koras Streifgebiet umfasste 112 km² – das entspricht knapp der Fläche des Vierwaldstätter Sees – und befand sich im Gebiet des Jaunpasses im Herzen der Nordwestalpen. Weiden, bewaldete Berghänge, stille Täler, der beliebte Aussichtsberg Hunsrück und das schroffe, zerklüftete Felsengebirge der Gastlosen prägen hier das Landschaftsbild.

Luchse sind ausgesprochene Einzelgänger, die sich in ihren weiträumigen Arealen gut auskennen, ihr Streifgebiet kennzeichnen und somit ungewollte Begegnungen mit Artgenossen vermeiden.

In einem Steilhang des Talkessels Petit Mont hatte Kora im Verlauf der letzten drei Jahre zweimal Junge geworfen. 1997 deren zwei, 1999 nach einem Jahr der Kinderlosigkeit gar vier. Ein so großer Wurf war in der Schweiz noch nie zuvor beobachtet worden. Vier Junge großzuziehen, überforderte sogar eine tüchtige Luchsin wie Kora, so dass nur zwei den ersten Winter überlebten.

Wer war der Vater von Koras Jungluchsen? Das Streifgebiet des Luchsmännchens Kobi überlappte sich mit demjenigen Koras im nördlichen Bereich. Kobi starb im Winter 1998 unter einer Lawine. Zumindest den ersten Wurf könnte auch Nico gezeugt haben. Er ist inzwischen ebenfalls tot: Bequem, wie Kuder manchmal sind, ließ Nico sich dazu verleiten, Schafe zu reißen, anstatt in mühseliger Pirschjagd Rehe und Gämsen zu erbeuten. Ende August 1998 wurde er deswegen mit Bewilligung des BUWAL abgeschossen.

Kora ist diesbezüglich ohne Fehl und Tadel. Ihr konnte noch nie ein Übergriff auf eine Schafherde nachgewiesen werden, obwohl auch in ihrem Revier im Sommer die Zahl der Schafe gegenüber der der wilden Beutetiere eindeutig höher ist. Um die 600 Stück werden in Koras Revier gealpt.

Dann teilte auch Zico mit ihr den Lebensraum. Die beiden begegneten sich hin und wieder, sonst waren sie aber allein unterwegs. Bei Luchsen beschränken sich längere Treffen auf die Paarungszeit. Dann kann es sogar vorkommen, dass sich Kuder und Luchsin eine Mahlzeit teilen – welche in der Regel das Weibchen erbeutet hat.

Zusammenfassung oder:
Jeder für sich

Als Jäger kann ein Luchs nur überleben, wenn er regelmäßig auf Rehe oder Gämsen trifft, die etwas leichtsinnig geworden sind, weil ihre letzte Begegnung mit dem Feind schon etwas

Außer dem Ranzruf während der Paarungszeit setzen Luchse ihren Harn als Verständigungsmittel ein, den sie in Schnupperhöhe an einem Felsen, einem Baumstamm oder einem Wurzelteller anbringen.

länger zurückliegt. Der Luchs muss den Jagddruck dosieren können. Denn zu viele der gefleckten Jäger machen das Wild scheu. Ein sesshafter Luchs darf deshalb in seinem Revier keinen zweiten dulden – außer die Jungen und seinen Fortpflanzungspartner. Das Revier eines Männchens umfasst das Gebiet von ein bis zwei weiblichen Luchsen. Die Reviergröße schwankt stark in Abhängigkeit vom Nahrungsangebot und vom Zustand der Luchspopulation. Die Größe der Reviere erwachsener weiblicher Luchse liegt zurzeit in den Nordwestalpen bei 70 bis 80 km², die der Männchen zwischen 120 und 200 km². Zum Vergleich: Der Zürichsee hat eine Fläche von 88,4 km².

Die Markierung als Verständigungsmittel

Luchse sind ausgesprochene Einzelgänger. Doch wie finden sie sich in ihren weiträumigen Arealen, wie vermeiden sie ungewollte Begegnungen mit Artgenossen und wie kennzeichnen sie ihr Revier?

Außer dem Ranzruf in der Paarungszeit haben sie ein weiteres, lautloses, dafür aber duftendes „Verständigungsmittel". Es ist ihr Harn bzw. der Geruch, der von ihm ausströmt. Die Wirkung wird noch verstärkt durch den Ort und die Art seines Einsatzes. In den Boden abgelassen, verflüchtigt sich der Duftstoff bei Niederschlägen recht schnell. Deshalb ist die in Schnupperhöhe am meisten bespritzte, sichere Markierungsstelle ein Baumstumpf, gefolgt von Wurzeltellern umgeworfener Bäume sowie kleine Fichten an besonders exponierten Standorten. Markiert wird hauptsächlich im Zentralbereich des Kerngebietes – während der Paarungszeit besonders häufig. Die Harnduftmarken werden teilweise auch an Stellen angebracht, an denen sich aufgrund der geo-

An einem weitgehend senkrechten Gegenstand wird der Harnduft nicht beim nächsten Niederschlag abgespült, sondern er dokumentiert für längere Zeit den Besitzanspruch des Streifgebietes gegenüber Artgenossen. Streifgebiete von Männchen und Weibchen können sich dabei überlappen.

grafischen Gegebenheiten die Luchswechsel kanalisieren. Junge Luchse setzen diese Verständigungskomponente erst nach dem Erlangen der Geschlechtsreife, gegen Ende des zweiten Lebensjahres, ein. Diese Duftmarken haben, wie schon angedeutet, verschiedene Funktionen. Sie geben Artgenossen Auskunft über das Geschlecht des Tieres, in dessen Aktionsraum sie eindringen, sie kennzeichnen das Revier, wobei sie keine eigentlichen Markierungen der Arealgrenze bilden, und ermöglichen während der Paarungszeit in einem großen unübersichtlichen Gelände das Zusammenfinden.

Der Ranzruf des Luchses – ein lang gezogenes „Ouuh" – ist in den kalten Winternächten weit hörbar. Damit hat er seinen Ausrottungsprozess beschleunigt. Die Menschen konnten so seinen Standort leicht ausmachen und ihn damit besser bejagen.

Ranzzeit, Geburt und Jungenaufzucht

Während der Ranzzeit im Februar/März suchen die ansonsten solitär lebenden Luchse die Gegenwart eines Artgenossen. Der laut vorgetragene Ranzruf – ein lang gezogenes „Ouuh" – soll den Partner anlocken und ist besonders in den Nächten weithin hörbar. Der Luchs gab damit auch gleichzeitig den Menschen Hinweise auf seinen Standort und erleichterte damit seine Bejagung, die letztendlich zur Ausrottung führte. Wie hartnäckig die Kuder in dieser Periode hinter einer Partnerin her sind, macht folgendes Beispiel deutlich: Ein Wärter, der in der Gehegezone des Nationalparks Bayerischer Wald in den Frühjahrsmonaten das umzäunte Luchsareal betreute, stellte auf seinem Kontrollgang erstaunt fest, dass der Luchsbesatz um ein Tier zugenommen hatte. Eine sofortige Rückfrage bei der Parkleitung ergab, dass auch hier diese Bereicherung nicht gemeldet worden war. Nach einer Überprüfung stellte sich heraus, dass ein wildes Männchen von

Die Tragzeit der Luchsin dauert 10 Wochen. Der Geburtstag der nur 16 bis 18 cm großen Jungen fällt in die Zeit von Ende Mai, Anfang Juni.

Die Luchsin trägt den Jungen kein Fleisch zu. In dieser Verhaltensweise unterscheidet sie sich deutlich von den Wölfen.

einer der Besuchertribünen aus den Maschendrahtzaun überwunden hatte. Eine im Gehege wohnende Luchsin hatte ihn zu diesem Sprung getrieben. Allerdings erhielt der ungebetene Gast umgehend wieder die Freiheit. Doch ein Luchs auf Partnersuche gibt nicht so leicht auf. Bald befand er sich erneut innerhalb der Umzäunung und wurde wieder aus der Gehegezone verwiesen. Insgesamt 4-mal überwand der aufdringliche Freier das drahtige Hindernis und musste ebenso oft durch menschliche Mithilfe in die Freiheit zurückbefördert werden.

Die Tragzeit der Luchsin dauert zehn Wochen. Der Geburtstag der nur 16 bis 18 cm großen Jungen fällt auf Ende Mai, Anfang Juni. Auch hier gibt es Ausnahmen. In dem bereits beschriebenen Gehege verlor eine der gefleckten Katzen ihre kaum geborenen Jungen. Sie wurde anschließend nochmals trächtig, und im August kam es zu einem neuen Wurf, der zwei Tiere umfasste. In der freien Wildbahn ist ein solches Vorkommnis bisher nicht belegt. Es ist jedoch anzunehmen, dass so spät geborene Junge nicht in den natürlichen jahreszeitlichen Zyklus passen und deshalb keine Überlebenschance haben. In der Regel sind es zwei, ausnahmsweise auch einmal vier Katzenbabies, die gemeinsam das Licht der Welt erblicken. Niederkunftsort und Kinderstube sind witterungsgeschützte Stellen unter einem Felsen oder in einem Hohlraum, der sich im Wurzelstock eines umgestürzten Baumes gebildet hat. Das Matratzenlager besteht oft aus einer eingewehten Laubschicht. Die Jungen sind in den ersten 16 bis 17 Lebenstagen blind. Ihren Anteil an einem gerissenen Beutetier erhalten sie ab einem Alter von vier Wochen. Das Fleisch ist vorläufig nur Zusatznahrung. Die Säuglingszeit dauert insgesamt fünf Monate. Danach sind die Jungen weiterhin, bedingt durch den Zahnwechsel, auf die Nahrungsbeschaffung der Luchsin angewiesen. Nach Beobachtungen von HALLER und BREITENMOSER begleiteten junge Luchse ihre Mutter noch bis zum 31. März, also bis zu einem Alter von 10 Monaten. Ein Jungtier durchstreifte nach der familiären Trennung ein 5 km² großes Hanggebiet, dessen Ausläufer bis 11 km an den alten heimatlichen Aktionsraum heranreichten. Nach einigen Wanderungen besetzte es im November, im Alter von 1,5 Jahren, ein 75 km² großes und 17 km vom Revier der Mutter entfernt liegendes Areal.

In dem dicht mit Schalenwild besetzten Jagdgebiet Augstmatthorn in den Schweizer Alpen wechselten die kleinen Luchse in den ersten sieben bis acht Wochen mehrmals ihre Kinderstube, allerdings nur innerhalb eines auf 500 m begrenzten Raumes. In den letzten Augusttagen, also im Alter von drei Monaten, folgten sie ihrer Mutter bis in das täglich aufgesuchte Hauptlager.

Spielerisch übt der junge Luchs den später lebenswichtigen Vorgang des Anschleichens.

Es wurden schon Luchse beobachtet, die den Rest ihrer Beute auf Bäumen deponierten. Hier wird das Klettern jedoch nur geübt.

Nach dem Verlust eines ihrer Jungen überquerte die Luchsin mit dem verbliebenen eine 1900 m hohe Gebirgskette und gelangte in einem Zeitraum von drei Tagen in das 14 km entfernte Justital. Von hier aus wanderten die beiden Tiere Anfang November bis in den Bereich des Alpenrandes.

Junge Luchse sind verspielt wie die meisten Katzen. Das Wollknäuel, mit dem eine Hauskatze Beutefangen übt, ersetzt der Luchs durch Grasbüschel, welche er von sich schleudert, um sofort nachzuspurten. Ein anderes Mal verpasst er seinem in der Nähe weilenden Familienmitglied einen Hieb, um es zu einer kurzen Verfolgungsjagd zu veranlassen. Dieser Spieltrieb hält fast bis zur Trennung von der Mutter an. Verlieren sie diese während der Führungszeit, ist ihnen der Hungertod sicher. Nach der Trennung geht es auf die Suche nach einem eigenen Revier. Das ist besonders schwierig, wenn die Aktionsräume im weiteren Umkreis schon besetzt sind. Dabei kann es durchaus passieren, auch das ist belegt, dass ein Jungluchs verhungert, wenn er kein geeignetes Revier findet. Der bestandsregulierende Ausgleich innerhalb einer Population erfolgt, wie bei allen Tierarten, vorwiegend über den Verlustanteil der jungen Generation.

Wie hoch dieser sein kann, haben Untersuchungen im Schweizer Jura dokumentiert (KACZEN-SKY, 1991). Dort standen sieben Würfe mit 13 Jungen unter Beobachtung. Im zweiten Jahr lebten davon noch maximal zwei Tiere, die aber alle beide noch nicht einmal das dritte Jahr erreichten. Die Hälfte dieser Jungluchse starb schon während der Führungszeit aus Gründen, die nicht geklärt werden konnten. Die doch ermittelten Todesursachen im ersten Lebensjahr waren in einem Fall Darmverschluss, während zwei fünf Monate alte Junge vom Zug überfahren wurden. Bei dem zweijährigen Nachwuchs diagnostizierte man je einmal Bronchitis und Unterernährung sowie Katzenseuche und ebenfalls Unterernährung. Der Verkehr forderte das dritte Opfer dieses Jahrgangs.

In der Schweiz und im angrenzenden französischen Jura waren von 59 belegten toten Luchsen 19 noch kein Jahr und vier noch keine zwei Jahre alt.

Die Erkundung des Jagdgebietes erfolgt schrittweise. Ausgewachsen sind die Jungen am Ende des zweiten Lebensjahres. Sie unterscheiden sich aber dann immer noch von den älteren Tieren durch ihre Schlankheit, was im Aussehen die Hochbeinigkeit besonders unterstützt. Die Geschlechtsreife erlangen weibliche Luchse mit einundzwanzig, männliche erst mit dreiunddreißig Monaten.

Doch welchen Weg schlägt ein Jungluchs ein, welche Strecken muss er zurücklegen, bis er ein eigenes Streifgebiet besetzen kann, und wie geht es ihm in der Zeit der Suche? Im BUWAL Umweltmagazin 3/2000 wird das an einem Fallbeispiel von BAUMGARTNER treffend geschildert. Danach begann Neros Selbständigkeit im Alter von etwa zehn Monaten. Das ist aktenkundig, weil dieser männliche Jungluchs kurz zuvor gefangen worden war, seinen Namen bekam und seither einen Halsbandsender getragen hat. Nero war Ende Februar 1986 in die Falle getappt, in der folgenden Nacht erwischte man seine Mutter. In den Wochen danach wurden Mutter und Sohn

noch beieinander gepeilt. Mitte April trennten sich dann ihre Wege. Der Jungluchs trieb sich noch eine Weile in der weiteren Umgebung seines Geburtsortes im Saanenland (Berner Oberland) herum, wo er vertraut war. Ende September verließ er das mütterliche Wohngebiet. Erst zog es ihn in südliche Richtung. Doch er kam nicht weit, da Fels und Firn der Hochalpen den Übergang zum Wallis versperrten. Luchse steigen ungern weit über die Waldgrenze hinauf. So wanderte Nero den Alpenkamm entlang ostwärts, erreichte via Lenk das Diemtigtal, erkundete den Niesen, von wo er dann hinabstieg Richtung Mittelland.

Während der Ranzzeit im Februar/März suchen die ansonsten solitär lebenden Luchse die Gegenwart eines Artgenossen.

Bei der Autobahn endete vorerst die Reise.

Auch da war kein Weiterkommen. Entlang des bewaldeten Glütschbachtälchens südwestlich von Thun zieht sich die Autobahn nach Spiez. Eine Woche lang blieb Nero hier. Sein bevorzugter Aufenthaltsort war der Scheibenstand einer militärischen Schießanlage. Mindestens einmal stand er auch vor der Autobahnüberführung Burgerwald. Doch traute er sich nicht hinüber zu gehen.

Nero machte kehrt und setzte seine Odyssee durch das westliche Berner Oberland fort. Immer wieder erschnüffelte er Geruchsmarken von anderen Luchsen, die ihm signalisierten, dass das fragliche Gebiet bereits von einem Rivalen bewohnt war. Irgendwann war er dann wieder in bekannten Gefilden, begegnete gar einmal seiner Mutter. Gleich neben deren Revier in Saanenland fand er schließlich doch ein geeignetes Gebiet, das kein anderer männlicher Luchs für sich beanspruchte.

Nero hatte Glück. Bei längst nicht allen Jungluchsen des Berner Oberlandes ist die Suche nach einem eigenen Revier erfolgreich. Denn in den ganzen Nordwestalpen sind die meisten geeigneten Lebensräume gegenwärtig besetzt. Das Gebiet, das vom Aaretal im Oberhusli bis zum Genfersee reicht und Teile der Kantone Bern, Freiburg und Waadt umfasst, ist heute ziemlich lückenlos von Luchsen besiedelt.

Zwar gäbe es im Schweizer Alpenraum noch manche Landschaft mit weiten Wäldern und vielen Rehen und Gämsen als Beutetiere. Doch wie sollen Luchse bis dorthin gelangen? Wo immer Jungluchse das Gebiet der Nordwestalpen zu verlassen suchen, stoßen sie auf Barrieren: den Alpenkamm im Süden, den Genfersee und die intensiv bewirtschaftete Rhôneebene im Westen, das Aaretal mit Seen, Dörfern, Städten und Autobahnen im Norden und Osten.

Manchmal schafft es ein Luchs dennoch abzuwandern. Er stößt dann in Lebensräume vor, die ihm alles bieten, was er braucht – außer Artgenossen. Das Männchen Balu, das vom Simmental aus in die Innerschweiz wechselte, ist zur Fortpflanzungszeit stets wieder zurückgekehrt.

Eine andere Trennung von der Mutter endete dagegen tragisch. Diese Begebenheit schilderte BAUMGARTNER unter dem Titel:

Lunas Reise in den Tod

Als Luna sich von ihrer Mutter trennte, hatte sie sich vermutlich zum letzten Mal in ihrem Leben richtig satt gefressen. Das war im April 1990. Ein Jahr zuvor hatte die Luchsin im Gebiet des Mont Aubert im Neuenburger Jura das Licht der Welt erblickt. Mit der Selbständigkeit begann für sie der Ernst des Lebens. Zwei Monate später war Luna tot.

An den Grenzen des mütterlichen Wohngebietes stieß Luna auf die Duftmarken der Nachbarluchsin Lora. Daran hatte sie schon gerochen, als sie noch mit ihrer Mutter herumgestreift war. Von ihr hatte Luna gelernt, dass man an solchen Stellen besser umkehrt.

Also verschlug es sie talwärts, wo Luna gar einmal bei einer Autobahnraststätte gesichtet wurde. Wohl fühlte sie sich in dieser intensiv bewirtschafteten Agrarlandschaft nie. Rehe erwischte sie hier auch keine. Die Jungfüchse, die sie hin und wieder erbeuten konnte, vermochten das Hungergefühl nicht ganz zu stillen.

Die Luchsin querte die Orbe-Ebene zurück an den Jurahang, wo sie erneut bewaldetes Gebiet erreichte. Und schon wieder stieß sie auf Reviermarken. Hier wohnte das erwachsene Weibchen Mara. Ein paar Nächte lang trieb sich Luna in der engen Orbe-Schlucht im Randbereich von Maras Territorium herum – vom langen Irrweg erschöpft und ausgehungert. Am 19. Juni 1990 wurde sie tot aufgefunden. Neben ihr lag ein halb gefressener Marder, die letzte mickrige Beute.

Der Weg in die Selbständigkeit ist eine kritische Zeit im Leben der jungen Luchse. Er strotzt vor Gefahren: die Jungtiere müssen alleine jagen. Anfangs bleiben sie noch im mütterlichen Revier, doch früher oder später werden sie zur Abwanderung gezwungen. Sie unternehmen dann weite Exkursionen in fremder Umgebung. Auch wenn sie körperlich durchaus in der Lage sind, ein Reh zu überwältigen, bleibt der Jagderfolg gering. Denn wo sich ein Luchs nicht auskennt und nicht weiß, wo die Rehe äsen und wo sie durchkommen, ist die Pirsch Glückssache.

Erst wenn es einem Jungluchs gelingt, ein eigenes Revier zu finden und zu besetzen, sieht er besseren Zeiten entgegen. Doch dies schafft er nur, wenn noch Neuland zu besiedeln ist oder irgendwo ein Territorium frei wird, also ein Altluchs stirbt. Nur so hat ein Jungtier eine Chance, sich niederzulassen und sich fortzupflanzen. Auf diese Weise reguliert die Art ihren Bestand selbst.

Der Luchs als Jäger

Beutespektrum

Das Beutespektrum des Luchses ist breit gefächert. Es ist regional so unterschiedlich wie das Vorkommen der Beutetierarten. Auch die Jahreszeiten bringen Verschiebungen mit sich. Rehe, Rotwild, Hasen, Steinwild, Gämsen, Murmeltiere, Wildschweine, Füchse, fast sämtliche Marderarten,

Eichhörnchen, Mäuse, Raufuß-hühner und andere Vögel wer-den vom Luchs gejagt.

Im Bayerischen Wald gibt es z. B. viel Reh- und Rotwild, dane-ben Hasen, Wildschweine, Baum- und Steinmarder, Iltis, Hermelin, Fuchs, Dachs, Auer- und Haselhuhn. Nicht jede Art dieser Wildpopulation scheint aber im Nahrungsspektrum des Luchses auf, welches aufgrund von 103 Beutetierbelegen zwi-schen 1974 und 1984 von HUCHT-CIORGA ermittelt wurde. In der Reihenfolge ihrer Häufigkeit waren es 71 Rehe, 17 Stück Rot-wild, acht Hasen, drei Wild-schweine, drei Füchse und eine Waldmaus. Für künftige Einbür-gerungsvorhaben in Mitteleu-ropa ist es interessant, dass sich unter diesen Beutetieren kein einziges Raufußhuhn befand. Von Mai bis Oktober stellten die Rehe mit 74 % die größte Gruppe, gefolgt von den Hasen mit 25 %. In den Folgemonaten sank der Rehanteil auf 53 %. Vom Speisezettel verschwunden war der Hase. Den Ausgleich bildeten

Diese Zeichnung und der dazugehörige Text machen deutlich, welche verworrene Vorstellung man 1687 vom Luchs hatte. Der Luchs ist als Einzelgänger allein auf Beute aus und nicht zu viert, wie Bild und Text darstellen. Außerdem zählen beim Rotwild überwiegend Jungtiere zum Beutespektrum und nicht starke, gesunde Hirsche.

"Dieser sehr grosse und starke Bürg-Hirsch von 22 Enden ist Anno 1687 nach den Zeichen des Schweisses bey 3/4 Stunden von 4 Luchsen verfolgt, endlich unten am Gebürge an dem Wallen-städter See, in der Schweiz, gefället und von ihnen erwürget worden; und haben beyde Stangen 34 Pfund gewogen." J.E. RIDINGER, 1741.

mit 40 % das Rotwild und mit 7 % die Wildschweine. Die Verschiebung lässt sich vielleicht damit erklären, dass sich Hasen im Schnee besser fortbewegen können, als das schmalhufige Schalen-wild.

Der von HELL in der ehemaligen Tschechoslowakei anhand von 88 Magenuntersuchungen ermittelte Artenanteil ergab bei dem Schalenwild 64 %, bei Nagern 20 %, bei Vögeln 5 %, bei Rau-fußhühnern 4,6 %, bei Insekten 4 % und bei anderen Beutegreifern 2,4 %. Der Auerhuhnanteil lei-tet sich aus einer Bestandsdichte ab, die wesentlich höher liegt als im Bayerischen Wald.

In der Schweizer Alpenregion brachten Auswertungen von Nahrungsbelegen Hinweise auf die Beute des Luchses. Im Ergebnis kam man hier auf 150 Rehe, 34 Gämsen, acht Hasen, ein Birkhuhn und zwei Mäuse. Der tatsächliche Anteil kleinerer Tiere ist vermutlich höher. Bei ihnen fehlen meistens die Überreste, die in die Bewertung einfließen können.

Die von 1983 bis 1985 von BREITENMOSER & HALLER in den Schweizer Nordalpen durchgeführten Untersuchungen über die Nahrungsökologie der gefleckten Katze führten zu ähnlichen Ergebnis-sen. So wurden von zehn radiotelemetrisch überwachten Luchsen insgesamt 73 Beutebelege (Rissfunde und Exkremente) sichergestellt und analysiert. Auch die 1988/89 ausgewerteten Risse (38) im Schweizer Jura weisen in die gleiche Richtung. Die erbeuteten Tiere waren mit folgenden Anteilen vertreten:

Luchsbeute Reh

Luchsbeute Rotwild. Alte, erfahrene Rothirsche zählen in der Regel nicht zur Luchsbeute.

Beutetier	Nordalpen	Jura
Reh	52,1 %	57,9 %
Gämse	32,9 %	23,7 %
Feldhase	6,8 %	5,3 %
Fuchs	-------	10,5 %
Murmeltier	2,7 %	2,6 %
Eichhörnchen	2,7 %	-------
Waldmaus	1,4 %	-------
Hausschaf (2 Tiere)	1,4 %	-------

Von den Beutetierarten der Nordalpen entfielen allein 85 % (im Jura 81,6 %) auf Reh und Gämse. Bei Berücksichtigung des durchschnittlichen Artgewichtes steigt ihr Anteil jedoch auf mehr als 95 %. Bei diesen Zahlen muss berücksichtigt werden, dass das Schalenwild in dieser Gegend flächendeckend und relativ zahlreich vorkommt. So leben hier, bezogen auf 100 ha, nach Schätzungen der kantonalen und eidgenössischen Statistiken acht Rehe und fünf Gämsen. Obwohl Feldhasen und andere kleinere Säugetiere ebenso häufig sind, ist es für den Luchs „lohnender", sich an das Schalenwild zu halten, dessen Wildbretmasse mehrere Mahlzeiten garantiert und somit den Jagdaufwand verringert.

Auch in Norwegen stellen die Cerviden die Hauptbeutetiere des Luchses dar. Magenanalysen (BIRKELAND & MYRBERGET, 1980) von 185 nachgewiesenen Beutebelegen ergaben hier folgendes Artenspektrum: 52,5 % Cerviden (überwiegend Rehe und Rentiere), 19 % Hasen, 10 % Raufußhühner, deren Bestandsdichte hier außerordentlich hoch ist, und 8 % Kleinsäuger. Im winterlichen Südost-Norwegen kamen die Rehe sogar auf 87 % (DUNKER, 1988). In den Vogesen waren von 1983 bis 1986 bei 26 analysierten Beutebelegen die Rehe mit 84 %, die Gämsen mit 12 % und das Rotwild mit 4 % vertreten.

Luchsbeute Gämsen. Sie zählen in der Schweiz neben den Rehen zur häufigsten Beute des Luchses.

Steinmarder sind eine seltene Zufallsbeute.

Luchsbeute Hase

Luchsbeute Fuchs. Zum Nahrungsspektrum von Meister Reineke zählen auch Rehkitze, Hasen und Raufußhühner. Deshalb werden die durch den Luchs verursachten Ausfälle teilweise wieder ausgeglichen.

Der Fuchsanteil an der Luchsbeute ist mit 1,5 bis 4 % gering. Im Schweizer Jura mit seinem verhältnismäßig guten Fuchsbestand schnellt dieser Wert jedoch auf 10,5 % hinauf (BREITENMOSER, 1988).
Trotzdem kann der Luchs nur einen geringen Teil einer Fuchspopulation abschöpfen (CAPT, 1991),
weswegen keine indirekten Auswirkungen auf das Niederwildvorkommen und auf die Eindämmung der Tollwut zu erwarten sind.

Wildkatzenrisse konnten nur im ehemaligen Jugoslawien und im Schweizer Jura nachgewiesen werden. Die Wildkatze und die zwei streunenden Hauskatzen, die im Jura belegt sind, wurden
zwar gerissen, aber nicht aufgefressen (BREITENMOSER, 1992).

Der hohe Anteil des Schalenwildes an den erbeuteten Tieren zeigt, dass der Luchs sich auf diese
Arten spezialisiert hat und dass andere Arten im Verhältnis zu ihren Vorkommen unterrepräsen-
tiert sind (BREITENMOSER, 1992).

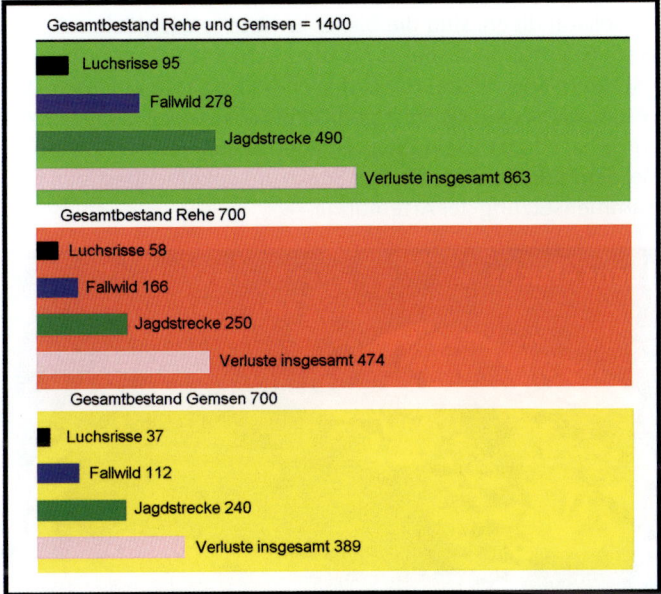

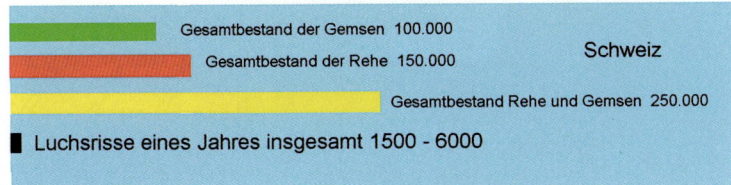

Oberes Schema
Der Gesamtbestand der Rehe und Gämsen im Niedersimmental
(Kanton Bern) und die Ausfälle durch Luchsrisse, Fallwild und Jagd.
Veröffentlicht durch den Schweizer Infodienst Waldbiologie und
Ökologie im September 1990.

Unteres Schema
Gesamtbestand der Rehe und Gämsen in der Schweiz und die Ausfälle
durch Luchsrisse.

Nahrungsbedarf

Der Nahrungsbedarf des Luchses gestaltet sich während der vier Jahreszeiten unterschiedlich. Im Herbst und Winter ist er am größten, bei säugenden Luchsweibchen allerdings schon im Juni. Er ist abhängig von der Zusammensetzung der Nahrung, vom Alter, dem allgemeinen Ernährungszustand und vom Körpergewicht. Über den jährlichen Nahrungsbedarf eines freilebenden Luchses liegen nur Schätzungen vor, die aufgrund von Hochrechnungen erstellt wurden. Die in verschiedenen Regionen ermittelte durchschnittliche Nahrungsportion eines erwachsenen Luchses bewegt sich zwischen 1,0 und 1,4 kg pro Tag. Umgerechnet auf das Lebendgewicht der Beutetiere, der Jäger frisst ja nicht alles, ergibt das 3,6 kg. Das entspricht im Jahr theoretisch 60 Rehen oder anderen gleich großen Tieren. Nun frisst der Luchs aber nicht nur Rehe, sondern auch andere Lebewesen, und die Rehe, die er reißt, liefern zusätzlich noch Nahrung für andere „Mitesser". Deshalb sind diese Kenntnisse noch mit einigen Unbekannten behaftet. Um den Überblick über dieses wichtige Gebiet zu vervollständigen, sind die bisher ermittelten, jährlichen Bedarfszahlen wie folgt aufgegliedert: Nach HUCHT-CIORGA sind es im Bayerischen Wald pro Luchs 41 Rehe, fünf Rotwildkälber, zwei Wildschwein-Frischlinge, 30 Feldhasen und 20 Mäuse. In den Schweizer Alpen kommen HALLER und BREITENMOSER auf 60 Rehe und Gämsen. Auf den Valday-Höhen westlich von Moskau sind es 90 Schneehasen, 50 Haselhühner, 20 Auerhühner, 25 andere Arten von Vögeln und zehn Eichhörnchen. Bei dem zuletzt aufgeführten Spektrum dokumentiert sich für dieses Gebiet eine ganz andere Zusammensetzung der Artenfauna.

Beuteverhältnis Luchs - Fuchs

Durch ihre höhere Dichte und den höheren Nahrungsbedarf fressen kleinere Beutegreifer pro Flächeneinheit mehr als die großen.
So nehmen die Füchse etwa sechzehnmal mehr Fleischnahrung aus der Natur auf als Luchse.

Jagdverhalten

Die Jagdweise des Luchses schließt, da sie auf der Überraschungstaktik basiert, das längere Verweilen in einem eng begrenzten Bereich aus. Das bejagte Wild sammelt mit der Zeit „Luchserfahrung", reagiert wachsamer und ist damit nicht mehr so leicht zu erlegen. Um das auszugleichen, muss unser Pirschgänger seinen Aktionsraum ausweiten und lernen, die beim Beuteerwerb gesammelten Erfahrungen in ein situationsgerechtes Angriffsverhalten umzusetzen.

Wenn z. B. ein Reh äsend durch die Dickung zieht, sich also in Bewegung befindet, versucht der gefleckte Jäger im bergigen Gelände, die seitliche, oberhalb der angepeilten Beute liegende Hangseite einzunehmen. Die über dem belauerten Tier angestrebte Angriffsposition hat für den Luchs zwei Vorteile. Er kann dessen Bewegungen besser beobachten und ist selbst schlechter auszumachen. Die Hangneigung verstärkt außerdem die Wucht des Angriffssprunges. Das bejagte Tier flüchtet, wenn es dazu noch Gelegenheit hat, überwiegend hangaufwärts. Ist es ihm möglich, mehr als 20 m hinter sich zu bringen, ohne dass der Luchs es packen kann, gibt der Verfolger die Jagd meistens auf.

Dieses Verhalten ist statistisch belegt: Nach Haglund waren bei 159 rekonstruierbaren Angriffsversuchen 70 % innerhalb der 20-Meter-Zone erfolgreich. Bei Verfolgungsjagden, die über diesen Bereich hinausgingen, erreichte der Luchs das flüchtende Tier nur in 38 % aller Fälle.

Bei der Jagd im Gebirge durchstreifen Luchse die Hangwaldgürtel. Zentrale Teile ihres Areals suchen sie dabei im Monat mindestens einmal auf, die Randzonen wesentlich seltener.

Daraus lässt sich ableiten, dass die Angriffsgeschwindigkeit über größere Strecken nicht durchgehalten werden kann. Der Luchs besitzt dafür aber die Fähigkeit, auf kurze Entfernungen

sein Tempo stark zu beschleunigen. Den Geländevorteil ausnutzend, schleicht sich die gefleckte Katze so nah wie möglich an die Beute heran. Während dieser Phase verhält sie immer wieder einmal in

Nach der Etablierung einer Luchspopulation sammelt das bejagte Wild „Luchserfahrung", und sein Verhalten wird vorsichtiger, und es ist damit nicht mehr so leicht zu erbeuten. Um das auszugleichen, muss der Pirschgänger seinen Aktionsraum ausweiten.

Lauerstellung, um im geeigneten Augenblick mit Angriffssprüngen loszuhetzen. Zu diesen setzt sie meistens erst an, wenn im Durchschnitt nur noch sechs Meter zu überwinden sind. Die Windrichtung berücksichtigt sie bei diesen Anpirschvorgängen nicht. Ist sie für ihr Vorhaben dennoch günstig, ist das rein zufällig. Dadurch erwächst für das Wild eine weitere Chance, den Feind rechtzeitig auszumachen.

Erreicht der Luchs jedoch das überraschte Tier, versucht er es umzuwerfen und mit einem Biss in die untere Halspartie zu töten. Das gelingt meistens recht schnell durch das Zudrücken der Luftröhre. Beobachtungen über einen längeren Kampf liegen bisher nicht vor. Kann das angegriffene Wild noch rechtzeitig fliehen, bricht der Luchs schon nach wenigen Metern (belegt sind bis zu 40 Metern) die Verfolgung ab.

Eine andere Taktik wendet der Luchs an Wildfütterungsplätzen an. Rotwild lässt sich dort, wenn es nicht gestört wird, zur Ruhe nieder. Die gefleckte Katze, der diese Plätze ebenfalls bestens bekannt sind, sondiert erst von einem erhöhten Standpunkt aus die Lage. Hat sie ein ruhendes und für sie günstig liegendes Tier ausgemacht, pirscht sie, jede Deckung ausnutzend, in seine Nähe, um im entsprechenden Moment loszuspurten. Das Umwerfen entfällt in diesem Fall durch die Ruhelage des Tieres.

Die von Menschen beschickten Fütterungen und damit auch das Wild haben im Bayerischen Wald ihren Standort in der Talregion. Hier ist der Futternachschub selbst bei extremen Schneehöhen weitgehend unproblematisch. Hoch liegende Areale bleiben in der winterlichen Schneeperiode meistens reh- und rotwildfrei. Das Vorbeiführen stark frequentierter Langlaufloipen an Wildfütterungen kann für Rehe und Hirsche teils lebensgefährliche Folgen haben. Um die Futterraufen aufzusuchen, verlassen sie aufgrund dieser Störungen ihre Einstände erst bei Dunkelheit, und das ist die Zeit des Luchses.

Bei der Jagd auf Rotwild werden Voll- und Neumondnächte bevorzugt. Dass die Jagd des Luchses bei Vollmond auf Rotwildkälber beson-

Von einer Hanglage aus kann er das angepeilte Tier besser beobachten, weiters erleichtert und verstärkt sie die Wucht des Angriffssprunges.

ders erfolgreich verläuft, liegt an den Umständen und an der Verhaltensweise, die bestimmte Tiere doppelt gefährden. In solchen Nächten, in denen das vom Schnee reflektierte Licht die Helligkeit noch verstärkt, zieht sich das Rotwild in den Ruhepausen in die sichere Dickung zurück. Während dieser Zeit suchen mutterlose Jungtiere, die das Rudel nicht mehr in seiner unmittelbaren Nähe duldet, die Futterstelle auf. Als unerfahrene Einzelgänger bilden sie für den Luchs eine leichte Beute.

Auch der von den ausgestoßenen Jungtieren im gebührenden Abstand zur Gruppe eingenommene Ruheplatz entspricht in der Regel nicht dem Sicherheitsbedürfnis älterer Artgenossen. Warum immerhin ein Drittel der gerissenen Individuen in der Dunkelheit einer Neumondnacht erbeutet wird, ist allerdings noch ungeklärt. Für die Vermutung, dass es sich bei den gerissenen Hirschkälbern oft um Waisen handelt, spricht auch das bekannte Schutzverhalten der Rotwildtiere. Diese wehren Angriffe von Beutegreifern auf ihre Jungen in der Regel erfolgreich ab. Außerdem bildet Rotwild im Winter so genannte Fütterungsrudel, in denen alle Altersklassen und Geschlechter vertreten sind. Bei dieser Konzentration von erfahrenen und aufmerksamen Tieren, ist es für den Luchs fast nicht möglich, unbemerkt eine Angriffsposition zu beziehen. Es spielt aber trotzdem auch die Größe des Beutetieres dabei eine Rolle.

Ein Untersuchungsergebnis aus dem Bayerischen Wald gibt dieses Verhältnis wieder: 11 Rotwildkälber zu zwei älteren Tieren. Bei den Rehen sieht es in dieser Beziehung anders aus. Im gleichen Gebiet konnte das Alter von 48 gerissenen Tieren ermittelt werden. Davon standen nach HUCHTCIORGA 14 im ersten Lebensjahr, sieben im zweiten Lebensjahr und 27 waren drei Jahre und älter. Die Alterszusammensetzung der gerissenen Rehe stimmt in diesem Gebiet nicht mit der Altersstruktur des Gesamtbestandes überein. Nach ANDERSEN und KURT befinden sich dort durchschnittlich:

40 – 45 % der Rehe	im 1. Lebensjahr	(gerissen 26 %)
20 – 30 %	im 2. Lebensjahr	(gerissen 13 %)
30 – 40 %	im 3. Lebensjahr und älter	(gerissen 51 %)

Die Erklärung für diesen Unterschied muss man wieder in der Verhaltensweise dieser Wildart suchen.

Im Winter bilden Rehe Rudel, so genannte Sprünge. Der Angriff des Luchses erfolgt in dieser Jahreszeit vielfach zwischen Fütterungsplatz und Einstand. Wenn sie durch das Gelände ziehen, wird in der Regel eine bestimmte Marschordnung eingehalten. Die Vorhut übernimmt eine ältere erfahrene Rehgeiß, gefolgt von ihren ein bis zwei Kitzen. Den nächsten Platz nimmt ein Schmalreh ein, vielleicht eine vorjährige Tochter der Anführerin. Der letzte in der Reihenfolge ist überwiegend ein älterer Bock. Spürt der Luchs die ziehenden Rehe auf, wird er wahrscheinlich seinen Angriff auf die Vor- oder Nachhut richten. Die männlichen Rehe leben in diesen Monaten auch öfters als Einzelgänger, im Gegensatz zu den kinderlosen weiblichen Tieren, die immer die Gesellschaft der Sprünge suchen.

Die Altersstruktur der Luchsrisse an Rehen in den Schweizer Nordalpen deckt sich dagegen ungefähr mit der Gesamtpopulation dieser Paarhufer. Bei den Gämsen sind wieder die Jungtiere überdurchschnittlich vertreten. Bei einer ähnlichen Populationsdichte von Gämsen und Rehen in zwei verschiedenen Aktionsräumen des Luchses kann einer mehr Rehe reißen (die ausgewachsen fast das gleiche Gewicht aufweisen wie ihr Fressfeind), während der andere sich überwiegend an die (schwereren) Gämsen hält.

In den Vogesen zählen überwiegend Rehe zur Luchsbeute, wobei die Zahl der weiblichen Tiere doppelt so hoch ist wie die der männlichen. In der Statistik der Jagdverbände ist in dieser Region das Verhältnis der Geschlechter jedoch ausgeglichen. Die Erklärung liegt in der Vergangenheit. Durch einen erhöhten Bockabschuss hatte sich das Gleichgewicht zugunsten der weiblichen Tiere unnatürlich verschoben, so dass hier der Luchs regulierend eingriff.

Während des Anschleichens nimmt der Luchs immer wieder eine lauernde Stellung ein. Die Windrichtung wird nicht beachtet. Das ist eine Überlebenschance für das angepeilte Wild.

Der Luchs muss auf sechs Meter an das Wild herankommen, um mit dem Angriffssprung los zu spurten. Verfehlt er das Tier, kommt es selten zu einer Verfolgungsjagd.

Die Nächte, in denen der Luchs den Rehen nachstellt, sind etwas anders verteilt

Hat der Luchs zum Beispiel ein Reh erreicht und durch den Angriffssprung umgeworfen, drückt er mit seinem Gebiss die Kehle und damit die Luftröhre des Tieres zu, bis dessen Tod durch Ersticken eintritt. Kampfspuren wurden an einem solchen Rissplatz noch nie entdeckt.

als bei der Jagd auf Rotwild. Sind sie dunkel, suchen die Rehe oft am Vormittag ihre Äsungsplätze auf, während sie bei Mondschein die Nacht bevorzugen. Es ist also die Zeit, in der der Luchs Aktivität entfaltet. Doch gerade in solchen Nächten werden weniger Rehe gerissen. Dafür gibt es zwei Deutungen: Entweder schmeckt ihm das Fleisch der Hirschkälber besser als Rehragout, oder er kann die Jungtiere des Rotwildes leichter erbeuten, vielleicht auch beides. So ist es möglich, dass der Luchs nur dann auf Rehe jagt, wenn er an die anderen Fleischlieferanten nicht herankommt. Die große Katze ist als „Augenjäger" in der Regel während der Dämmerung oder in der Nacht auf den Läufen. Doch ihr ausgezeichnetes Sehvermögen wird bei zunehmender Dunkelheit herabgesetzt. Deshalb werden bei der Jagd mondhelle Nächte bevorzugt.

In Mittelschweden führten Untersuchungen über den Jagderfolg des Luchses zu einem besonders interessanten Ergebnis. Dort verfolgte zwischen 1960 und 1964 HAGLUND über 2300 km Luchsspuren, um unter anderem in Erfahrung zu bringen, wie oft der Pirschgänger bei seiner Jagd Erfolg hatte. Demnach konnte er von drei angegriffenen Rehen zwei erbeuten. Von drei Hasen erwischte er nur einen. Das letztere Ergebnis verleitet zu einem Vergleich mit der Hasenjagd des Kanadaluchses. Dort können von fünf Schneeschuhhasen vier entkommen, und wenn es ganz schlecht klappt, entwischen von zehn sogar neun. In Mittelschweden richten führende Luchse, das sind Weibchen mit Jungen, nur 25 % ihrer Angriffe auf Hasen. Jeden zweiten konnten sie erbeuten. Größere Tiere decken den Nahrungsbedarf einer solchen Familie jedoch besser ab, deshalb stellt die Luchsin lieber Rehen als Hasen nach. Die Jagd der Männchen ist hier weniger effektiv. Bei ihnen galten 65 % aller Jagdversuche Meister Lampe, und von acht Langohren entkamen dabei sieben.

Deutliches Erkennungsmerkmal eines Luchsrisses sind die Einstichstellen der Eckzähne an der Kehle. Falls sie an einem angefressenen Tier nicht mehr sichtbar sind, kann eventuell eine Laboruntersuchung darüber Klarheit schaffen.

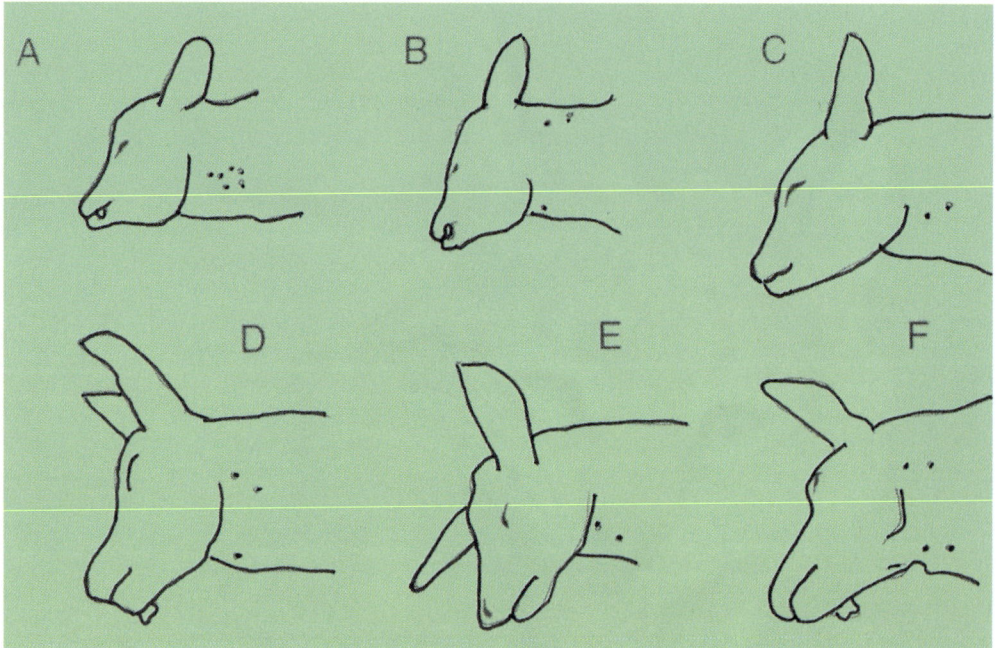

Die Lage der Einstichstellen der Eckzähne bei Reh und Rotwild in der Höhe des Kehlkopfes demons-
triert das Umfassen des Halses des Beutetieres von unten her.
A und B   Rehe,
C – E   Rotwildkälber,
F   zweijähriges Rottier.
(nach HUCHT-CIORGA 1998)

Verhalten am Rissplatz

Beobachtungen am Rissplatz durch HUCHT-CIORGA haben ergeben, dass der Luchs ein am 17. März 1981 getötetes Rotwildkalb drei Wochen lang aufsuchte. Das Wiederkommen stellte er ein, als außer dem Kopf, dem Fell und einigen wenigen, vermutlich nicht so schmackhaften Teilen alles aufgefressen war. Untersuchungen an anderen Rissplätzen führten zu ähnlichen Ergebnissen. Als Köder ausgelegtes Fallwild nimmt der Luchs dagegen nicht an. Schiebt man jedoch neben der angefressenen Beute ein weiteres totes Tier nach, wird das akzeptiert, oder er bemerkt vielleicht die „Nachhilfe" nicht. An der Fressstelle ist der gefleckte Jäger gegenüber Veränderungen weitgehend unempfindlich. Er kehrte auch an einen solchen Platz zurück, als rund um den nur angefressenen Riss ohne irgendwelche Tarnung schmutzabtreterförmige Kontaktplatten ausgelegt waren, die eine ebenfalls sichtbare Kamera auslösten. Es kommt aber auch vor, dass der Luchs überhaupt nicht zu dem geschlagenen Tier zurückkehrt. Die Nutznießer, die sich dann dieser Überreste annehmen, sind Wildschweine, Füchse, Dachse, Kolkraben, Krähen, Tannen- und Eichelhäher, Stein- und Baummarder, Bussarde und Meisen, die die Fellhaare als Polstermaterial für ihre Nisthöhlen schätzen.

Kommt der Luchs jedoch zum Rissplatz zurück, das geschieht oft nur jede zweite oder dritte Nacht, frisst er 1,0 bis 2,7 kg Fleisch einschließlich einer kleinen Knochenportion. Luchse sind in der Lage, Röhrenknochen von Schalenwild mit einem Durchmesser von 25 mm durchzubeißen. Dass

er innerhalb dieser Zeit keine Zwischenmahlzeit an anderen Orten eingenommen hat, ist belegt.

Bei Begegnungen von Männchen und Weibchen, die

Wenn sich der Luchs an einem erbeuteten Tier satt gefressen hat, bringt er dessen Überreste nicht immer durch Zudecken oder Verschleppen in Sicherheit, sondern er lässt sie offen liegen. So stellen sich bald „Mitesser" ein, zu denen auch der Mäusebussard gehört.

überwiegend im Verlauf der Ranzeit erfolgen, ist es möglich, dass sich am Rissplatz beide über die Beute hermachen. Das nicht ganz aufgefressene Tier wird nicht, ganz oder teilweise verscharrt. Die letztere Methode ist bei den Luchsen im nordwestlichen Russland verbreitet. Auf diese Weise sollen die Reste gerissener Schneehasen vor aasfressenden Vögeln geschützt wer-

den. Von den in den Schweizer Nordalpen noch nicht ganz aufgefressenen Beutetieren waren ein Drittel mit Bodenmaterial wie Schnee, Laub oder Gras zugedeckt. Der Nutzungsgrad dieser Risse lag bei 76,8 und 86,8 %.

Fressender Luchs

Eine Verhaltensweise des Luchses am Rissplatz, über die KOZIK im Jahr 2002 berichtete, dürfte weitgehend unbekannt sein. In Nowa Gora, im 850 m hoch gelegenen Schutzgebiet Macelowa Gora, welches sich im Pieniny Nationalpark in Südpolen befindet, hing ein Rehkadaver in der Astgabel eines Baumes, etwa 1,7 m über dem schneebedeckten Boden. Das hintere Viertel war in der Astgabel festgeklemmt, während Hals, Kopf und Gedärme herunterhingen. Die Hinterläufe waren abgetrennt und die Hinterschenkel fehlten insgesamt. Unter dem Baum befanden sich zahlreiche Luchs- und Hundespuren. Fünf Tage später befanden sich die Rehreste ohne weitere Fressspuren immer noch am gleichen Platz. Einige Wochen danach war jedoch alles verschwunden. Der Standort dieser Beobachtung lag in einem 50 bis 70 Jahre alten Weißtannen/Fichtenforst, etwa 100 m von einer Waldwiese entfernt.

Einen ähnlichen Fall beobachtete J. CERVENY im November 1999 im Südwesten von Tschechien in den Sumava Bergen. In dem Bezirk Klatovy, im Bereich der Kleinstadt Hartmanice, fand am 4. November ein einheimischer Jäger zwischen einem Gehölzstreifen und einem Wald am Rand einer Wiese einen vier Jahre alten, von einem Luchs gerissenen Rehbock. Am frühen Morgen des 5. November bezog CERVENY einen Hochstand, etwa 200 m vom Rissort entfernt. Noch im Morgengrauen entfernte sich ein Fuchs vom Riss. Er hatte vermutlich einen großen Luchs wahrgenommen, der wenige Minuten später beim Rehkadaver erschien. Nachdem der Luchs nach mehr als zehn Minuten seine Mahlzeit beendet hatte, beobachtete er eine Weile die Umgebung. Anschließend packte er den Rehbock am Hals und schleppte ihn 20 m weit zu einer Hängebirke, die er mit dem Rehbock im Maul emporkletterte. In zwei Metern Höhe deponierte er seine Beute zwischen dem Stamm und einem Ast so, dass sie nicht herunterfallen konnte. Nach zehn Minuten bevölkerten Schafe, Schäfer und Hunde die Wiese. Später vorgenommene Untersuchungen des Rehrisses ergaben ein Gewicht von 13 kg, bereits gefressen war die gesamte Hüft- und Beckenmuskulatur. Ob der Luchs nochmals zu den Überresten zurückkehrte, ist nicht bekannt, denn der Deponieplatz wurde nicht wieder aufgesucht. Aus demselben Gebiet liegen noch weitere zwei Beobachtungen gleicher Art vor. 1995 lag ein halbgefressenes Reh eingeklemmt in einer Astgabel, und 1999 nahm ein nicht gefressener Hase einen solchen Platz ein. Hier liegt die Vermutung nahe, dass es der gleiche Luchs war, welcher sich auf Deponieplätze in luftiger Höhe spezialisiert hatte.

Luchs und Raufußhühner

Bei den bekannten und ausgewerteten Nahrungsbelegen des Luchses, die einen großen Teil der mitteleuropäischen Population umfassen, Schweizer Alpen, Schweizer und Französischer Jura, Vogesen und Bayerischer Wald, konnte insgesamt bisher nur ein gerissenes Auer- und Birkhuhn ermittelt werden. Der Birkhuhnstandort lag in den Schweizer Nordalpen, wo diese Vogelart 1200 m über dem Meeresspiegel verbreitet vorkommt. Der ebenfalls in der Schweiz belegte Auerhuhnverlust stammt aus dem Jura, welcher einen vergleichsweise hohen Auerhuhnbestand aufweist. Er war bei einer Auswertung von ca. 400 Beutebelegen erfasst worden. Der insgesamt geringe Anteil an der Luchsbeute ist in der Verhaltensweise der Raufußhühner zu suchen, die nachts aufbaumen. Die Verluste der auf einem Gelege sitzenden oder Junge führenden Hennen werden ebenfalls als gering eingestuft.

Wo jedoch ein guter Bestand an Raufußhühnern vorhanden ist, können sie häufiger auf dem Speiseplan des Luchses stehen. In den Westkarpaten liegt dieser Anteil bei 4,6 %, in den polnischen Karpaten bei 16 % und in bestimmten Regionen Osteuropas mit ihrer äußerst geringen Schalenwilddichte bei 20 %, wobei nicht bekannt ist, welche Anteile hier auf die einzelnen Raufußhuhnarten entfallen. Hier spiegelt sich die unterschiedliche Zusammensetzung der Wildarten wieder. Dabei sollte jedoch berücksichtigt werden, dass der Luchs auch Tiere reißt, die Hühnerfleisch ebenfalls nicht verachten.

Luchsrisse an Birkhühnern können wie bei den Auerhühnern in Mitteleuropa unberücksichtigt bleiben. Auch hier ist nur ein einziger Riss bekannt.

Für Mitteleuropa mit seinem meist inselartigen Vorkommen von Auer-, Birk- und Haselhuhn und seiner hohen Rehdichte werden Raufußhühner durch den Luchs nicht gefährdet. Vermenschlicht gesehen ist es vielleicht auch so, dass der Luchs lieber in das pure Fleisch hineinbeißt, welches für mehrere Mahlzeiten ausreicht, als sich mit kleinen Portionen zu begnügen, bei denen die ersten Bissen doch nur Federn bringen.

In Mitteleuropa konnte bisher nur ein einziger durch den Luchs verursachter Auerhuhnriss nachgewiesen werden.

Auslesewirkung auf Beutetierbestand

Der Luchs nimmt bei der Auslese seiner Beutetiere – gesund, krank, reaktionsschnell, langsam – nicht im ganzen Umfang die Rolle ein, die ihm in Publikationen zugeschrieben wird. Auf mutterlose Rotwildkälber und auf unnatürliche, durch den Menschen verursachte Verschiebungen der Geschlechtsverhältnisse bei Rehen trifft das zu. Auf Rehe, die er aus den Sprüngen herausholt, meistens nicht. Untersuchungen von NELLIS untermauern die These, dass die großen Beutegreifer, im speziellen Fall der Luchs, keinen oder nur geringen Einfluss auf die Bestandsentwicklung ihrer Beutetiere haben. So besteht im Nordteil des nordamerikanischen Kontinents die Nahrung des Kanadaluchses zu 70 % aus Schneeschuhhasen. Das sind jedoch nur 14,3 % der Tiere, die durch die extremen Witterungsbedingungen der kalten Jahreszeit umkommen.

Die Einflussnahme der großen Beutegreifer, so wie die der verschiedenen Marderarten, des Fuchses und der Greifvögel auf die Population der Mäuse, ist regulierend, solange deren Bestandszyklen nicht die obere Zone erreichen. Beim Luchs ergeben sich andere Relationen. Er durchstreift weiträumige Gebiete, seine Siedlungsdichte hält sich von Natur aus auf einem niedrigen Niveau. Die Bestände seiner Beutetiere – Rehe, Hirsche, Gämsen und Hasen – sind nicht diesem erwähnten weitausschlagenden Zyklus ausgesetzt. Sie sind in einer fast konstanten, relativ hohen Zahl über einen großen Raum verteilt. Das heißt, Ausfälle durch den Luchs machen sich in der Regel kaum bemerkbar.

Auf eine Reduzierung des forstschädlichen, überhöhten Schalenwildbestandes der schon durch andere Faktoren bedrohten Gebirgs- und Mittelgebirgswälder zu hoffen, wäre aufgrund der bereits beschriebenen Lebensweise des Luchses eine Fehlspekulation. Ebenso irrig ist die Annahme, er könnte mit seinem Nahrungsanteil einen Ausgleich für nicht erfüllte Abschusspläne bringen. Seinen Beitrag für das in Unordnung gebrachte Gleichgewicht im Haushalt der Natur leistet er auf eine andere Art. Dort, wo günstige Äsungsflächen und klimatische Bedingun-

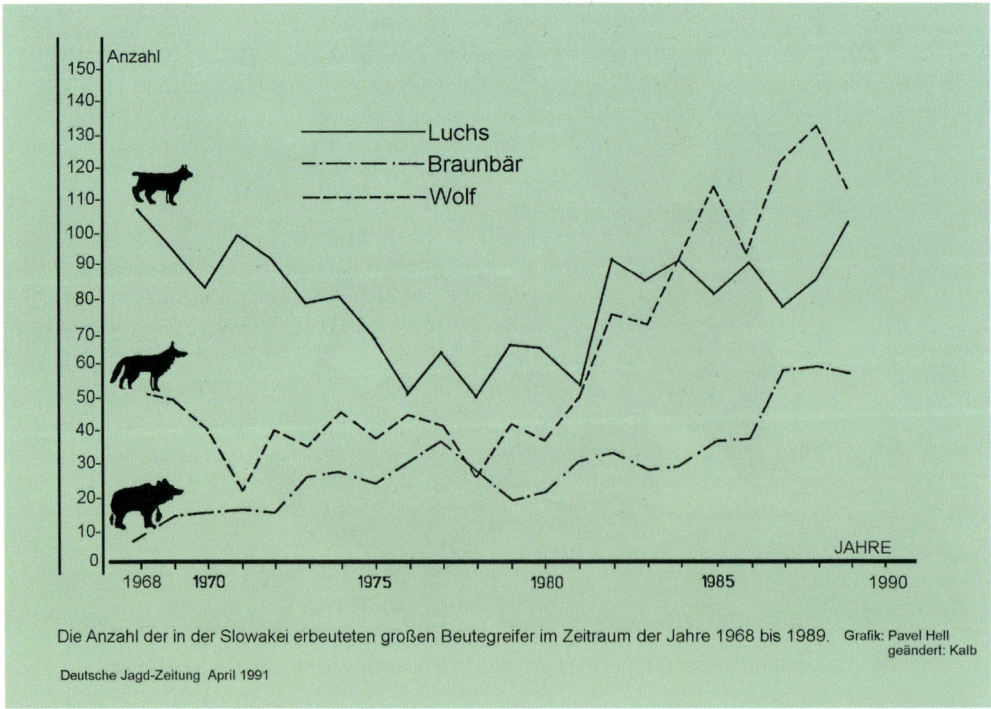

Die Anzahl der in der Slowakei erbeuteten großen Beutegreifer im Zeitraum der Jahre 1968 bis 1989.   Grafik: Pavel Hell
geändert: Kalb

Deutsche Jagd-Zeitung April 1991

gen die Bildung größerer Rotwildrudel erlauben oder wo sich das andere Schalenwild verhaltensbedingt zusammenfindet, hat das gleichzeitig eine Konzentration der Verbissschäden zur Folge. Nun liegen Beobachtungen vor, dass der Luchs solche Ansammlungen auf die Dauer sprengt und die Tiere dadurch gezwungen sind, sich bei ihrer Äsung auf größere Flächen zu verteilen. Das heißt, dass sich die Stückzahlen des Wildes in den einzelnen Nahrungsarealen verringern. Das führt insgesamt zu einer niedrigeren Verbissbelastung, so dass die Übertragung von Parasiten und Wildkrankheiten deutlich herabgesetzt wird. Das könnte auch einer der Gründe sein, warum die Wildbestände nach der Etablierung einer Luchspopulation nicht ab-, sondern teilweise sogar zugenommen haben. Eine solche Entwicklung war zum Beispiel in der Schweiz, in der ehemaligen Tschechoslowakei und in Schweden zu beobachten. In der Schweiz gingen die auf der Bestandsdichte aufbauenden Abschusszahlen beim Reh etwas zurück. Sie liegen aber immer noch höher als vor der Luchseinbürgerung.

In den Luchsrevieren der ehemaligen Tschechoslowakei verlief eine besonders verblüffende Entwicklung. So haben nach HELL die in diesen Gebieten lebenden Wildarten seit 1925 folgende Vermehrungsraten aufzuweisen, die sich gleichfalls in den Abschusszahlen dokumentieren:

Rotwild	um das 10,0-Fache	Muffelwild	um das 32-Fache
Damwild	um das 6,8-Fache	Schwarzwild	um das 12,7-Fache.
Rehwild, überwiegend in den Feldfluren	um das 2,9-Fache,		

Caption: Vom Luchs gerissene Gämse. Neben den Rehen machen in der Schweiz die Gämsen einen großen Teil der Luchsbeute aus.

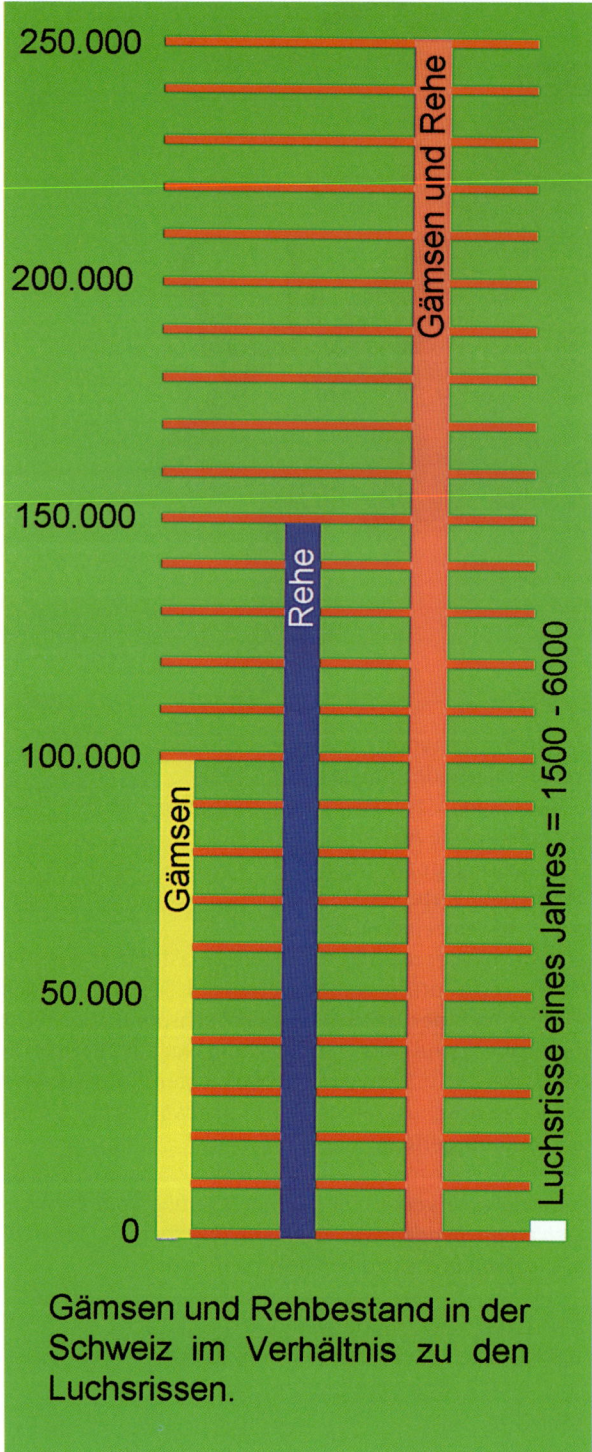

250.000

200.000

150.000

100.000

50.000

0

Gämsen und Rehe

Rehe

Gämsen

Luchsrisse eines Jahres = 1500 - 6000

Gämsen und Rehbestand in der Schweiz im Verhältnis zu den Luchsrissen.

Diese hohen Bestandszunahmen haben sich trotz intensiver jagdlicher Nutzung vollzogen, und obwohl nicht nur Luchse, sondern auch Wölfe und Bären hier in einer guten Populationsdichte vertreten sind. Mit der Ausbreitung des Luchses stiegen in Schweden die Rehzahlen ebenfalls kräftig an. So musste als Folge dieser Entwicklung in Schonen der Abschussplan für dieses Schalenwild ausgesetzt werden. Mit der Maßnahme war die Hoffnung verbunden, dass die Jäger vermehrt zu ihrer Büchse greifen würden. Dabei ging es den schwedischen Rehen weitaus schlechter als ihren mitteleuropäischen Artgenossen, weil dort über den Winter fast nicht gefüttert wird. Die Jagd mit Hund und Gewehr ist intensiver als bei uns, und die Bildung von Eigenjagdrevieren ist schon bei einer Fläche von drei Hektar möglich. Zum Vergleich: In Deutschland liegt die Minimalgrenze eines Eigenjagdbezirkes in der Regel bei 75 ha, in Österreich bei 115 ha.

Die einflussnehmende Wirkungsweise des Luchses ist damit noch nicht ausgeschöpft. Fuchs, Marderarten, wildernde Hunde und Katzen gehören zu seiner Beute. Da die genannten Tiere auch schon einmal ein Reh, Rehkitz, Raufußhuhn oder anderes Niederwild gerissen haben, verringern sich die Verluste oder erhöhen sich zumindest nicht.

Luchsrisse von Gämsen und Rehen in der Schweiz

Die Schweizer Luchspopulation umfasst nach Schätzungen 50 bis 100 der gefleckten Jäger. Diese reißen pro Jahr 2500 bis 6000 rehgroße Tiere. In dem Alpenland leben zurzeit etwa 100.000 Gämsen und 150.000 Rehe. Bei der Gegenüberstellung wird deutlich, dass die Risszahlen des Luchses für den Gesamtbestand der Beutetiere bedeutungslos sind.

Ein weiteres Beispiel für den jagdlichen Einfluss des Luchses zeigen Beobachtungen aus dem Niedersimmental im Kanton Bern. Im September 1990 hat der Schweizer Infodienst Waldbiologie und Ökologie eine Tabelle veröffentlicht, in der das Verhältnis von Luchsrissen an Rehen und Gämsen zu dem Fallwild, der Jagdstrecke und dem Gesamtbestand wiedergegeben wird.

	Rehe	Gämsen	zusammen	in %
Gesamtbestand	700	700	1400	100
davon Luchsrisse	58	37	95	7
Fallwild	166	112	278	20
Jagdstrecke	250	240	490	35

Von der Gefährdung zur Ausrottung

Abb.1

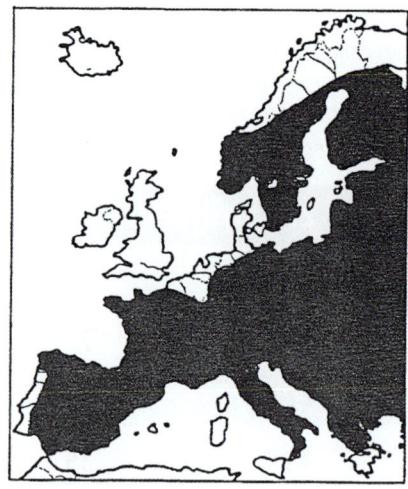

Das Ausbreitungsgebiet vor dem
Beginn der Ausrottung

Abb. 2

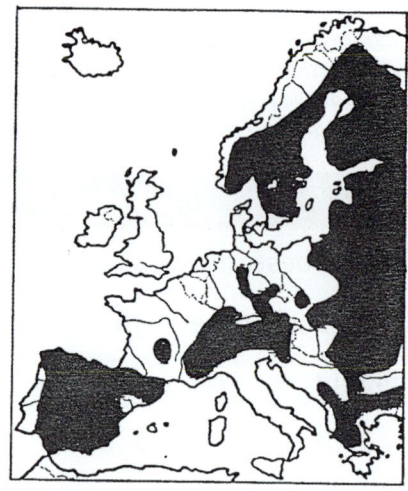

Das Ausbreitungsgebiet um 1800

Abb. 3

DAs Ausbreitungsgebiet um 1960

Abb. 4

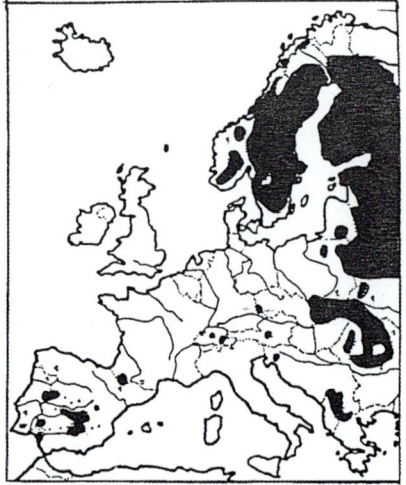

Das Ausbreitungsgebiet um 1978

Ausbreitungsgebiet des Luchses =

Die Bestandsentwicklung des Nordluchses (Lynx lynx) und des Pardelluchses (Lynx pardina
Das Vorkommen des Pardelluchses blieb auf die Iberische Halbinsel beschränkt.

Abb. 1,2,3 nach Kratochvil, Abb.4 nach Luchsgruppe 78

Ursprüngliche Verbreitung

Über das frühere Vorkommen des Luchses vor seiner Ausrottung sind keine Unterlagen vorhanden, die seine Bestandsdichte großräumig und lückenlos belegen konnten. Es gibt aber viele Einzelangaben, die sich auf erlegte Tiere in einem jeweils mehr oder weniger eng begrenzten Raum beziehen. Fügt man die Bruchstücke zusammen, ergibt das ein recht gutes Bild seines früheren Verbreitungsgebietes. Mit Hilfe der so gewonnenen Daten lässt sich auch die Bestandsentwicklung des Luchses bis zu seiner Ausrottung im größten Teil seines ehemaligen Areals verfolgen.

Das Vorkommen des Nordluchses erstreckte sich fast über den gesamten europäischen Kontinent. Ausgenommen waren Island, die Britischen Inseln, ein schmaler Küstenstreifen in einer Längsausdehnung von dem französischen Calais bis Lübeck, einschließlich Dänemark, das nördliche Skandinavien, die Mittelmeerinseln und die Iberische Halbinsel, die vom Pardelluchs besiedelt ist. Schriftliche Überlieferungen lassen den Schluss zu, dass die anderen beiden großen Beutegreifer Europas, Bär und Wolf, in einem großen Teil dieser Verbreitungsgebiete häufiger waren als der Luchs. Eine Ausnahme bildete das Hochgebirge. Hier lagen die Verhältnisse genau umgekehrt. So wurden in der Region Vorarlberg von 1518 bis 1680, also in 172 Jahren, „nur" 40 Bären, 48 Wölfe, jedoch 251 Luchse erlegt

Der Ausrottungsprozess

Schon zwischen dem 13. und 16. Jahrhundert begann die systematische Ausrottung des Luchses. Die Nachstellungsmethoden waren zwar einfach, aber erfolgreich. Dazu gehörten Fallgruben, Auslegen von vergifteten Ködern und die Hetzjagd. Bei der Hetzjagd spürte man zunächst den Luchs auf, dann wurde er von einer größeren Anzahl von Menschen weiträumig umstellt. Mitgeführte Hunde sprengten die gefleckte Katze aus ihrem Versteck und hinderten sie an der Flucht, so dass sie von den nachrückenden Treibern erschlagen werden konnte.

Als im Laufe des 17. Jahrhunderts durch die Weiterentwicklung der Feuerwaffen deren Jagdtauglichkeit zunahm, änderte sich allmählich die Art der Nachstellung. Die Hetz- und Fangjagden gingen zurück, und die

Zeichnung aus: F. von Tschudi, 1853: Das Tierleben der Alpenwelt, Leipzig wirksamere Bekämpfung durch Pulver und Blei gewann an Boden. Die Wirren des Dreißigjährigen Krieges entvölkerten in Mitteleuropa ganze Landstriche. Bedingt durch diese Entwicklung, ließ die Bejagung von Wolf und Luchs merklich nach. So konnten sie teilweise ihre alten Reviere wieder besiedeln. Doch nach der Beendigung der Auseinandersetzungen kam es zu verstärkten Nachstellungen, die uns aus den hohen Abschusszahlen überliefert sind. Die Gemeinden mussten so genannte „Wolfsschützen" zur Verfügung stellen, wobei Luchs und Wolf gleichgesetzt wurden. In Württemberg nahm man 1655 auch die Forstknechte in die Pflicht. Sie mussten pro Jahr und Mann zwei Wölfe oder Luchse abliefern. Die Tiere, die man während der Gemeinschaftsjagden zur Strecke brachte, zählten dabei nicht mit. Im damaligen Vorderösterreich erlaubte 1655 die Obrigkeit ihren „Untertanen" ausdrücklich, „schädliche und wilde Thiere" zu fangen. Damit war natürlich auch der Luchs gemeint. Nur den Balg mussten die erfolgreichen Jäger abliefern. Dafür bekamen sie als Belohnung einen Florentiner und drei Batzen.

In Württemberg verstärkte sich ebenfalls der Jagddruck. Von 1648, das war das Jahr des Kriegsendes, bis 1663 sind aus diesem Gebiet, ausgenommen der Schwarzwald, 209 erlegte Luchse überliefert.

Bei der Aufschlüsselung der genannten Zahlen ist es interessant, einmal das Verhältnis von Luchs und Wolf während der Kriegs- und Nachkriegszeit aus dem südwestdeutschen Raum zu vergleichen:

Erlegt	Luchs	Wolf
Vor 1618	10	30
Von 1638–1662	20	150
Von 1666–1678	42	168

In diesem Schema spiegelt sich nochmals die Ab- und Zunahme der Verfolgung während und nach dem Krieg (Kriegszeit 1618–1648) wieder.

Zwischen dem Luchs- und Wolfsbestand muss eine Wechselbeziehung bestehen. Untersuchungen von HELL haben ergeben, dass die Großkatze in der ehemaligen Tschechoslowakei ausgesprochene Wolfsreviere nicht besiedelt. Nach PULLIAINEN kam es in Finnland zu ähnlichen Beobachtungen. Mit der Abnahme der Wolfspopulation ging somit eine Zunahme des Luchsbestandes einher.

Die wachsende Kenntnis der Lebensweise von Luchs und Wolf führte nur bei der Nachstellung des Luchses zu einem größeren Jagderfolg. Er benutzt oft den gleichen Wechsel, der im Schnee leicht auszumachen ist. Seine Ranzrufe geben Hinweise auf das Paarungsareal, und im Winter weicht er hohen Schneelagen in Richtung Tal aus. Das engt sein Jagdrevier ein und erleichtert dem Menschen die Nachstellung. Außerdem hält er regelmäßig bestimmte Wechsel ein, was ebenfalls oft zu seiner Erlegung führte. Bei der rückläufigen Bestandsentwicklung des Luchses könnte auch seine geringe Vermehrungsrate und die verhältnismäßig lange Führungszeit seiner Jungen eine Rolle gespielt haben.

Das Wissen über das Verhalten des gefleckten Jägers erleichterte schon bald sein Auffinden und damit auch seinen Tod. Diesen Schluss lassen die Auswertungen von ca. 60 Erlegungsdaten zu. Der Anteil, bei dem gleich mehrere Luchse am gleichen Ort und im gleichen Zeitraum erschossen wurden, liegt bei 21 %. Hier ist die Wahrscheinlichkeit groß, dass es sich um führende Fähen mit Jungen oder ihren Ranzpartnern gehandelt hat. 29 % entfielen auf die Wintermonate Dezember/Januar (leichtes Aufspüren des Wechsels) und 33 % auf die Ranzzeit im Februar/März. Mit besonderen Aussichten auf Erfolg kamen auch Tellereisen zum Einsatz. Auf dem Wechsel aufgestellt, war der Luchs schon so gut wie gefangen.

Der Ausrottungsvorgang der drei großen Beutegreifer in Mitteleuropa, Bär, Wolf und Luchs, verlief nicht
zeitgleich, wie ein Beispiel aus der Schweiz belegt.
Während man zwischen 1505 und 1615 in dem Kanton Freiburg 500 Wölfe erlegte, ist aus dieser Zeit

Der weit hörbare Ranzruf des Luchses
im Februar/März erleichterte das Auffinden seines Tageseinstandes und
damit seine Bejagung.

kein Fall bekannt, bei dem ein Luchs zu Tode kam. Das lässt nur einen Schluss zu: Sein Vorkommen
war hier bereits erloschen.

Die zunehmende Bevölkerungsdichte wirkte sich nicht immer sofort negativ auf den Luchsbestand aus. Das änderte sich erst mit der fortschreitenden Entwicklung der Feuerwaffen, die eine
bessere Handlichkeit und Treffsicherheit
ermöglichte. Ein weiterer Verzögerungsef-
fekt, bezogen auf das Schweizer Mittelland, war die nur langsam
anlaufende bäuerliche
Bewirtschaftung mit
einem vorerst geringen
Flächenbedarf. Als hier
das Wachstum allmäh-
lich die ausgedehnten
Ödländereien in den Pro-
duktionsprozess mit ein-
bezog, ging dem Luchs
ein Stück seines Lebens-
raumes verloren. Dazu
kam noch, dass die Bau-
ern und Grundherren bei

Um den genauen Standort auszumachen,
brauchte man in Richtung des Ranzrufes nur den
Spuren im Schnee zu folgen.

der Luchs-, Wolf- und Bärenbekämpfung die gleichen Interessen hatten: Den Schutz des sogenannten Nutzwildes, überwiegend Rehe und Hirsche, sowie der Haustiere.

Im Verlauf des 17. Jahrhunderts wurde in der Schweiz den Bürgern die uneingeschränkte Jagd auf Luchse von der Obrigkeit ausdrücklich erlaubt. Der bäuerlichen Bevölkerung war es jedoch streng verboten, dem Hochwild nachzustellen. Der Luchs gehörte neben Bär, Wolf und Wildschwein nach landläufiger Meinung in die Kategorie der schädlichen Tiere, die mit allen Mitteln bekämpft werden mussten. Die besonders bei den Eidgenossen verbreitete Waldweide und die Angst vor Verlusten der sich in diesem Bereich aufhaltenden Haustiere waren wesentliche Gründe für die rücksichtslose Verfolgung des Luchses. Ausgesetzte Abschussprämien und die Bemühungen, den Schalenwildbestand für jagdliche Zwecke zu erhöhen, heizten diese Nachstellungen noch zusätzlich an. Doch es war auch die Angst, die die Menschen vor dem Luchs, dem Bär und dem Wolf hatten und die sie zu ungewöhnlichen Schutzmaßnahmen veranlassten. Die Bewohner der Gemeinde Tschelin im Unterengadin rodeten den in der Umgebung wachsenden Wald, um den genannten Tieren einen Besuch der Siedlung zu erschweren. Im Ursental erreichte man nach KASTHOFER den gleichen Effekt mit Hilfe der Brandrodung. Doch die starke Bejagung der großen Beutegreifer hatte noch andere Auswirkungen. Durch ihre Dezimierung und ihr Verschwinden kam es schon 1770 im Sihwald bei Zürich zu einem Problem, welches durch eine übernatürliche Bestandsdichte des Schalenwildes noch heute aktuell ist. Das sind die durch diese Tiere verursachten Verbissschäden.

Um 1800 hatte sich der Siedlungsraum des Luchses halbiert. Zu den übrig gebliebenen Rückzugsgebieten gehörten einige Mittelgebirge, das Alpenmassiv und, gegenüber der früheren Vorkommensgrenze etwas verlagert, Skandinavien. Östlich der Linie Rigascher Meerbusen und südliches Griechenland, ausgenommen des Peloponnes, konnte die Luchspopulation noch weitgehend ihre alten Areale behaupten. Mit dem Beginn des 20. Jahrhunderts war die Mitte unseres Kontinents fast luchsfrei. Inselartige Vorkommen lebten noch in Skandinavien, den Karpaten, in den Bergen Albaniens, Südjugoslawiens und Griechenlands. Nur die Region hinter der finnischen Ostgrenze mit einem nach Süden verlängerten Areal konnte der Luchs in einer überlebensfähigen Bestandsdichte noch großräumig besiedeln.

Die wirksame Bejagung hatte im 18. Jahrhundert auch die Luchspopulation in Württemberg gelichtet. Bei Bestandsschätzungen für das gesamte Land kam man 1719 noch auf 43 Tiere. Doch dann ging es Schlag auf Schlag. Die Vollzugsmeldungen der Ausrottung kamen 1796 aus dem Thüringer Wald, 1818 aus dem Harz, 1846 aus Württemberg, wo der letzte Luchs auf der Schwäbischen Alb in der Nähe der Burgruine Reußenstein Pulver und Blei zum Opfer fiel, 1872 aus Tirol, 1892 aus der Steiermark, kurz nach 1900 aus den Meeralpen, den Grajischen, Cottischen und Penninischen Alpen.

Regionale Bestandsentwicklungen

Alpen

Die Ausrottung des Luchses nahm in den Ostalpen einen anderen Verlauf als in den Westalpen. Während in den Ostalpen der Großteil der Population in einem verhältnismäßig kurzen Zeitabschnitt großräumig zusammenbrach, konnte sie sich im westlichen Gebirgsteil etwas länger halten. Der Rückgang verlief hier, auf die einzelnen Areale bezogen, mehr gestaffelt, das heißt, das

Streifgebiet Alpen –
Bereich des Aletschgletschers

Erlöschen der Besiedlung erfolgte in den einzelnen Regionen zu unterschiedlichen Zeiten. Ganz geradlinig gestaltete sich diese Entwicklung nicht. Während in der ersten Periode des 19. Jahrhunderts die südlichen Berge der Alpenrandzone und der nördliche Teil des Schweizer Gebirges nicht mehr vollständig zum Luchsgebiet zählten, war seine Verbreitung in den Alpenregionen Österreichs nicht wesentlich eingeschränkt. Das änderte sich jedoch innerhalb weniger Jahrzehnte. Das geschlossene Luchsvorkommen in den Ostalpen löste sich auf. Übrig blieb eine über ein großes Gebiet zerstückelte und verteilte Luchspopulation, die sich bis 1870 halten konnte. In den östlichen Alpenrandgebieten, in den Vorbergen Sloweniens, zog die hochbeinige Katze noch bis in das 20. Jahrhundert hinein ihre Fährte.

Die Gründe, die die Luchspopulation in den Ostalpen zuerst zusammenbrechen ließen, lagen in der Struktur dieses Gebirgsteiles. Durch ein engeres, gut erschließbares Talnetz kam es schneller zu einer höheren menschlichen Besiedlungsdichte bis in die Hochlagen. Das engte den Lebensraum des bewegungsfreudigen Tieres, der überwiegend zwischen der Waldgrenze und den Dörfern lag, wesentlich ein und ermöglichte dadurch gleichzeitig eine intensivere Nachstellung.

Nachdem die letzten Luchse der Ostalpen der Bejagung zum Opfer gefallen waren, konnten sie ihr Einzugsgebiet in den Westalpen bis hin zum französischen Jura und Zentralmassiv weiterhin besiedeln. Erst ab 1870 verlagerte sich die Grenze ihres vorgeschobenen westlichen Vorkommens in die Meeralpen und Dauphine. Trotz der höheren Massenerhebungen der Westalpen, die in ihrer Ausdehnung die Ostalpen übertreffen, und der sich weiter hinaufziehenden Waldgrenze, liegt zum Beispiel im Wallis die Mehrzahl der Dörfer unter 1400 m über dem Meeresspiegel. Der darüber liegende breite, fast menschenleere Gürtel verschafft dem Luchs die erforderlichen Reviergrößen. Einen noch größeren Umfang hatten die Aktionsräume in der schroffen italienisch/französischen Alpenregion, wo schwer zugängliche Täler den Bau von Siedlungen nur in weit tieferen Lagen ermöglichten. Hier erreichen die Schneehöhen in den Tallagen auch nicht die Mächtigkeit wie in der Alpenrandzone. Solche Bedingungen wirken sich positiv auf den Bewegungsspielraum und damit auf die Lebensbedingungen des Luchses aus.

In den Schweizer Südalpen gab es wesentlich mehr Wölfe als Luchse. So erlegte man zwischen 1630 und 1637 im Raum Soglio, Bondo und Castasegna nur zwei Luchse, jedoch 18 Wölfe. In dieser Region befindet sich auch das Gebiet, in dem der Luchs 1561 in Bormio zum ersten Mal im Jagdrecht erwähnt wurde. Dort fanden seine Felle so viele Liebhaber, dass nur derjenige die Abschussprämie erhielt, der die begehrte Trophäe nicht an die Einwohner anderer Gemeinden veräußerte. Doch nicht nur das Fell war begehrt, sondern auch das Fleisch als Bereicherung des Speisezettels, wohlgemerkt des menschlichen. 300 Jahre später war es aus mit Fellverkauf und Luchsmenü, denn der Lieferant war ausgerottet. Im Tessin muss der Luchs nach heutigen Beurteilungen vor 1800 verschwunden sein, im Veltrin aller Wahrscheinlichkeit nach noch etwas früher.

Das Tessin hatte zu der angegebenen Zeit schon eine hohe Bevölkerungsdichte, die mit einer wesentlichen Schrumpfung der Waldflächen verbunden war. In dieser Landschaft stellten nicht die Massenerhebungen mit ihren mächtigen Schneelagen die letzten Rückzugsgebiete, sondern das Areal der Seealpen. In der Gotthardregion stammt die erste schriftliche Erwähnung des Luchses aus dem Jahr 1613. In Graubünden werden die Belege über geschossene Luchse schon ab 1800 selten. Hier war für den Ausrottungsprozess nicht so sehr die im Verhältnis zu anderen Gebieten geringe Bevölkerungsdichte ausschlaggebend, sondern die von den benachbarten Kantonen abweichende Siedlungsweise. Der Standort vieler Dörfer lag in den Hochtälern, was eine Einengung des Aktionsraumes bedeutete. Die Zurückdrängung des Waldes aus der Talaue und von den Sonnenhängen sowie die intensive Nutzung der Waldweide wirkten sich auf die Population des Luchses ebenfalls ungünstig aus.

Das Wallis und die französischen Alpen hatten bis 1850 einen guten Luchsbestand. Die großen Massenerhebungen boten dafür die besten Voraussetzungen. Doch etwa 50 Jahre später war auch dieses Gebiet luchsfrei. Die letzte Beobachtung des gefleckten Jägers stammt aus dem Jahr 1903 aus der Walliser Simplonseite. Die wenigen Großkatzen, die sich noch vor dem genannten Datum in dieser Gegend aufhielten, waren vermutlich nicht bodenständig, sondern aus dem Aostatal und den französischen Alpen zugewandert. In den Schweizer Kantonen Uri, Nidwaden und Schwyz verschwand der Luchs wesentlich früher als aus der doppelt so dicht besiedelten Juraregion. Als Begründung lassen sich drei Gründe anführen:

1. Die Viehzucht bildet in den Alpen seit dem Mittelalter die bestimmende Wirtschaftsform, so auch in den genannten Kantonen. Die hochbeinige Katze zählte zu den großen Beutegreifern, denen man Viehverluste anlastete und die aus diesem Grund einer starken Verfolgung ausgesetzt war.

2 . Im Unterschied zur gleichen Höhenlage des Jura ist in den Nordalpen die maximale Schneemächtigkeit wesentlich höher als in den Tallagen des inneralpinen Bereiches, was den Lebensraum des Luchses im Winter einengt und die Nachstellungen erleichtert.

3. Ab 1800 versiegte die Zuwanderung aus den benachbarten Regionen als Folge des dort ebenfalls geschwächten Luchsbestandes.

Heute profitiert die französische Alpenregion durch die expandierende Schweizer Luchspopulation, wobei der Gesamtbestand, der ebenfalls einen steigenden Trend aufweist, schwer einzuschätzen ist. Nach HERRENSCHMIDT sollen es etwa 30 Luchse sein.

Juraregion

Im 15. und 17. Jahrhundert bevölkerte der Luchs noch den gesamten Juraraum. Der erste schriftliche Hinweis nimmt Bezug auf ein im Kanton Schaffhausen am 22. Dezember 1607 erlegtes Tier. In der Zeit während und nach dem Dreißigjährigen Krieg kommt es im benachbarten Deutschland zu einer Bevölkerungsausdünnung, in deren Folge der Luchsbestand wieder zunimmt. Diese verstärkte Population strahlt unter anderem auch bis in die Juraregion aus, was durch die steigende Zahl der Erlegungsprämien überliefert ist.

Luchsgebiet Jura

Aus diesen Unterlagen geht weiter hervor, dass der Luchs in dem weniger dicht von Menschen besiedelten, mit großen zusammenhängenden Wäldern bedeckten Jura weit häufiger vorkam, als in dem stark bevölkerten Schweizer Mittelland. Die Siedlungen nahmen im eidgenössischen Jurateil im 17. Jahrhundert durch die beginnende Industrialisierung zu und damit auch die Nachstellungen auf die Großkatze. Im Jahr 1800 gab es im Schweizer Jura keinen Luchs mehr, trotz der nach wie vor großen Waldflächen. Die anderen großen Beutegreifer konnten dem Jagddruck eine Zeitlang besser ausweichen als der Luchs. Wie Abschussprämien belegen, zogen hier Wölfe noch bis weit in das 19. Jahrhundert hinein ihre Jungen groß. So sind zum Beispiel in den erhaltenen Unterlagen der Gemeinde Langendorf zwischen 1692 und 1802 Ausgaben für zehn Bären und 95 Wölfe, aber für keinen einzigen Luchs notiert.

Heute bietet der Schweizer Jurateil für den Luchs eine gute Nahrungsgrundlage, eine hohe Walddichte, verbunden mit einem ebenso hohen Waldanteil. So lagen hier trotz der gewachsenen Bevölkerung gute Bedingungen für die Wiederansiedlung der großen Katze vor, die auch in die Tat umgesetzt werden konnte.

Die Entwicklung der seit den ersten Aussetzungen 1973 bestehenden Population lässt sich nicht exakt einschätzen. Der zentrale Bereich des Schweizer und das angrenzenden Französischen Jura, auf den noch gesondert eingegangen wird, ist inzwischen besiedelt. Es findet aber keine weitere Ausbreitung in die Randbereiche statt, das lässt auf hohe jährliche Verluste schließen, die durch illegale Abschüsse und Verkehrsunfälle verursacht werden.

Die telemetrische Untersuchung der Luchse im Jura wurde inzwischen aufgegeben, nachdem sich die Population im Wesentlichen stabilisiert hatte. Der Abstand des aktuellen Verbreitungsgebietes zum Schwarzwald ist zwar groß, aber es bestehen zwischen den beiden Mittelgebirgen geeignete Korridore, die von den Luchsen benutzt werden können. Die mittlere Abwanderungsdistanz beträgt ca. 40 km. Das geschlossene Populationsgebiet wird aber in der Regel nicht verlassen. Ohne Populationsdruck werden Barrieren wie Alpentäler oder waldarme Gebiete selten überquert.

Telemetrisch beobachtete Luchse haben dennoch gezeigt, dass sowohl Flüsse als auch vielbefahrene Straßen, Bahnlinien oder Zäune zwar eine große Behinderung darstellen, aber trotzdem überwunden werden.

Auch in der Gesamtschweiz zeigt sich, dass außer der Telemetrie nur Spuren und Risse sichere Hinweise auf das Vorhandensein von Luchsen gewähren. Sichtbeobachtungen sind dagegen immer mit Zweifel behaftet.

Im Schweizer Jura spielt die Schafzucht keine Rolle. Der Luchs konzentriert sich dort bei seinem Speiseplan ganz auf sein Wildtierspektrum. Folgende Arten wurden ermittelt:

Rehe	ca. 70 %
Gämsen	20 %
Füchse	6 %
Hasen	2 %
sonstige Tiere	2 % (u. a. Wildschweine)

Das Streifgebiet eines Luchses beträgt hier etwa 100 km^2.

Der Luchs kann mehrere Tage ohne Nahrung auskommen. Im Jura entfällt auf 200 ha ein Rehriss. Das ergibt ungefähr 0,5 Rehe je 100 ha. Die Rehdichte wird auf 5–15 Stück/100 ha geschätzt. Der Anteil des Luchsbedarfes ist daher gering.

Eine Untersuchung an gefundenen toten Rehen hat folgende Anteile der Mortalität ergeben:

Jagd	53%
Verkehr	17%
Fallwild	4%
Luchs	26%

Der Einfluss des Luchses auf die Beutetierpopulation ist in erster Linie abhängig von deren Dichte. Zeitweise kann aber auch die eigene Populationsstärke zu erhöhten Eingriffen führen. Rotwild ist nur mit Kälbern und einjährigen Tieren im Jura-Beutespektrum des Luchses vertreten. Beim Schwarzwild sind ebenfalls nur schwächere Tiere betroffen. Schwarzwild kann aber bei zu hoher Dichte zum Beutekonkurrenten werden, da Wildschweine Luchsrisse schnell abräumen und den Luchs dazu zwingen, in kurzer Zeit neue Beute zu reißen. Beim Gamswild kommt es im Jura zu regulierenden Eingriffen, da Gämsen nicht in waldfreie Hochlagen ausweichen können und in der Waldregion dem Luchs unterlegen sind. Nicht durch den Luchs gefährdet ist im Jura das Auerwild. Schafverluste sind hier ebenfalls kein Thema.

Bis Anfang 2000 wurden in einem Zeitraum von 25 Jahren 150 Luchse tot aufgefunden. Davon waren ein Drittel Verkehrsopfer, ein Drittel entfiel auf gewilderte Tiere und bei einem Drittel registrierte man sonstige Todesursachen. Die jährliche Nachwuchsrate pro führender Luchsin liegt im Jura bei ein bis vier Jungen. Davon überlebt nur die Hälfte das erste Lebensjahr. Bei der Suche nach einem eigenen Revier treten weitere Verluste auf.

Aus dem Aargau südlich des Hochrheins registrierte man 2003 mehrere Luchsbeobachtungen. Nachdem in diesem Kanton einige Wildtierkorridore in Richtung Hochrhein bestehen, die dem Luchs die Wanderung in Richtung Schwarzwald ermöglichen, wird dort die Zuwanderung aus dem Schweizer Jura konkreter vorstellbar.

Etwas anders als im Schweizer lesen sich die Ausrottungsdaten im französischen Juragebiet, wo es während des gesamten 19. Jahrhunderts über teilweise längere Zeitabstände immer wieder einmal zu Luchsabschüssen kam. Sie beziehen sich jeweils auf die Jahre 1819, 1823, 1834, 1850 und 1885. Aufgrund dieser geringen Anzahl ist davon auszugehen, dass es sich um Zuwanderer aus der westlichen Alpenregion handelt. Im Jura wurde der Luchsbestand durch die zunehmende Besiedlung des Umlandes von der anderen, ebenfalls bereits geschwächten Luchspopulation aus den in der Nähe liegenden Gebieten abgeschnitten. Hier fehlten auch die urwüchsigen Landschaften des Hochgebirges als Rückzugsgebiete. Der Jura hat zwar eine ausreichende Längenausdehnung, seine Breite entspricht jedoch nicht unbedingt den Erfordernissen eines guten Luchsbiotops.

Trotzdem besetzte die expandierende Schweizer Jurapopulation auch den französischen Teil dieses Mittelgebirges. Den ersten Hinweis gab ein 1974 bei Genf getöteter Luchs. Beginnend mit der ab 1980 einsetzenden Zuwanderung durchstreifen zurzeit 30 bis 40 Luchse im französischen Juraareal eine Fläche von etwa 8000 km².

Doch kam es bei dieser sich gut entwickelnden Population auch zu Rückschlägen. Nach einer Demonstration von Schafhaltern in der Kleinstadt Bourg-en-Bresse lockerten die Behörden das Jagdverbot. Die Schäfer erhielten die Erlaubnis, den auf „frischer Tat" erwischten Luchs zu erlegen. Das war ein nicht zu kontrollierender Freibrief, der innerhalb kurzer Zeit zwölf Luchsen das Leben kostete. Aufgrund vorsichtiger Schätzungen dürfte das mehr als ein Drittel des damaligen Bestandes gewesen sein.

Dabei weisen auch hier die durch den Luchs verursachten Schäden an Schafen die typische Kurve einer sich etablierenden Population auf, die zuerst ansteigt, um nach Beendigung der Etablierung wieder abzufallen, das heißt, sich zu normalisieren.

Die Verluste stellen sich nach BREITENMOSER *&* BREITENMOSER-WURSTEN, *1990, und* HERRENSCHMIDT, *1992, wie folgt dar.*

Jahr	1984	1985	1986	1987	1988	1989	1990	1991
Luchsrisse im französischen Jura (Distrikte Ain, Doubs und Jura)	4	4	6	39	158	426	204	19

Nachdem speziell ausgebildete einheimische Fachleute und Wildhüter die Risse untersucht haben, erhalten die Geschädigten für ein Lamm 90 Euro, für ein Mutterschaf bis zu 225 Euro. Wenn der Schafhalter einen Angriff auf seine Herde nachweisen kann, erhält er als „Störungsprämie" pro Kopf der Herde 0,75 Euro, was bei einer Herde von 100 Tieren 75 Euro ausmachen kann. Die Entschädigungen und die anfallenden Kosten für Schutzmaßnahmen, z. B. Halsbänder, werden vom WWF Frankreich und dem Umweltministerium übernommen. So beliefen sich die Kosten für Entschädigungen in den Distrikten Ain und Jura, wenn man eine durchschnittliche Summe von 150 Euro pro Tier ansetzt, 1988 auf rund 22.500 Euro und 1989 auf 55.000 Euro. Diese Höchstwerte reduzierten sich 1990 auf etwa 3060 und 1991 auf 1785 Euro.

Schwarzwald

Am Beginn des 16. Jahrhunderts war der Luchs in dem 160 km langen und maximal 60 km breiten Schwarzwald ein verhältnismäßig häufiges Standwild. Große zusammenhängende Buchen- und vereinzelt auch Tannenwälder bedeckten das bis zu 1493 m hohe Mittelgebirge. Auf die ehemalige Luchspopulation weisen noch heute einige Flurnamen und topographische Bezeichnungen hin wie Luchsbrunnen bei Wildbad oder Luxberg bei Badenweiler. Luchsfelsen erscheint gleich zweimal: im St. Wilhelmer Tal und am Hochfirst bei Titisee-Neustadt. Zwischen 1480 und 1770 sind Hinweise überliefert, die sich 32-mal auf den Luchs beziehen. Weitere 26 Abschüsse sind aus dem gleichen Zeitraum bekannt. In diesem Fall ist jedoch eine genaue Zuordnung nicht möglich, da man Luchs und Wolf unter der gleichen Bezeichnung führte. Das Fell eines erlegten Luchses musste nach dem am 9. Dezember 1587 erlassenen Baden-Baden-schen Forstgesetzen direkt am markgräflichen Hof abgeliefert werden. Die ältesten schriftlichen Belege über den

1770 wurde der letzte Schwarzwaldluchs in der Nähe von Kaltenbronn erlegt. Die Landschaft im Umfeld des Erlegungsortes.

gefleckten Jäger sind in der von Abt Kaspar in St. Blasien von 1480 bis 1551 verfassten Chronik zu finden. Schon 1530 gehörte die hochbeinige Katze auch hier zu den Tieren, deren Nachstellung die Obrigkeit der einfachen Bevölkerung extra gestattete. Die Auseinandersetzungen des Dreißigjährigen Krieges lassen die Bestandskurve ansteigen und wieder abfallen. In der Zeit von 1648 (Ende des Krieges) bis 1673 fielen in dem württembergischen Schwarzwaldareal 20 Luchse der Bejagung zum Opfer. Die Schneelagen dieses Mittelgebirges sind weitaus höher als die des Umlands, und so nahmen die Luchse im Winter weitgehend die tiefer liegenden Gebiete in Anspruch, weil sie hier eine größere Wilddichte vorfanden. Der Wolf erreichte im Schwarzwald höhere Bestandszahlen als der Luchs. 1718 kamen auf 21 bis 23 getötete Wölfe nur drei bis fünf erlegte Luchse. Die Erklärung lässt sich wieder aus der Lebensweise der Tiere ableiten. Der gefleckte Jäger ist ein ausgesprochener Einzelgänger mit großen Aktionsräumen, während beim Wolf immer mehrere Tiere zusammen sind und ein Rudel bilden. 1767 gibt es nur noch wenige Hinweise auf die Luchse des Schwarzwaldes. Ihre Zeit scheint sich dem Ende zuzuneigen. 1770 wird hier der letzte seiner Art bei Kaltenbronn im Nordschwarzwald erlegt.

Württemberg
(ohne Schwarzwald)

In Württemberg lebte der Luchs weit verbreitet in einer guten Bestandsdichte. So gibt es für einen Zeitraum von 265 Jahren (1581–1846) Hinweise auf 785 Tiere. Bei weiteren neun ist die Zuordnung nicht möglich, weil man Luchs und Wolf nicht getrennt vermerkte. Die in diesem Land frühzeitig einsetzende Verfolgung führte schon im Laufe des 16. Jahrhunderts zu einer Ausdünnung der Luchspopulation. Durch die Bevölkerungsabnahme, die der Dreißigjährige Krieg mit sich brachte, ging die Bestandsdichte wieder nach oben, um nach der Beendigung der Wirren durch eine verstärkte Bejagung drastisch zu sinken. So schätzte 1678 ein Jägermeister die Zahl der zwischen 1660 und 1678 erlegten Luchse auf 500. Auch wenn diese Angaben etwas übertrieben erscheinen, geben sie zumindest Aufschluss über den Nachstellungstrend. Ein genaueres Bild erhält man aus den Aufzeichnungen über die bei der Jagd getöteten Tiere. So wurden vor Kriegsausbruch 1618 pro Jahr zehn Luchse zur Strecke gebracht. Erst 24 Jahre später, im Jahr 1642, gab es wieder dokumen-

Im Bereich des Vorfelsens des Westturmes der Burgruine Reußenstein (Schwäbische Alb) wurde 1846 der letzte deutsche Luchs geschossen.

tierte Luchsverluste durch Bejagung. Bis 1647 waren es insgesamt nur noch vier und in der folgenden Nachkriegszeit von 1647 bis 1663 209 Tiere. Für diese letzten 14 Jahre ergibt das eine durchschnittliche Erlegungsquote von 15 Luchsen pro Jahr. Der württembergische Hof veranstaltete in dieser Zeit große Gesellschaftsjagden, die auch dem Luchs galten. Diese verlustreichen Bestandsminderungen blieben nicht ohne Auswirkungen. 1719 wurden noch 43 Luchse in württembergischen Landen vermutet. In dem folgenden Jahrhundert geht hier das Zeitalter der Großkatze zu Ende. 1718 werden nochmals neun Wölfe und Luchse erlegt. 1763 fielen zwei Luchse bei Stuttgart-Degernloch Pulver und Blei zum Opfer, zwei weitere 1834 bei Wertheim und 1846 der letzte seiner Art auf der Schwäbischen Alb bei der Burgruine Reußenstein. Die Überreste der Ruine geben einerseits Hinweis auf die Vergänglichkeit dieser Welt und andererseits auch auf die ehemalige Luchspopulation. In einer Inschrift innerhalb dieser Mauern ist das genaue Abschussdatum festgehalten.

Niederlande

Aus diesem Land liegen nur Nachweise aus prähistorischer Zeit vor.

Großbritannien

Luchsnachweise liegen nur aus prähistorischer Zeit vor.

Norwegen

Das ursprünglich über das ganze Land verbreitete Luchsvorkommen war durch Nachstellungen, beginnend ab dem 19. Jahrhundert, bis etwa 1930 fast völlig verschwunden. Trotz einer über zwei Monate dauernden Jagdzeit vom 1. Februar bis zum 1. April, bei der jeder Jäger mit Erlaubnis des Grundstückseigentümers Luchse in unbegrenzter Zahl schießen durfte, konnte sich die Luchspopulation dennoch so erholen, dass eine zunehmende Bestandshöhe und Gebietsausdehnung zu verzeichnen war. Diese von 1968 bis 1990 anhaltende Trendwende führte zu erstaunlichen Ergebnissen. Der Luchsbestand stieg in den genannten 22 Jahren von 150 auf 400 Tiere an und besiedelt heute ein größeres Verbreitungsgebiet als zwei Jahrzehnte zuvor.

Ähnlich wie in Finnland sind die vom Luchs verursachten Schäden an Haustieren wesentlich geringer als die von Wolf, Braunbär, Vielfraß und Adler. Der Luchs zählt hier nicht zu den geschützten Arten, deshalb wird nur in besonders schweren Schadensfällen eine Entschädigung gezahlt. Aus diesem Grund werden die einzelnen Schäden und ihre Verursacher auch nicht registriert. In einer Art Selbsthilfe bieten Schafzüchter oder Rentierbesitzer Abschussprämien an.

Schweden

Wie in den meisten bisher behandelten Ländern war in Süd- und Mittelschweden der Luchs bis in die Mitte des 19. Jahrhunderts in relativ hoher Dichte verbreitet. Das änderte sich ab der zweiten Hälfte des gleichen Jahrhunderts durch eine starke Abnahme, in deren Folge er in Südschweden ausgerottet wurde und auch in Mittelschweden bis 1925 nur noch wenige Tiere überlebten. Als dann von 1925 bis 1943 ein Vollschutz erlassen wurde, nahm nicht nur der Rehwildbestand zu, sondern es setzte gleichzeitig eine schnelle Erholung der Population von Meister Pinselohr ein, in deren Folge er auch die vorher luchsfreien Gebiete Nordschwedens besiedelte. So kommt er heute in einer nicht gefährdeten, autochthonen Population in allen Landesteilen nördlich des 60. Breitengrades vor, die jedoch einer gewissen Schwankungsbreite unterliegt.

Die heutige Luchspopulation wird auf 1500 Tiere geschätzt. Das ist eine erfreuliche Entwicklung, denn aus ökologischer Sicht würden 1000 Individuen genügen. Zu Problemen kommt es im nördlichen Teil Schwedens, wo die Samen ihre Rentiere weiden lassen. Hier soll der Bestand reduziert und in den übrigen Landesteilen auf dem heutigen Niveau durch Bejagung stabilisiert werden. In Südschweden, das zu den luchsfreien Gebieten zählt, ist dagegen eine Ausbreitung erwünscht.
    Die Schonzeit des Luchses läuft seit 1986 über das ganze Jahr, ausgenommen sind die nördlichen Gebiete, in denen Rentiere gehalten werden. Hier ist von Mitte Februar bis Ende März bzw. bis Ende April eine Jagdausübung möglich. Außerhalb dieses Zeitraumes kann man zwar auch eine Jagderlaubnis beantragen, eine solche wurde bisher jedoch in keinem einzigen Fall genehmigt.

Finnland

In diesem nordischen Land lässt sich eine flächendeckende Besiedlung durch den Luchs bis etwa 1880 nachweisen. Als danach eine starke Bejagung einsetzte, konnte er um 1920 nur noch in Finnisch-Karelien und in Finnisch-Lappland überleben. Der Zweite Weltkrieg führte zu einer kurzen Bestandserholung. Doch 1950 hatte die Luchspopulation schon wieder einen Tiefpunkt erreicht. Die gesetzliche Unterschutzstellung in Schweden und der anwachsende Bestand in Sowjetisch-Karelien leiteten erneut eine Trendwende ein. Sie brachten eine starke Zuwanderung und Ausbreitung des Luchses, so dass sich sein Vorkommen, nach Angaben sind es etwa 500 Tiere, in unterschiedlicher Dichte wieder über ganz Finnland erstreckt. Eine ganzjährige Schonzeit, die Jagdlizenzen nicht ausschließt, soll heute seinen Schutz garantieren. Aufgrund dieser Ausnahmeregelung wurden z. B. 1987/88 90 und 1988/89 65 Luchse erlegt.

Die Schäden durch den Luchs an Haustieren, es betrifft fast ausschließlich halbdomestizierte Rentierherden, halten sich in engen Grenzen. Dabei ist eine Gegenüberstellung der Verluste, die andere Prädatoren verursachen, höchst aufschlussreich.

So wurden von 1976 bis 1986 Rentiere getötet von

Wolf	Bär	Vielfraß	Adler	Luchs
3041	2790	2551	1794 (Kälber)	721
				(auf den Gesamtverlust bezogen, sind das 6,6 %)

Für diese gesamten Verluste wurde von 1974 bis 1986 pro Jahr durchschnittlich ein Ausgleich von umgerechnet 430.000 Euro bezahlt, auf den Luchs bezogen, entfallen dabei im Jahr 27.500 Euro. Legt man die angegebene 500 Tiere umfassende Luchspopulation zu Grunde, beträgt der Schadensanteil der Großkatze pro Jahr und Luchs 55 Euro.

Skandinavien insgesamt

Rund 2500 Luchse umfasst die „nordische Population" des Luchses in Finnland, Schweden, Norwegen und dem karelischen Teil von Russland. Sie ist damit heute auf dem höchsten Stand seit Mitte des 19. Jahrhunderts angelangt. Ganz verschwunden war der gefleckte Jäger aus den riesigen Wäldern des nördlichen Skandinavien nie. Seit 1950 geht es mit dem Bestand dank staatlicher Schutzmaßnahmen wieder aufwärts. Heute ist die Art voll etabliert und wird in Schweden, Norwegen und Finnland bejagt. Erlegt werden jährlich rund 100 Luchse. Etwa gleich viele kommen bei Verkehrsunfällen und illegaler Jagd ums Leben. Die durch Luchse verursachten Verluste bei Nutztieren und halb domestizierten Rentieren sind relativ hoch, doch der Staat kompensiert die Ausfälle, was alleine in Norwegen 1995 über sechs Millionen Franken ausmachte. (BUWAL 3/2000)

GUS (europäischer Teil der ehemaligen Sowjetunion. Betrifft heute die Länder Estland, Lettland, Litauen, europäischen Teil Russlands, Weißrussland und Ukraine)

Die weltweit größte Population des Nordluchses lebt im europäischen Teil der GUS. Nach offiziellen Angaben sind es insgesamt 47.000 Tiere. Experten kommen jedoch auf Zahlen, die zwischen 36.000 und 40.000 Individuen liegen. Egal, welche Daten richtig sind, alle imponieren. In diesen Regionen kann man auch etwas über die Anpassungsfähigkeit der Großkatze lernen, denn sie kommt dort in Gebieten mit hoher Bevölkerungsdichte und sogar in unmittelbarer Nähe von Siedlungen vor. In den Gebirgsarealen mit ihrer anderen Faunenzusammensetzung zählen zu ihrer Beute überwiegend Schneehasen.

Die Luchspopulation der GUS verteilt sich über drei isolierte Verbreitungsgebiete, die sich über folgende Länder und Regionen ausdehnen:

1. Polen, Finnland, der Norden der GUS und der Ural. Die mittlere Luchsdichte wird im mittleren und südlichen Ural auf unter vier Tiere pro 100 km^2 geschätzt. Das sind kleine Streifgebiete, wenn man sie mit der Größe der meisten mitteleuropäischen Luchsreviere vergleicht.

2. Die Waldkarpaten, die eine Brücke zwischen den Luchsvorkommen Polens, der ehemaligen Tschechoslowakei und Rumäniens bilden.

3. Große Luchspopulation im Kaukasus mit Verbindungen zu türkischen und evt. auch zu persischen Luchsgebieten.

Autorisierten Jägern ist es gestattet, von November bis Februar Bejagung und Fallenfang auszuüben, wobei sie für erlegte Luchse Prämien erhalten. Die Erlegungszahlen sind dementsprechend:

Jahr	1983	1984	1985	1986	1987
Erlegte Luchse	2100	4500	5400	5500	4300

Der Luchsbestand gilt trotz der großen Abschussquote als nicht gefährdet. Aus gutem Grund wird jedoch von Experten ein strengerer gesetzlicher Schutz gefordert. Schwerwiegende Schäden an Haustieren sind bisher nicht bekannt.

Polen

Polen wurde früher vom Luchs in einer relativ hohen Dichte besiedelt. Er bewohnte das Land von der Ostsee bis zu den Karpaten. 1850 war die Population infolge starker Nachstellungen auf einen Tiefpunkt abgesunken. In den folgenden Jahren wurden Bestandserhebungen durchgeführt, die man mit einer Art planmäßiger Bewirtschaftung verband. Seit dieser Zeit blieb das Verbreitungsgebiet auch weitgehend konstant, es soll sich nach neuesten Angaben im nordöstlichen Teil Polens sogar wieder etwas vergrößert haben. Bei den vom Luchs bevölkerten Gebieten handelt es sich um zwei unabhängige, voneinander getrennte Regionen, in denen stabile, autochthone Vorkommen leben, deren Gesamtbestand 1988 von offiziellen Stellen mit 435 Tieren angegeben wurde. Nach neueren Erkenntnissen, die auf Ergebnissen einer groß angelegten Inventur der Wolfs- und Luchspopulationen beruhen, die in allen Forstbezirken und Nationalparks stattfand, umfasste die Luchspopulation in Polen 2001 etwa 180 Luchse. Ihre Streifgebiete liegen in den Karpaten und im Nordosten des Landes, in dem auch der Nationalpark Bialowieza seinen Standort hat.

Im Kampinoski-Nationalpark wurden Luchse im Rahmen eines Aussetzungsprojektes freigelassen. Es waren wie im Harz Gehegeluchse. Dort hatte man jedoch in der Nähe von Bauernhöfen teilweise Probleme mit der Vertrautheit der Tiere. Doch deren Nachkommen zeigten wieder das gewohnte Wildverhalten. Ein Teil der ausgesetzten Tiere wanderte inzwischen aus dem Nationalpark in weitere Waldgebiete, die bisher luchsfrei waren. Eine Entwicklung, die gefördert wird.

Die Großkatzen durften von Anfang November bis Ende März bejagt werden, wobei Fallenfang verboten war. Von jeder Jägervereinigung wurde aufgrund von Bestandsschätzungen eine Erlegungsquote festgelegt. Weil vermutlich diese Methode nicht zu Gunsten des Luchses funktionierte, plädierten Experten für einen strengeren gesetzlichen Schutz, der 1995 auch durchgesetzt werden konnte.

Die Jagdstrecke umfasste beim Luchs von 1976 bis 1989 insgesamt 408 Tiere. Wenn man einige Jagdjahre herausgreift, ergibt das folgendes Bild:

1960/61	1965/66	1970/71	1971/72	1972/73	1973/74	1974/75	1975/76	1976/77	1987/88
13	17	16	21	22	28	31	30	32	34

Von den 1987/88 erlegten Luchsen stammen 27 aus den Karpaten und sieben aus den nordöstlichen Landesteilen. Schäden an Haustieren beschränken sich auf Einzelfälle, bei denen vom Staat eine Entschädigung bezahlt wird.

Über die Situation der Luchse in Polen nach der Jahrtausendwende wird auch in dem Abschnitt Wolf, Verbreitung und Ausrottung in Polen berichtet.

Tschechien und Slowakei

Die Beschreibung der Situation des Luchses in den genannten Ländern ist eigentlich am Anfang eine Wiederholung der vorangegangenen Situationsberichte. Auch hier besiedelte die gefleckte Katze ursprünglich das gesamte Gebiet von Tschechien und der Slowakei, doch ihr Ausrottungsprozess hatte im 19. Jahrhundert besonders in Tschechien einen durchschlagenden Erfolg. Der Bestand der wenigen überlebenden Luchse in den slowakischen Karpaten stand besonders im

ersten Drittel des 20. Jahrhunderts durch Nachstel-
lungen kurz vor dem Erlö-
schen. Vor dem Ausbruch
des Zweiten Weltkrieges
hatte die Bestandskurve
nicht nur vom Luchs, son-
dern auch von Bär und
Wolf ihren niedrigsten
Stand erreicht. Nach
Angaben von HELL liegen
die Schätzungen für das
Jahr 1930 in diesen Bergen
bei 30 bis 50 Luchsen, 20
bis 35 Braunbären und
zehn bis zwölf Wölfen.
Nachdem die Jagd auf
Bären schon ab 1932
wesentlichen Einschrän-
kungen unterlag, erfolgte
die völlige Unterschutz-
stellung des Luchses 1935.
Kurze Zeit später, im Jahr
1936, wurde die ganzjäh-
rige Schonzeit auf die Zeit
vom 1. März bis 31. Juli
eines jeden Jahres
wesentlich verkürzt. Diese
Regelung galt bis 1955. Der
Luchsbestand konnte sich
trotz des nur sechsmona-
tigen Jagdverbotes, mit
einer steigenden Tendenz
in den Nachkriegsjahren,
langsam erholen. Die
Beobachtungen der
gefleckten Katze in der
Nähe menschlicher Sied-
lungen häuften sich, und
es erfolgten Abwande-
rungen, die nach Westen
und Süden führten und
von denen Österreich,
Ungarn, Böhmen und
Mähren profitierten und
sogar mit wenigen Indivi-
duen die ehemalige DDR
einschlossen.

Die Hohe Tatra ist Luchsgebiet. Wenn sich die Aktivitäten der gefleckten Katze auch überwiegend auf die Waldareale beschränken, kann sie auf ihren nächtlichen Streifzügen bis in die Felsregionen vordringen.

Der von Experten geäußerten Meinung einer zeitweiligen Überpopulation kann hier nicht zugestimmt werden, da

1. das Streifgebiet eines Luchses u. a. von dessen Wilddichte bestimmt wird und
2. der territoriale Luchs außer dem Kuder keinen Artgenossen in seinem Revier duldet und sogar die eigenen Jungen im Alter von etwa zehn Monaten zur Abwanderung zwingt.

In Mähren, wo der Luchs sich schon etwas etabliert hatte, sorgte die Jagd ziemlich schnell wieder für sein umgehendes Verschwinden.

1955 umfassten die vom Luchs bewohnten Waldgebiete 13.700 km². Von 1955 bis 1971 belief sich hier die Jagdstrecke auf 1127 Luchse, mit einer Jahresquote von teilweise über 100 Tieren. Dieser Jagddruck blieb nicht ohne Folgen, die Zahl der gefleckten Katzen ging zurück. Deshalb griff ab 1975 eine neue Schonzeitregelung vom 1. März bis 15. September, die auch für den Wolf Geltung hatte. Das führte wieder zu einem Ansteigen des Luchsbestandes. So leben in den Westkarpaten gegenwärtig vermutlich mehr Luchse als in den letzten 150 bis 200 Jahren. Diese Tendenz trifft übrigens auch auf die beiden anderen großen Beutegreifer Wolf und Braunbär zu. Sogar im Altvatergebirge haben sich inzwischen Luchse etabliert. Diese Gesamtentwicklung spiegelt sich in den Abschusszahlen. So fielen 1989 in der Slowakei 99 Luchse, 56 Bären und 112 Wölfe legalen Nachstellungen zum Opfer. Der Gesamtbestand soll nach vorsichtigen Schätzungen, die noch nicht einmal zwei Drittel der offiziellen Jagdstatistik ausmachen, in dieser Region 400 bis 500 Luchse, 500 bis 600 Braunbären und 300 bis 400 Wölfe umfassen.

1982 wurde im Böhmerwald der Versuch unternommen, den Luchsbestand durch die Aussetzung von 17 Wildfängen aus den Karpaten, es waren elf männliche und sechs weibliche Tiere, wieder zu etablieren.

Die meisten Luchswildfänge, die bei Wiedereinbürgerungsprojekten eingesetzt wurden – eine Ausnahme bildet in diesem Sinne z. B. der Harz – stammen aus den Karpaten. Sie erlangen durch diese Entnahmen, die Populationen begründeten oder begründen sollten, genannt sind hier z. B. die Schweiz, Frankreich und Slowenien, eine besondere Bedeutung. Es wurden für solche Vorhaben zwischen 1987 und 1989 durchschnittlich pro Jahr drei Luchse gefangen. Neuere Untersuchungen haben ergeben, dass es sich bei den Karpatenluchsen um eine eigenständige Unterart handelt *(lynx lynx carpathicus)*, die merkbar größer und auch stärker gepardelt ist als die Luchse in Skandinavien.

Eine weitere Population, die sich gerade wieder etabliert, besiedelt die Mährischen und Schlesischen Beskiden. Auch der Böhmerwald, im Grenzbereich zum Bayerischen Wald, gehört mit seiner auf 25 Tiere angewachsenen Population wieder zum Luchsgebiet.

In der Slowakei können heute Luchse von Mitte September bis Ende Februar bejagt werden. Fallen darf man nur zum Lebendfang einsetzen. Weil junge Luchse ihre Unabhängigkeit von der Mutter erst Ende März, Anfang April erlangen, fordern Experten eine Verlängerung der Schonzeit. Offizielle Stellen versuchen die Jäger dafür zu gewinnen, mehr Luchse zu fangen und weniger zu schießen. Dieses Ansinnen bereitet den Angesprochenen jedoch gewisse Schwierigkeiten, denn erstens lässt sich ein Luchs nicht so leicht fangen, und zweitens liefert ein gefangener Luchs keine Trophäe. In Tschechien genießt die Großkatze eine ganzjährige Schonzeit.

Bei den durch den Luchs verursachten Schäden an Haustieren in der Slowakei bestätigte sich die in anderen Ländern bereits gemachte Erfahrung, dass der Luchs im Gegensatz zu Wolf und Bär weitaus weniger Verluste verursacht. Ein Teil wird durch Versicherungen bezahlt, jedoch weder überprüft noch registriert. Die Behörden in Böhmen und Mähren registrieren zwar die Schäden, bezahlt werden sie jedoch nicht, deshalb liegen hier auch keine Daten vor.

Rumänien

In Rumänien war der Luchs ursprünglich ebenfalls über das ganze Land verbreitet. Infolge intensiver Nachstellungen ging seine Bestandskurve rasant nach unten und erreichte 1933 mit nur noch 100 Tieren ihren Tiefststand. Als gleich darauf seine Unterschutzstellung erfolgte – eine Bejagung war von da an nur noch mit Genehmigung möglich – erholte sich die Population in beträchtlichem Umfang. Ab 1962 durfte der Luchs wieder im ganzen Land bejagt werden.

Aufgrund vom Forstministerium durchgeführter Bestandsschätzungen, die auf Sichtbeobachtungen beruhen, konnten folgende (offizielle) Zahlen ermittelt werden:

Jahr	1950	1960	1970	1987
Luchse	500	1000	800	1500

Die eigenständigen, stabilen Populationen verteilen sich auf insgesamt 30.000 km² auf drei Kerngebiete der Karpaten: Ostkarpaten, Südkarpaten und Rumänische Westkarpaten. Legt man die 1500 Luchse von 1987 zu Grunde, entfallen auf einen Luchs 20 km², ein für die meisten mitteleuropäischen Verhältnisse sehr kleines Streifgebiet. Doch dann kommen wieder die inoffiziellen Expertenmeinungen, die ein ganz anderes Ergebnis prognostizieren. Ihrer Meinung nach beruht diese hohe Populationsdichte beim gleichzeitigen Vorkommen von Bär und Wolf auf einer starken Bestandsüberschätzung. Als realistisch geben sie 600 bis 1000 Luchse an, wobei auf einen Luchs immer noch nur 50 bzw. 30 km² als Streifgebiet entfallen.

Obwohl der Luchs nicht nur unter Schutz gestellt, sondern zusätzlich zum „Nationaldenkmal" erklärt wurde, vergibt das Forstministerium an einheimische und ausländische Jäger Lizenzen, die Fallenfang und Erlegung erlauben. Dazu kommen als nicht erlaubte Jagdgenossen die Wilderer. Illegal ausgelegte Giftköder, die für Wölfe bestimmt sind, wird der Luchs in der Regel nicht anrühren, da er bei den Schweizer Experimenten nur Fleisch annahm, welches man einem bestehenden Riss untergeschoben hatte.

Die folgenden Angaben geben Auskunft über die Jagdstrecke, wobei einige Jahre herausgriffen wurden:

Jahr	1950	1955	1956	1957	1958	1960	1965	1970	1975	1980
Luchse	97	38	42	30	28	39	84	81	71	10

Zu den Schäden an Haustieren schreiben Breitenmoser & Breitenmoser-Würsten (1990) wörtlich: „Keine schweren Verluste. Risse werden überprüft und vom Staat entschädigt." Diese Aussagen müssen jedoch neueren Informationen weichen, die besagen, dass die tatsächlichen Fakten anders aussehen als die offiziellen Angaben. Einem Merkblatt der URSUS GmbH Rumänien (Beier, 1991) ist zu entnehmen, dass die Schadensersatzklagen zunehmen, die durch Wolf, Bär und Luchs verursachte Verluste an Haustieren zum Gegenstand haben. Da aber die finanziellen Mittel zur Schadensregulierung nicht zur Verfügung stehen und auch die illegale Selbsthilfe eingedämmt werden soll, erwächst für die Behörden ein Problem. Die Lösung soll darin bestehen, gegen Devisen Abschüsse zu verkaufen, dabei sollen regelrechte „Schädlingsbekämpfungs-Methoden" ihre Anwendung finden, was auch immer das zu bedeuten hat.

Um dem entgegenzuwirken, hat die URSUS GmbH auf dem Verhandlungsweg das Recht erworben, einen Teil der zum Abschuss vorgesehenen Tiere lebend zu fangen, natürlich gegen eine entsprechende Gebühr. Diese Einnahmen werden Wiedereinbürgerungsprojekten, Bestandsaufstockungen und wissenschaftlichen Zuchtgehegen zugeführt. Einen solchen Handel sollte man nicht verurteilen, denn Rumänien ist ein bitterarmes Land, welches Devisen dringend benötigt. Im Grunde ist es ein Geschäft, von dem beide Partner profitieren.

Ungarn

Wie in vielen anderen Ländern wurde der Luchs auch in Ungarn im 19. Jahrhundert durch Nachstellungen und Lebensraumverlust ausgerottet. Für eine Zuwanderung aus der Slowakei gab es 1979 durch einen gefangenen Luchs erste Hinweise. Festgestellte Fährten und eine 1985/86 initiierte Befragung von Einheimischen lassen den Schluss zu, dass etwa zehn der Großkatzen, Tendenz steigend, im Nordosten Ungarns leben.

Im gesamten Karpatenbogen

In Tschechien, Slowakei, Polen, Ungarn, Ukraine, Rumänien und Rest-Jugoslawien leben heute 2200 Luchse, davon maximal 500 Tiere in der Slowakei. Der dortige Bestand ist zurzeit rückläufig, obwohl Luchse geschützt sind und nur kontrolliert bejagt werden dürfen. Der noch immer hohe Luchsbestand in der Slowakei ist auch für die westlichen und nördlichen Nachbarn wichtig, wo der Luchs einen noch schwereren Stand hat.

Ehemaliges Jugoslawien

Bis auf die Region um Belgrad war der Luchs etwa bis zum Beginn des 19. Jahrhunderts im ganzen Land verbreitet. Doch vom 19. Jahrhundert bis in die erste Hälfte des 20. Jahrhunderts unterlag sein Verbreitungsgebiet von Norden nach Süden einem fortlaufenden Schrumpfungsprozess. Schon 1912 wurde der letzte Luchs Sloweniens getötet. Ein Rückzugsgebiet für die wenigen überlebenden Großkatzen war die Grenzregion zu Albanien. Im Zweiten Weltkrieg kam die Trendwende, und die Population der gefleckten Jäger konnte ihre Lebensräume wieder bis in den Kosovo, Mazedonien und Montenegro ausdehnen. Über die Wiedereinbürgerung in Slowenien wird in dem Kapitel „Der Luchs kehrt zurück" berichtet.

Vor dem Beginn der Kriegswirren an der Wende vom 20. zum 21. Jahrhundert lebte ein autochthones Vorkommen von etwa 200 Luchsen auf einem rund 6000 km² umfassenden Gebiet in den Gebirgen Korab, Sara und Prokletija, die zum Kosovo und zu Montenegro gehören. Inwieweit sich der Krieg auf den Luchsbestand ausgewirkt hat, ist zurzeit nicht bekannt. Ob die seit 1951 im Süden Jugoslawiens geltenden Schutzbestimmungen während der genannten Auseinandersetzungen eingehalten wurden, darf bezweifelt werden, denn schon in normalen Zeiten soll Wilderei vorgekommen sein.

Griechenland

In Griechenland liegen für ein Luchsvorkommen keine nachprüfbaren Daten vor. Gerüchte besagen jedoch, dass er bis zum Zweiten Weltkrieg den Peloponnes und das Pindargebirge bewohnte. Auch die Gebiete im Norden und Nordwesten Griechenlands, die als die letzten Rückzugsareale gelten, sind heute luchsfrei. Es ist möglich, dass Waldrodungen seinen Lebensraum zerstörten. Doch es müssen noch andere unbekannte Faktoren bei seinem Verschwinden, zumindest im Norden Griechenlands, eine Rolle gespielt haben, denn in dieser Region leben immerhin noch Bären, Wölfe und Schakale.

Balkan

Vom Aussterben bedroht ist die Luchspopulation in den Balkanländern mit dem Kerngebiet Albanien, Mazedonien, Serbien und Montenegro. Schutzmaßnahmen sind hier dringend erforderlich, weil es sich bei dieser Population vermutlich um eine Unterart des Luchses names *Lynx lynx martinol* handelt. Es ist das kleinste und gleichzeitig das am wenigsten erforschte Luchsvorkommen Europas. Die Trennung zwischen den Luchsen des Balkans und der Karpaten erfolgte um 1850. Schon 100 Jahre vorher hatte der Ausrottungsprozess in Südosteuropa eingesetzt. Es grenzt an ein Wunder, dass sich einige dieser gefleckten Jäger den Nachstellungen bis heute entziehen konnten. 1935 bis 1940 standen die letzten 15 bis 20 Tiere kurz vor der Ausrottung. Nach dem Zweiten Weltkrieg kam die Wende, der Bestand konnte sich erholen, so dass er nach 1970 wieder 200 Luchse umfasste, die eine Fläche von 8000 km^2 besiedelten. Doch dann ging es wieder abwärts. Heute sind die Streifgebiete auf eine Größe von 1600 km^2 geschrumpft und mit ihr die Anzahl der Luchse, deren Vorkommen nur noch auf 50 Tiere geschätzt wird. Diesem dramatischen Rückgang konnte man bisher keinen Einhalt gebieten. Lediglich das Herzstück der Luchsausbreitung, der mazedonische Nationalpark Mavrovo, bietet den gefleckten Katzen eine sichere Zukunft. Dort ist ein ausreichendes Nahrungsangebot vorhanden, und der Schutz vor Wilderei wird ebenfalls weitgehend gewährleistet.

Um diesen negativen Trend zu stoppen und umzukehren, kamen im März 2000 auf Einladung von EURONATUR Luchsexperten aus zehn Ländern im kroatischen Nationalpark Plitvice zusammen, um ein Programm für die Rettung der gefährdeten europäischen Luchspopulation zu entwickeln. Das Ergebnis dieses Treffens war ein „Drei-Phasen-Plan".

Die erste Phase konnte dabei schon umgesetzt werden: Die Vertreter der jeweiligen betroffenen Länder informierten sich gegenseitig über ihren derzeitigen Kenntnisstand. Die so geschaffene Vernetzung und Zusammenarbeit von Partnern aus den Ländern Serbien, Mazedonien, Albanien, Bulgarien und Griechenland ermöglicht es in Zukunft, viele Wissenslücken zu schließen.

In der zweiten Phase will man versuchen, die Anzahl der Luchse auf dem Balkan zu ermitteln, etwas über ihre Verhaltensweise zu erfahren und die Chancen ihrer Ausbreitung herauszufinden. Wichtig ist dabei, die Gefahren festzustellen, denen die Luchse ausgesetzt sind, welche Rolle die Wilderei spielt und welche Barrieren Straßen und Städte darstellen. Weiters soll geprüft werden, wie sich Korridore zwischen isolierten Lebensräumen schaffen lassen. Die Klärung dieser vielen Fragen ist notwendig, um ein wirksames Schutzprogramm auszuarbeiten und in Phase drei zu realisieren.

Es besteht Einigkeit darüber, dass sich die Beteiligten dafür engagieren, dass sich der Luchs auf dem Balkan wieder entsprechend etablieren und ausbreiten kann. In dieses Netzwerk eingebunden sind meistens gut ausgebildete Wissenschaftler und Helfer vor Ort, die oft ihre gesamte Freizeit Naturschutzaufgaben widmen. Doch meistens fehlen ihnen für diese Aufgaben die einfachsten Hilfsmittel, wie wetterfeste Kleidung, Zelte, Ferngläser, Fahrzeuge und Kraftstoff. Auch hier kommt Unterstützung von EURONATUR, die eigene Erfahrungen und die Vernetzung des vorhandenen Wissens in dieses Projekt einbringt sowie finanzielle Hilfe leistet. Diese Hilfe zur Selbsthilfe ist jedoch nur möglich, wenn sie auf ein entsprechendes Spendenaufkommen zurückgreifen kann.

Türkei

Ursprünglich besiedelte der Luchs alle bewaldeten Regionen der Türkei. Heute ist sein Vorkommen auf wenige Kerngebiete beschränkt. Über die Bestandshöhe liegen keinerlei Angaben vor. Aufgrund von Beobachtungen sowie durch die Analyse der jährlichen Jagdstrecke gilt die Population als ernsthaft bedroht.

Die Jagdausübung unterliegt keinerlei Beschränkungen und ist einschließlich des Fallenfanges über das ganze Jahr erlaubt. Auch Ausländer können sich an der Jagd auf die Großkatze gegen eine Erlegungsgebühr von 1500 US-Dollar pro Luchs beteiligen. Wilderei sorgt zusätzlich für die Schwächung der Population.

Die Zahl der erlegten Tiere ist nicht bekannt, Schätzungen gehen von etwa 100 Luchsen pro Jahr aus. Über die sehr seltenen vom Luchs verursachten Schäden an Haustieren liegen keine offiziellen Angaben vor.

Italien

In Italien fand der Ausrottungsprozess des Luchses schon frühzeitig seinen Abschluss. Nur im Aostatal und in den Piemontischen Alpen konnte er mit wenigen Tieren bis etwa 1930 überleben. Die letzte nicht bestätigte Beobachtung stammt aus dem Jahr 1947. Aussetzungen im Gran Paradiso Gebiet blieb der Erfolg versagt.

Zuwanderer aus den wiedereingebürgerten und später expandierenden Populationen Sloweniens und der Schweiz tauchten im Nordosten bzw. im Nordwesten Italiens auf, wobei noch nicht feststeht, ob sie in der Lage sind, ein eigenständiges Vorkommen zu bilden. Positiv in einem solchen Fall ist, dass die gefleckte Katze in Italien ganzjährig unter Schutz steht. Wiedereinbürgerungsvorhaben sind zurzeit jedoch nicht in Planung.

Österreich

Auch in Österreich wurde der gesamte Luchsbestand im 19. Jahrhundert ausgerottet. Die wenigen Tiere, die nach diesem Zeitraum beobachtet wurden, stammen vermutlich von ausgebrochenen oder freigelassenen Gehegetieren. Im Norden des Landes könnten aber auch Luchse aus der ehemaligen Tschechoslowakei zugewanderte sein.

Weitere Ausführungen über die Wiedereinbürgerung von Luchsen in Österreich werden in dem Kapitel „Der Luchs kehrt zurück" behandelt.

Schweiz

Die Schweiz wurde und wird in vielen Abschnitten des Buches als Pionierland der Luchswiedereinbürgerung ausführlich behandelt.

Liechtenstein

Der seit über 150 Jahren erloschene Luchsbestand, der Letzte seiner Art wurde hier 1830 erlegt, könnte im Verlauf einer Ausbreitung über die gesamte Alpenregion wieder heimisch werden.

Der Luchs
kehrt zurück

Genetische Vielfalt

Bei einer Luchseinbürgerung stellt sich die wichtige Frage, ob bei der Aussetzung von verhältnismäßig wenigen Tieren die genetische Vielfalt der zukünftigen Population gewährleistet ist. Beobachtungen ab 1988 durch URS BREITENMOSER und sein Team im Waadländer Jura brachten auf diesem Gebiet interessante Ergebnisse. Benachbarte und residente Luchse, Männchen als auch Weibchen, erhielten einen Halsbandsender. Dadurch war es möglich, ihren Lebenslauf und den ihres Nachwuchses in den folgenden Jahren zu dokumentieren. Demnach konnte bei dieser Teilpopulation der Ausfall residenter, älterer Luchse weder durch die jungen Tiere, die im Gebiet geboren worden waren oder zuwanderten, aufgefangen werden. Aufgegliedert ergaben sich folgende Aussagen:

1. Besonders durch illegale Abschüsse und Verkehrsunfälle kam es bei den territorialen Luchsen zu einer bedeutenden Ausfallsrate.
2. Die jungen Luchse hatten eine relativ geringe Überlebenschance. Etwa die Hälfte von ihnen starben oder verschwanden während der Führungszeit der Mutter. Zu weiteren Verlusten kam es bei den zweijährigen Luchsen auf der Suche nach einem eigenen Territorium.
3. Der frühe Ausfall betraf besonders die Männchen, von denen es kaum einer bis zur Unabhängigkeit schaffte.
4. Zwei benachbarte, illegal geschossene ältere Männchen wurden im Verlauf mehrerer Jahre auch nicht durch aus anderen Gegenden stammende Zuwanderer ersetzt.
5. Ein von Jagdhunden im Herbst 1992 getötetes Männchen zeigte symmetrische Deformationen der Vorderextremitäten und eine Verkrümmung der Wirbelsäule, die kaum traumatisch bedingt sein konnten.

Sowohl das reduzierte Überleben der jungen Luchse als auch die Skelettdeformation gehört zu den Phänomenen ingezüchteter Haustier- und Zoopopulationen. Das führte bei den Wissenschaftlern zwingend zu der Hypothese, dass die beobachtete Jurapopulation von einer Inzuchtdepression betroffen sein könnte. Um hier Klarheit zu schaffen, wurde ab Sommer 1993 begonnen, die drei bis vier Wochen alten Jungluchse im Untersuchungsgebiet zwecks einer zukünftigen Identifizierung zu markieren. Später sollten durch Röntgenaufnahmen mögliche Skelettdeformationen erfasst und Blutproben für genetische Analysen abgenommen werden.

Bis etwa Mitte 1995 konnte man 16 Jungtiere markieren und 13 davon röntgen. Praktikabel war jedoch nur eine Untersuchung bis zum Alter von vier Wochen. Lediglich ein Männchen wies eine Wachstumsanomalie in einer Vorderextremität auf, die aber das Überleben nicht besonders erschwerte. Die Auswertung der genetischen Blutproben lag bei der Niederschrift dieses Buches noch nicht vor. Doch zwei von drei markierten subadulten gefangenen Männchen wurden als Söhne eines überwachten Weibchens wiedererkannt.

Fänge aus dem Jahr 1995 brachten endlich positive Ergebnisse. Nach vier bzw. nach fünf Jahren wurden die Reviere der beiden geschossenen Luchse durch junge Männchen neu besiedelt. Doch ein Wehrmutstropfen bleibt bei diesem Ereignis. Die beiden Zuwanderer sind unmittelbare Nachbarn ihrer Mutter und ihres Vaters, was Konsequenzen für den Verwandtschaftsgrad der nächsten Generation beinhaltet. Damit manifestiert sich aber auch gleichzeitig die Besonderheit

einer ingezüchteten Population.

Obwohl einige wissen-
schaftliche Modelle entwi-

Ihren Anteil an einem gerissenen Beutetier erhalten die Jungluchse ab einem Alter von vier Wochen, wobei die Säuglingszeit
erst mit dem Beginn des sechsten Monats endet.

ckelt wurden, die die Wahrscheinlichkeit des Verlustes genetischer Information und der genetischen Variabilität in Abhängigkeit von der Populationsgröße vorhersagen, sind die Auswirkungen
von Inzucht in einer Wildtierpopulation wenig bekannt. Die Modelle zeigen, dass für eine „kleine"
Population die Gefahr recht groß ist, Erbinformationen zu verlieren. Doch wie auch immer „klein"
definiert wird, die heute in West- und Zentraleuropa lebenden Luchspopulationen sind alle klein.
Die Modelle sagen auch nichts darüber aus, was für Auswirkungen eine reduzierte genetische
Variabilität hätte. Hier können nur Fallbeispiele weiterhelfen. Trotzdem leitete man aus diesen
Modellen, absolut formuliert, eine minimale überlebensfähige Populationsgröße ab (minimum
viable population), die Konsequenzen für den Schutz kleiner isolierter Populationen oder geplanter Wiederansiedlungen hat.

Um Fehlinterpretationen zu vermeiden weist BREITENMOSER darauf hin, dass seiner Meinung
nach die Bedeutung des Verlustes genetischer Variabilität überschätzt wird. Katzen als hochspe-
zialisierte Beutegreifer weisen generell einen geringeren Grad an Heterozygotie (Mischerbigkeit,
Ungleicherbigkeit einer befruchteten Eizelle oder eines Individuums) auf als etwa Paarhufer. In
diesem Sinne werden gern Geparden angeführt, die praktisch keine genetische Variabilität besitzen und sich trotzdem bei sehr reduziertem Genpool über die altweltlichen Tropen, einen Teil der
altweltlichen Subtropen und den südlichen Teil der Paläarktis ausgebreitet haben. Im Klartext
heißt das: Der Grad der Heterozygotie scheint kein absolutes Maß für die ökologische Entfal-
tungsstärke einer Art zu sein.

Für die Durchführbarkeit von Wiederansiedlungen sind diese Überlegungen von grundsätzli-
cher Bedeutung; sie haben aber nichts mit der hier behandelten Gefahr einer Inzuchtdepression
bei Juraluchsen zu tun. Das Problem bei diesen Tieren lag in ihrer Auswahl. Nach offiziellen Anga-

ben wurden nur vier Luchse ausgesetzt. Es waren Wildfänge, ausgeliefert von dem Zoo Ostrava und vermutlich untereinander verwandt. Damit war die Population von Anfang an in höchstem Maße ingezüchtet. Selbst das muss nicht automatisch von vornherein Probleme verursachen. Falls jedoch eine schlechte, wahrscheinlich rezessive Erbanlage vorhanden ist, hat das zur Folge, dass sich dieser negative Faktor nicht nur halten, sondern mit hoher Wahrscheinlichkeit sogar durchsetzen kann. Bei einer kleinen Population erhalten zufällige Ereignisse, wie demographische Prozesse, Inzucht, genetische Variabilität und das Abschießen von Einzeltieren, ein sehr großes Gewicht. Aus all dem lässt sich schließen, dass Inzucht nicht zwingend zu genetischen Problemen führt; falls aber solche auftreten, kommen sie typischer Weise in einer ingezüchteten Population vor.

Die Untersuchungen von BREITENMOSER dienen in keiner Weise einer Argumentation, die gegen eine Wiederansiedlung des Luchses in den Mittelgebirgen spricht. Sie ist aber bestens geeignet, etwas über die Art und Weise einer Wiederansiedlung zu lehren, damit sich die naiven Fehler, wie sie bei den ersten Luchsaussetzungen in der Schweiz aufgetreten sind, nicht wiederholen.

Bei der Wiederansiedlung von Luchsen sind nach BREITENMOSER besonders folgende Punkte wichtig:

1. Es müssen genügend Tiere freigelassen werden, die aufgrund ihrer Herkunft so ausgewählt worden sind, dass Inzucht weitgehend ausgeschlossen ist.

2. Am Anfang müssen Verluste, wie sie zum Beispiel illegale Abschüsse verursachen, gering sein, damit sich möglichst viele genetisch verschiedene Individuen am Aufbau der lokalen Population beteiligen können.

Diese beiden Voraussetzungen waren im Jura nicht gegeben. Deshalb muss bei einer Wiederansiedlung dringend auf die Einhaltung der genannten Punkte geachtet werden. Geschieht das, steht dann zumindest aus der Sicht der Genetik einer erfolgreichen Wiederansiedlung nichts im Wege.

Minimum Viable Population

„Minimum Viable Population" ist ein Begriff, der in die Diskussion um eine genetische Vielfalt oftmals einfließt. Doch was bedeutet er?

Je weniger Individuen eine regionale und nicht vernetzte Population beinhaltet, desto höher ist das Risiko, dass sie infolge widriger Umstände erlischt. Solche Populationen brauchen aus diesem Grund für die langfristige Sicherung ihrer Existenz eine Mindestgröße, die als Minimum Viable Population (MVP) bezeichnet wird.

Doch die MVP ist eine theoretische Größe, hervorgegangen aus einer Computersimulation, in welche Faktoren wie Fortpflanzungsrate, Sterblichkeit, Lebenserwartung der einzelnen Individuen und weitere Daten einflossen. Weil diese Faktoren von Tierart zu Tierart große Unterschiede aufweisen, hat auch die MVP eine große Variationsbreite.

Wiedereinbürgerungen auf dem Prüfstand

Der Luchs war in Europa ein autochthones Tier, das heißt, er war ein Teil des Ökosystems. Nachdem er durch Aussetzungen geeignete Areale seines alten Lebensraumes zurückerhielt, sollte von einer „Wieder"-Einbürgerung gesprochen werden. Bei diesem Neubeginn, in dem große Teile eines Landes einbezogen wurden, übernahm die Schweiz eine Pionierfunktion. Auf die hier gemachten Erfahrungen, die positiven wie auch die negativen, können alle Länder zurückgreifen, die diese schöne gefleckte Großkatze wieder in ihren alten und angestammten Aktionsräumen heimisch machen wollen.

LEO LIENERT – Luchsvater von Obwalden

Wenn man einen Bericht über die Wiedereinbürgerung des Luchses in der Schweiz schreibt, sollte an seinem Beginn ein Porträt des Mannes stehen, der die erste Idee dieses Vorhabens, welches europaweit Karriere machte, in die Tat umsetzte. Sein Name: LEO LIENERT.

LEO mag er wohl heißen, aber seine Bewunderung gilt nicht Leo, dem Löwen, sondern dieser anderen wilden Katze, der mit den Pinselohren, dem kräftigen Backenbart und den weiß gezeichneten Augen. Sie gilt dem einsamen, nächtlichen Jäger im Bergwald, dessen Streifzüge meilenweit durchs Land führen und den der Mensch trotzdem kaum einmal zu Gesicht bekommt.

Es war Liebe auf den ersten Blick, als er sich vor vielen Jahren in Kanada dem schnellen Jäger gegenüber sah, und als er Jahre später im Großen Melchtal zwei solcher Tiere mit liebevollem Poltern gegen die Transportkiste in die Freiheit entließ, gab er ihnen seine besten Wünsche für eine gedeihliche Zukunft in ihrer alten neuen Heimat mit. Der Mann schuf sich Feinde mit solchem Eifer, aber er war mit seiner Arbeit zufrieden. Nach diesem 23. April 1971 kam LEO LIENERT zu seinem Beinamen: Luchsvater von Obwalden.

LEO LIENERT, der Luchsvater von Obwalden, der 1971 die ersten Luchse in der Schweiz aussetzte.

Der damalige Obwaldener Kantonsoberförster gehörte Ende der sechziger Jahre des 20. Jahrhunderts zu den treibenden Kräften hinter der heftig umstrittenen Wiederansiedlung der großen Katze, die in der Schweiz schon in längst verflossener Zeit die Beute anschlich, bis sie selbst auf der Strecke blieb: 1894 wurde am Weißhornpass der damals letzte Schweizer Luchs erlegt. Seine Häscher triumphierten.

Ein junges Hauskätzchen pirscht durchs Gelände, und im sonnigen Paradiesgarten, der sich mit 270 verschiedenartigen Pflanzen an LEO LIENERTs Haus schmiegt, gibt's Kaffee. Der 1921 geborene Oberförster ist mittlerweile sechsfacher Großvater, aber das vermag seinen Arbeitsdrang nicht zu dämpfen. Er schreibt und zeichnet, was er sieht. Er malt Bilder und verfertigt Skizzen. Er geht mit seiner Frau wandern, in deren Haushalt er übers erste Lehrjahr nicht hinausgekommen ist, wie er lachend gesteht.

Säugende Luchsin

Ein Kämpfer ist er geblieben. Sein Engagement für den Luchs und die Natur trägt DR. H. C. LEO LIE-
NERT noch heute gelegentlich feindselige Bemerkungen ein, Drohungen und anonyme Anrufe.
Und nicht immer ist die Kritik so witzig formuliert wie damals, als er am Schluss eines Vortrages
zu hören bekam, so wie er ihn aufgezählt habe, sei der Speisezettel seines Lieblingstiers nicht vollständig: Es fehle darauf der Oberwaldner Oberförster.

Ein bisschen Neid, sagt LEO LIENERT heute, würde dabei sein, wenn Jäger immer noch den Luchs
als Feind empfinden – das Tier jagt, ohne für ein Patent bezahlt zu haben. Manchmal kann er ihren
Kummer und etwas besser die Halter von Schafen verstehen, wenn eines ihrer Tiere gerissen
wurde. Und doch: Wie soll ein gesundes Ökosystem ohne den Luchs zustande kommen?

1971 kam er auf leisen Pfoten zurück. Ein Flugzeug brachte zwei Wildfänge aus den Karpaten
nach Basel. Eines Morgens um fünf nahmen LEO LIENERT und seine Begleiter das Pärchen in Emp-
fang und fuhren es ins Melchtaler Banngebiet. Dort erfolgte – es war sechs Uhr früh – ganz offiziell die allererste schweizerische Freisetzung. Fotos gibt es keine. Die Männer hatten 100 Meter
weiter oben einen toten Hasen auf den Boden ausgelegt, aber die Neuen aus den Karpaten ließen ihn links liegen. Sie zogen gemütlich vorbei und verschwanden im Wald (BALZ THEUS, BUWAL
2000/3).

Erste Wiederansiedlungen in der Schweiz

In dem Land der Eidgenossen erfolgte die Unterschutzstellung des Luchses und des Bären durch
ein Bundesgesetz. Das Bundesamt für Forstwesen erhielt am 18. August 1967 vom Bundesrat die
Ermächtigung, bis zu zwei gesunde und zuchtfähige Luchspaare in einem Jagdbannbezirk auszusetzen. Da bei der Wiedereinbürgerung die Kantone ein Wörtchen mitzusprechen hatten, musste
erst viel Überzeugungsarbeit geleistet werden, und das dauerte einige Jahre. Die Neubürger sollten Wildfänge sein, die sich mit der Jagd bereits auskannten. Der zoologische Garten Ostrava in
der ehemaligen Tschechoslowakei erklärte sich bereit, entsprechende Wildfänge aus den Karpaten zu liefern. Der Oberförster LIENERT in Obwalden wollte das Experiment wagen und erwirkte
eine Bewilligung der zuständigen Kantonsregierung. Am 11. Februar 1971 war es soweit. Mit einem
normalen Linienflugzeug reisten die ersten beiden Luchse an. Nach einer mehrwöchigen Quaran-
tänezeit und den vorgeschriebenen Impfungen konnten sie am 23. April 1971 in dem Banngebiet
Huetstock im Melchtal wieder in die Freiheit entlassen werden. Am 16. Juni 1972 folgten die nächsten Tiere. Ihr Aussetzungsgebiet lag im Chlichlierental oberhalb von Alpnach. Dann ging es Schlag
auf Schlag. Zwei illegal ausgesetzte Paare bekamen eine neue Heimat an der Südseite des Pila-
tus. Weitere Einbürgerungsgebiete waren: 1974 ein Paar in Creux-du-Van (Kanton Neuenburg)
und 1976 zwei Kuder
(männliche Tiere) in Gran

Ein Ort von historischer
(Luchs)-Bedeutung.
Die Aufnahme zeigt das
Areal um den Jagdbann-
bezirk Huetstock bei
Engelberg, in der Nähe
von Luzern. Hier wurde
1971 die Schweizer
Luchspopulation durch die
ersten Aussetzungen
begründet.

Muveran in den Waadtländer Alpen. Ein weibliches Tier konnte diesen beiden Luchsen mangels geeigneter Beschaffungsmöglichkeiten nicht zugeteilt werden. Schon ein Jahr nach der ersten Aussetzung erhielt im Schweizer Nationalpark ein Luchspaar durch illegale Aussetzung seine Freiheit, welches sich jedoch nicht etablieren konnte.

Wie erfolgreich die Wiedereinbürgerung des Luchses verlaufen kann, wenn für die Erstansiedlung strukturell geeignete Gebiete zur Verfügung stehen, zeigt uns die Entwicklung gerade in der Schweiz. In dem mit zusammenhängenden Wäldern bedeckten, dünn bevölkerten und von Touristen weitgehend verschonten Pilatusareal genügten sechs Luchse, um die Population einer ganzen Region zu begründen. Diese umfasst die gesamte Bergkette zwischen Luzern und Thun, Brünig und dem nördlichen Alpenrand. Dagegen fand ein im Engadin freigelassenes Paar nicht die zusagenden Bedingungen, so dass die Beobachtungen abrissen. Vielleicht verhinderte hier auch die geringe Aussetzungsquote den gewünschten Erfolg. Die Wiederansiedlung ganzer Regionen durch den Luchs von punktuellen Orten aus ist aufgrund seiner Ansprüche und der Verhaltensweise in der Regel kein Problem, wenn in dem Areal größere Waldgebiete und ein entsprechend hoher Schalenwildbestand vorhanden sind. Die weitläufigen Wanderungen, verbunden mit dem großen Raumbedarf, sorgen dann für eine schnelle Ausbreitung. In welche Richtung diese führt, wird beeinflusst durch verkehrsmäßig gut erschlossene und dicht besiedelte Täler. Diese bilden eine hemmende, aufhaltende, aber nicht unüberwind-

Trotz intensiver Viehhaltung in bestimmten Gebieten der Luchsareale, wie hier im Jagdbannbezirk Huetstock, hat der Luchs bis heute noch kein erwachsenes Rind angegriffen.

In dem Huetstockgebiet wird eine intensive Schafhaltung betrieben. Verluste durch den Luchs sind bisher nicht aufgetreten.
Das untermauert die bisherige Erfahrung, dass nach der Etablierung einer Luchspopulation die Risse merklich zurückgehen.
Bei den Schafen, die hier unbeaufsichtigt weiden, hätte der Luchs ein leichtes Spiel.

liche Barriere. Aus diesem Grund verlief die Bestandsausweitung in der Innerschweiz schneller nach Westen als nach Osten. So hat der Luchs die Freiburger Alpen und das Simmental eher besiedelt als den Kanton Uri. Schon vier Jahre nach ihrer ersten Aussetzung war die Großkatze im westlichen Teil des Berner Oberlandes heimisch. Von dort aus besiedelte sie die Waadtländer Alpen bis zum Genfer See sowie das Unterwallis, wo sie mit der gleichfalls expandierenden Luchspopulation der Berner Oberhusli Region zusammentraf. Der 2164 m hohe Grimselpass wurde nachweislich 1989 überquert. Da anzunehmen ist, dass der Luchs den Pass nicht auf der Straße passierte, kommen noch einige Höhenmeter dazu. Von 1971 bis 1979 breitete sich die neue Schweizer Luchspopulation über ein 4500 km^2 großes Gebiet aus. Im Kanton Wallis besiedelte sie ihre früheren Aktionsräume ab der zweiten Hälfte der sechziger Jahre des 20. Jahrhunderts.

Die Inbesitznahme der alten Streifgebiete im Osten der Schweiz verlief etwas langsamer. 1980 lagen die ersten Beobachtungen aus dem Kanton Uri vor, denen später weitere folgten. Ab 1983 gehörte der Luchs zu den Wildtieren des Vorderrheintales und des südlichen Walenseeareales. Weitere Kantone, die ständige Luchsbeobachtungen meldeten, waren Jura, Berner Jura, Solothurn, Basel Land und Aargau. Nach 20 Jahren waren in den Schweizer Nord- und Zentralalpen 10.000 und im Jura 5.000 km^2 wieder vom Luchs besiedelt. Für die sich ausbreitende Luchspopulation war die Grenze der Schweiz zu den Nachbarländern kein Hindernis. Von Wallis aus war es nur ein kleiner Sprung nach Frankreich. So gibt es regelmäßige Meldungen aus dem südlich des Genfer Sees liegenden Bezirk Haute-Savoit. Die französischen Bergketten mit ihren großen Waldgebieten wurden von dem Waadtländer Jura aus bis in das Rhônetal besiedelt.

Der Luchsbestand in den Nordwestalpen hat sich seit dem Winter 2001/2002 mit 11 bis 17 Luchsen stabilisiert. 1998 umfasste er etwa 23 Individuen. Diese Angaben beruhen auf den Ergebnissen eines Fotofallen-Monitorings, bei dem man Kameras einsetzte, die mit einem Lichtsensor versehen waren, der durch einen Blitz die Fotofalle auslöste. Das so erkundete 560 km^2 große Referenzgebiet beinhaltet das Simmental mit seinen Seitentälern sowie das östliche Saanenland.

Doch bei der Luchsentwicklung waren auch Rückschläge zu verzeichnen. Im Schweizer Jura wurden Luchse gewildert und überfahren. Am 22. September 2003 fand man in einem Waldstück der Gemeinde Montricher zwei sterbende Luchse: eine Luchsin und ihr Junges. Untersuchungen ergaben, dass sie jemand vergiftet hatte. Mit der nicht unerheblichen Dezimierung können Inzuchtprobleme auftreten. So entfiel hier 1994 auf die noch vorhandenen Weibchen ein einziges Männchen.

Dafür gab es 2004 bei den Juraluchsen wieder Positives zu melden. Hier kam es im

Eine Tafel, die das Huetstockgebiet anzeigt.

nordöstlichen Teil, besonders im Solothurner Jura, zu einer leichten Bestandszunahme. Aus diesem Gebiet gab es mehrere Beobachtungen, die auch Jungtiere beinhalten. Zusätzlich erfolgte eine weitere Ausbreitung in Richtung Nordwesten. Am 6. November 2004 wurde ein eineinhalbjähriges Männchen Opfer eines Verkehrsunfalls. Das war der erste sichere Nachweis im Umfeld von Basel. Das gut genährte Tier kann von der Jura- oder Vogesenpopulation stammen. Im Verlauf seines kurzen Lebens hatte es schon Bekanntschaft mit einem Jäger gemacht, im Rückenbereich befand sich eine abgekapselte Schrotkugel.

Für den Juraraum hat sich eine internationale Zusammenarbeit angebahnt. So tra-

Freilassung eines Luchses in der Schweiz. Hier wird ein Luchs in seiner neuen Heimat in die Freiheit entlassen. In den meisten Gebieten, in welche der Luchs in wenigen Exemplaren eingewandert ist, sind in der ersten Zeit bestandsstützende Maßnahmen durch Aussetzungen unerlässlich. Werden sie verweigert, bedeutet das eine verdeckte Ablehnung einer sich etablierenden Luchspopulation.

fen sich zu einem Erfahrungs- und Informationsaustausch und zur Vertiefung der grenzüberschreitenden Zusammenarbeit am 19. November 2004 die Mitglieder der Schweizer GROUPE LYNX mit Vertretern der französischen Office national de la chasse et de la faune sauvage (ONCFS) und der Office des eaux et de la protection de la nature (OEPN) des Kantons Jura.

Luchse können bei ihren Wanderungen in bemerkenswerte Höhen aufsteigen. So wurde der 2164 m hohe Grimselpass 1989 nachweislich überquert. Da anzunehmen ist, dass der Luchs den Pass nicht entlang der Straße passierte, kommen noch einige Höhenmeter dazu.

Um sich eine Vorstellung von der Größe des Streifgebietes eines Luchses zu machen, kann als Beispiel das Simmental herangezogen werden.
Dieser etwa 60 km lange Talkomplex war der Aktionsraum eines einzigen Luchsmännchens.

Luchsaussetzungsprojekt Nordostschweiz

Bei der Wiedereinbürgerung des Luchses wurde ein Glied des Alpenbogens bisher nicht berücksichtigt: die Nordostschweiz. 2001 bis 2003 setzten die Schweizer deshalb ein Projekt um, welches diese Lücke schließen sollte. So beinhaltete das Projekt,

1. den Luchs wieder in der Nordostschweiz anzusiedeln und
2. den Zusammenschluss der isolierten Luchsvorkommen in den Alpen zu fördern und damit die Erhaltung der Art im gesamten Alpenbogen zu unterstützen.

Das vorgesehene Gebiet umfasste die Kantone St. Gallen, Zürich, Thurgau und Appenzell. Das Prozedere wurde mit den Kantonen vertraglich geregelt, und eine in das Konzept eingebaute Notbremse enthielt folgende Regelung: Bei untragbaren Schäden an Nutz- oder Wildtieren wird der Versuch auf Begehren der Mehrheit der betroffenen Kantone bzw. Halbkantone abgebrochen.

Daneben gab es aber auch Neuerungen im Bereich der Schadensverhütung und Vergütung. Der Bund erhöhte seinen Kostenanteil wesentlich und übernahm namentlich die vollen Kosten für den Schutz von Schafherden durch Hirten und Hunde.

Die Voraussetzung für das erste Ziel ist, dass sich freigelassene Luchse in den Raum einordnen und sich eine Sozialstruktur herausbildet, die eine erfolgreiche Fortpflanzung ermöglicht. Das heißt, es müssen ausreichend Jungtiere überleben, um die Abgänge der Gründertiere nicht nur auszugleichen, sondern um den dafür vorgesehenen Raum insgesamt zu kolonisieren.

Das zweite Ziel strebt an, dass nach der Etablierung der Population die Fortpflanzungsrate ausreicht, um die Jungluchse zur Abwanderung in die benachbarten Regionen zu veranlassen oder einen Austausch über Grenzen hinweg durch spontane Wiederbesiedlung oder aktive Ansiedlung in Nachbarregionen zu ermöglichen.

Die angestrebten Vorhaben sind bei einer langlebigen Art mit einem großen Raumanspruch, beides trifft auf den Luchs zu, nicht in einem auf drei Jahre befristeten Projekt zu verwirklichen. So konnte in der ersten Phase nur die Marschrichtung und nicht die Zielgerade beurteilt werden.

Insgesamt wurden neun Luchse, sechs Weibchen und drei Männchen, aus den Nordwestalpen und dem Jura in der Nordostschweiz im Abstand von insgesamt zwei Jahren freigelassen. Von diesen waren bis Ende 2003 noch fünf unter radiotelemetrischer Kontrolle. Aura, Ayla und Baya, drei Weibchen in der Region Säntis-Churfirsten, sowie die beiden isoliert lebenden Tiere Turo und Aika.

Turo blieb im Raum-Pfannenstiel Zürich. Aika dagegen wanderte lieber. Sie verließ im November 2003 den Sihlwald, der seit Mai zu ihrem Revier gehörte. Die Luchsin wanderte in südöstlicher Richtung ins Glarnerland. Sie näherte sich damit dem neu begründeten Bestand, von dem sie nur noch die Linthebene trennte. In diesem Streifgebiet war ein Kontakt mit Artgenossen jedoch nicht völlig auszuschließen, denn auch hier gab es schon Luchshinweise.

Baya und Nura sorgten für ersten Nachwuchs. Baya führte zwei Junge, und Nura, deren Halsbandsender den Geist aufgegeben hatte, beobachtete man Ende August 2003 mit einem Jungen.

Als Vater von Bayas Wurf konnte Odin nachgewiesen werden, denn er ist der einzige adulte Kuder im Churfirsten-Säntisgebiet. Sein Sender hatte ebenfalls den Dienst quittiert. Im Juni 2003 haben Mitarbeiter von KORA den Jungen am Wurfplatz Blutproben entnommen und sie mit einer Markierung versehen. Doch Odin wird nicht mehr lange Zeit Herr über den gesamten Harem sein, denn in der Altersklasse der subadulten Luchse ist männlicher Nachwuchs da. Mitte November 2003 fing man mit einer ferngesteuerten Narkosepistole an einem gerissenen Reh Nemo, einen 18 Monate alten Luchskuder. Eigentlich wollte man ihn gar nicht erwischen, der Anschlag galt vielmehr Baya, um ihr einen neuen Halsbandsender zu verpassen. Der Riss lag nämlich in ihrem Streifgebiet, und sie wurde auch in der Nähe gepeilt. Die Überraschung der KORA-Leute war deshalb umso größer, als sie den unbekannten Luchs vor sich sahen. Er erhielt den Namen Nemo und einen Halsbandsender und stand von da an gleichfalls unter radiotelemetrischer Kontrolle. Für Nemo kommen zwei Mütter in Frage, Baya und Nura, die schon 2002 zwei Junge führte. Mit einer genetischen Analyse will man hier für Klarheit sorgen. Doch in der Nordostschweiz passieren auch Dinge fern von menschlicher Beobachtung, denn im April 2003 fotografierte man im Raum Werdenberg einen Luchs, der kein Halsband trug und dessen Fellmuster sich von den anderen bekannten Luchsen deutlich unterschied.

Ein im Kanton Thurgau freigelassener Luchs durchquerte die Flüsse Thur und Rhein und durchwanderte größere waldfreie Flächen. Kurz vor dem Erreichen des Schwarzwaldes fing man ihn im Gebiet des Randen ein und verfrachtete ihn in das Hinterland der Ostschweiz zurück. Sollte er jedoch ein zweites Mal versuchen, in den Schwarzwald überzuwechseln, will man ihn gewähren lassen. Das Beispiel zeigt, dass das rasche Überwinden von Barrieren für Luchse kein Problem darstellt. Warum kommt es dann nur zu einer stark eingeschränkten Abwanderung von Luchsen aus den Populationen der Nordwestalpen? Eine Schlussfolgerung wäre, dass sich abwandernde Luchse an den von Artgenossen besetzten Revieren orientieren. Sollte das stimmen, sind nach einer Etablierung des Luchsvorkommens in der Ostschweiz die Voraussetzungen günstiger, um

einen Austausch mit Luchsen der Nordwestalpen zu ermöglichen.

Die Überwachung der Tiere musste Anfang 2004 aus finanziellen Gründen massiv eingeschränkt werden. In dem genannten Jahr durchlief die Luchseinbürgerung in der Nordostschweiz zudem noch eine kritische Phase. Am 8. März 2004 fand man das von einem Auto überfahrene Luchsweibchen Ayka bei Rüthi im Rheintal im Bereich der Grünbrücke „Hirschensprung". Das war der zweite Verlust der von 2001 bis 2003 umgesiedelten neun Luchse, von denen ein weiterer als verschollen gilt. Einen zusammenhängenden Bestand bildeten im Raum

Speer – Churfirsten nur noch die Luchsinnen Baya, Nura, Aura und der Kuder Odin. Von ihnen trug nur noch Aura ein funktionierendes Senderhalsband. Isoliert von diesem Luchsbestand, lebten weiterhin der Kuder Turo, der das Gebiet Zürich – Pfannenstiel durchstreifte, und ein Weibchen, welches das Glarner und Schwyzer Kantonsgebiet südlich der Linthebene bewohnte. Der in der Nordostschweiz geborene zweijährige Kuder Nemo konnte 2003 oberhalb von Walenstadt mit einem Sender versehen werden. Zu seinem Aufenthaltsraum zählte 2004 das Gebiet nördlich des Rickenpasses bei Tössstock. Ein weiterer Jungluchs wurde 2003 bei Werdenberg mit einer Aufnahme dokumentiert. Doch trotz der Jungluchse ergab sich für das nordostschweizer Vorkommen die Notwendigkeit, zur weiteren Stützung wenige, aber gezielte Aussetzungen von Männchen in Betracht zu ziehen.

Anfang November 2004 sorgte Kuder Turo für eine Überraschung. Nach anderthalb Jahren verließ er den Raum Zürichberg – Pfannenstiel und kehrte zurück zum Tössstock, in das Gebiet seiner zweiten Freilassung im März 2003. Damals sorgte er für eine Verblüffung, als er auf seinem Trip die Großstadt Zürich besuchte. Ende 2004 war er wieder in die Gegenrichtung unterwegs.

Zusammenfassung 2003: Von den neun ausgesetzten Luchsen lebten Ende 2003 mit großer Wahrscheinlichkeit nur noch sieben. Die wichtigsten Beutetiere waren mit 70 % das Reh und mit 25 % die Gämse. Bei gefährdeten Arten wie z. B. dem Auerhuhn gab es keine durch den Luchs verursachten Ausfälle. An Haustieren war eine einzige Ziege zu vergüten. Die Reviergrößen entsprachen denen der Nordwestalpen.

Zusammenfassung 2004: Von den neun in den Jahren 2001 und 2002 freigelassenen Tieren lebten Anfang 2004 mit Sicherheit noch fünf (Aura, Ayla, Baya, Nura und Turo). Der weibliche Luchs Aika bezog ein Streifgebiet in der östlichen Zentralschweiz. Die 2003 aus dem Jura umgesiedelte Luchsin Ayla wurde Anfang März 2004 bei Rüthi überfahren. Ein im Frühjahr in der Nordostschweiz geborenes Junges, Nema, hat ein Revier im Raum Tössstock bezogen, welches mit dem Revier von Turo überlappt. Hinweise auf Zuwachs durch Geburten gab es im Jahr 2004 jedoch keine.

Sollte trotz einiger Rückschläge die Etablierung dieses Vorkommens gelingen, sind Wanderbewegungen von Jungtieren in den Schwarzwald und in die Vogesen nicht auszuschließen.

Der Traum von einer Luchspopulation, die sich von der Eifel bis zu dem Alpenbogen und von dort bis Slowenien und Bayern, über Tschechien, den Karpatenbogen, Thüringen, Sachsen und Sachsen-Anhalt austauscht, ist dann ein Stück näher gerückt.

100 Luchse in der Schweiz (BUWAL 3/2000)

Wieviel Platz braucht ein Luchs? Wie groß ist der Bestand in den Nordwestalpen und in der ganzen Schweiz? Das sind Kernfragen des Forschungsprojektes Luchs, das im Januar 1997 startete. Bisherige Ergebnisse:

Im ganzen Untersuchungsgebiet der Nordalpen – dem Gebiet zwischen Aaretal und Genfersee der Kantone Bern, Freiburg und Waadt – leben rund drei Dutzend erwachsene (adulte), sesshafte Luchse.

Hinzu kommen die subadulten. Das sind Jungluchse, welche nach dem ersten Winter ihres Lebens das mütterliche Territorium auf der Suche nach einem eigenen Revier verlassen haben. Deren Anteil an der Population in den Nordwestalpen wird auf etwa 50 % geschätzt.

Daraus ergibt sich ein Gesamtbestand von 50 bis 60 Luchsen. Nicht eingerechnet sind die Jungen, die noch bei der Mutter leben.

Diese Angaben spiegeln die Situation Mitte 1999 wieder. Seither ist der Bestand in den Nordwestalpen um 25 bis 40 % gesunken, haben sich doch die Verluste durch illegale Tötungen und natürliche Todesursachen in den letzten Monaten des genannten Jahres gehäuft. Vier Luchse wurden zwischen 1997 und 2001 legal als schadenstiftende Tiere abgeschossen, eine sicher

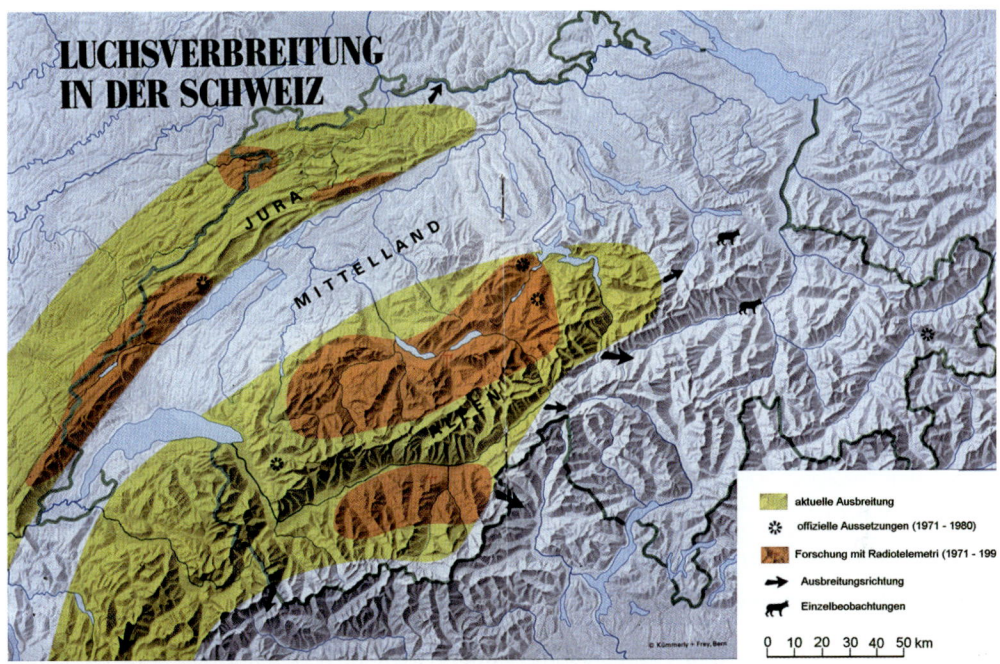

höhere Zahl illegal getötet. Allein aus dem Jahr 2000 sind acht solcher Fälle bekannt. Weitere sechs Luchse verfrachtete man 2001 in die Nordostschweiz. Ein Zeichen für den Rückgang der Population ist auch die klare Abnahme der Schäden an Kleinvieh im ersten Halbjahr 2000.

Außerhalb der Nordwestalpen leben noch Luchse in der Innerschweiz und im Wallis. Der gesamte schweizerische Alpenbestand dürfte damit bei 80 adulten und subadulten Tieren liegen Daneben existiert noch ein Bestand im Jura. Auf Schweizer Seite sind es dort etwa 20 Luchse.

Insgesamt eine positive Bilanz, aber?

Es soll bei der insgesamt positiven Bilanz der Luchseinbürgerung nicht verschwiegen werden, dass auch grundlegende Fehler gemacht wurden. So war nach BREITENMOSER die Wiederansiedlung der Tiere wenig durchdacht und inkonsequent durchgeführt. Der viel zu kleinen, offiziell freigelassenen Population folgten illegale Freilassungen. Gegner der großen Beutegreifer argumentieren noch heute, was illegal ausgesetzt worden sei, könne auch illegal wieder ausgemerzt werden, obwohl das eidgenössische Jagdgesetz Luchs, Wolf und Bär in hohem Maße schützt. Die telemetrische Überwachung und die wissenschaftliche Begleitung der Wiedereinbürgerung setzten erst Jahre nach den ersten Luchsfreilassungen ein. Bei den eingeführten Wildfängen aus den Karpaten war nicht gewährleistet, dass untereinander ein Verwandtschaftsgrad ausgeschlossen war. Es war gerade diese Nichtbeachtung, die bei ausgesetzten Juraluch-

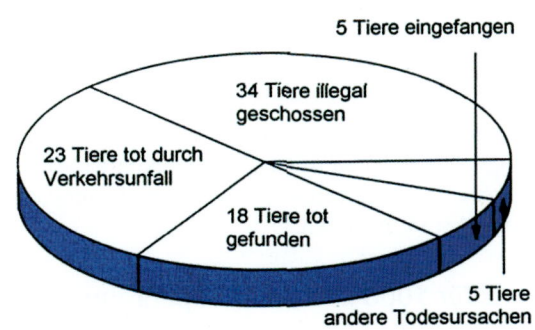

Tote Luchse in der Schweiz von 1974 bis 1994

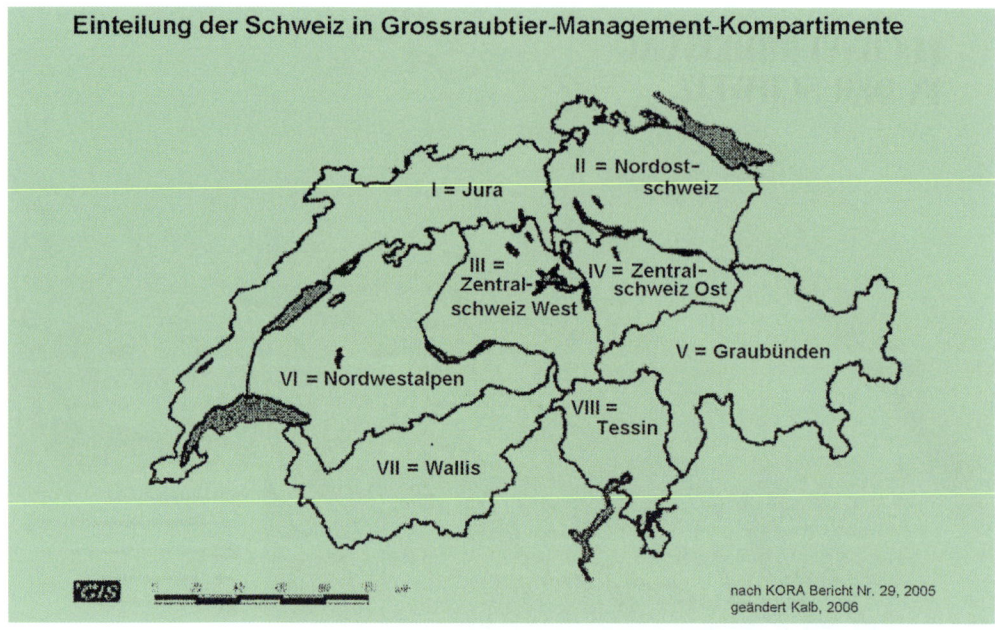

Einteilung der Schweiz in Grossraubtier-Management-Kompartimente

nach KORA Bericht Nr. 29, 2005
geändert Kalb, 2006

sen große Probleme bereitete. Doch erkannte Fehler haben auch eine positive Seite, sie helfen, dass sie bei zukünftigen Ansiedlungen vermieden werden.

Dann war noch die Geschichte mit Tito, einem Luchs, der 1999 in den Mittelpunkt politischer Auseinandersetzungen geriet. Trotz eines Herdenesels als Schutzmaßnahme riss ein Luchs im Verlauf einiger Wochen fünf Schafe. Das genügte, um die Gemüter der Schafbesitzer und Jäger gegen ihn aufzubringen. So unter Druck gesetzt, sah es BUWAL als unerlässliche Maßnahme an, Tito zum Abschuss freizugeben, um langfristig eine starke Luchspopulation in der Schweiz zu gewährleisten. Das bedeutete jedoch im Klartext, es musste ein Sündenbock her, um die Gemüter zu beruhigen.

Doch mit der folgenden Erhitzung der Gemüter von Umweltschützern und des WWF-Schweiz hatte die Behörde wohl nicht gerechnet, denn sie verurteilten diese Freigabe aufs Schärfste: BUWAL sehe den vereinbarten Managementplan nicht als verbindlich an und gehe beim geringsten politischen Druck in die Knie.

Tito schien zu ahnen, was man ihm antun wollte, denn er machte sich aus dem Staub und wechselte in ein anderes Gebiet, in dem er sich nur noch an Wildtiere hielt. Sein kurzes Leben endete nicht durch eine Kugel, sondern im Alter von zwei Jahren durch einen Verkehrsunfall.

In der Schweiz sind, laut PRO NATURA, in der ersten Hälfte des Jahres 2000 mindestens fünf Luchse illegal getötet worden.

Im Alpenland leben zwei gut etablierte Luchspopulationen, eine im Jura und eine in den Alpen. Einige Beobachtungen liegen auch aus dem Mittelland vor. Trotzdem ist davon auszugehen, dass es sich um zwei getrennte Populationen handelt, die über das Mittelland nicht oder kaum miteinander kommunizieren.

Platz für 1000 Luchse im Alpenraum

Nach BREITENMOSER bietet der gesamte Alpenraum Platz für 1000 Tiere. Der Luchs bewegt sich auch in touristisch genutzten Regionen. Menschliche Freizeitaktivitäten im Wald stellen für ihn

meistens kein Problem dar. Er ist diskret, man sieht ihn selten, aber er ist nicht scheu. Und so mancher Wanderer im Berner Oberland dürfte schon näher an einem Luchs vorbeigegangen sein, als er ahnte.

Die durch das Anschleichen verursachte Anspannung ist deutlich am Gesichtsausdruck zu erkennen.

Wichtig für den Luchs sind Wälder und Wild. Beides kann nicht nur die Schweiz, sondern die Alpenregion insgesamt im reichen Maße bieten.

SCALP Kriterien *(Status and Conservation of the Alpine Lynx Population)*

In allen sieben Alpenstaaten haben sich die Verantwortlichen für das Monitoring des Luchses auf eine gemeinsame Darstellung und Interpretation der erhobenen Daten geeinigt (MOLINARI–JOBIN et al. 2003. *Pan-Alpine Conservation Strategy for the Lynx*. Nature and environment 130, Council of Europe Publishing). Diese Standardisierung erlaubt nur einen Vergleich der Monitoringdaten im gesamten Alpenraum, wenn eine vereinheitlichte Darstellung der Hinweise gegeben ist. Dazu gehören zum Beispiel der Aufwand bei der Hinweiserfahrung oder die Intensität der Öffentlichkeitsarbeit. Zur Erläuterung: Eine Vergleichbarkeit ist nur gegeben, wenn die Intensität der Datenerfassung einheitlich ist. Beispiel: 10 Personen, die eine gleich große Fläche beobachten, erhalten mehr Daten als eine Person, die diese Flächengröße allein beobachtet. Die erhobenen Daten hat man nach ihrer Aussagekraft und Überprüfbarkeit in drei Kategorien eingeteilt:

Qualitätsstufe 1: „Hard facts", dazu zählen tot aufgefundene Luchse, Beobachtungen, die fotografisch belegt sind, eingefangene Tiere.

Qualitätsstufe 2: Von ausgebildeten Personen bestätigte Meldungen z. B. über Risse (Nutz- und Wildtiere), Spuren sowie Kotfunde.

Qualitätsstufe 3: Nicht überprüfte Riss-, Spuren- und Kotfunde, nicht überprüfbare Hinweise wie Lautäußerungen und Sichtbeobachtungen.

Das Schweizer Modell und seine Internationale Karriere

Bayerischer Wald und Böhmerwald

In der Grenzregion zwischen Bayern und Tschechien, die die größten Waldgebiete Mitteleuropas umfasst, kann die Wiedereinbürgerung des Luchses in der Zukunft nur in einer länderübergreifenden Zusammenarbeit mit Erfolg betrieben werden.

Der 300.000 Hektar umfassende Nationalpark Bayerischer Wald nimmt zusammen mit dem auf tschechischer Seite liegenden Nationalpark Sumuva eine wichtige Rolle bei der Entwicklung und Sicherung einer einzigartigen Kultur- und Naturlandschaft im Herzen Europas ein.

1967 gegründet, besteht er aus den Landkreisen Regen, Freyung-Grafenau, Deggendorf sowie Straubing-Bogen nördlich der Donau. Große zusammenhängende Waldgebiete und im Bereich der tschechischen Grenze eine relativ geringe Siedlungsdichte bieten Raum für das Vorkommen von seltenen Tier- und Pflanzenarten.

Die Rückkehr des Luchses in den Bayerischen Wald führte zu einem Spannungsfeld zwischen Nutzungs- und Schutzinteressen. Bedingt durch immer wiederkehrende Kontroversen und die allmähliche Zunahme von Luchsnachweisen, beschäftigte sich der Verein Naturpark Bayerischer Wald e. V. schon seit 1996 intensiv mit diesem The-

Felslandschaften, Areale seines Aktionsraumes im Bayrischen Wald

menkreis. Das Naturparkgebiet umfasst den größten Teil des aktuellen und zukünftigen Verbreitungsareals des Luchses in Niederbayern. Der genannte Verein ist eine neutrale Dachorganisation mit einem breiten Mitgliederspektrum, der auch großräumig agiert. Seine Aufgabe ist es, durch eine objektive und fachlich fundierte Informationsarbeit eine Vermittlerfunktion einzunehmen. Er betreibt deshalb eine intensive Öffentlichkeitsarbeit mit Schwerpunkt Umweltbildung sowie Natur- und Artenschutz. Mit den Naturpark-Informationshäusern in Zwiesel, Viechtach und Außenzell besitzt der Verein eine gut verteilte Infrastruktur. Mit den „Luchsnachrichten", die man auch über das Internet abrufen kann, hat er seinen Informationsrahmen wesentlich verbreitet.

Doch zurück zur Historie. Nachdem vor 150 Jahren der letzte Luchs im Bayerischen Wald erlegt wurde, gab es Anfang der 50er Jahre des 20. Jahrhunderts wieder erste Hinweise auf die gefleckten Jäger. Es war unbekannt, woher die Tiere kamen, eventuell aus Tschechien, möglicherweise waren es Einzeltiere, welche die rigorose Verfolgung dort überlebt hatten. 1970 bis 1972 begannen illegale Aussetzungen. Die Zahl der ausgesetzten Luchse ist völlig unbekannt, Schätzungen gehen von fünf bis zehn Tieren aus. Die Bevölkerung wurde in diese Aktionen weder einbezogen noch davon unterrichtet. Dieses unverantwortungslose Verhalten erzeugte Misstrauen vor allen Veränderungen, die den Luchs betrafen. Es ist eine Altlast, die heute noch nachwirkt, denn wird man einmal übergangen, fühlt man sich immer übergangen.

1978 war diese Population wieder weitgehend erloschen. Jedoch nicht, weil die Region ungeeignet war, sondern als Folge illegaler Abschüsse. Bezieht man die Verkehrsopfer mit ein, kostete das in Summe mindestens sieben Luchsen das Leben. Bezeichnend für einen solchen Abschuss ist folgender Tatvorgang und seine Rechtfertigung. 1972 wurde durch den freilaufenden Hund eines Försters ein Luchs gestellt. Dieser reichte natürlich nicht sein Pfötchen zur Begrüßung, sondern ging in Abwehrstellung. Der „Weidmann" fühlte sich bedroht und schoss. Ein Jagdfunktionär kommentierte den Vorfall so: „Der Jäger hatte richtig gehandelt, denn er musste sein Rechtsgut Hund schützen." In einem zweiten Fall fand man von einem heimlich erlegten Luchs nur noch die verwaisten Jungen. Diese Begebenheiten machen deutlich, wieviel Überzeugungsarbeit hier geleistet werden muss.

Im Bayerischen Wald, der eigentlich ein Teil des Böhmerwaldes ist, kam die Besiedlung durch Zuwanderer aus dem Böhmerwald nie völlig zum Stillstand. Seit Ende der 80er und Beginn der 90er Jahre des 20. Jahrhunderts gehört die gefleckte Katze wieder zum Standwild und hat sich einen Lebensraum erschlossen, der bis an die Donau reicht.

Im Bayerischen Wald und im angrenzenden Nationalpark Sumava haben sich die Verantwortlichen entschlossen, die Telemetrie einzusetzen, um den Kenntnisstand über die Luchse auf eine fundierte Grundlage zu stellen.

Um die für die Telemetrie notwendigen Halsbänder anlegen zu können, werden beiderseits der Grenze die Luchse in Bayern an Rissen mit Schlingfallen gefangen, während jenseits der Grenze Kastenfallen bevorzugt werden. So wurden von 2000 bis 2003 acht Luchse besendert, wobei bis Mitte 2003 noch die Aktivität von vier Luchsen verfolgt werden konnte. Von diesen anderen wurde einer geschossen, und drei gelten als verschollen.

Bei den Beobachtungen mit Hilfe der Telemetrie wartet man ab, bis die gefleckte Katze ihren Standort verlässt. Die Methode mindert zwar das Auffinden von Rissen, sie schließt jedoch Störungen weitgehend aus.

Schon in verhältnismäßig kurzer Zeit hat diese Überwachung tiefe Einblicke in das Leben der Luchse im Bayerischen Wald und im angrenzenden Nationalpark Sumava ermöglicht. Über die gewonnenen Kenntnisse wurde die Bevölkerung umgehend unterrichtet. Außerdem bilden sie eine solide Grundlage für alle weiteren Maßnahmen und Informationen.

Zusammenfassend ergaben sich bis Mai 2004 nachfolgende Luchslebensläufe:

Andra

Nach Abschluss der Verhandlungen von 1998 bis 2001, in denen der Einsatz der Telemetrie auch in Bayern beschlossen wurde, war es das Luchsweibchen Andra, die als erste mit Hilfe eines Senders Daten lieferte.

Als sich am 29. Dezember 2000 ein im Drachselried gefundener toter Rehbock als Luchsriss entpuppte, löste das die vorgesehene Fangaktion aus. Mit Erlaubnis des zuständigen Revierpächters von der Jagdkreisgruppe Viechtach brachte das Fangteam des Naturparks bei dem Riss Schlingfallen in Stellung und verzog sich in das in der Nähe aufgestellte Zelt. Um 18:52 Uhr signalisierte der Fallensender den Fang eines Tieres. Es war tatsächlich ein 2- bis 3-jähriges Luchsweibchen, welches von Schlingen festgehalten wurde. Fünf Minuten später war es betäubt. Die 16 kg schwere Luchsin mit einer Schulterhöhe von 59 cm und den 6 cm großen Pfoten erhielt den Namen Andra. Während der Anbringung des Senders blieben Herzschlag und Atmung stabil, deshalb konnte man auf die Gabe eines Gegenmittels verzichten. Die Zeit bis zum Aufwachen verbrachte sie in eine Decke eingewickelt. Wieder munter, schüttelte sie die inzwischen verschneite Decke ab und verschwand in dem nahen Dickicht. Schon am 31. Dezember stellte man mit Hilfe des Senders fest, dass sie am Ecker Sattel einen Hasen gerissen hatte. Bis zur Jahreswende 2001/2002 konnte Andra 350-mal gepeilt werden. Ihr Streifgebiet war in dieser Zeit in der Regel die Region zwischen Kötzting, Kleinem Arber und Lohberg mit einer Fläche von insgesamt 100 km². 6-mal führten ihre Wanderungen weit nach Böhmen hinein, bis zum Stausee von Nyrsko. Sowohl Raumnutzung als auch das Verfolgen ihrer Spuren deuteten darauf hin, dass Andra im Jahr 2001 keine Jungen groß gezogen hatte. Bei ihren Pirschgängen erbeutete sie im Jahr 40 bis 50 Rehe. Nach 17 Monaten Beobachtungszeit ließen sich folgende Aussagen machen: Am Tag hielt sich Andra bevorzugt im felsigen Gelände des Kaltersberges und der Höhenzüge bis zum Schwarzeneck auf. Diese Gebiete sind vom Talgrund weit entfernt. Dann machte man die gleichen Erfahrungen wie in der Schweiz. Genau wie im Land der Eidgenossen sind Wanderwege für den Luchs kein Störfaktor. Ihre angepeilten Positionen ergaben Entfernungen oft unter 50 m. Dass sie sich dabei auf ihre ausgezeichnete Tarnfärbung verlassen konnte, zeigen die wenigen Beobachtungen.

Wenn die Dämmerung das Land überzog, begann Andra mit ihren Pirschgängen, oder falls sie in den Tagen zuvor erfolgreich war, mit dem Aufsuchen des Risses. Sie verließ dann ihr felsiges Gelände und suchte die Areale auf, wo sich am ehesten Rehe aufhielten. Das waren die Waldränder in den Tallagen. Bei ihren nächtlichen Streifzügen legte sie oft viele Kilometer zurück, maximal waren es einmal 15 km Luftlinie. Wenn man das bergige Gelände und die tatsächliche Kilometerzahl berücksichtigt, dazu das verharrende Stehenbleiben, um Beute auszumachen, ist das eine enorme Leistung. Doch am Tag war sie wieder in ihrer Felsregion, die Ruhe und Sicherheit bot.

Noch 2001 führten ihre Streifzüge bis weit nach Tschechien hinein. 2002 nutzte Andra ein deutlich kleineres Gebiet als im Jahr vorher. Es lag weiterhin zwischen Arber und Kötzting. Anfang Mai 2002 wurde sie stationär. Sie hielt sich zwei Monate lang am Tag fast immer in der Nähe des Großen Riedsteins im gleichen Gebiet auf. Das war ein deutliches Zeichen für das Vorhandensein von Jungen. Wie viele es waren, ist nicht bekannt. Von Mai bis September vergrößerte die Luchsin ihren Aktionsradius von 8 auf 56 km. Bevor der erste Schnee ein Verfolgen ihrer Spur erlaubte, verstummte der Sender. Im Gebiet des Forstamtes Bodenmais wurde danach noch zweimal jeweils ein junger Luchs beobachtet.

Beran, Don und Bertik

Ende Oktober 2001 tappte ein 19 kg schwerer männlicher Luchs, der von nun an unter dem Namen Beran geführt wurde, nördlich des Arbergipfels bei Sommerau in eine Falle. Er hatte in einem Damwildgatter ein Kalb gerissen. Trotz der Prozedur, die eine Besenderung mit sich bringt, über-

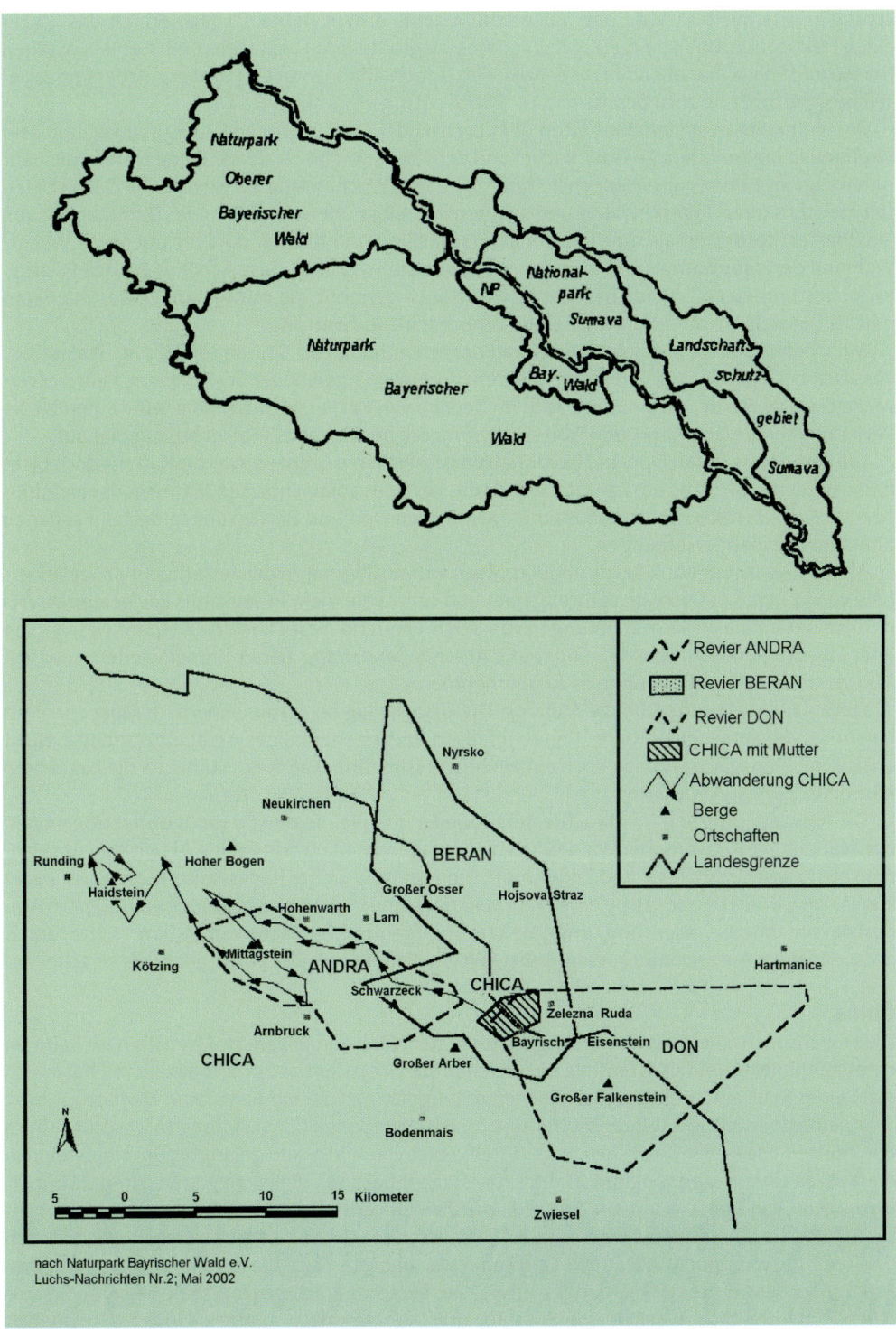

Naturpark
Oberer
Bayerischer
Wald

NP

National-
park
Sumava

Naturpark

Bay. Wald

Bayerischer

Wald

Landschafts-

schutz-

gebiet

Sumava

Revier ANDRA
Revier BERAN
Revier DON
CHICA mit Mutter
Abwanderung CHICA
▲ Berge
▪ Ortschaften
Landesgrenze

Nyrsko

Neukirchen

BERAN

Runding
Hoher Bogen
Haidstein
Hohenwarth
Großer Osser
Hojsova Straz
Lam
Mittagstein
Kötzing
ANDRA
Schwarzeck
CHICA
Hartmanice
Zelezna Ruda
Arnbruck
Bayrisch-
Eisenstein
DON
CHICA
Großer Arber
Großer Falkenstein
Bodenmais
Zwiesel

N

5   0   5   10   15   Kilometer

nach Naturpark Bayrischer Wald e.V.
Luchs-Nachrichten Nr.2; Mai 2002

97

sprang er zwei weitere Male das Gatter und machte erneut Beute. Danach erhielt das Gatter einen Elektrozaun. Das Streifgebiet des Luchses lag großteils auf tschechischem Gebiet zwischen Nyrsko und Spicak, daneben nutzte er Areale im Nationalpark zwischen Lohberg, Arber und Zwieselhaus. Die bis Ende 2001 beanspruchte Fläche betrug insgesamt 160 km^2.

Beran ähnelte in seinem Verhalten dem Luchskuder Don. Dieser war 24 kg schwer, und sein Streifgebiet lag zwischen Zwiesel, Rachel und dem Sumava-Nationalpark. Beide waren viel mehr unterwegs als Andra, galten jedoch im April 2002 zwei Wochen lang als verschollen. Sie wechselten meistens ihren Tageseinstand und suchten ihren Riss überwiegend in der Dämmerung auf. Sie überschritten vielmals die Grenze nach Tschechien und blieben dort oft über eine Woche. Während der Hauptranzzeit im März waren sie meistens so aktiv, dass sich ihre genaue Position kaum bestimmen ließ. Beide besuchten, wenn auch getrennt, die Mutter von Chika, und Beran machte zusätzlich noch Andra am Schwarzeneck seine Aufwartung.

Mitarbeiter des Nationalparks Sumava konnten anhand von Spuren im Schnee feststellen, dass Don bei einem seiner Streifzüge mit dem dort ansässigen Kuder Bertik in eine Rauferei verwickelt wurde. Bertik, der im März 2001 im Bereich von Kasperske besendert wurde, behielt als Revierinhaber die Oberhand, und Don suchte umgehend wieder das Falkensteingebiet auf.

Die Reviere von Beran, Don und Bertik hatten gemeinsame Grenzen, was die Kuder jedoch nicht daran hinderte, während der Ranzzeit weit in das Revier des benachbarten Männchens einzudringen. Im Grenzbereich der beiden Nachbarreviere von Don und Bertik kam es deshalb sogar zu direkten Auseinandersetzungen.

Als Anfang Januar 2003 Bertik abgeschossen wurde, übernahm der Reviernachbar Don innerhalb von 14 Tagen das verwaiste Streifgebiet und kehrte nie mehr in sein altes Revier zurück. Vermutlich hatten die Reviermarkierungen von Bertik während dieser kurzen Zeitspanne etwas von ihrer abschreckenden Intensität eingebüßt. Anschließend drang Beran immer wieder in das von Don verlassene Gebiet ein, ohne es zu übernehmen.

Doch dann wechselte Don die Stellung. Die Ursache lag bei Jarous, einem im März 2003 mit einem Sender versehenen Kuder, der ebenfalls in Bertiks ehemaliges Areal einwanderte. Nicht auszuschließen war, dass dazu noch ein weiteres, bisher unbekanntes Männchen die Region um Kasperske Hory durchstreifte.

Die Abwanderung von Don brachte Beran wieder ins Spiel, dessen Streifzüge jetzt öfters bis in den Nationalpark Bayerischer Wald führten. Hier lagen im März 2003 seine Aktivitäten am Hennenkobel zwischen Zwiesel und Bodenmais. Dann ging es weiter in das Kaitersbergmassiv. Hier konnte man im Dezember 2003 einen Riss bei Arrach und im Januar 2004 einen weiteren bei Arndorf dokumentieren. Insgesamt umfasste sein Streifgebiet eine Fläche von 395 km^2. Mitte Januar 2004 endet die Aufzeichnung seines Lebensweges. Seit diesem Zeitpunkt gilt er als verschollen.

Chica

Die Hohenzollerische Forstverwaltung stellte in der Nähe von Bayerisch-Eisenstein im Rahmen eines Rehprojektes eine Kastenfalle auf. Als man sie am 31. Januar 2002 kontrollierte, hatte sich statt eines Rehs ein junges Luchsweibchen in ihr gefangen. Es war etwa zehn Monate alt, wog 12 kg, lebte noch im Gebiet ihrer Mutter und erhielt den Namen Chica. Anfang März verließ Chica das mütterliche Revier, durchquerte das Streifgebiet von Andra und gelangte zum Haidstein. Ob es dabei zu einer Begegnung mit Andra kam, ist nicht bekannt. Vielleicht waren deren Harnmarkierungen Grund genug, um ein Zusammentreffen zu vermeiden. Bei ihren Wanderungen hielt sie sich kaum zwei Nächte an einem Ort auf. Das lässt den Schluss zu, dass sie sieben Wochen nach der Trennung von ihrer Mutter noch kein Reh erbeutet hatte. Nach dieser Zeit fand man im 35 km vom Fangort entferntem Haidsteingebiet, welches sie sechs Wochen nach ihrem Selbständigwerden erreichte, endlich zwei Rehrisse. Es schien drei Monate lang, als hätte sie im Haidsteingebiet ein Revier gefunden, denn hier veränderte sich deutlich ihre bisherige Raumnutzung. Statt scheinbar ziellosen Wanderungen hielt sie sich jetzt in Tageslagern auf, die ein Luchs nutzt, welcher sich in einem Revier etabliert hat. In der Dämmerung galt ihr Besuch den wildreichen Waldrändern. Anfang August 2002 wanderte Chica weiter. Zwischen Miltach und Chamerau durchschwamm sie den Fluss Regen, der gerade Hochwasser führte, und überquerte südlich von Cham die Bundesstraße 20. Doch dann ging der Traum zu Ende, den Weg eines jungen Luchsweibchens bis hin zur Etablierung eines eigenen Reviers verfolgen zu können. Das letzte Sendesignal wurde am 23. August 2002 in einem Maisfeld südöstlich von Roding geortet. Auch ein weiträumiger Suchflug bis Regensburg und Schwandorf brachte keine Klarheit über den Verbleib von Chica.

Innerhalb der Luchsstreifgebiete gibt es Schwerpunkte. So sind in der Nacht Waldränder die bevorzugten Standorte. Bei Tageswanderungen werden bis zu 14 km zurückgelegt. Fütterungsplätze von Reh- und Rotwild ziehen den Luchs wie ein Magnet an.

Im Beutespektrum, welches in diesem neueren Zeitraum ermittelt wurde, waren im Bayerischen Wald folgende Tiere vertreten:

Rehe	60 %
Rotwild	21 %
Hasen	8 %
Hauskatzen	5 %
Schwarzwild	1 %
Sonstige Tiere	5 %

Welchen Einfluss haben Jäger und Luchse auf den Rehbestand im Bayerischen Wald, wenn man die jährlichen Rehrisse eines Luchses mit durchschnittlich 50 bis 60 Tieren ansetzt? Bei einem Flächenanspruch von 100 km² pro erwachsenem Luchs liegt die theoretische Entnahme durch die gefleckte Katze bei 0,5 bis 0,6 Stück Rehwild pro km². Abhängig von der Lage und Güte des Lebensraumes und der Beurteilung des Vegetationsbegutachters werden im Jahr 1,5 bis 12 Rehe abgeschossen. Als Grundlage des Rehabschusses dient die forstliche Beurteilung der Waldverjüngung, bei der Verbissschäden durch Rehe eine wesentliche Rolle spielen.

Durch die Verbesserung der forstlichen Gutachten im Inneren des Bayerischen Waldes in den letzten Jahren, gerechnet ab 2002, konnten die Rehabschüsse pro km² beibehalten oder sogar gesenkt werden.

Bedingt durch die Anwesenheit des Luchses, forderten die Jäger von Privatjagden bei einer zufriedenstellenden Waldverjüngung die Einstellung der Rehwildbejagung auf Staatsgebiet – zumindest auf Zeit. Diese Forderung bezog sich besonders auf den Nationalpark Bayerischer Wald. In der Begründung führten die Jäger an, dass man auf dem Staatsgebiet dem Luchs durch Rehabschuss die Beute wegnimmt, so dass er gezwungen ist, zur Nahrungsbeschaffung auf die Privatjagden auszuweichen. Um diese Konfliktsituation zu entschärfen, stellte der Verein Naturpark Bayerischer Wald e. V. als Vermittler Informationen aus dem Luchsprojekt zur Verfügung. Zur Versachlichung der geschilderten Situation leistete auch der Landesjagdverband Bayern e. V. einen wesentlichen Beitrag. Er schloss mit der Gothaer Haftpflichtversicherung einen Vertrag ab, der beim Nachweis eines vom Luchs gerissenen Wildes (betrifft nicht Haustiere) eine Meldeprämie an die Mitglieder seines Verbandes vorsieht. Sie beläuft sich bei einem Reh auf 50 Euro, bei Rotwild auf 100 Euro und bei einem Mufflon auf 65 Euro. Die Auszahlung setzt jedoch voraus, dass der Riss am Ort belassen und durch einen Luchsberater begutachtet wird. Die durch den Luchs verursachten Verluste an Haustieren umfassten von 1998 bis 2001 23 gemeldete Tiere. In diesen vier Jahren wurden dafür ungerechnet 2600 Euro nach Begutachtungen ausbezahlt, das sind pro Jahr 650 Euro.

Landschaft im Böhmerwald
Der Bayerische Wald und der Böhmerwald bilden ein zusammenhängendes Mittelgebirge, weswegen man die dort lebende Luchspopulation als Einheit betrachten muss.

Ein Problem bilden in dem 300.000 Hektar umfassenden Naturpark Bayerischer Wald die 600 mit Dam-, Rot- und Muffelwild besetzten Gehege, die zunehmend von Luchsen heimgesucht werden. Herkömmliche Gatter kann die große Katze ohne weiteres überspringen, und eine luchssichere Nachrüstung ist sehr teuer. Es wird erwogen, solche Spezialisten notfalls einzufangen.

Die Ausbreitung des Luchses im Bayerischen Wald vollzog sich zwischen 1990 und 1996. Doch zwischen 1998 und 2001 kam es zu empfindlichen Rückschlägen, und das nicht nur im Bayerischen Wald, sondern auch in den angrenzenden Gebieten von Tschechien und Österreich. So schrumpfte der Bestand von 68 Luchsen im Jahr 1998 auf 29 Luchse im Jahr 2001. Anschließend blieben die gemeldeten Nachweise relativ konstant.

Den stärksten Einbruch verzeichnete das tschechische Kerngebiet. Den Hauptgrund für diese Entwicklung, die schon 1999 einsetzte, waren illegale Abschüsse. Die tschechischen Naturschützer haben von 1990 bis 2002 60 Schädel von geschossenen Luchsen vermessen. Diese erhielten sie von den Schützen selbst, nachdem die kurze Verjährungsfrist für diese Straftat abgelaufen war.

In Bayern zieht man eine gewisse Meldemüdigkeit in Betracht, die man ab dem Jahr 2000 beobachten konnte. Der Grund dafür könnte sein, dass sich die Menschen bereits so an den Luchs gewöhnt haben, dass für eine Meldung nicht mehr die notwendige Aufmerksamkeit vorliegt. Dasselbe gilt für Österreich, wo die Luchsnachweise ebenfalls abgenommen haben.

Bedingt durch diese Entwicklung hat der Böhmerwald als ständige Luchs-Nachschubbasis seine einstige Bedeutung eingebüßt.

Im Böhmerwald (Sumava) erfolgte die Wiederbegründung einer Luchspopulation von 1982 bis 1989 durch 17 freigelassene Wildfänge (elf Weibchen und sechs Männchen) aus den Slowakischen Karpaten. Um 1990 war sie schätzungsweise auf etwa 35 Tiere angewachsen, so dass sich schon zu diesem Zeitpunkt ein Erfolg abzeichnete. Doch muss bei Schätzungen darauf hingewiesen werden, dass solche Zahlen einen Streuungsbereich haben, den eine Bank bei Geldgeschäften nicht akzeptieren würde. Es war zu beobachten, dass die Luchse des Böhmerwaldes zunehmend in Richtung Westen wanderten. Sie besiedeln jetzt den gesamten Grenzkamm zwischen Dreissel und Osser sowie über dem Oberpfälzer Wald bis in das Fichtelgebirge. Luchse beachten bei ihrer Ausbreitung keine Landesgrenzen. Deshalb bildet heute der waldreiche und weitgehend ursprüngliche Nationalpark Sumava zusammen mit dem Nationalpark Bayerischer Wald einen Reproduktionsschwerpunkt, der in andere Gebiete ausstrahlt. Die überzähligen Jungluchse wanderten von hier aus auf der Suche nach einem eigenen Streifgebiet in andere Regionen ab. Das dokumentieren Luchsnachweise zwischen Pilsen und Prag, dem großen Teichgebiet Trebon sowie von Cesky Les bis zum Kaiserwald.

Im Bayerischen Wald setzt man die Hoffnungen auf einen Genaustausch über den tschechischen Gebirgsbogen bis zu den Karpaten. Gelingt das, könnte sich ein zentraleuropäischer Populationskern entwickeln, der in die angrenzenden deutschen Gebirgszüge ausstrahlt. Die Verbindungsbrücken mit Luchsnachweisen für eine Ausbreitung bis zur Tatra sind die waldreichen und wenig besiedelten Grenzregionen des Erzgebirges, die Beskiden und das Altvatergebirge. Auch die mährische Stufenlandschaft haben Luchse auf ihren Wanderungen schon erreicht.

Für eine solche Expansion ist eine starke Population notwendig, doch dafür fehlt noch eine allgemeine Akzeptanz, und die geschilderte Bestandsabnahme stellt seit dem Jahr 2000 eine weitere Hürde dar. Sollte sich das Vorkommen von den Rückschlägen wieder erholen, besteht die Sorge, dass die illegale Tötung trotz des gesetzlichen Schutzes wieder zunehmen wird. So diskutieren die für den Luchs Verantwortlichen im Bayerischen Wald schon heute über die Frage, ob eine eingeschränkte legale Bejagung nicht besser wäre als eine unkontrollierbare illegale.

Eine weitere Sorge besteht auch darin, dass die Osterweiterung der EU in den Nachbarländern umfangreiche Straßenneubauten mit sich bringt, die als zusätzliche Barrieren die Wanderung der Luchse zunehmend behindern. Wenn das der Fall sein sollte, sind die Naturschützer mit der Aufgabe gefordert, keine Verkehrswege ohne entsprechende Grünbrücken zu akzeptieren. Die Argumentation dafür liefert das Kapitel „Grünbrücken".

Der Bayerische Wald nimmt in Deutschland eine Vorreiterrolle bei der Wiederansiedlung von Luchsen ein, denn nur er kommt für eine natürliche Ausbreitung in Betracht, während sich in anderen Gebieten wie Schwarzwald und Pfälzer Wald eine Luchspopulation nur durch bestandsunterstützende Maßnahmen, sprich Aussetzungen, etablieren kann.

Eine Pressemitteilung des Bayerischen Staatsministeriums für Umwelt, Gesundheit und Verbraucherschutz vom 21. April 2005 lässt erkennen, dass Bayern sich zur Zeit zwar bei der Vergütung von Luchsrissen an Haustieren zurückhält, aber auf andere Weise schon Verantwortung für den Fortbestand und die Ausbreitung des Luchsvorkommens übernommen hat. Es unterstützte aktuelle Forschungen durch satellitengestützte Senderhalsbänder (GPS-Empfänger). Ein am 8. März 2005 im Bayerischen Wald gefangener männlicher Luchs lieferte schon erstaunliche Daten. Der Kuder hatte bis etwa Mitte April 260 km zurückgelegt und ein Gebiet von 33.000 Hektar durchstreift. Bis zu 20 km wanderte der Luchs ohne Pause, und das nicht nur in der Nacht, sondern auch am Tag. Die Luchsforscher erhalten jetzt zwei- bis viermal täglich den Luchsstandort mit einer Genauigkeit von 20 m gemeldet.

Die weltweit erstmals beim Luchs eingesetzte Technik mit GPS-Halsbändern funktioniert zuverlässig und liefert neue Erkenntnisse über das Revierverhalten, die bei den bisherigen Senderhalsbändern in dieser Schnelligkeit und ohne einen gewissen Störeffekt gegenüber dem Luchs nicht zu erreichen waren.

Die Verbreitung des Luchses sowie seine Rolle im Bergwaldökosystem auf beiden Seiten der Grenze soll in den nächsten Jahren einen Forschungsschwerpunkt des Nationalparks Bayerischer Wald bilden. In einer Testphase will man zuerst zwei Luchse mit satellitengestützten Sendehalsbändern versehen. Verläuft die Testphase erfolgreich, erhalten bis zu sechs Luchse und zehn Rehe einen Sender, um die Interaktion zwischen Jäger und Beute zu erforschen.

Der bayerische Umweltminister wies darauf hin, dass neben diesen aktuellen Forschungen im Nationalpark das von ihm geleitete Ministerium seit 1998 das Luchsprojekt des Naturparks Bayerischer Wald jährlich mit 21.000 Euro gefördert hat. Ziel des parkübergreifenden Projektes ist es, den Luchsbestand möglichst genau zu erfassen und eventuelle Populationstrends zu ermitteln sowie die Menschen vor Ort sachlich und fachlich fundiert zu unterrichten.

Nachdem inzwischen auch Wölfe das bayerisch-böhmische Grenzgebirge durchstreifen, veranlasste der Minister die Einrichtung einer Arbeitsgruppe „Große Beutegreifer", um mit allen beteiligten Interessensgruppen ein akzeptiertes und langfristiges Miteinander von Mensch und Tier zu erreichen.

Das Fazit der Wiederansiedlungsbemühungen im Bayerischen Wald und den angrenzenden Gebieten ist, dass es kein Problem mit der Rückkehr des Luchses gibt, sondern es vorläufig das Problem des Menschen ist, den Luchs zu akzeptieren.

Neben den ministeriellen Bemühungen könnte ein Workshop zum Thema Luchs dazu beitragen, diese Ängste abzubauen, welcher Anfang Mai 2004 im Naturparkhaus in Zwiesel stattfand. Dort stellten sich die Teilnehmer ein tragfähiges Miteinander unter folgenden Voraussetzungen vor:

Keine Konkurrenzsituation zwischen Luchs und Jägerschaft, klare Strukturen und Zuständigkeiten, eine gut funktionierende Prävention und Schadensregelung, Vorkommen des Luchses in allen geeigneten Gebieten, grenzüberschreitendes Luchsmanagement zwischen Deutschland, Österreich und Tschechien. Auch der Staat soll seine Rolle besser wahrnehmen.

Fichtelgebirge – Franken- und Steinwald

Das Fichtelgebirge profitiert vermutlich von der Luchspopulation in der ehemaligen Tschechoslowakei, denn 1986/87 wurden Spuren festgestellt, die eindeutig von einem Luchs stammten, und einmal gelang sogar seine Beobachtung. Im folgenden Jahr 1988 gehörte das Fichtelgebirge ständig zu seinem Streifgebiet. 1989 und 1990 gab es keine Hinweise, was jedoch infolge seiner heimlichen Lebensweise nicht bedeutet, dass er in diesem Zeitraum nicht anwesend war, denn 1991 konnte erneut seine Spur festgestellt werden.

1993/94 wurde der Luchsbestand im Gebiet von Fichtelgebirge, Franken- und Steinwald auf fünf bis sechs Luchse geschätzt. Es gelang sogar der Nachweis von Weibchen mit Jungtieren.

Bayerischer Rückfall oder: Luchs gegen Ministerpräsident

In Bayern ist der Luchs nicht nur im Bayerischen Wald im Gespräch. Als Einbürgerungsgebiet war nach einer 1991 getroffenen Vorentscheidung der Alpenraum vorgesehen. Die Aussetzungsareale von sechs Luchsen sollten im Nationalpark Berchtesgaden und/oder im Oberland zwischen Lech und Inn liegen. Nach Meinung von ULRICH WOTSCHIKOWSKY von der ehemals Wildbiologischen Gesellschaft ist die Landschaft des Nationalparks von Autobahnen umschlossen und bietet gerade Platz für den Aktionsraum von zwei Luchsen. Im Werdenfelser Land dagegen sind die Voraussetzungen für ein Wiedereinbürgerungsobjekt weitaus günstiger. Die Hürde, die dem entgegenstand, war politscher Natur. In dieser Region lag der Wahlkreis des ehemaligen bayerischen Ministerpräsidenten. Auf einer gemeinsamen Pressekonferenz Anfang 1991, veranstaltet vom bayerischen Umweltminister und dem Vorsitzenden des Bundes Naturschutz Bayern, erklärte man optimistisch, dass die Chancen einer Wiedereinbürgerung des Luchses im Nationalpark nicht schlecht wären. Der ebenfalls anwesende Vorsitzende des Landesjagdverbandes, dessen Organisation dem Projekt bereits zugestimmt hatte, formulierte unterstützend, dass man das Vorhaben im Alpennationalpark für einen Versuch Wert halte. Doch gerade Vertreter dieses bayerischen Jagdverbandes nahmen das Projekt bald mit zwar deftigen, aber auch völlig unzutreffenden Argumenten heftig unter Beschuss. Bei einer Hegeschau in Bad Reichenhall warnte der BJV-Kreisvorstand: Der Luchs sei eine Bestie, die alles auffresse, angefangen bei dem Hirsch im Wildgatter, über Schafe in ihren Pferchen bis hin zu den Auer- und Birkhühnern. Verstärkt wurde der Chor der Luchsgegner noch durch die Bauern und Schafzüchter. Eine solche Phalanx kann ein Umweltminister natürlich nicht ignorieren, so dass er seine auf der Pressekonferenz gemachten Aussagen mit dem Hinweis abschwächte, dass er nur ein Signal gegeben habe, dass Interesse an dem Luchsprojekt bestünde, jedoch nur, wenn es die Bevölkerung in den betroffenen Landesteilen unterstütze.

Die Meinung eines repräsentativen Teils dieser Mitbürger wurde in einem von der ehemals Wildbiologischen Gesellschaft München e. V. unter Federführung von SIBYLLE GERNHÄUSER herausgebrachten Untersuchungsergebnis im Mai 1991 veröffentlicht. Danach waren drei Viertel der Befragten der Meinung, dass Luchse dort leben sollten, wo sie früher einmal heimisch waren. Doch dann kam das St. Floriansprinzip zur Geltung. Nur weniger als die Hälfte, nämlich 48,1 %, würden sich freuen, wenn das Ansiedlungsareal in ihrer Nähe liegt. Bei den ausgewerteten Anworten stellte sich noch heraus, dass zwischen dem Wissen der Befragten und ihrer Meinung ein Zusammenhang bestand. Auch hier zeigte sich wieder, wie dringend notwendig die Öffentlichkeitsarbeit bei einem solchen Vorhaben ist.

Doch alle Einbürgerungsbemühungen des Luchses im bayerischen Hochgebirge sind letztendlich so ausgegangen, wie das Hornberger-Schießen. Sie wurden mit dem inzwischen üblichen Hinweis abgelehnt, falls der Luchs von selbst käme, hätte man gegen seine Anwesenheit natürlich nichts einzuwenden.

Luchse in Baden-Württemberg

Schwarzwald

Die Bemühungen der Luchsinitiative Baden-Württemberg, den Luchs nach einer über 200-jährigen Abwesenheit im Schwarzwald wieder anzusiedeln, stießen auf den Widerstand des Bauernverbandes und des Landesjagdverbandes. Diese Geschichte ist gleichfalls ein Schulbeispiel dafür, wie Unwissen und Eigennutz ein von der Mehrheit der Bevölkerung befürwortetes Projekt behindern können.

Im Frühjahr 1988 legte der Naturschutzverband Baden-Württemberg ein Grundsatzprogramm vor, an dessen Ausarbeitung auch der Landesjagdverband beteiligt war und das zum Thema „Naturschutz und Jagd" Stellung bezog. Unter Ziffer 4 enthält dieses Papier die Forderung, dass im Südweststaat unter anderem auch der Luchs für die Wiedereinbürgerung in Frage kommt.

Unter dem Druck von zwei Mitgliederversammlungen, in denen betroffene Jagdpächter aus dem Schwarzwaldbereich vertreten waren, die sich mit Mehrheit gegen die Ansiedlung des Luchses aussprachen, machte der Vorsitzende des Landesjagdverbandes eine Kehrtwendung und lehnte das Luchsprojekt unter äußerst fadenscheinigen Begründungen ab. Davon einige Kostproben:

- Aussetzungen halten wir für einen Schock für die anderen Wildarten, wenn die Raubkatzen über Nacht so massiv auftreten.
- Die durch den Luchs verursachten Haustierschäden würden nicht Hunderttausende, sondern Millionenbeträge kosten.
- Auch die gefährdeten Auerhuhnvorkommen wären durch die Großkatze bedroht. Bei dieser Behauptung bleibt nur die Frage offen, warum einige Jagdgenossen in Auerhuhngebieten ausgerechnet Wildschweinfütterungen eingerichtet haben, obwohl sie diese Gelege- und Kükenfresser damit an das Revier binden.
- Gegen eine allmähliche Einwanderung aus den angrenzenden Luchsgebieten hätten sie natürlich nichts einzuwenden, dann würden sie sogar die Patenschaft für die Zuwanderer übernehmen. Bei soviel Fürsorge bleibt nur zu hoffen, dass der Landesjagdverband die Millionenbeträge dann in der Kasse hat, um die von diesen Luchsen verursachten Haustierverluste auch entschädigen zu können.
- Außerdem wären vordringlich erst einmal die einmaligen Biotope in der Ex-DDR zu erhalten.
- Dem Landesjagdverband erscheint es sehr merkwürdig, dass zumindest ein Teil der Befürworter der Luchsinitiative dem Wiedereinbürgerungprojekt „Birkhuhn" mit dem Argument „verlorengegangener Lebensraum" entgegenwirken. Hier werden Äpfel mit Birnen verglichen. So setzte die Ausrottung des Luchses in der Schweiz ein, als die Zurückdrängung des Waldes schon lange abgeschlossen war. Dafür geht aus dem vielbändigen Werk „Die Vögel Mitteleuropas" eindeutig hervor, daß der Birkhuhnbestand in Oberschwaben in dem Maße abnahm,

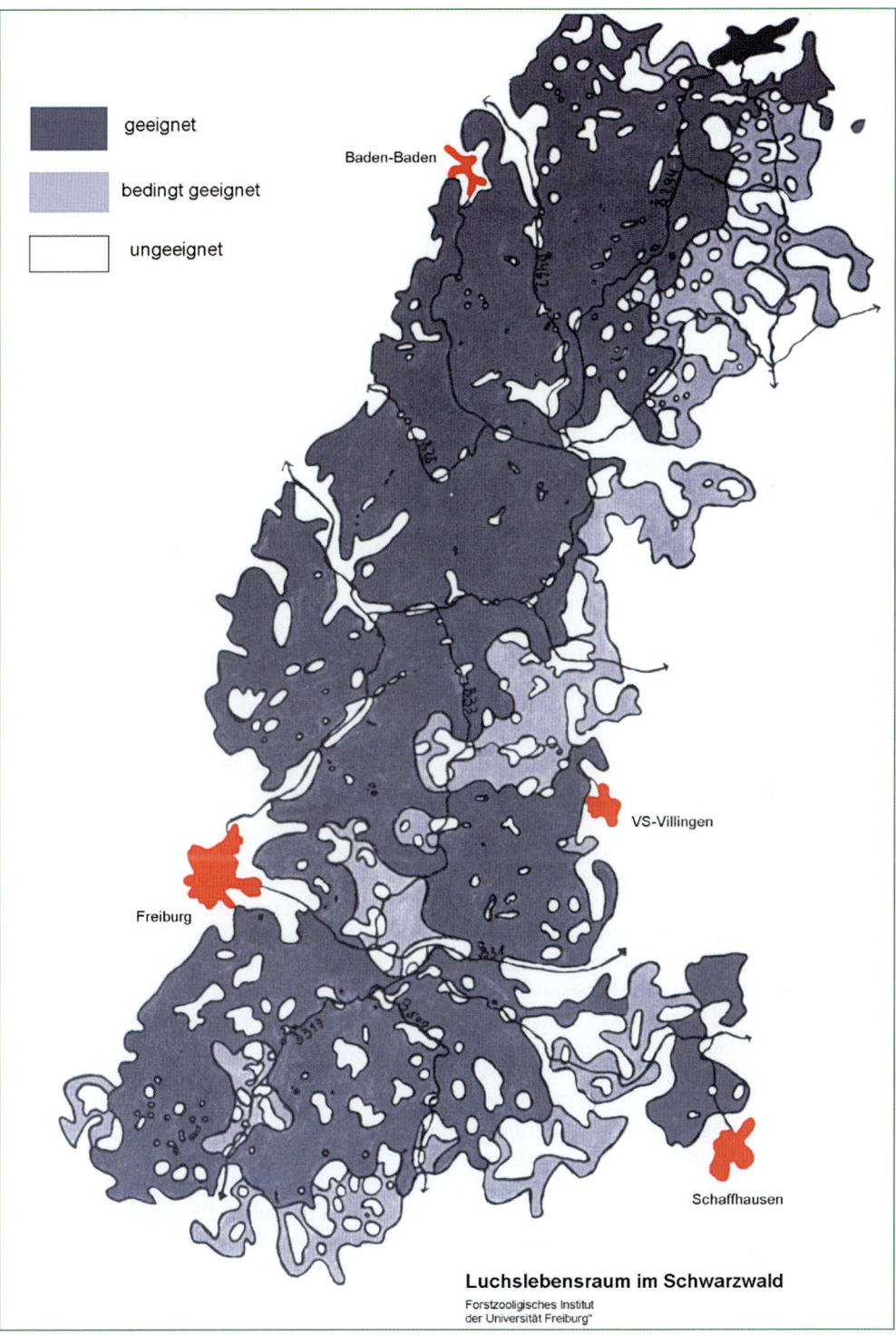

geeignet

bedingt geeignet

ungeeignet

Baden-Baden

VS-Villingen

Freiburg

Schaffhausen

Luchslebensraum im Schwarzwald

Forstzooligisches Institut
der Universität Freiburg"

in dem die Vernetzung der Moore durch deren Zerstörung verloren ging. Zudem förderten die Jäger selbst die Ausrottung der Birkhühner, indem sie Fasane aussetzten, die Hühnerkrankheiten in den fast sterilen Lebensraum der Raufußhühner brachten.

In der Badischen Bauernzeitung setzte ein Vorstandsmitglied des Bauernverbandes noch eine Begründung hinzu:

- Die Luchseinbürgerung hätten in erster Linie die Landwirte auszubaden, dann nämlich, wenn Schafe, Geflügel oder gar junge Weidekälber gerissen würden oder Haftungsfälle aus dem Panikverhalten der Weidetiere entstünden.
- Die Annahme von Millionenschäden, die der Luchs den bäuerlichen Betrieben zufüge, sei realistisch. Bedingt durch die im Schwarzwald praktizierte Mutterkuhhaltung (schon die ganz jungen Kälber bleiben auf der Weide) würde der Luchs in die Herden eindringen und sie in Panik versetzen, so dass sie in einer Art Stampede auf das Straßennetz gelangten und dort sich selbst und die anderen Straßenbenutzer gefährdeten. So hätten die englischen Bauern im Interesse ihrer Rinder den Luchs schon vor vielen hundert Jahren ausgerottet. Im Übrigen könnten die Befürworter einer Luchseinbürgerung, einschließlich der Wissenschaftler, nur Scheinargumente vorbringen.

Solchem umwerfenden Sachverstand ist natürlich nichts entgegenzusetzen, auch wenn bisher nur ein einziger Rinder(kalb)riss belegt war, welcher eindeutig auf das Konto des Luchses ging. Als 2005 ein zweiter Fall tatsächlich im Münstertal im Schwarzwald auftrat, geschah der Angriff vermutlich bei Nacht, ohne dass die übrige Rinderherde etwas davon bemerkte. Also weder Panik noch Stampede. Der NABU (Naturschutzbund) hatte im gleichen Jahr eine Prämie von 100 Euro demjenigen zugesagt, der einen hundertprozentigen Luchsnachweis erbringt. Der NABU und die Luchs-Initiative zahlten dem Landwirt die Meldeprämie und ersetzten ihm das Kalb. Wie wichtig diese schnelle und unbürokratische Entschädigung war, zeigen das Verhalten und die Äußerungen des Betroffenen, der der Rückkehr des Luchses gelassen entgegensieht: „Obwohl sich der Luchs gerade meinen Betrieb ausgesucht hat, kann ich gut damit leben, dass er wieder ins Ländle zurückkehrt."

Leider hatten die englischen Viehzüchter ebenfalls keine Gelegenheit, Meister Pinselohr auszurotten. Die Eiszeiten drängten neben den Pflanzen auch die Tiere nach Süden ab. Als die Kälteperiode zu Ende ging und die Luchspopulation die Nordseeküste erneut erreichte, schwappte über die ehemalige Landverbindung zwischen dem Kontinent und England bereits wieder das Wasser der Nordsee, und auch der sportlichste Luchs schafft es nicht, über 30 km zu schwimmen.

Dem Druck der Jäger- und Bauernlobby konnte der Minister für ländlichen Raum, Ernährung, Landwirtschaft und Forsten nicht widerstehen. Er entzog die Bearbeitung des Projektes in seinem Haus dem bisher luchsfreundlich gesinnten Mitarbeiter und übertrug sie einem Abteilungsleiter, dessen entgegengesetzte Auffassungen bekannt waren. Die Folgen dieser Umverteilung ließen nicht lange auf sich warten. In einer Presseerklärung wurde „nach gründlicher und sachlicher Prüfung" die Ablehnung des Projektes begründet. Doch die Prüfung war weder gründlich noch sachlich. So verzichtete das Ministerium auf die Einholung der Erfahrungen und Erkenntnisse von Wissenschaftlern und Ministerien, die erfolgreiche Wiedereinbürgerungsprojekte mit dem Luchs in der Schweiz, in Frankreich und in osteuropäischen Ländern betrieben. Die ehemals Wildbiologische Gesellschaft München, die alle Luchsprojekte in Europa wissenschaftlich koordiniert hatte, wurde ebenfalls nicht angehört. Die Aussagen und Empfehlungen der in Baden-Württemberg arbeitenden Wissenschaftler an der Universität Freiburg, an der Forstlichen Versuchsanstalt Freiburg sowie der Wildforschungsstelle Aulendorf (die beiden zuletzt genannten Institutionen

Die Spannweite des aufgerissenen Maules lässt erkennen, dass sich damit mühelos die Kehle eines Rehes, Rothirsches oder einer Gämse beim Todesbiss umspannen lässt.

unterstehen dem Ministerium) blieben unberücksichtigt. Laufende Gespräche mit dem erklärten Ziel, einen Weg für das Projekt zu ebnen, wurden durch Presseinformationen des Ministeriums schlicht desavouiert.

Die Fronten in diesen Auseinandersetzungen waren klar, denn bei einer vom Ministerium am 7. Januar 1991 anberaumten Anhörung votierten Jagd- und Bauernverband gegen das Projekt, während der Landesnaturschutzverband (die Dachorganisation aller Naturschutzverbände), der Schwarzwaldverein, alle anwesenden wissenschaftlichen Institutionen sowie der Tierschutzbund Baden-Württemberg das Anliegen der Luchsinitiative befürworteten. Sogar die Junge Union setzte sich für die Wiedereinbürgerung ein.

Dabei konnten alle Beteiligten auf ein Gutachten zurückgreifen, welches die Forstliche Versuchsanstalt Freiburg durch Frau SABINE GOSSMANN-KÖLLNER und PROF. DETLEF EISFELD in zweijähriger Arbeit erstellt hatte. Sein Titel lautete: „Zur Eignung des Schwarzwaldes als Lebensraum für den Luchs." Aus seinem Inhalt ging eindeutig hervor, dass der Schwarzwald für etwa 40 erwachsene Luchse einen geeigneten Lebensraum bieten würde.

Pikant bei diesen Auseinandersetzungen war, dass der Landwirtschaftsminister höchstpersönlich im Landtag 1986 (Drucksache 9/3640) eine Wiedereinbürgerung des Luchses im Schwarzwald rundweg positiv beurteilte und damit in Verbindung mit der genannten Lebensraumuntersuchung des Forstzoologischen Instituts erst den Startschuss für die Luchsinitiative gab.

Der ablehnende Bescheid führte zu heftigen Protesten in weiten Kreisen der Bevölkerung, der auch in den Publikationsorganen seinen Niederschlag fand. Dieser Widerstand veranlasste das Ministerium zu einem ersten Rückzugsgefecht. Eine erneute Erklärung lautete, dass jetzt überprüft würde, ob und unter welchen Voraussetzungen sich eine Einbürgerung des Luchses in staatlicher Trägerschaft in Baden-Württemberg realisieren lasse. Jetzt sei auch geplant, Gespräche mit Wildbiologen und sonstigen Wissenschaftlern zu führen, die bereits über Erfahrungen mit Wiederansiedlungsprojekten verfügten. Auch das vom Minister in Auftrag gegebene Gutachten der landeseigenen Wildforschungsstelle Aulendorf unterstützte trotz aller „Bewertungsunsicherheiten" eine Wiedereinbürgerung.

Anfang November 1994 reichte die Luchsinitiative eine Feststellungsklage gegen das Land Baden-Württemberg, vertreten durch das Ministerium für Ländlichen Raum, Ernährung, Landwirtschaft und Forsten, beim Verwaltungsgericht Stuttgart ein. Es sollte festgestellt werden, dass in Baden-Württemberg für das Aussetzen von Luchsen in freier Wildbahn keine Genehmigung der Jagdbehörde erforderlich ist, da der Luchs als heimische Tierart zu gelten hat. Als Hilfsbegehren wurde die Verpflichtung zur Erteilung der entsprechenden Genehmigung gefordert.

Inzwischen kam es jedoch zu einer Änderung des Jagdgesetzes. Sie besagte, dass eine Genehmigungspflicht für den Luchs besteht und der hilfsweise gestellte Antrag damit abgelehnt wird. In dem Verfahren ging es jetzt nun nicht mehr darum, ob es einer Genehmigung überhaupt bedarf, sondern ob die Ablehnung rechtswidrig gewesen war. Am 27. November 1997 kam es zu der entscheidenden Gerichtsverhandlung. Hier soll nur auf den ersten Abschnitt der drei Abschnitte umfassenden Urteilsbegründung eingegangen werden:

„Der VHG sieht in dem Luchs eine gebietsfremde Tierart, für deren Aussetzung eine jagdrechtliche Genehmigung erforderlich ist. Das gelegentliche Vorhandensein einzelner Luchse rechtfertigt nicht die Annahme, er sei im Schwarzwald mittlerweile wieder heimisch geworden."

Hier kann man aber auch andersherum argumentieren. Als im Dritten Reich die noch gültige Jagdgesetzgebung entstand, galten alle Tiere als heimisch, die mit dem Inkrafttreten des Gesetzes in seinem Geltungsbereich lebten. Dazu gehören zum Beispiel Mufflons und Sikahirsche, also Tiere, die ihren ursprünglichen Lebensraum sonstwo haben, nur nicht in Deutschland. Die Luchse, die heute noch in unserem Land leben würden, hätte man sie nicht ausgerottet, weil man ihnen ihre Beute nicht gönnte, zählen nach dieser Richtermeinung nicht mehr zu unserem einheimischen Wild.

Doch welche Luchssituation ergibt sich heute im Schwarzwald? Mitte 1991 wurde in Siensbach bei Waldkirch ein etwa einjähriger, 10 kg schwerer Luchs von einem Jäger geschossen. Er stammt nach dem Ergebnis der wissenschaftlichen Untersuchung am toten Tier aus einer Betonbodenhaltung. Vorher waren Versuche gescheitert, den ganz offensichtlich an Menschen gewöhnten Luchs mit einem Korb einzufangen. Er hatte zuvor ein Huhn gegriffen, vermutlich vier Schafe gerissen und war in aller Ruhe durch Bauernhöfe gelaufen. Mit solchen Freilassungsaktionen, die die Luchsinitiative streng ablehnt, erweisen diese „Tierfreunde" den Luchsgegnern natürlich einen Bärendienst. Die Luchsinitiative erstattete Strafanzeige. Das Ermittlungsverfahren gegen den 79-jährigen Mann wurde von der Staatsanwaltschaft mit der Begründung eingestellt, es liege kein Verstoß gegen das Jagdrecht vor, denn als der Luchs mit dem Huhn im Maul verschwinden wollte, lag ein gewisser „Notstand" vor. Solche Entscheidungen sind ein Freibrief für weitere illegale Abschüsse, eine Befürchtung, die sich als nicht grundlos erwies, denn zwei im Südschwarzwald beobachtete Luchse waren plötzlich ebenso spurlos verschwunden.

Im Donautal zwischen Beuron und Sigmaringen wurden einige Luchse gesichtet. Inzwischen liegen auch Meldungen aus der Ost-Alb vor.

Doch im Schwarzwald gibt es auch ganz natürliche Luchsnachweise, die in Form einer tabellarischen Betrachtung folgendes Bild ergeben:

Überprüfte potentielle Luchsnachweise (nach THOMAS und URSULA KAPHEGYI)

Jahr	Riss		Spur		Kot		Summe
	bestätigt	nicht bestätigt	bestätigt	nicht bestätigt	bestätigt	nicht bestätigt	
1995	0	1	0	0	0	0	1
1996	0	2	0	2	0	0	4
1997	0	6	0	3	0	0	9
1998	0	3	1	1	0	0	5
1999	1	4	2	2	2	2	13
2000	0	11	0	2	0	0	13
2001	0	11	2	2	0	0	15
2002	0	13	0	5	0	1	19
2003	0	7	0	0	0	0	7
Summe	1	58	5	17	2	3	86

Beurteilte Direktbeobachtungen (nach THOMAS und URSULA KAPHEGYI)

Jahr	wahrscheinlich	unsicher	Summe
1995	2	2	4
1996	6	4	10
1997	0	7	7
1998	6	1	7
1999	5	3	8
2000	8	10	18
2001	5	6	11
2002	7	5	11
2003	1	0	1
Summe	40	38	78

Bei den bis 1996 beobachteten Luchsen lagen die Beobachtungspunkte jeweils ca. 20 km auseinander, und die Orte der Beobachtungen umfassten eine Fläche von 1500 km^2. Alle bis 1996 eingelaufenen Meldungen stammen aus dem Schwarzwald nördlich der Bundesstraße 31.

Wichtige Entscheidungen, den Luchs betreffend, fielen an der Wende vom 20. zum 21. Jahrhundert. Im Rahmen der Umsetzung der Flora-Fauna-Habitat-Richtlinie (FFH-RL) waren für gefährdete Tierarten Schutzbereiche auszuweisen. In Deutschland gilt auch der Luchs als gefährdete Art und ist überall zu schützen und zu fördern. Der Luchsinitiative ist es gelungen, den Schwarzwald neben dem Bayerischen Wald, dem Elbsandsteingebirge und dem Pfälzerwald als Luchsgebiet zu melden.

Wenn man über das gegenwärtige oder zukünftige Luchsvorkommen des Schwarzwaldes Bilanz ziehen will, braucht man nur die ersten Artikel der Luchsinitiative zu zitieren, die den Antrag Natura 2000 – Berücksichtigung des Luchses bei der Umsetzung der FFH-Richtlinien in Baden-Württemberg begründen:

1. Das seit 1995 von der Universität Freiburg, der Landesforstverwaltung und der Luchsinitiative betriebene Monitoring bestätigt durchgehend die Anwesenheit mehrerer Luchse im Schwarzwald.
2. Die beobachteten bzw. gespürten Tiere verhalten sich heimlich und nicht vertraut, so dass kein Hinweis auf illegale Aussetzungen besteht.
3. Die entlang des Hochrheins und des Westschwarzwaldes gehäuft bestätigten Meldungen sowie die auf der Schweizer Hochrheinseite und in der französischen Rheinebene bekannten Luchsbeobachtungen erhöhen die Wahrscheinlichkeit, dass von den bestehenden Luchspopulationen im Schweizer Jura und in den Vogesen einzelne Tiere in den Schwarzwald überwechseln.
4. Von dem jüngsten Schweizer Aussetzungsobjekt LUNO musste ein Kuder nach Überquerung der Autobahn, der Thur und des Rheins an der Grenze zum Schwarzwald eingefangen werden, um ihn für den Aufbau einer Ostschweizer Population zu erhalten.
5. Die Entwicklung zeigt die Wichtigkeit des Schwarzwaldes als Trittbrett und Ergänzung beim Aufbau eines mitteleuropäischen, grenzüberschreitenden Luchslebensraumes.
6. Der Schwarzwald wurde durch eine an der Universität Freiburg gefertigte Lebensraumanalyse als geeigneter Luchslebensraum bestätigt und könnte Raum für 40 adulte Luchse bieten. Zusammen mit den benachbarten Populationen in der Ostschweiz, dem Schweizer und Französischen Jura, den Vogesen und dem Pfälzerwald bestehen hier günstige Voraussetzungen für den Wiederaufbau einer mitteleuropäischen Luchspopulation.

Luchsmeldungen von der Schwäbischen Alb

Nachdem im Jahr 2003 erstmals zwei Luchsmeldungen aus dem Tuttlinger Raum vorlagen, ein anonymer Anrufer berichtete sogar von einem illegal erlegten Luchs aus der Umgebung von Immendingen, war damit zu rechnen, dass die große Katze auch versuchte, auf der Schwäbischen Alb Fuß zu fassen. Wanderkorridore zwischen den beiden Mittelgebirgen sind vorhanden.
Nach der Bekanntgabe, dass der NABU Baden-Württemberg eine Meldeprämie von 100 Euro für jeden einwandfreien Luchsnachweis auszahlte, kam eine weitere Meldung aus dem Donautal zwischen Beuron und Sigmaringen. In diesem Fall konnte der Luchs am Riss sogar mit Video dokumentiert werden.

Luchs AG in Baden-Württemberg

2004 wurde vom Ministerium für Ernährung und ländlichen Raum eine Luchs AG ins Leben gerufen, der unterschiedliche Institutionen angehören: Vertreter des Ministeriums, Wissenschaftler, Luchsinitiative, NABU, BUND, Gehegehalter und Vertreter der Bauern- und Jägerschaft, um nur einige zu nennen. Die Mitglieder treffen sich zweimal im Jahr, um Maßnahmen, die den Luchs betreffen, gemeinsam zu koordinieren. Die bisherigen Treffen fanden in den Räumen der Forstlichen Versuchsanstalt in Freiburg statt, während auch Tagungsorte gewählt wurden, die in der Nähe von aktuellen Beobachtungen liegen, so z. B. in Beuron im Donautal. Die Diskussionsbeiträge in der AG Luchs haben sich gegenüber Veranstaltungen, die vor der Jahrtausendwende stattfanden und die oft an Polemik nicht zu übertreffen waren, deutlich versachlicht, und auch atmosphärisch ist eine spürbare Besserung zu verzeichnen.

Rheinland-Pfalz

Im Pfälzer Wald konnte sich der Luchs bis in die zweite Hälfte des 18. Jahrhunderts halten. Bei dem ersten Luchs, den man 1980 bei Annweiler feststellte, tippten die Experten auf einen Schweizer oder einen zahmen Ausreißer aus einem Gehege aus Wachenheim oder Kaiserslautern. Doch dann kam es ganz dick. In den frühen 90er Jahren des letzten Jahrhunderts schreckte eine Zeitungsmeldung die Menschen vieler Pfälzerwaldgemeinden auf. Sie verkündete „Der Puma ist los". Eine zähnefletschende Raubkatze in ihrer Umgebung, wo sonst nur Reh, Fuchs und Wildschwein vorkommen. Das konnte Angst einjagen. Bald darauf glätteten sich die Wogen, denn der Puma entpuppte sich als eine Ente, und zwar als eine Zeitungsente. Diese Meldung war aber für den erfahrenen Jäger FRANZ BERTHOLD aus Annweiler ein weiteres Indiz für seine schon lange gehegte, heimliche Vermutung, dass Meister Pinselohr auf leisen Sohlen wieder in den Pfälzer Wald zurückgekehrt ist. Denn er hatte mit Interesse wahrgenommen, dass bereits 1983 seine französischen Kollegen in der Jagdverwaltung mit einem Auswilderungsprogramm von Luchsen in den Hochvogesen begonnen hatten. Er wusste auch von Luchsen, die über die Zaberner Steige, im Bereich der Saverne, in die Nordvogesen gelangt waren. Deshalb war es seiner Meinung nach nicht auszuschließen, dass einige von ihnen möglicherweise den Weg in den Wasgau gefunden hatten. Die Zeitungsente war für ihn der Anlass, seine Hypothese mit einigen seiner Weidgenossen zu diskutieren. Und siehe da, zuerst zwar nur zögerlich, doch dann immer verstärkt, erhielt er Bestätigungen für die Richtigkeit seiner Annahme, dass nicht der Puma, sondern der Luchs los war.

So gehörte die größte deutsche Waldregion vermutlich auch (es gab auch illegal ausgesetzte Tiere) durch die genannten Zuwanderer aus den Vogesen nach 200 Jahren wieder zum Luchsgebiet. Innerhalb von zehn Jahren konnte der Jäger und Revierinhaber FRANZ BERTHOLD insgesamt 63 Beobachtungen dokumentieren. Das wurde auch von dem Bezirksverband Pfalz bestätigt: Die gefleckte Wildkatze ist dorthin zurückgekehrt, wo sie als ausgestorben galt.

HEIKO MÜLLER-STIESS von der ÖKOLOG-Freilandforschung in Zweibrücken registrierte im Jahr 2000 drei bis vier Tiere. Diese Angaben beruhen auf Auswertungen von „Luchsberatern", die von der Forstverwaltung ausgebildet wurden. Weitere glaubwürdige Berichte von direkten Begegnungen mit der gefleckten Katze stammen aus den Wäldern bei Kaiserslautern, aus der Gegend von Bad Dürkheim, Pirmasens, westlich von Landau und dem Wasgau. Eine dieser Beobachtungen dauerte etwa 15 Minuten, die meisten jedoch nur wenige Sekunden. Weitere viermal machten sich Luchse durch Ranzrufe bemerkbar. Drei Jahre vorher gingen Schätzungen bei Abschluss eines Luchsgutachtens noch von acht Tieren aus. Aus anderen Regionen von Rheinland-Pfalz liegen ebenfalls Hinweise auf Luchse vor. Nachweise auf erfolgreiche Fortpflanzungen konnten jedoch bis zum Jahr 2000 nicht erbracht werden.

Seit einigen Jahren ist die Forstverwaltung Rheinland-Pfalz die Koordinierungsstelle für das Luchs-Monitoring in Rheinland-Pfalz. Die FAWF wurde von der Zentralstelle der Forstverwaltung mit der Betreuung der Luchsberater, der Sammlung, Überprüfung und Auswertung der Luchsnachweise sowie der Erstellung der Jahresberichte beauftragt. So erbrachte die Sammlung und Überprüfung von Luchsnachweisen in den anschließenden Jahren folgende Ergebnisse:

Jahr	Sichtbeobachtungen	gerissene Beutetiere	Fährtenfunde	Rufe
2002	12	9	4	-
2003	13	5 (4 Wildtiere, 1 Haustier)	1	2
2004	14	-	6	15
2005	8	-	7	11

Rheinland Pfalz

PZ-Information 11/2001   Umwelterziehung

Der Luchs
im
Grenzüberschreitenden Biosphärenreservat
Pfälzerwald - Vosges du Nord

Pädagogisches Zentrum

Luchsmobil zur Ausleihe bereit

Luchs-Mobil

In unserer Ausgabe IV/01 stellen wir die neue PZ-information 11/2001 "Der Luchs im Grenzüberschreitenden Biosphärenreservat Pfälzerwald - Vosges dur Nord" vor.

Der dazugehörige PKW-Anhänger, das "Luchsmobil", ist mittlerweile fertigge- stellt und kann ausgeliehen werden beim:

Umweltpfarramt der Evangelischen Kirche der Pfal
Hintergasse 11
67361 Freisach

Tel.: 06344/6821
E-Mail:umweltpfarramt (a)t-online.de

Luchsberaternetz Pfälzerwald ▷

Lynx lynx

Luchsberaternetz Pfälzerwald

Luchsberater sind geschulte Fachleute, die im Auftrag der Landesforstverwaltung bei allen Fragen um den Luchs im Pfälzerwald ihre Unterstützung anbieten

1	Grill, Werner	06329-398 o. 0171-3651164
2	Becker, Hans-Klaus	06321-992231 o. 06321-82125
3	Huckschlag, Ditmar	06306-911115 o. -555
4	Teuber, Martin	06328-982112
5	Zwirk, Franz	06397-238
6	Bosch, Karlheinz	06346-93333
7	Stempel, Manfred	06341-34250
8	Kettering, Horst	06395-8115
9	Schimmel, Heinz	06335-1363 o. -5155

▶ Bitte melden Sie Beobachtungen umgehend an den für Ihr Gebiet zuständigen Luchsberater:

Im Pfälzer Wald bildet die Vernetzung von Lebens- räumen einen entscheidender Faktor für die Zukunft des Luchses, aber auch anderer Tierarten. Eine genauso wichtige Voraussetzung für den Auf- bau einer Population ist eine Vernetzung zu den Mittel- und Südvogesen in Frankreich, wo sich ein noch immer instabiles Vorkommen etablieren konnte. Erschwert wird eine solche grenzüber-schreitende Verbindung durch Barrieren in Form

Prospekte und Formulare zeigen, dass Rheinland-Pfalz beim Thema Luchs in der Öffentlichkeitsarbeit eine sehr gute Vor- arbeit leistet.

der Autobahn A4, dem Rhein-Marne-Kanal und durch die Eisenbahn-Schnellstrecke Paris-Stras-
bourg. Erschwert heißt hier jedoch nicht unüberwindbar. So kann der Rhein-Marne-Kanal von
Luchsen schwimmend überquert werden. Etwas besser sieht es bei der geplanten TGV-Strecke
aus, die durch einen 3 km langen Tunnel führt und über die eine 100 m breite Grünbrücke führen
soll. Die mehr als sehr guten Erfahrungen, die man beim Bau von Grünbrücken in Kroatien
erzielte, sind in dem Kapitel „Verbreitung und Bestandsentwicklung, Bär – Kroatien" ausführlich
behandelt. Die Umweltministerien auf beiden Seiten der deutsch-französischen Grenze wollen
durch eine verstärkte Zusammenarbeit eine Verbesserung der Biotopvernetzung erreichen.

Ausgelöst durch private Initiativen griffen auch die Jagdbehörden das Thema Luchs auf. Am
2. Mai 1996 informierte das Ministerium für Umwelt und Forsten Rheinland-Pfalz auf einer Ver-
anstaltung in der Forstlichen Versuchsanstalt in Trippstadt über die Anwesenheit von Luchsen im
Pfälzer Wald. Schon in den 70er Jahren des 20. Jahrhunderts konnten in einem Gutachten
ACKEN und GRÜNEWALD die Eignung des Pfälzer Waldes als potentielles Luchshabitat nachweisen.
Ein zweites Gutachten der ehemals Wildbiologischen Gesellschaft durch WOTSCHIKOWSKY kam
1990 zu dem gleichen Ergebnis. Eine weitere Arbeit, durchgeführt im Auftrag des Umwelt- und
Forstministeriums, beschrieb und interpretierte in den folgenden Jahren die neuesten Erkennt-
nisse der Luchsbesiedlung im Pfälzer Wald (ÖKOLOG, 1998).

In diesem Bericht wird unter anderem das Thema behandelt, welche Möglichkeiten bestehen,
um in dem genannten Waldgebiet eine vitale Luchspopulation zu begründen und zu stabilisieren, und welche Handlungsempfehlungen dafür notwendig sind. In diesem Zusammenhang
wird als Aspekt die Schaffung einer zentralen Luchs-Koordinierungsstelle vorgeschlagen, die bei
der regional zuständigen Forstbehörde oder bei der Verwaltung des Biosphärenreservats angesiedelt werden kann. Einen weiteren wichtigen Platz in diesem Bericht nimmt die Öffentlichkeitsarbeit ein, denn die Überlebensfähigkeit einer Luchspopulation setzt die Akzeptanz der Bevölkerung voraus. Daher spielt sie bei der „Initiative Pro Luchs" eine wichtige Rolle. Diese Initiative
wurde von der Geschäftsstelle des Biosphärenreservats Naturpark Pfälzer Wald am 14. Juni 2000
gegründet. Ihr gehören nicht nur lokale luchsinteressierte Gruppen an, sondern auch die Luchsinitiative Baden-Württemberg und der Parc Naturel Régional des Vosges du Nord und weitere
französische Interessensgruppen.

Bei einer Zusammenkunft der Initiative Pro Luchs im April 2001 konnte eine Kommunikationsstrategie verabschiedet werden, die sich an gemeinsamen Zielen, Zielgruppen und Vorgehensweisen orientiert, um die Öffentlichkeitsarbeit zu optimieren. Zu den Zielgruppen gehören z. B.:
Jäger, Förster, Waldbesucher und Schulen. Beiträge in Rundfunk und Presse, Ausstellungen, Vorträge, Poster und Aufkleber sollen helfen, die Bevölkerung zu sensibilisieren.

Die Landesforstverwaltung Rheinland-Pfalz richtete 1998 im Pfälzer Wald ein Monitoringnetz
ein, welches aus neun Luchsberatern besteht. Sie haben die Aufgabe, Hinweise auf den Luchs zu
sammeln, zu bewerten und zur wissenschaftlichen Auswertung weiterzuleiten. Für diese Meldungen konzipierte man eine äußerst gefällige Postkarte, die auf einer Seite ein gutes Luchsbild
und auf der anderen Seite die vorgedruckten Fragen enthält, die in einem solchen Fall zu beantworten sind. Die Finanzierung der dabei entstehenden Kosten erfolgt durch die Zentralstelle der
Forstverwaltung Rheinland-Pfalz.

Um das geringe Luchsvorkommen zu stützen, denkt man auch über Sofortmaßnahmen nach. So
empfehlen die Luchsexperten von ÖKOLOG-Freilandforschung, unterstützt von ihren französischen Kollegen, Aussetzungen von einigen Luchsen in Betracht zu ziehen. Doch auch hier gelten
eine gute Vorarbeit und wissenschaftliche Begleitung als unerlässlich, bei der die Telemetrie als
unterstützendes Hilfsmittel angesehen wird. Eine Vorarbeit ist mit der Einrichtung eines Entschä-
digungsfonds für eventuell auftretende Verluste an Schafen und Ziegen schon geleistet.

2003 kam man in Sachen Luchs einen gewaltigen Schritt voran. Bei Gesprächen zwischen dem Land Rheinland-Pfalz und Frankreich wurde ein Projekt entwickelt, nachdem Voraussetzungen, wie Vernetzung und Aktzeptanz für eine Populationsunterstützung geprüft werden sollen.

Wenn man in Pfälzer Wald und Vosges du Nord einen Raumbedarf pro Luchs mit 100 km² zu Grunde legt, könnte dieser Raum Platz für 25 bis 45 Tiere bieten.

Obwohl ihn vermutlich bei dem Gelingen der Vorhaben kaum jemand zu sehen bekommt, kann der Luchs zum Imageträger für das 1992 gegründete Biosphärenreservat Pfälzer Wald und für das 1998 gegründete grenzüberschreitenden Biosphärenreservat Pfälzer Wald – Vosges du Nord werden, als Symbol für eine naturverträgliche Waldnutzung, für eine grenzüberschreitende Zusammenarbeit im Artenschutz sowie für ein friedliches Nebeneinander von Mensch und einem der großen Beutegreifer, die eigentlich in unseren Wäldern ein uraltes Heimatrecht besitzen.

Wenn es langfristig gelingt, eine linksrheinische Luchspopulation aufzubauen, deren Streifgebiete von der Nordeifel über die Ardennen, Hunsrück, Pfälzer Wald bis in die Nordvogesen reichen, ist eine Vision aller an der Natur interessierten Menschen Wirklichkeit geworden. Doch bis dahin ist es noch ein weiter und dorniger Weg.

Leider gibt es auch Rückschläge, die aber insgesamt die Bemühungen um die Rückkehr des Luchses nicht behindern sollten. So wurden im benachbarten Elsass die Luchse systematisch herausgewildert, so dass von dort zurzeit mit keinerlei Zuzug zu rechnen ist.

Im Zusammenhang mit den Bemühungen einer Luchseinbürgerung im Pfälzer Wald fiel häufig das Wort Biosphärenreservat. Die meisten Leser wissen damit vermutlich nichts anzufangen, deshalb eine kurze Definition:

Die UNESCO verleiht im Rahmen des Programms „Mensch und die Biosphäre" den Titel „Biosphärenreservat" an großflächige, repräsentative Ausschnitte von Natur- und Kulturlandschaften, die modellhaft entwickelt werden sollen. Diese Entwicklung soll den wirtschaftlichen und sozialen Ansprüchen der Bevölkerung entgegen kommen und die natürlichen Ressourcen für die nachfolgenden Generationen erhalten.

Harz

Im August 2000 bezogen die ersten Luchse ihr Eingewöhnungsgehege im Harz, dessen Waldfläche 75.000 Hektar umfasst. Nach 182-jähriger Abwesenheit – der letzte Luchs wurde in Niedersachsen 1818 geschossen – soll die gefleckte Katze durch eine Wiedereinbürgerungsaktion hier wieder heimisch werden. Doch vorher mussten noch folgende Bedenken ausgeräumt werden:

- die für eine Luchspopulation langfristig zu kleine Fläche,
- die Isolierung des Harzes gegenüber bestehenden Luchsvorkommen und geeigneten bewaldeten Mittelgebirgen,
- kaum überwindbare Habitat-Barrieren durch Verkehrsachsen im und rund um den Harz,
- fehlende Akzeptanz bei Jägerschaft, Teilen der Tourismusbranche und den angrenzenden Bundesländern Sachsen-Anhalt und Thüringen,
- nicht geklärte Auswirkungen von Entnahmen aus Wildbeständen autochthoner Populationen und mögliche negative Auswirkungen im Zusammenhang mit der Telemetrie auf die Gesundheit der Tiere. Insbesondere Vertreter des Tierschutzes standen deshalb der Forschungsweise skeptisch gegenüber.

Bis 1999 konnten wesentliche Teile der Bedenken ausgeräumt werden. In einer gemeinsamen Erklärung der zuständigen Ministerien, des Landesjagdverbandes, der Naturschutzverbände und der Nationalparkverwaltung wurde eine Vereinbarung über die versuchsweise Wiederansiedlung des Luchses im Harz vorgestellt.

Als ausreichende Rahmenbedingungen ergaben sich:

- die gutachterlich festgestellte Eignung des Harzes als Lebensraum für den Luchs (20 bis 30 Tiere auf etwa 2500 km^2),
- ein hoher Waldanteil von über 70 %, eine geringe Bevölkerungsdichte mit 140 Einwohnern pro km^2,
- gelenkte Besucherströme belassen genügend beruhigte Gebiete,
- das erfolgreiche Luchsprojekt Kampinoski-Park bei Warschau mit ähnlichem Besucherstrom und der Verwendung von Gehegetieren verhalf wesentlich zu einer positiven Entscheidung,
- die Auswahl der zur Auswilderung vorgesehenen Tiere aus besonders geeignet erscheinenden Gehegen, z. B. im Bayerischen Wald, in der Lüneburger Heide und bei Hanau, bot Gewähr, dass nur gesunde und vitale Tiere verwendet werden. Die Luchse sind jeweils mit einem Erkennungs-Chip versehen, so dass bei narkotisierten Tieren oder Todfunden eine Identifizierung möglich ist. Die Bereitschaft europäischer Gehegebetreiber war groß, für das Projekt geeignete Tiere zu liefern.
- Im Harz wurde unter Mitwirkung von Förstern, Jägern und Naturschützern in den drei Bundesländern Niedersachsen, Sachsen-Anhalt und Thüringen ein Fährtenliniensystem ausgearbeitet. Auf den festgelegten Linien finden im Winter organisierte Abspüraktionen zur Kontrolle der sich entwickelnden Luchspopulation statt. Diese Maßnahme war erforderlich, da im Rahmen des Projektes auf eine telemetrische Überwachung der Tiere verzichtet worden war, um u. a. Bedenken des Tierschutzes abzubauen. Damit ist für die weitere Zukunft nicht ausgeschlossen, dass einzelne Tiere bei Vorliegen konkreter Fragestellungen auch telemetrisch begleitet werden können. Die Mitwirkung privater Jagdausübungsberechtigter auch im Harzvorland und länderübergreifend wird mit Meldeprämien (50 EUR/Stk.) gefördert, die für jedes gemeldete, vom Luchs gerissene Stück Wild ausbezahlt werden.
- Zwar befinden sich im Harzvorland eine Reihe viel befahrener Verkehrsachsen, die für abwandernde Tiere eine erhebliche Behinderung bedeuten, es verbleiben jedoch noch begehbare Verbindungen in nach Süden angrenzende Waldgebiete über den Hainich und den Thüringer Wald bis zur tschechischen Grenze, so dass langfristig mit Kontakten zu weiteren Luchsvorkommen gerechnet werden kann.
- Die angrenzenden Bundesländer haben die Unterstützung des Projektes zugesagt.

Die konkrete Durchführung des Projektes liegt in den Händen der Nationalparkverwaltung. Bedingt durch das große öffentliche Interesse, wurde ein ca. ein Hektar großes Schaugehege an der Rabenklippe bei Bad Harzburg errichtet und mit drei Tieren, einem 6-jährigen Männchen und zwei 2-jährigen weiblichen Luchsen, besetzt. Diese sollen ständig in dem am 21. August 2000 eröffneten Gehege verbleiben.
Weiterhin steht ein vier Hektar großes Gehege in einem wenig zugänglichen Gelände für die Auswilderung zur Verfügung. Hier wird überprüft, ob die gefleckten Katzen eine ausreichende Fluchtdistanz gegenüber Menschen einhalten. Während ihres sechs- bis achtwöchigen Aufenthalts in dem Auswilderungsgehege werden sie mit ganzen Wildtieren, die meistens Verkehrsopfer sind, gefüttert, so dass eine gewisse Gewöhnung an ihre späteren Beutetiere gewährleistet ist.

Das Auswilderungsgehege liegt in einem stark strukturierten Waldbereich mit Fichtenaltholz und Verjüngungsbereichen sowie einem Bachlauf und Blockschuttüberlagerungen.

Ehe die Tiere in das Gehege überwechseln können, wird in einem vorgeschalteten 100 m² großen Separierungsgehege eine Woche lang geprüft, ob sie den Transportstress gut überstanden haben und ob sie Nahrung aufnehmen.

Luchse, die gegenüber dem Menschen keine Fluchtdistanz aufweisen, werden nicht freigelassen. Die Freilassung erfolgt ohne Anwesenheit des Menschen immer am gleichen Ort durch das Offenlassen der Gehegetür. Nur von April bis September ist das Auswilderungsgehege mit Luchsen besetzt. Damit will man die Gefahr witterungsbedingter Schäden an den Zäunen möglichst gering halten. Das Auswilderungsgehege ist für die Öffentlichkeit nicht zugänglich.

Schon im November 2000 konnte man einen männlichen und zwei weibliche Luchse in die Freiheit entlassen. Sichtbeobachtungen, Spuren und einige identifizierte Risse ermöglichten es, Informationen über den Verbleib der Tiere zu ermitteln. Sie durchstreiften eine große Fläche des Harzes in verschiedene Richtungen. Ein Luchs gelangte in westlicher Richtung aus dem Harz hinaus und querte die vielbefahrene A7. Alle Tiere hatten die ersten Monate ihrer Freiheit überlebt und durch Risse bewiesen, dass sie zu einem Leben in freier Wildbahn fähig waren.

Große Gefahren für die ebenfalls erst einige Jahre vorher eingebürgerten Auer- und Haselhühner wurden nicht befürchtet. Eine Ausnahme stellten zwei Auerhahnrisse dar, die kurz nach der Auswilderung noch im Umfeld der Eingewöhnungsvolière vom Luchs erbeutet wurden. Doch diese von Menschen aufgezogenen Raufußhühner hatten vermutlich noch nicht die nötige Vorsicht gegenüber den Gefahren ihres Lebensraumes erworben, die bei ihren wilden Artgenossen solche Verluste fast auf Null minimiert.

Zwischen Sommer 2000 und Frühjahr 2005 wurden 22 Luchse ausgewildert, die aus deutschen und schwedischen Gehegen stammten. Bis zu diesem Zeitpunkt zeigten zahlreiche Risse und sonstige Beobachtungen den erfolgreichen Verlauf des Projektes. Es gab zwei Zusammenstöße mit PKWs. In beiden Fällen konnte der angefahrene Luchs trotz intensiver Nachsuche nicht gefunden werden. Zumindest bei einem angefahrenen Jungtier muss davon ausgegangen werden, dass es den Unfall nicht überlebt hat. Eine weitere Luchsin wurde Anfang 2004 von einem Zug erfasst und getötet.

Insgesamt kamen vom Januar 2003 bis Februar 2005 sechs Tiere ums Leben. Zwei weitere mussten wegen zu großer Vertrautheit eingefangen werden.

Diese Verluste, von OLE ANDERS und PETER SACHER tabellarisch aufgearbeitet, ergeben weitere interessante Hinweise:

Eingefangen bzw. verendet Monat/Jahr	Geschlecht	Auswilderung Monat/Jahr	Diagnose Auswahl der wichtigsten Befunde	Anzahl Monate in Freiheit
1/2003	weiblich	6/2001	Unterernährung, Sarcoptesräude Magen- und Darmparasiten	18
6/2003	weiblich	8/2001	Unterernährung, Sarcoptesräude, eitrige Wunden am Vorderlauf	22
8/2003	männlich	6/2003	Beinbruch	2
10/2003	männlich	8/2003	Zu vertraut	2
4/2004	weiblich	9/2000	Kollision mit Zug	43
4/2004	männlich	6/2003	Unterernährung, Sarcoptesräude, Magen- und Darmparasiten	10
11/2004	weiblich	6/2004	Zu vertraut	5
2/2005	Weiblich	6/2001	Unterernährung, Sarcoptesräude, teilw. abgebrochener Eckzahn	44

Der Zustand der Luchse mit starker Unterernährung dauerte vermutlich schon längere Zeit an. Der Auslöser für die mangelhafte Ernährung ließ sich nicht zweifelsfrei feststellen. Bei einer Luchsin könnte es eine eiternde Beinverletzung gewesen sein, die sie im Beutefang behinderte. Bei dem hohen Parasitenbefall ist es unklar, ob er ein Auslöser der Unterernährung war oder ob ihn die Unterernährung erst förderte. Auffallend ist jedoch, dass bei vier Luchsen ein starker Befall mit Räudemilben der Gattung Sarcoptes diagnostiziert werden konnte. Dieser Räudebefall zählt besonders bei den Luchsen Nordeuropas mitunter zur häufigsten Todesursache.

Bereits im Jahr 2002 gab es im Harz erstmals Hinweise auf Nachwuchs im Freiland. Mindestens zwei Luchsinnen führten zwei bzw. drei Jungtiere. Das Weibchen mit den drei Jungen konnte man anhand von Spuren im Schnee im April 2003 nochmals bestätigen. Im Jahr 2003 setzte sich diese Reproduktion im Freiland fort. Zwei führende Weibchen wurden jeweils in Niedersachsen im Stadtforst Goslar und im Bezirk des staatlichen Forstamtes Elend in Sachsen-Anhalt festgestellt.

2004 war mit ausreichender Sicherheit nur ein Weibchen mit drei Jungen nachzuweisen. Diesen weiblichen Luchs hatte man erst im Juni 2003 in die Freiheit entlassen. Er trug die entsprechende Ohrenmarke. 2004 gab es zwar weitere Jungtierbeobachtungen, für deren Überleben aber keine Beweise vorliegen. Die ersten Sichtungen der Luchsin mit den drei Jungen datieren von Juli und August 2004, und ihr Standort war ein etwa 30 ha großes Forstgatter und seine unmittelbare Umgebung. Hier gelangen an einem Rehriss die ersten Aufnahmen der Jungen mit Hilfe

Oft streckt sich der Luchs nach dem Aufstehen.

einer Fotofalle. Ab Mitte August verlegte die Familie ihr Aufenthaltsareal in einen vier Kilometer entfernten, stillgelegten Steinbruch. Dabei überstand sie sogar das mehrmalige Überqueren der Bundesstraße 4 in der Nähe von Bad Harzburg. Eine weitere Wanderung führte die Familie nach Südwesten in die Nähe der Ockertalsperre. Hier bestätigten Videoaufnahmen an einem Rehriss den guten Zustand der Jungen. Der letzte Nachweis der kompletten Vierergruppe stammt vom 4. 1. 2005. Bis zum 31. 3. des gleichen Jahres konnte die Luchsin noch zweimal in Begleitung eines Jungtieres beobachtet werden. Die letzten Beobachtungen liegen auch hier exakt für den Zeitpunkt vor (Ende März), an dem sich Jungluchse von ihrer Mutter trennen und sich auf die Suche nach einem eigenen Streifgebiet begeben. Bei Verbindung der vier äußersten Beobachtungsorte ergab sich für die Luchsfamilie insgesamt ein Aktionsradius von 57 km².

Die Landwirtschaft und insbesondere die Viehhaltung spielt im gesamten Harz eine untergeordnete Rolle. Dennoch ist im Rahmen des Luchsprojektes Harz eine intensive Öffentlichkeitsarbeit erforderlich, um eine ausreichende Akzeptanz der Bevölkerung sicher zu stellen.

Luchsauswilderungen werden auch von der Stiftung Europäisches Naturerbe (EURONATUR) unterstützt. Das Harzer Projekt ist jedoch nach Meinung dieser Stiftung sowie von Experten aus der Schweiz und Deutschland mit einigen Mängeln behaftet. Es wird befürchtet, dass ein negativer Verlauf ähnliche Vorhaben erschweren oder sogar scheitern lassen könnte. Wie bereits ausgeführt, wird hier auf eine telemetrische Überwachung verzichtet. Ohne Telemetrie erhält man nur sporadisch Informationen, die belegen, wie sich die freigelassenen Tiere in ihrer neuen Umgebung zurechtfinden, wie erfolgreich sie jagen, ob sie Junge großziehen und ob sich das Vorkommen insgesamt positiv entwickelt. Die vorgesehene Spurensuche im Winter kann nicht den Datenfluss liefern, den man bei der bewährten telemetrischen Überwachung gewinnt, und doch ist es beachtenswert, welche Ergebnisse man mit den zur Verfügung stehenden Mitteln bereits erzielt hat.

Doch wie ist es überhaupt möglich, sich ohne Telemetrie einen Überblick über die Entwicklung des Vorkommens zu verschaffen und die beobachteten Luchse zu identifizieren? Vor ihrer Freilassung wird die Fellmusterung beider Seiten fotografiert, das ist wichtig, um z. B. bei Aufnahmen mit Fotofallen oder beim Einsatz von Infrarot-Videofallen die Luchse wieder zu erkennen. Eine Infrarot-Videofalle ist seit 2005 im Einsatz. Sie übt keinen Einfluss auf das Verhalten des Tieres aus, was man bei Fotofallen durch das Auslösen des Blitzes nicht ausschließen kann. Diese Geräte haben sich inzwischen zu den wichtigsten Bausteinen des integrierten Monitorings entwickelt. Seit 2003 erhalten alle Luchse, bevor man sie in die Freiheit entlässt, eine runde, farbige und beiderseitig sichtbare Ohrmarke aus weichem Kunststoffe. Sie wiegt 3 g und hat einen Durchmesser von 3 cm.

Bei Weibchen wird sie am linken und bei Männchen am rechten Ohr angebracht. Innerhalb von Geschlechtergruppen verwendet man jede Farbe nur einmal. Dieses einfache System ermöglicht bei einer Beobachtung eine ausreichende Identifizierung.

In jedem Winter organisiert die Nationalparkverwaltung, falls es die Schneeverhältnisse zulassen, eine Abfährtungsaktion, die sich über den ganzen Harz erstreckt. In Zusammenarbeit mit den zuständigen Forstdienststellen werden Fährtenlinien festgelegt, die nach Neuschnee gleichzeitig von den Fährtenlesern begangen werden. Diese nehmen kreuzende Luchsfährten auf und melden sie an die Nationalparkverwaltung. Die Zahl der Luchsfährten ergibt am Tag des Abfährtens den Mindestbestand der Luchse, die in mit Fährtenlinien umschlossene Bereiche des Waldes einwechseln, diese aber nicht wieder verlassen. So schließt man einen Zusammenhang mit weiteren Fährtenfunden aus.

Die häufigste Informationsquelle und damit die Grundlage für das Luchsmonitoring im Harz ist die Sammlung und Auswertung zufälliger Beobachtungen, die man in vier Kategorien einordnet, von denen zwei beschrieben werden:

1. Luchsnachweise gelten als sicher, wenn sie von Projektmitarbeitern im Gelände eindeutig nachgewiesen werden oder wenn Fotos und andere überprüfbare Proben oder Objekte vorliegen.
2. In die Kategorie „glaubwürdig" fallen Hinweise, wo eine unter Ziffer 1 genannte Überprüfung nicht möglich ist oder zu keinem Ergebnis führt. Von der Kategorie „zweifelhaft" und „unglaubwürdig" unterscheidet sie sich durch den Beobachter, der entsprechende Vorkenntnisse hat und die Sichtung ausreichend detailliert und damit überzeugend darstellen kann.

Zu den Nachweisen zählen z. B. Sichtbeobachtungen, Riss- oder Spurenfunde und das Verhören von Luchsrufen. Die Beobachtungen, die an die Nationalparkverwaltung Harz weitergeleitet werden, kommen von Förstern, Jägern und zu einem großen Teil auch von Wanderern. Der Eintrag der Meldungen erfolgt in einen standardisierten Meldebogen, den man in eine elektronische Datenbank überträgt. Diese ist wiederum mit einem Geographischen Informationssystem (GIS) verknüpft. Bis 2005 lagen etwa 1000 Datensätze vor.

Im Januar 2001 ergab sich ein überraschender Vorfall, als ein vertraut wirkender Luchs sich auf dem Bahnhof Wernigerode aufhielt. Eine Untersuchung ergab, dass das Tier keinen Chip trug. So war zweifelsfrei festzustellen, dass es kein offiziell ausgesetzter Luchs war. Insgesamt wurden bis 2005 vier Luchse aufgegriffen, die keine Ohrmarke trugen und bei denen es sich auf Grund ihrer Vertrautheit um illegal ausgesetzte Tiere handelte. Um es hier noch einmal ganz deutlich zu sagen, mit illegal ausgesetzten Luchsen gibt es oft Probleme, diese Aussetzungen sind zu unterlassen, denn damit erweisen diese „Tierfreunde" den Luchsgegnern einen Bärendienst.

Die Harzpopulation des Luchses kann längerfristig nur bestehen, wenn sie sich mit anderen Luchsvorkommen austauschen kann. Ganz wichtig ist es deshalb, bei neuen Straßen unbedingt den Bau von Wildbrücken durchzusetzen oder an besonders gefährdeten Verkehrswegen, die uralte Wildwechsel durchschneiden, eine solche nachträglich zu bauen. Die dadurch entstehenden Kosten werden innerhalb von wenigen Jahren durch die fehlenden Kosten vermiedener Wildunfälle ausgeglichen sein.

Welche Ausbreitungskorridore kommen in Frage und welche Erfahrungen konnten in dieser Hinsicht bis Ende 2005 gemacht werden?

Das bayerisch-böhmische Luchsvorkommen erstreckt sich bis zum Frankenwald. Als weitere Brücke in Richtung Harz käme der Thüringer Wald in Frage. Die 70 km, die zwischen den beiden Mittelgebirgen liegen, sind überwiegend von einem durchgehenden Waldgebiet bestockt, so dass hier ein für Luchse begehbarer Korridor besteht. Der Solling im Westen mit dem angrenzenden Reinhardswald in Hessen ist 30 km vom Harz entfernt. Die Hildesheimer und Magdeburger Börde bilden eine schwer zu überwindende waldfreie Fläche, an die sich erst nach ca. 40 km größere Waldareale anschließen. Die Gebiete östlich des Harzes mit ihrem hohen landwirtschaftlichen Nutzungsgrad und den Ballungsräumen Halle – Leipzig stellen für Luchse eine nur schwer zu überwindende Barriere dar, wobei es in der nördlich von Leipzig gelegenen großflächigen Dübner Heide gelegentlich schon Luchsbeobachtungen gab.

Von 2001 stammen die ersten Hinweise auf die Anwesenheit eines Luchses außerhalb des Harzes. Das Beobachtungsareal war ein Waldgebiet zwischen Seesenheim und Northeim. Mehrere Wochen danach kam es zu Luchsnachweisen aus einem Gebiet westlich der Autobahn 7 und aus dem Solling, wo Luchssichtungen auch in der Folgezeit nicht abrissen. Wenige Luchsnachweise südlich des Harzes gab es zwischen 2002 und 2005 aus dem Raum Göttingen, Duderstadt und Ohmgebirge. Von den 2003 freigelassenen Luchsen ist einer nach dem Verlassen des Auswilderungsgeheges bis in das Waldgebiet Elm bei Braunschweig gewandert. Verhältnismäßig zahlreich sind dagegen die Luchsbestätigungen aus den nördlich des Harzes vorgelagerten Waldin-

seln wie Schauener Holz und Großer Fallstein. Eine weitere Luchsbeobachtung gab es 2004 im Schimmerwald. Dort wurde ein ohrmarkierter Kuder gesichtet, der nach einem Ausflug in das Gebiet um den Großen Fallstein aber wieder in den Harz zurück-

In Nordrhein-Westfalen herrscht die Befürchtung, dass das vermehrte Auftauchen des Luchses die dortige Wildkatzenpopulation gefährden könnte. Doch wer einmal beobachtet hat, wie eine Hauskatze in einer Gefahrensituation reagiert, der kann eine solche Befürchtung nicht teilen. Es dürfte weiter bekannt sein, dass noch keine Wildart eine andere gefährdet oder ausgerottet hat. Dieses „Privileg" war bisher nur dem Menschen vorbehalten.

kehrte, wo ihn Fotofallen an zwei Rehrissen ablichteten. 2004 und 2005 war das Beobachtungsareal von Luchsen die Region um den Hainberg. Es ist erstaunlich, wie weit sich der Weg eines Luchses mit Ohrmarke durch Fotofallen, Sichtbeobachtungen und Rissfunde verfolgen ließ. Der Kuder, im Sommer 2003 freigelassen, wanderte zuerst in die Feldmark des am Harzrand gelegenen Schimmerwaldes, wo er mit Fotofallen dokumentiert wurde. Anschließend kam es zu Sichtbeobachtungen und Rissfunden im Landkreis Wolfenbüttel. In den nächsten Wochen führte sein Weg durch die waldarme Bördelandschaft dieser Gegend, und südlich des Waldgebietes Elms tappte er wieder in eine Fotofalle. Die letzte Sichtung ergab sich Anfang Dezember 2003 nahe der Autobahn 2. Das Tier hatte bis dahin eine Strecke von etwa 79 km zurückgelegt, und die Entfernung zum Harzrand betrug in der Luftlinie 44 km.

Die von 2000 bis 2004 zufällig gefundenen und einwandfrei bestimmbaren Luchsrisse setzen sich wie folgt zusammen: sieben Rothirsche, ein Mufflon, 72 Rehe, ein Rotfuchs, Feldhasen und zwei Auerhähne. Die Verluste an Haustieren beliefen sich im gleichen Zeitraum auf insgesamt vier Schafe und Ziegen.

Nordrhein-Westfalen

In Nordrhein-Westfalen wurde der letzte Luchs 1745 erlegt. Seit 1997 sichten Jäger und Forstbedienstete den scheuen Beutegreifer mit den markanten Pinselohren in Nordrhein-Westfalen. Die Mehrzahl der Hinweise kommt aus dem Sauer- und Siegerland sowie aus der Eifel. Diese Mittelgebirge sind geprägt durch ihre Höhenlagen, großflächige Wälder und weitgehend unzerschnittene Landschaften. Über die Anzahl der Luchse in den genannten Gebieten liegen nur vage Angaben vor. Für den Winter 2002/2003 gehen die zuständigen Stellen im Sauerland von zwei Luchsen aus, und in der Eifel werden für den Sommer 2003 mit dem gesichteten Nachwuchs insgesamt drei bis fünf Tiere angegeben. Im Januar 2004 wurde eine Luchsin mit zwei Jungen in der Nähe der deutsch-belgischen Grenze beobachtet.

Nachdem sich ein Luchs im Arnsberger Wald über zwei Winter aufgehalten hat, wird er schon als Stammgast angesehen. DR. HEINRICH SPITTLER, früherer Mitarbeiter von der Forschungsstelle für Jagdkunde und Wildschadenverhütung in Bonn, geht davon aus, dass „bei uns wieder mehr Luchse vorhanden sind, als wir annehmen". Jäger würden Luchs-Begegnungen aber eher verschweigen, weil sie nicht wollten, dass neugierige Naturfreunde Unruhe im Revier stiften. Luchsfreunde dagegen quält aufgrund der bekannten illegalen Abschüsse im Pfälzerwald und im Bayerischen Wald indes die Sorge, dass es der ganzjährig geschützten Katze hier genauso ergehen könnte.

Inzwischen wird auch von offizieller Seite eine Wiederansiedlung geprüft, nachdem der Ökologische Jagdverband (ÖJV) dieses Anliegen 2002 an das Umweltministerium von Nordrhein-Westfalen herangetragen hatte. Eine Stellungnahme in Form eines Fachgutachtens zur Wiederansiedlung oder Ausbreitung des Luchses in Nordrhein-Westfalen liegt bereits vor. Erstellt wurde das Gutachten von der Forschungsstelle für Jagdkunde und Wildschadensverhütung in Zusammenarbeit mit dem Artenschutzdezernat der Landesanstalt für Ökologie, Bodenordnung und Forsten (LÖBF) und dem beim Umweltministerium eingerichteten „Arbeitskreis Luchs", dem der Ökologische Jagdverein und der Landesjagdverband Nordrhein-Westfalen, die Verbände der Jagdrechtsinhaber, die Landwirtschafts- und Naturschutzverbände angehören. Dieses Gutachten und ein von der LÖBF erarbeitetes Strategiepapier, welches ein zukünftiges Luchs-Management in Nordrhein-Westfalen beinhaltet, wurden umfassend diskutiert und beraten. Im Vordergrund standen dabei die Erschwernisse, die sich durch die Anwesenheit des Luchses in Mitteleuropa ergeben. Das sind die Akzeptanz der großen Beutegreifer sowie die Vernetzung von Lebensräumen und Populationen unter Berücksichtigung der fachlichen Standards, wobei dem Schutz bestehender Vorkommen Vorrang vor der Ansiedlung des Luchses eingeräumt wird. So besteht in der Eifel zum Beispiel Klärungsbedarf, welche Auswirkung das Erscheinen des Luchses auf die dort lebende und für Deutschland bedeutende Wildkatzenpopulation hat.

Weiters will man Gefährdungsursachen beseitigen, die Zustimmung aller Interessensgruppen sichern und eine über Ländergrenzen übergreifende Kooperation anstreben. Der durch internationale Standards zu erwartende zeitliche und finanzielle Rahmen, der bei einer Wiederansiedlung des Luchses zu erwarten ist, soll in die Entscheidungsfindung unter dem Aspekt des Naturschutzes in der Art einer Kosten-Nutzen-Kalkulation mit einfließen.

Vor der Gründung des Arbeitskreises Luchs veranstalteten 2002 der Ökologische Jagdverband und der Sauerländische Gebirgsverein eine Fachtagung, auf der Auszüge aus dem Gutachten zur Wiederansiedlung des Luchses in Nordrhein-Westfalen vorgestellt und mit Wissenschaftlern und Verbandsvertretern diskutiert wurden. Das Fazit dieser Zusammenkunft: Man will länger nachwirkende Fehler und übereilten Aktionismus vermeiden, die auch über Rhein und Weser zum Nachteil der Luchse und ihrer Sympathisanten hinausstrahlen könnten.

Die Erfahrungen früherer Wiederansiedlungsversuche sollen ebenfalls berücksichtigt werden.

Eine Analyse potentieller Luchslebensräume in Nordrhein-Westfalen ergab, dass nur die Nordeifel sowie das Sauer- und Siegerland geeignet sind. Die dabei in Betracht gezogenen Kriterien waren:

Luchsrevier Hohes Venn im belgisch-deutschen Grenzgebiet. Es ist eine unter Schutz stehende großflächige Moorregion, die in drei Bereiche aufgeteilt ist. In einen ist der Zutritt ohne Führer erlaubt, in einem anderen nur mit Führer und in einem dritten gilt ein absolutes Zutrittsverbot. Damit soll eine Restpopulation von Birkhühnern geschützt werden. Diese Ruhezonen kommen auch dem Luchs zu Gute, der hier schon Junge groß gezogen hat.

- Die räumliche Kapazität zur Aufnahme einer eigenständigen und überlebensfähigen Population,
- die Größe und Ausdehnung der Waldgebiete,
- die vorhandene Zerschneidung der Landschaft,
- die Siedlungsdichte und
- das Nahrungsangebot.

Das Sauer-/Siegerland umfasst etwa 5000 km² und hat die dreifache Größe der Nordeifel, und auch die Zerschneidung der Landschaft fällt im Vergleich dazu geringer aus. Dagegen erreicht die Nordeifel einen günstigeren Beurteilungsgrad hinsichtlich der Akzeptanz von großen Beutegreifern – der Anteil des Staatsforstes ist wesentlich höher, die jagdliche Bedeutung des Reh- und Muffelwildes ist geringer und fast vollkommen auf den Staatsforst beschränkt – es ergibt sich ein

Vernetzungspotential mit den Ardennen, dem in Belgien liegenden riesigen Moorgebiet des Hohen Venn, der rheinland-pfälzischen Eifel bis hin zum Biosphärenreservat Pfälzerwald/Nord-vogesen.

Das Fazit der Nachweise: Einzelne Luchse durchstreifen nicht nur Nordrhein-Westfalen, sondern auch die angrenzenden Gebiete in Belgien und Rheinland-Pfalz. Deshalb vereinbarte 2004 der Arbeitskreis Luchs gemeinsam mit den Vertretern des Naturschutzes dieser angrenzenden Län-der unter anderem folgende Empfehlungen:

- Ein Verzicht auf die Aussetzung von Luchsen in Nordrhein-Westfalen in den nächsten fünf Jahren (= bis 2009),
- der Einsatz geschulter „Luchsberater" zur Begutachtung gemeldeter Rissfunde und sonstiger Hinweise auf Luchsvorkommen und damit ein Beitrag zum Luchs-Monitoring,
- die Entschädigung nachgewiesener Luchsrisse bei Haustieren nach dem Verkehrswert.

Mitte 2005 wurde ein Netz von Luchsberatern gegründet, welchem Vertreter aus den Bereichen Forst, Naturschutz und Jagd angehören. Es umfasst zurzeit 20 Personen, die abgegrenzte Zustän-digkeitsbereiche betreuen. Davon entfallen fünf auf das Sauer-Siegerland, sieben auf Nordrhein-Westfalen, fünf auf die rheinland-pfälzische Eifel und drei auf die Grenzforstämter in der Wallo-nie (Belgien). Die Tätigkeit der Luchsberater erfolgt auf ehrenamtlicher Basis.

Das bedeutende Beobachtungspotential von Forstbediensteten aus Privat- und Kommunal-wald, von Waldbesitzern sowie von der Landesforstverwaltung Nordrhein-Westfalen mit ihrer weitgehend flächendeckenden Präsenz kann zur Dokumentation der weiteren Entwicklung des Luchsvorkommens einen wesentlichen Beitrag leisten und Hinweise auf die Anzahl der im Beob-achtungsgebiet lebenden Luchse, die Lage und Beschaffenheit ihrer Streifgebiete, die Verteilung ihrer Tages- und Nachtaktivitäten, ihrer Ernährungsweise und ihr Verhalten gegenüber dem Men-schen geben.

Folgende Beobachtungen sollen an die Luchsberater oder direkt an die Forschungsstelle für Jagdkunde und Wildschadensverhütung in Bonn zeitnah mit Angabe von Zeitpunkt und Örtlich-keit weitergeleitet werden, so dass eine Überprüfung der Meldung vor Ort und eine Bewertung nach einheitlichen Kriterien vorgenommen werden kann: Eigene Beobachtungen oder Hinweise Dritter auf potentielle Luchsvorkommen wie zum Beispiel Rissfunde, Trittsiegel, Fährten, Sichtbe-obachtungen oder Rufe. Die so gewonnenen Informationen, insbesondere personen- und ortsbe-zogene Daten werden vertraulich behandelt.

Eine Akzeptanz fördernde Maßnahme gegenüber dem Luchs hat das Land Nordrhein-Westfa-len bereits getroffen. So liegt vom Umweltministerium eine Zusage vor, dass vom Luchs getötete Haustiere finanziell entschädigt werden. Voraussetzung dafür ist eine Begutachtung durch einen Luchsberater, gegebenenfalls in Zusammenarbeit mit der Forschungsstelle und eindeutige Hinweise auf den Luchs als Verursacher. Deshalb ist es wichtig, im Schadensfall den Luchsberater umgehend zu benachrichtigen und einen Ortstermin zu vereinbaren. Hilfreich können Fotos vom „Tatort" sein. Aussagekräftig sind dabei Bilder von der Geländesituation, Verletzungen des Tieres, besonders wenn die Einstichstellen der Eckzähne noch zu erkennen sind, sowie Fährten und andere Spuren. Ist der Luchsberater kurzfristig nicht erreichbar, sollte man die Überreste des Tie-res bis zur Untersuchung in eine Plastiktüte verpacken und einfrieren. Wenn noch notwendig, werden die Zahnspuren am befressenen Knochen im Labor dem möglichen Verursacher zugeord-net.

Die Anschrift der Forschungsstelle für Jagdkunde und Wildschadenverhütung in Bonn ist unter den Informations- und Aktionsadressen vermerkt.

Sachsen

Geeigneter Luchslebensraum
Sächsische Schweiz:
Schrammsteine

In Sachsen spielt das Elbsandsteingebirge bei der Verbreitung der Luchshabitate eine wichtige Rolle. Diese Berglandschaft hat gegenüber den anderen deutschen Mittelgebirgen deutliche Unterscheidungsmerkmale. Es ist eine nicht sehr große, stark zergliederte Erosionslandschaft. Sie wird gebildet aus einer 600 m mächtigen, fast reinen Quarzsandsteinschicht der Oberen Kreide. Während einer starken tektonischen Tätigkeit im Tertiär kam es zu Basaltdurchbrüchen mit geringer Flächenausdehnung. Seine Höhenlage liegt zwischen 120 und 726 m über dem Meeresspiegel. Das wild gegliederte Felsrelief weist einen vielfältigen Formenreichtum auf, dessen bestimmende Merkmale morphologische Großformen sind, die von Schluchten, Ebenen, Tafelbergen und Felsrevieren auf engstem Raum gebildet werden. Aufgrund dieser Unzugänglichkeit konnten sich hier in weiten Teilen des Gebietes große, geschlossene Wälder halten, die überwiegend siedlungsfrei blieben. So liegt der Waldanteil in der Sächsischen Schweiz bei 60 % und in der angrenzenden Böhmischen Schweiz bei 70 %. Diese Waldgebiete finden ihre Fortsetzung in südöstlicher Richtung in dem etwa 70 km² umfassenden Kreibnitzer Gebirge, das mit seinen östlichen Ausläufern fast wieder nahtlos in die großen Wälder der Lausitzer Berglandschaft übergeht. Alles in allem umfasst das östliche Gesamtareal eine Fläche von ca. 700 km² und wird als Haupteinstandsgebiet der Luchse angesehen. Doch auch westlich der Elbe kommen Wälder mit einer Fläche von 220 km² vor.

Die Zurückdrängung der einst weitaus größeren Waldgebiete begann im obersächsischen Raum mit der nach 1150 einsetzenden bäuerlichen Kolonisation. Von dieser Entwicklung blieben nur schwer kultivierbare und für die Landwirtschaft wertlose Gebiete verschont, zu denen außer den Berglandschaften die auf armen Sandböden wachsenden Kiefernheiden in der Lausitz und in der Dübener Heide gehörten. Obwohl durch diese Umstrukturierung die Rehwilddichte anstieg, verschwand der Luchs wie anderswo ausschließlich durch menschliche Nachstellungen.

In Böhmen und Sachsen konnte sich der Luchs, noch weit verbreitet, aber in geringer Dichte, bis ins 17. Jahrhundert halten. So erlegte man in Sachsen zwischen 1656 und 1680 191 der gefleckten Katzen (BUTZECK et. al. 1988).

Die Luchsstrecken in den angrenzenden Gebieten waren nicht minder eindrucksvoll:

Gebiet	Zeitraum	erlegte Luchse
Ostböhmische Herrschaft Winterberg	1657 – 1792	109
	davon 1743	7
Südböhmische Herrschaft Krumau	1690 – 1802	116
Wittingauer Revier in Südböhmen	1815 – 1824	13
Tetschner Herrschaft, Nordböhmen	1645 – 1689	6

Der letzte Luchs in Sachsen wurde 1743 im Ziegengrund in der Nähe der tschechischen Grenze erlegt, während als Abschussdatum des letzten Luchses im Elbsandsteingebirge der 4. Februar 1785 vermerkt ist. Er wurde im Verlauf einer Treibjagd erschossen.

Ab 1936 glaubte man in der Sächsischen Schweiz wieder an die Anwesenheit von Luchsen. Man fand mehrfach Rehe mit abgetrennten Köpfen, als deren Überwältiger zumeist der Uhu galt. Als das jedoch eindeutig widerlegt werden konnte, war der nächste Verdächtige der Luchs. Doch scharf abgetrennte Rehköpfe mit dem Luchs in Verbindung zu bringen, ist noch heute ein höchst umstrittenes Thema, bei dem aber die große Mehrheit der Experten die Meinung vertritt, dass solche Unterstellungen nicht zutreffen. Im Winter 1962 gab es dann mit der Feststellung von Luchsspuren im Schnee wirklich konkrete Hinweise auf die Anwesenheit von Meister Pinselohr. Dann folgten bis 1989 weitere Vermerke von Spuren im Schnee und sogar Sichtbeobachtungen, die auch die böhmische Schweiz betrafen. Rätsel gab ein mysteriöser Todfund vom 17. 6. 1969 auf. An diesem Tag barg man eine tote Luchsin bei Prossen aus der Elbe, deren Hinterläufe gefesselt waren und die keine Schussverletzung aufwies.

Im Frühjahr 1976 kommt es nach 20 Jahren erstmals wieder zu einer Sichtbeobachtung auf der linken Elbseite der Sächsischen Schweiz. Am 6. August 1987 gerät ein Luchs bei Mitteldorf in ein Tellereisen. Bei der Annäherung des Fallenstellers konnte er sich jedoch losreißen und flüchten. Seit 1988 gibt es aus der vorderen Sächsischen Schweiz keine Luchsnachweise mehr.

In den großen Waldgebieten des angrenzenden Lausitzer Berglandes ergaben sich Luchsnachweise in Form von Spuren und Sichtbeobachtungen ab 1975. In der Sächsisch-Böhmischen Schweiz fällt die überwiegende Zahl der Luchsnachweise in ein Areal, welches hier zum Haupteinstandsgebiet des Rotwildes zählt und seinen Standort zwischen Kirnitzsch, Staatsgrenze und Kamnitz liegt. Die weitere Häufung solcher Beobachtungen fällt in das Umfeld von Unterhermsdorf, in dem ein gutes Rehvorkommen lebt.

Der für den Luchs im Elbsandsteingebirge geeignete Lebensraum umfasst 1000 km² sowie die riesigen Wälder im östlich liegenden Iser- und Riesengebirge und westlich davon im Erzgebirge.

Diese groß erscheinenden Flächen relativieren sich jedoch, wenn man hier pro Luchs ein Streifgebiet von 150 km² zu Grunde legt.

Von September 1983 bis zum Sommer 1988 gab es in der Sächsischen Schweiz immerhin vier Sichthinweise, die weibliche Tiere mit Jungen belegen. Die hier geschilderten Beobachtungen und Nachweise erstrecken sich räumlich und zeitlich über einen breiten Rahmen. Sie lassen trotzdem den Schluss zu, dass es sich im Elbsandsteingebirge und dem angrenzenden Lausitzer Bergland zwar um eine kleine, aber bodenständige Population handelt und nicht um die Zuwanderung einzelner Tiere, die aber trotzdem nicht völlig auszuschließen ist. Die nächsten tschechischen Vorkommen haben im 230 km weit entfernten Altvatergebirge und im ebenso weit entfernten Sumava im Böhmerwald ihre Streifgebiete.

Luchsbeobachtungen aus dem Erzgebirge und aus Thüringen erhärten die Vermutung, dass sich der Luchs entlang der herzynischen Mittelgebirge ausbreitet. Ebenso liegen Nachweise aus den großen Waldgebieten der westlichen Oberlausitzer Heide vor.

1969 machten einige Zeitungsartikel die Öffentlichkeit mit der Anwesenheit von Luchsen in der Dübener Heide bekannt, heute ist es ein großes Naturschutzgebiet nördlich von Leipzig. Diese Luchsbeobachtungen in der sandigen Endmoränenlandschaft mit ihrer starken Verzahnung von Wald, Mooren, Gewässern, Heiden und Feldfluren blieben jedoch nur auf einen verhältnismäßig kurzen Zeitraum beschränkt. Anschließend versiegten die Veröffentlichungen.

Doch zurück zum Elbsandsteingebirge. Sollte sich die Anwesenheit des Luchses in dieser Region als dauerhaft erweisen, wäre es für Europa eines der seltenen Beispiele einer natürlichen Wiederbesiedlung. Doch zur Zeit lässt man die Zügel in Sachen Luchs schleifen, denn nach Angaben der Umweltbehörde in Bad Schandau stammen die letzten Veröffentlichungen (RIEBE) über den Luchs aus dem Jahr 1994. Seitdem liegen keine offiziell bestätigten Luchsmeldungen mehr vor.

In diesen Landschaften geben Spuren Hinweise auf die Anwesenheit von Luchsen. Eine flächendeckende Population ist jedoch nicht vorhanden, so steht es in einem Bericht, den das Umweltministerium Sachsen 2003/2004 herausgab.

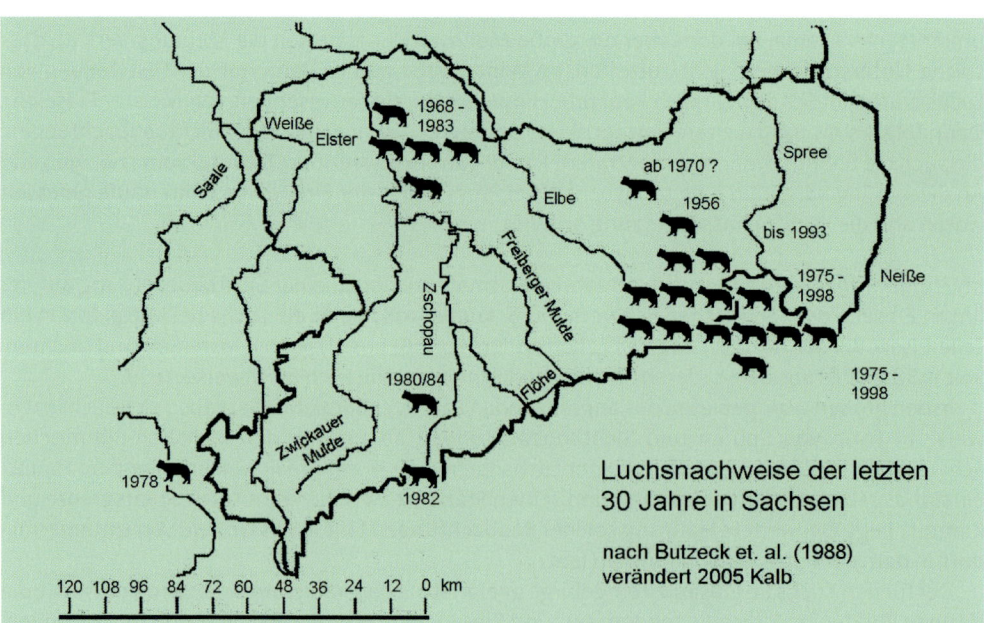

Luchsnachweise der letzten
30 Jahre in Sachsen

nach Butzeck et. al. (1988)
verändert 2005 Kalb

Thüringen – Nationalpark Hainich

Eine Thüringische Zeitung meldete 2004 die Anwesenheit von Luchsen im Nationalpark Hainich. Eine Nachfrage ergab, dass hier nicht genau recherchiert wurde. Im Nationalpark selbst gab es bisher keine Luchsbeobachtungen, jedoch zwei in seiner weiteren Umgebung.

Vorläufiges Fazit
der Luchseinbürgerung in Deutschland

1. Alle deutschen Mittelgebirge sind als Luchs-Lebensraum geeignet.
2. Sporadische Luchs-Beobachtungen in verschiedenen Teilen der Bundesrepublik zeigen, dass der Luchs auf der Suche nach Lebensraum weite Streifzüge unternimmt. Es gelingt ihm jedoch nicht, Startpopulationen aufzubauen, weil er keine Artgenossen findet. Das lässt den Schluss zu, dass dem Luchs ohne bestandsschützende Maßnahmen in absehbarer Zeit eine Rückkehr in viele seiner früheren Lebensräume nicht gelingen wird. Der bei Jägern und Bauern verbreitete Standpunkt „Akzeptanz des Luchses, wenn er von allein kommt" muss daher als verdeckte Ablehnung gewertet werden.
3. Derzeit gibt es noch kein deutschlandweites Wiederbesiedlungskonzept. Die Dissertation von STEPHANIE SCHADT-KRÄMER könnte eine gute Grundlage für ein länderübergreifendes Konzept sein. Die Zuständigkeit der Bundesländer für Jagd- und Naturschutz bildet derzeit eine bürokratische Barriere für die Luchsförderung in Deutschland.

Slowenien - Kroatien

Slowenien ist ein uraltes Luchsland, das bezeugen 30.000 Jahre alte Knochenfunde am Berg Olsava im Norden Sloweniens. Der letzte Luchs wurde in Slowenien 1908 erlegt. Die Idee, hier wieder Luchse einzubürgern, stammt von dem Schweizer KARL WEBER, der als Jagdgast in Slowenien weilte und das gerade in der Schweiz durchgeführte Aussetzungsprojekt auch für dieses Land empfahl. Obwohl das Projekt am Anfang heftig umstritten war, gelang es KARL WEBER, die zuständigen Stellen zu überzeugen.

Am 15. Januar 1973 entließen die Forstbehörden von Kovevje, 60 km südlich von Laibach, drei Luchspaare aus den Slowakischen Karpaten in die bewaldete Berglandschaft. Bereits nach fünf Jahren hatte sich eine beachtliche Startpopulation entwickelt, so dass mit der von der Jägerschaft geforderten Bejagung begonnen wurde. Die Erlegungsstrecke bis 2001 lag legal bei 350 und illegal bei etwa 70 Tieren. Diese hohen Abschusszahlen verzögerten deutlich die Ausbreitung der Population in den gesamten Gebirgsraum des Landes sowie ein Überschreiten der Grenzen in die benachbarten Länder Italien, Österreich, Kroatien und Bosnien.

20 Jahre nach der Aussetzung begann zur besseren Kontrolle der Luchspopulation als zweite Stufe der Wiedereinbürgerung das Telemetrie-Projekt „Ris Kocevska".

Die weitere Bejagung der Luchse wurde durch eine begrenzte Abschussgenehmigung geregelt. Aufgrund der rückläufigen Bestandszahlen kam es zu einer deutlichen Reduzierung der Genehmigungen. 2000 bis 2003 lag die Strecke der geschossenen Luchse bei insgesamt sieben Tieren. Trotzdem hat sich der Bestand von dem Aderlass noch nicht erholt. Zwischen 1990 und 2005 waren die Bestandszahlen nicht stabil, sondern wiesen eine gewisse Schwankungsbreite auf.

Das Vorkommen hat sich in zwei räumlich getrennte Teile entwickelt. Einer im Alpenraum mit etwa zehn Tieren und einer im Süden des Landes mit ca. 40 Tieren. Dieser geschätzte Gesamtbestand von ca. 50 Tieren besiedelt eine Fläche von ca. 10.000 km². Aus diesen beiden Kerngebieten wandern einzelne Tier in die benachbarten Länder ab, ohne dass dort inzwischen weitere Startpopulationen entstanden wären.

Aufgrund der besonderen Verhaltenweise des Luchses wird die Ausbreitung einer großräumigen Population im länderübergreifenden Alpenraum und auf dem Balkan trotz vorhandener geeigneter Lebensräume sehr lange dauern. Ohne weitere Aussetzungsprojekte wird es in überschaubarer Zeit keine weiteren Luchspopulationen in diesen Regionen geben.

Junge Luchse warten auf ihre Mutter.

In einer dritten Stufe der Einbürgerung werden durch ein Monitoring und durch Forschungsarbeiten zu Krankheiten des Luchses die Auswirkungen der zunehmenden Zerschneidung der Luchs-Gebiete durch Straßen untersucht sowie durch eine Entschädigungsregelung für Haustierrisse gezielt Öffentlichkeitsarbeit und Akzeptanzwerbung bei der Bevölkerung betrieben.

Von den 1995 bis 1999 gemeldeten 71 Haustierrissen war jedoch der Anteil von Bär und Wolf wesentlich höher als der vom Luchs, so dass sich die Konflikte mit dem Luchs in Grenzen hielten.

Der Luchs quert Verkehrsachsen sehr schnell, außerdem benutzt er Brückendurchlässe und untertunnelte Bergrücken, so dass die Verluste durch den Verkehr als gering eingestuft werden können.

Im Zusammenleben von Bär, Wolf und Luchs hat der Luchs das Nachsehen. Bei zunehmendem Wolfsbestand geht das Luchsvorkommen zurück, eine Beobachtung, die auch schon in anderen Ländern gemacht wurde. Die Jägerschaft ist nicht grundsätzlich gegen den Luchs eingestellt. Die Bejagbarkeit fördert bei ihnen jedoch die Akzeptanz.

Eine Aufteilung der Erlegungsstrecke auf die verschiedenen Länder zeigt, in welche Gebiete diese Population trotzdem bereits vorgedrungen ist. So entfallen auf Kroatien 94 und auf Bosnien drei Tiere.

Die deutliche Zurücknahme der Bejagung seit 1995 soll die Ausbreitungsdynamik in Richtung Westen verstärken. Gerade Slowenien nimmt für den Luchs eine wichtige Schlüsselrolle ein. Hier leben sowohl Individuen der „alpinen" als auch der „dinarischen" Population.

In Bezug auf den SCALP-Prozess hat Slowenien enorme Fortschritte gemacht. Das Land wendet die Kriterien der SCALP für die Interpretation der Daten im vollen Umfang an und sorgt für die Umsetzung der Empfehlungen, indem es die Luchsjagd in der Grenzregion zu Italien einstellte. Eine Gruppe junger Forscher will das Wissen über den Luchs in diesem Alpengebiet weiter vertiefen. Nachdem man sich einen Überblick über den Zustand der Populationen und den laufenden Projekten in den anderen Alpenländern verschafft hatte, kam man überein, für jedes Land einen Zustandsbericht zu erarbeiten. Die Entwürfe wurden beim SCALP-Meeting im März 2004 diskutiert. Darauf aufbauend soll der Status alpenweit in Großräume aufgeteilt werden, die nach biologischen Kriterien abgegrenzt sind.

Die dinarische Luchspopulation in Kroatien, Bosnien-Herzegowina und Slowenien umfasst je nach Quelle zwischen 60 und 200 Tiere.

Aufgrund der wenig verbreiteten Schafzucht in den Kernzonen gibt es, wie bereits erwähnt, mit Luchsrissen keine Probleme. Für doch auftretende Fälle gewährt der Staat eine Entschädigung, nachdem der Haustierriss von einem Wildhüter oder dem Vetrinäramt bestätigt wurde. Schwierigkeiten bereiteten jedoch zwei Jagdgatter, in dem sich halbdomestizierte Mufflons befanden, die Luchse wie einen Magneten anzogen. Einige der gefleckten Katzen konnten zwar innerhalb der Gatter geschossen werden, doch im Ergebnis ergab sich 1982 folgende Situation: In den Einzäunungen überlebten weder Luchse noch Mufflons.

In Kroatien hatten die Luchse bis 1991 etwa 100 Schafe gerissen, wobei die genaue Zahl jedoch nicht bekannt ist.

Ein Mann hat sich um die Luchsforschung in Kroatien besonders verdient gemacht: DR. DJURO HUBER vom Säugetierinstitut Zagreb. Er hat mit der Unterstützung von EURONATUR den Bau von Grünbrücken gefordert und durchgesetzt. Er kontrolliert mit seinen Studenten in akribischer Kleinarbeit seit vielen Jahren die Anzahl und Art der Tiere, die die Grünbrücken nutzen. Dieses Wissen lässt sich in der Praxis gut verwerten, denn er weiß nun, welche Konstruktionen und welche Stellen von den Wildtieren gern angenommen werden. Außerdem bilden seine Forschungsergebnisse eine gute Grundlage für die Planung von Grünbrücken beim Bau von Autobahnen und Fernstraßen auch in anderen Ländern.

Neben diesen Arbeiten hat DR. HUBER ebenfalls mit Unterstützung von EURONATUR mit dem Aufbau eines modernen Monitoringprogramms für Luchs, Bär und Wolf begonnen. Es soll eine wichtige Lücke schließen und endlich belastbare Daten über Bestandszahlen und Wanderbewegungen der genannten Tiere bringen. Dabei ist es ihm gelungen, in diese Arbeiten kroatische Förster und Jagdaufseher einzubinden. Das hat den Vorteil, dass es Fachleute sind, die mitarbeiten. Diese Mitarbeit beinhaltet einen nicht zu unterschätzenden Kommunikationsfaktor sowie die Erwerbung eines praktischen Wissens, welches den Argumentationsrahmen und auch den persönlichen Einsatz gegenüber Dritten wesentlich erleichtert, besonders wenn Schutzmaßnahmen erforderlich werden.

Österreich

In der Steiermark wurden von 1977 bis 1979 sechs männliche und drei weibliche Karpatenluchse freigelassen. Kurz nach der Aussetzungsaktion musste ein älteres Tier wieder eingefangen werden, weil es für das Vorhaben nicht mehr geeignet war. Danach gab es mindestens einen illega-

Luchsrevier Kärnten –
Steiermark

len Abschuss. Eine intensive Überwachung fand nur in den ersten Monaten statt, dann wurde es ruhig um den Wiedereinbürgerungsversuch. In den folgenden Jahren gab es kaum Hinweise, Einzelbeobachtungen wurden jedoch bis heute registriert. So durchstreift der Luchs weiterhin dieses österreichische Bundesland und bekommt vermutlich auch Verstärkung durch Zuwanderer aus dem benachbarten Kärnten, doch für die Gründung einer ganzen Population reichte es bisher aber nicht aus.

Eine andere Entwicklung hat sich in Kärnten vollzogen. Hier wurden zwar keine Luchse ausgesetzt, aber das expandierende slowenische Vorkommen brachte Zuwanderer ins Land, ein Vorgang, der sogar eine leicht steigende Tendenz aufweist und der bereits in angrenzenden Landesteilen zu Einzelbeobachtungen geführt hat.

Aus dem Mühl- und Waldviertel liegen seit Anfang der 90er Jahre des letzten Jahrhunderts ebenfalls Luchsmeldungen vor. In die Zukunft gesehen, besteht sogar die Möglichkeit, dass sich die Luchse des Alpenraumes mit der böhmischen Population austauschen. Einschränkend wird zwar gesagt, „wenn sie bei Ybbs über die Donau kämen", jedoch dürfte das kein unüberwindbares Hindernis sein, denn Luchse haben nachweislich schon den Rhein durchschwommen. Warum sollten sie es also über die Donau nicht schaffen? Optimal wäre es, und das nicht nur für den

Luchs, wenn sich Österreich, Deutschland und Tschechien gemeinsam für den Bau einer Grünbrücke über die Donau entschließen könnten.

Bei der positiven Bewertung der Gesamtsituaion sollte man sich aber nochmals daran erinnern, dass die erfreulichen Bestandsausweitungen über mehrere Länder nur auf die sechs ausgebürgerten Luchse Sloweniens zurückzuführen sind.

Zu Schäden an Haustieren kam es erst in den letzten Jahren. So rissen Luchse in Kärnten 1987 27 Schafe, 1988 vier Schafe, und 1989 bis Ende September 52 Schafe, eine Ziege und ein Rinderkalb. Eine Entschädigung ist durch die Bundesländerversicherung gewährleistet, die die Kärntner Jägervereinigung zur Verfügung stellt. Die Vergütung pro Schaf beträgt 85 bis 180 Euro.

Der Luchs untersteht in Österreich dem Jagdrecht, ist aber ganzjährig geschützt.

Anfang 2005 ergibt sich für Österreich folgende Situation:

Im österreichischen Alpenraum haben einige Luchse ihre Streifgebiete, ohne eine Population zu bilden. Luchsnachweise gibt es im Nationalpark Kalkalpen, in den Niederen Tauern, Oberkärnten und dem Dreiländereck Kärnten, Slowenien und Italien. Eine bessere Situation können der Böhmerwald und das Mühl- und Waldviertel melden, wo eine vitale österreichische Teilpopulation lebt, die in Bayern und Tschechien ihre Fortsetzung findet.

Der Nationalpark Kalkalpen ist die einzige Region der österreichischen Alpen, die mit einem etablierten und systematischen Monitoring den Luchs thematisiert hat. Durch die von der EU erlassenen Fauna- und Flora Richtlinien (FFH-Richtlinien) ist Österreich wie alle anderen EU-Länder verpflichtet, Verbreitung und Trends der beiden Luchsvorkommen zu dokumentieren sowie aktive Maßnahmen zum Schutz des gefleckten Jägers auch in den übrigen Landesteilen sicher zu stellen. Zur Nachahmung kann man hier ein Beispiel aus den Niederen Tauern anführen, wo der Bezirksjägermeister MATTHÄUS GELTER über einen positiven Umgang der Jägerschaft mit dem Luchs berichtet. Im Gegensatz dazu stehen illegale Abschüsse, die in Österreich, und leider nicht nur hier, die Ausbreitung des Luchsvorkommens teilweise massiv behindern.

Trotz der mit Sorge betrachteten Gesamtlage des Luchses in Österreich versuchten Experten bei einer Diskussion zukunftsweisende Strategien aufzuzeigen. Im Ergebnis waren es die gleichen Erfordernisse, die in allen Regionen Gültigkeit haben, in denen die drei großen Beutegreifer Luchs, Bär und Wolf leben oder Etablierungsversuche unternehmen: Versuche, Akzeptanz bei allen Interessensgruppen herzustellen, wobei in diese Bemühungen besonders die Jägerschaft eingebunden werden muss, die bei der Akzeptanz eine Schlüsselrolle einnimmt. Dass dies funktionieren kann, zeigt das Beispiel des Landesjagdverbandes Sachsen e. V. bei der Etablierung der Lausitzer Wölfe.

Aus diesem Grund wollen in Österreich in der Zukunft Jagd, Wissenschaft und Naturschutz bei der Etablierung des Luchses ein gemeinsames Vorgehen anstreben. Die Erfahrungen mit dem erfolgreichen Konzept der Bärenanwälte will Oberösterreich nun auf den Luchs übertragen. Im Gespräch ist ein Luchsberater, der sich für ein konfliktfreies Zusammenleben zwischen Mensch und Luchs einsetzen soll.

Italien

Im Nationalpark Gran Paradiso in den italienischen Alpen, das einzige Areal, in dem der Alpensteinbock überleben konnte, scheiterte ein etwas chaotisch verlaufener Einbürgerungsversuch. Zwei männliche Wildfänge aus den Karpaten wurden freigelassen, denen zwei weibliche Artgenossen folgen sollten. Das geschah jedoch nicht, eine Weiterverfolgung des Projektes wurde nicht angestrebt. Einen der Kuder fand man acht Monate später verendet bei Chambéry in Frankreich, während der andere verschollen blieb.

Bis 2004 gab es für den Westteil der italienischen Alpen nicht überprüfbare Beobachtungsmeldungen. Nach einer zu optimistischen Einschätzung reicht das Verbreitungsgebiet vom Aostatal südwärts bis in die ligurischen Berge. Um die Bestandsangaben auf eine solide Grundlage zu stellen, sollen jetzt die sogenannten SCALP-Kriterien für das Luchsmonitoring in ganz Italien angewendet werden.

Handfeste Beweise für die Anwesenheit von Luchsen dokumentierten 2004 Fotofallen in der Region Friuli Venezia Giulia. Die Fotofallen brachte man bei einem frisch gerissenen Hirschkalb und einem Reh in Stellung. Das Ergebnis waren innerhalb von zwölf Wochen zwölf Luchsaufnahmen. Anhand der Fellmusterung wurde festgestellt, dass es sich dabei um zwei Luchse handelte, die sich selbst abgelichtet hatten. Die Aktion erfolgte im Rahmen eines Italienisch–Slowenischen Interegg-Projektes unter Federführung der Universität von Udine.

Norditaliens östliche Grenzregion diente schon lange Zeit slowenischen Luchsen als Wanderkorridor, denn die ersten Luchsnachweise im Raum Tarvisio stammen aus den 1980er Jahren.

Vogesen/Frankreich

Im Verlauf eines seit 1983 laufenden Einbürgerungsprogrammes wurden in den Vogesen in einer ersten Aktion sieben männliche und sechs weibliche Luchse ausgesetzt (HERRENSCHMIDT, 1991). Elf davon waren Wildfänge aus den Slowakischen Karpaten, und zwei Gehegeluchse kamen aus England. Infolge ihrer langen Gefangenschaft erwiesen sie sich jedoch für eine freie Lebensweise als untauglich. Weil er vor Menschen keiner-

Die Männchen sind im Durchschnitt 15% schwerer als die Weibchen und wirken von der Statur her weniger schlank.

lei Scheu zeigte, wurde einer von ihnen wieder eingefangen, der zweite überlebte nur kurze Zeit.

Innerhalb der nächsten zehn Jahre kam es zu einer weiteren Bestandsaufstockung durch zwei weibliche Wildfänge aus den slowakischen Karpaten, denen wenige Monate später zwei Kuder folgten. Nochmalige Aussetzungen erhöhte die Zahl der freigelassenen Luchse auf 21 Tiere.

Ihr Ausbreitungsgebiet umfasste:

1990 – 1992	1993 – 1995	1996 – 1998
2187 km²	3348 km²	2574 km²

Die Fläche von 1993–1995 ergibt ein falsches Bild, weil in die Statistik andere Areale außerhalb der Vogesen mit eingerechnet wurden. Dass sich die Population etablieren konnte, zeigen die verhältnismäßig hohen Verluste durch Wilderei und sonstige Ursachen, denen bisher (2004) 70 Luchse zum Opfer gefallen sind.

1994 konnten 60 Luchsbeobachtungen registriert werden, davon entfielen 40 % auf Förster. Um das Jahr 2000 zeigen zunehmende Luchsmeldungen im Sundgau und in Richtung Nordvogesen, dass eine Stabilisierung der Population eingetreten ist.

Die Betreuung und Koordination des Projektes liegt in den Händen der Französischen Behörde für Jagd und Wildtiere (Office national de la Chasse et de la Fauna Sauvage). Trotz der genannten Abgänge konnten sich die Luchse vermehren, so dass ihr Bestand 2004 30 Tiere umfasste, die überwiegend in den Südvogesen lebten. Diese Luchse stehen in Verbindung mit der im französischen Jura lebenden Population und sind deshalb ein wichtiger Teil des gesamten französischen Luchsvorkommens. Auf regionaler Ebene sammelt ein Netz von geschulten Luchsbeobachtern Informationen und Beobachtungen, die jährlich publiziert werden. Zusammen mit telemetrischen Untersuchungen ist man deshalb in der Lage, die Bestandsentwicklung einzuschätzen.

In den Nordvogesen und im Pfälzer Wald besteht ein gemeinsames Projekt, welches den Schutz und die Stabilisierung des grenzüberschreitenden Luchsbestandes zum Ziel hat.

Luchsrevier Vogesen

Verlässliche Parameter

Eine erfolgversprechende, Rückschläge minimierende Wiedereinbürgerung des Luchses ist nur möglich, wenn vorher entsprechende Untersuchungen durchgeführt wurden, die viele Themenfelder umfassen. Aufgrund der Untersuchungsergebnisse müssen notwendige Vorarbeiten geleistet werden. Folgende Punkte eines solchen Maßnahmenkatalogs, der nicht Anspruch auf Vollständigkeit erhebt, sind hier aufgelistet:

- Ansiedlungen sollten nur durchgeführt werden, wenn die im Gebiet vorkommenden Arten trotz aktiven Schutzes und Förderung keine selbsttragende Population bilden können.
- Das vorgesehene Gebiet muss ein ausreichendes Beuteangebot aufweisen und als Lebensraum geeignet sein.
- Es muss die Voraussetzungen bieten, die langfristig die Etablierung einer Population ermöglichen.
- Die Aussetzungsplätze müssen sorgfältig ausgewählt und Gefährdungsursachen beseitigt werden.
- Eine zu erstellende wissenschaftliche Erfolgsprognose, die vergleichbare Erfahrungen mit einbezieht, muss befürwortend ausfallen.
- Die politischen Voraussetzungen sollten zustimmend abgeklärt sein.
- Die wissenschaftliche Begleitung und Finanzierung des Projektes muss über einen entsprechenden Zeitraum sichergestellt sein.
- Eine Schadensregulierung für entstehende Schäden an Haustieren muss vor der Aussetzung in Kraft treten.
- Es müssen Leute geschult werden, die beurteilen können, ob es sich bei einem toten Tier um einen Luchsriss handelt.
- Eine Aufklärungskampagne muss die Bevölkerung der betroffenen und umliegenden Gebiete über die vorgesehenen Maßnahmen informieren.
- Mit den Projektleitern benachbarter Luchsregionen sollte wegen erforderlicher Koordinierung Kontakt aufgenommen werden.
- Vernetzungs- und Kontaktmöglichkeiten benachbarter Luchspopulationen sollten auf nationaler wie auch auf internationaler Basis angestrebt und gefördert werden.
- Aus Punkt 12 ergibt sich die notwendige internationale Zusammenarbeit durch bilaterale Verträge.

Bei Wiedereinbürgerungen hängt man nicht im luftleeren Raum, sondern kann hier auf Erfahrungen zurückgreifen. Nachdem bereits in einigen Regionen seit dem Aussetzen der ersten Luchse Jahrzehnte verstrichen sind, sind Statistiken erstellt worden, die man heranziehen kann, wenn man zum Beispiel die Bestandsentwicklung von Schalenwild und Luchs ermitteln will. Wie bereits an den Beispielen Schweiz und Schweden erläutert, ist auf die Dauer sogar ein Anstieg des Schalenwildes zu beobachten.

Lokal, also auf kleinere Areale bezogen, kann sich zwar manchmal ein anderes Bild ergeben, aber das ist ohne Bedeutung. Ein Grund dafür soll kurz geschildert werden. Im Gegensatz zum Bayerischen Wald werden in der Schweiz die Rehe im Winter nicht nur in Tälern, sondern auch in Berglagen über 1000 m über dem Meeresspiegel gefüttert. Extreme Schneehöhen schließen die Tiere dann regelrecht ein, und an solchen Fütterungsplätzen greift der Luchs merkbar zu. Doch ohne Fütterungsstellen würden hier im Winter sowieso keine Rehe leben. Ihr Lebensraum liegt in dieser Zeit viel weiter talabwärts. So stellt der Luchs nur das natürliche Gleichgewicht wieder her.

Die Bestandskurve des Luchses verlief nach seiner Einbürgerung nicht in einer gleichmäßigen Bahn. Erst stieg sie einige Jahre an, um dann abzufallen. Anschließend pendelte sie sich auf einem verhältnismäßig niederen Niveau ein. Auch hierfür gibt es eine Erklärung: Erst wenn sich Rotwild, Rehe, Gämsen, Hasen und alle anderen auf dem Speisezettel des Luchses stehenden Tiere wieder auf die gefleckte Katze eingestellt haben, dehnt sie ihre Aktionsräume weiter aus; es lebt dann nur noch ein Luchs in einem Areal in dem anfänglich z. B. noch zwei Artgenossen genügend Beute machen konnten. Der beschriebene Ablauf war in allen wiederbesiedelten Schweizer Kantonen zu beobachten.

Haustierverluste:
Ein Mythos wird entlarvt

In den amtlichen Belegen, die bis zu seiner Ausrottung erstellt wurden, sind in der Schweiz 32 Schadensfälle an Haustieren überliefert, wobei sich ein Schadensfall auf mehrere Tiere beziehen kann. Hier handelt es sich überwiegend um Schafe und Ziegen. Das sind bemerkenswert geringe Verluste, wenn man auch in Rechnung stellt, dass nicht alle überliefert sind. Sie erstrecken sich über ein riesiges Areal und einen großen Zeitraum.

Es gab dabei aber auch spektakuläre Verluste. 1813 riss ein Luchs innerhalb weniger Wochen in Morschach 40 Ziegen und Schafe. 1814 kamen im Simmental durch drei oder vier der gefleckten Katzen 160 Ziegen und Schafe zu Tode. Zwischen 1820 und 1830 stürzten im Bregenzer Wald am Hohen Ifen 600 und 1815 in Val d'Anniviers 200 verfolgte Schafe in den Abgrund. Bei der Würdigung derartiger Begebenheiten sollte man in Betracht ziehen, dass derartige Massenverluste auch auftraten, als die Luchse schon lange aus unserer Landschaft verschwunden waren. So stürzte im Sommer 1969 eine Herde von 150 Schafen im Dransetal über eine mehrere hundert Meter hohe Felswand in die Tiefe. Das zeigt, dass Angaben aus früheren Zeiten einer kritischen Betrachtung unterzogen werden sollten. Nicht alles, was man dem Luchs anlastet, war auch wirklich auf sein Konto zu rechnen. Streunende Hunde, Wölfe und Unwetter können bei solchen Schadensfällen ebenfalls die auslösenden Faktoren gewesen sein. Die damalige, weit über den heutigen Bestandszahlen liegende Ziegen- und Schafhaltung musste den Luchs geradezu auf diese Tiere lenken. Dazu kam noch, dass sie sich weitgehend selbst überlassen, unzureichend oder gänzlich unbeaufsichtigt waren und sich Tag und Nacht, Sommer und Winter im bergigen Gelände aufhielten.

Die eigentliche Jagdbeute des Luchses, die Wildtiere, erlebten eine Bestandsminderung, deren Ursache nicht der gefleckte Jäger war. Solche Abnahmen führten in der Schweiz beim Rotwild in den ersten Jahrzehnten des 19. Jahrhunderts zum völligen Verschwinden. Auch Reh- und Gamswild erreichte damals bei weitem nicht die hohen Bestandsdichten der heutigen Zeit. Diese Entwicklung wirkte sich natürlich erschwerend auf den Nahrungserwerb des Luchses aus, der dann gezwungenermaßen auf Haustiere ausweichen musste. Die geringen Schalenwildpopulationen waren in dieser Zeit nicht nur auf die Schweiz beschränkt. So weisen die Bayerischen Alpen heute eine 6- bis 13-fach größere Population an Paarhufern auf als um 1850.

Die vom Luchs verursachten Schäden an Haustieren nehmen bei den Diskussionen um die Wiedereinbürgerung einen breiten Raum ein. Aufgrund der bisherigen Erfahrungen sind hier gleichfalls klare Aussagen möglich. Die von den Verbandsfunktionären der Landwirtschaft aufgestellte Behauptung, der Luchs würde weidende Kühe und Pferde anfallen, gehört in das Reich der Fabel. Weder in den Jahrhunderten vor der Ausrottung noch nach der Wiedereinbürgerung ist ein solcher Fall sicher belegt. Im Waadtländer Jura wurden vier Aberdeen-Kälber (Rinder) vom zuständigen Wildhüter als Luchsrisse angegeben. Da die Sachlage offenbar nicht klar genug war, übernahm nicht der SBN, sondern der Kanton Waadt die Entschädigung. So rutschte der Fall mit in die Schadensstatistik, obwohl in dieser sonst nur eindeutige Fälle vermerkt sind.

Die durch Luchse verursachten Schafverluste im französischen Jura beliefen sich bis 1990 auf 200 gerissene und 30 verletzte Tiere. Sie umfassen einen Zeitraum von 1974 bis 1988. 80 % dieser unbeaufsichtigten Schafe wurden 1988 getötet und davon wieder 80 % in einem kleinen Gebiet des südlichen Juraareals. Hier sind drei Deutungen möglich. Entweder hatte sich der Luchs auf die Haustiere spezialisiert, oder er hielt sich in einem ihm nicht vertrauten Gelände auf und war dort in der ersten Zeit auf Haustiere ausgewichen, oder es handelte sich um ein aus einem Gehege stammendes, illegal ausgesetztes Tier, welches die Jagd auf seine eigentliche Beute noch nicht beherrschte und deshalb auf die unbeaufsichtigten Schafe zurückgriff. Jeder, der schon selbst Tiere großgezogen hat, die ihre Beute erjagen müssen, weiß, dass viele von ihnen unter Anleitung der Eltern die erfolgreiche Jagd erst allmählich erlernen. Haben sie diese Möglichkeit nicht und werden sie ohne Erfahrung in die Freiheit entlassen, endet das oft mit dem Hungertod, oder sie weichen auf die viel leichter zu erlegenden, unbeaufsichtigten Haustiere aus. Deshalb wird bei Aussetzungen gern auf Wildfänge zurückgegriffen oder auf Tiere, die in großräumigen Eingewöhnungsgehegen den arteigenen Nahrungserwerb erlernen konnten.

Die meist unbedeutenden Haustierverluste und die Art ihrer Vergütung sind in dem Kapitel Regionale Bestandsentwicklungen aufgeführt. Deshalb soll hier nur noch einmal auf die Erfahrungen in der Schweiz eingegangen werden. In diesem Land wurden von 1973 bis 2002 814 Luchsrisse vergütet. In der Summe ergibt das 660.753 sfr. Von 1971 bis 01. 04. 1988, also bis zum Inkrafttreten der revidierten eidgenössischen Jagdverordnung, traten insgesamt 392 Schadensfälle auf. Davon entfielen 363 auf Schafe, 14 auf Ziegen, 10 auf (Gatter)-Damhirsche, einer auf einen (Gatter)-Rothirsch und vier auf die bereits erwähnten Rinder-Kälber. Beim Betrachten der Zahlen, die in der Tabelle als Kurve dargestellt sind, stellt sich die Frage, wieso die Haustierrisse nach 1983 ansteigen, und warum sie ab 1989 wieder abfallen, um von 1994 bis 2000 erneut in höhere Bereiche zu klettern und dann wieder nach unten zu rutschen?

Diese Kurve steht im Zusammenhang mit dem Vordringen der Luchspopulation in noch nicht von ihr besiedelte Kantone, in diesem speziellen Fall in den Kanton Wallis. Das ist ein Gebiet mit

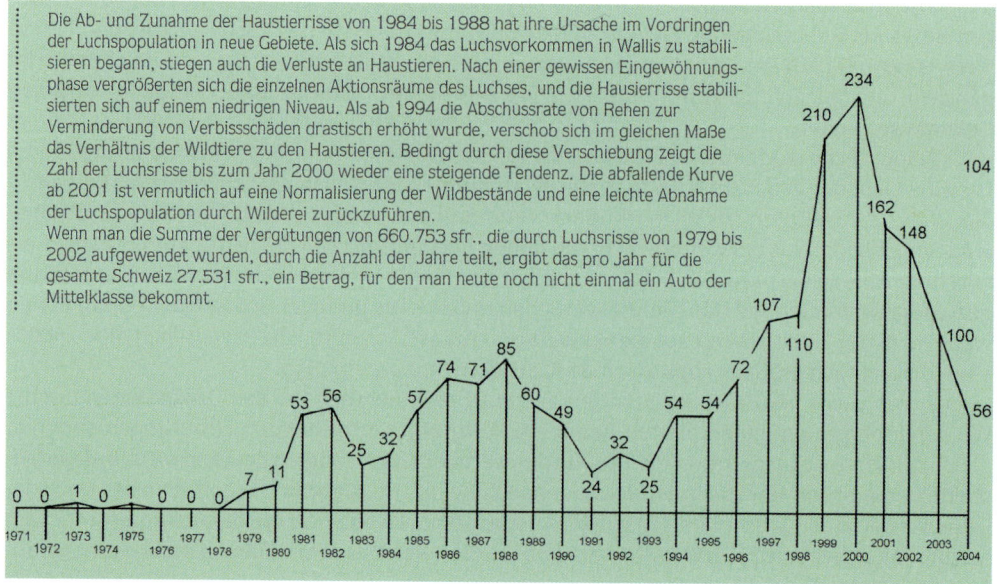

Die Ab- und Zunahme der Haustierrisse von 1984 bis 1988 hat ihre Ursache im Vordringen der Luchspopulation in neue Gebiete. Als sich 1984 das Luchsvorkommen in Wallis zu stabilisieren begann, stiegen auch die Verluste an Haustieren. Nach einer gewissen Eingewöhnungsphase vergrößerten sich die einzelnen Aktionsräume des Luchses, und die Haustierrisse stabilisierten sich auf einem niedrigen Niveau. Als ab 1994 die Abschussrate von Rehen zur Verminderung von Verbissschäden drastisch erhöht wurde, verschob sich im gleichen Maße das Verhältnis der Wildtiere zu den Haustieren. Bedingt durch diese Verschiebung zeigt die Zahl der Luchsrisse bis zum Jahr 2000 wieder eine steigende Tendenz. Die abfallende Kurve ab 2001 ist vermutlich auf eine Normalisierung der Wildbestände und eine leichte Abnahme der Luchspopulation durch Wilderei zurückzuführen.
Wenn man die Summe der Vergütungen von 660.753 sfr., die durch Luchsrisse von 1979 bis 2002 aufgewendet wurden, durch die Anzahl der Jahre teilt, ergibt das pro Jahr für die gesamte Schweiz 27.531 sfr., ein Betrag, für den man heute noch nicht einmal ein Auto der Mittelklasse bekommt.

einer für die Schweiz intensiven Schafzucht (Bestand 1990 ungefähr 60.000 Tiere). Die ersten Hinweise auf die Anwesenheit des Luchses gab es hier Ende der siebziger Jahre des 20. Jahrhunderts. Etwa um 1988 scheint der Etablierungsprozess und damit auch die Haustierrisse den Höhepunkt erreicht zu haben. Die absteigende Kurve in den folgenden Jahren, ist ein Zeichen, dass sich die Etablierung dem Abschluss nähert.

Der Anstieg ab 1994 ist begründet durch die abnehmende Wilddichte in den Nordwestalpen. Hier wurden die genehmigten Abschusszahlen auf Rehe erhöht, um die extrem angewachsenen Bestände und damit auch die Verbissschäden auf ein Normalmaß zu bringen. Damit veränderte sich auch das Zahlenverhältnis zwischen Wildtieren und Nutztieren zugunsten der Nutztiere, und das hatte wieder Folgen auf die Artenzusammensetzung der Luchsbeute. Das Abfallen der Kurve ab 2001 ist ebenfalls auf eine Normalisierung oder sogar leichte Abnahme des Luchsbestandes zurückzuführen, denn im Jahr 2000 konnte man in den Nordwestalpen acht gewilderte Luchse nachweisen, die oft beachtliche Dunkelziffer nicht inbegriffen.

Anfang 1988 ist die Schadensregelung durch ein neues Jagdgesetz auf die Kantone übergegangen, wobei sich der Bund mit 30–50% an den anfallenden Kosten beteiligt.

Es ist unter Fachleuten bekannt, dass sich Beutegreifer, denen als Nahrung oft ein breites Spektrum an Tieren zur Verfügung steht, bei der Jagd auf eine oder wenige Arten spezialisieren können. Deshalb wird vermutet, dass 1983 von 30 gerissenen Schafen etwa 15 auf das Konto eines solchen Spezialisten gingen. Noch im Jahr 2006 war der Trend zu beobachten, dass nur eine äußerst geringe Anzahl von Luchsen den Großteil der Schäden an Haustieren anrichteten. Lässt man diese Tiere außer Acht, ist überwiegend nur ein Schadensfall zu verzeichnen, oder es sind nur wenige innerhalb eines begrenzten Zeitraumes. Diese verhältnismäßig geringen Verluste an Haustieren durch den Luchs ermöglicht zum großen Teil die heute noch praktizierte und bereits erwähnte unbeaufsichtigte Schafhaltung. Unter Bewachung von Hirten und Hirtenhunden stehende Herden haben vor dem gefleckten Jäger kaum etwas zu befürchten.

Luchsweibchen mit Jungen kommen aufgrund ihrer Verhaltensweise als Täter nur in den seltensten Fällen in Frage. Die Luchsin transportiert ihre Beute nicht über eine große Entfernung. Auch wenn es sich um leichtgewichtige Rehkitze oder Hasen handelt, würde sie diese ihren Jungen nicht zutragen. Die erhalten ihre erste Fleischportion, wenn sie der Mutter an den Riss folgen können.

Die Tierverluste im Jura sind teilweise auf die dortige Art der Haltung zurückzuführen. Hier leben die Schafe in mit Drahtgeflecht umgebenen Parks. Befinden sich die Standorte nicht im Umfeld des Hauses, sondern im Nahbereich des Waldes, ist das eine Einladung an den Luchs, sich zu bedienen.

Das Verhältnis der gerissenen Schafe und Ziegen zum Gesamtbestand dieser Tiere ist in den Schweizer Luchsrevieren äußerst gering. Im Jahr 1988 gab es hier insgesamt 366.827 Schafe. Die jährliche Rissrate von 30 Schafen, verteilt auf die Luchspopulation der Schweiz, ergibt ein Verhältnis von weniger als ein Promille. Die nicht durch den Luchs bedingten Verluste infolge Krankheit und Abstürzen liegen dagegen bei ein bis zwei Prozent.

Manche Kleintierhalter in der Schweiz gaben an, dass ihnen nicht jeder durch den Luchs zugefügte Schaden ersetzt wird. Um auch solche Fälle abzudecken, ist die Entschädigungspraxis durch eine subventionierte Kleinvieh-Versicherungskasse, die jede Art von Haustierverlusten entschädigt, liberalisiert worden. Darunter fallen neben Luchsrissen auch Ausfälle durch Unwetter, Krankheit und Abstürze. Bei einer Schadensfeststellung ergeben sich für geschulte Personen durch Fraßspuren Hinweise auf den Täter.

In diesem Abschnitt soll ein Fallbeispiel zeigen, dass das Verhältnis von Luchs und Schaf in der Regel aus einem friedlichen Nebeneinander besteht (URSULA LEHMANN-WIDMER, BUWAL 3/2000).

Raja gehört zur Mehrheit der Luchse, die lieber Rehen und Gämsen auflauert als ein Schaf zu reißen. Bis heute hat die mit einem Sender versehene Luchsin ein einziges Haustier gerissen, der erstaunliche Normalfall.

Jeweils Ende Mai verändert sich der Lebensraum der Luchsin Raja dramatisch. Über Nacht bevölkern etwa tausend Schafe ihr Revier im Berner Saanenland. 1998 gebar sie ihre Jungen in einer Wurfhöhle direkt neben einer Schafweide. Hier hätte sie sich mühelos verpflegen können. Doch Raja tat es nicht. Bis Anfang 2001 konnte man ihr einen einzigen Übergriff nachweisen. Obschon Schafe zur Sömmerungszeit im Lebensraum der Luchse um ein Mehrfaches häufiger anzutreffen und zudem viel leichter zu erbeuten sind als Rehe oder Gämsen, bleiben Angriffe auf Kleinvieh eine Ausnahme.

Bei dem Luchskuder Zico, der im Greyerzerland lebt, verhält es sich ähnlich. Auch bei ihm verändert sich Ende Mai sein Lebensraum auf dramatische Weise. Über Nacht muss er sein Streifgebiet mit 1800 Schafen teilen, das sie mit ihrem Erscheinen auch noch zerstückeln, denn sie grasen auf 20 Weiden mit verschiedenen Standorten. Auf seinen nächtlichen Jagdzügen wird er jetzt über Monate immer wieder auf eine Schafherde stoßen. Um sich zu bedienen, braucht er noch nicht einmal einen Zaun zu überwinden. Er tut es meist nicht. Er hält sich weiter an die viel schwieriger zur erbeutenden Rehe und Gämsen. Trotz dieses Schafschlaraffenlandes hat er 1999 nur 4-mal zugelangt und nachweislich je ein Schaf gerissen.

Während der Sömmerungszeit übertrifft die Zahl der Schafe, in den Nordwestalpen sind es 38.000, die Zahl der wilden Huftiere im Luchsrevier um ein Vielfaches. Schafe sind leicht auszumachen und in ihrer Verhaltensweise naiv. KORA-Mitarbeiter konnten schon mehrmals beobachteten, wie ein Luchs in aller Ruhe durch eine Schafherde zog, ohne dass die Tiere von ihm Notiz nahmen. Das lässt darauf schließen, dass Schafe nicht den Beutevorstellungen eines Luchses entsprechen, denn er macht in der Regel keinen Gebrauch von diesem komfortablen und leicht zu erlangenden Nahrungsangebot.

Anders erging es Nico, der als schadenstiftender Luchs am 31. August 1998 bei Estavannes im Kanton Freiburg mit Sonderbewilligung des BUWAL geschossen wurde. ANDREAS RYSER peilte am 22. Juli 1998 in der Abenddämmerung den mit einem Sender versehenen Luchskuder Nico. Das Signal führte den Beobachter zu einer kleinen Schafherde, die in einem engen Tal in der Nähe von Charmey (Kanton Freiburg) weidete. Mitten in den ruhig grasenden Schafen saß aufrecht und bewegungslos Nico. Als sich bei beginnender Dunkelheit die Schafe in Richtung eines alten Unterstandes in Bewegung setzten, folgte ihnen der Luchs in etwa 10 m Abstand. Doch schon nach einer kurzen Strecke begannen die Schafe wieder zu weiden. Nico hielt ebenfalls inne, um sie in Kauerstellung zu beobachten. Als ihn ein Schaf bemerkte, ging es auf ihn zu, vermutlich um festzustellen, was sich für ein Tier ihnen angeschlossen hatte. Es näherte sich vorsichtig und begann an dem Kopf des Luchses zu schnuppern. Nico ließ die Schnüffelei 20 Sekunden völlig ruhig über sich ergehen. Dann wurde es dem genervten Luchs offensichtlich zu viel, und er verabreichte dem Schaf einen Prankenhieb, welcher aber zu keiner Verletzung führte. Das Schaf sprang erschrocken zurück und beobachtete Meister Pinselohr aus einem Meter Entfernung. Dann folgte es seiner Herde, die sich 30 m weiter niedergelassen hatte. Nico setzte sich ebenfalls in Bewegung und ging nur wenige Meter neben den Schafen in Ruhestellung. Viel später, es war schon kurz vor 24 Uhr, erhob er sich und wechselte ins Nachbartal, wo er noch in der gleichen Nacht ein Schaf riss.

Doch was sind die Bedingungen, unter denen Luchse Schafe angreifen oder sich sogar auf sie spezialisieren? Spielt die Lage und Exposition der Weiden eine Rolle, ihre Nähe zum Waldrand, oder gibt es andere Faktoren, die sie für Luchs-Attacken besonders anfällig machen?

In den Kantonen Bern, Freiburg und Waadt wurden von 1997 bis 1999 nachweislich 290 Schafe von Luchsen gerissen und entschädigt. Alle Schadensfälle wurden vom zuständigen Wildhüter protokolliert. An der Besichtigung des Rissplatzes nahm meistens auch ein Mitarbeiter des Projekts Luchs teil. In einer zusätzlichen Niederschrift vermerkte man auch sämtliche wichtige Informationen zur Herde: Anzahl der Tiere, ihre altersmäßige Zusammensetzung, ihre Rasse, Häufigkeit der Kontrolle, Höhenlage der Weide, ihre Exposition, Steilheit und Nähe zum Wald.

Um die Fakten zu vervollständigen, benötigte man Angaben zu den Weiden, die von Luchsangriffen verschont geblieben sind. Diese sind in den Alpenkatastern jeder Gemeinde und in computergestützten, geographischen Informationssystemen festgehalten. Angaben über Vor- und Nachweiden, die nicht in den genannten Systemen gespeichert sind, lieferten die Wildhüter. Zum Schluss wurden alle Informationen mit der Luchsforschung, insbesondere der Telemetrie, verknüpft.

Das Ergebnis dieser Zusammenfassung wurde im „KORA info 1/oo, Luchs und Schaf" veröffentlicht:

Obschon ein Luchs durchaus in der Lage ist, ein ausgewachsenes Schaf zu überwältigen, fallen ihm vorwiegend Jungtiere zum Opfer. Rund vier Fünftel waren weniger als ein Jahr alt.

Nähe der Weide zum Wald ist eindeutig ein Risikofaktor. Der größte Teil der Risse erfolgte im Wald oder unmittelbar daneben. Das bedeutet auch, dass Schafe, welche weit genug oberhalb der Waldgrenze weiden, kaum angegriffen werden. Der höchste Fundort befand sich auf 2080 m über dem Meer.

Durchschnittlich ein Viertel der registrierten Risse konnte mit einiger Wahrscheinlichkeit einem bekannten, sendermarkierten Luchs zugeordnet werden. Das betreffende Tier hatte sich zur fraglichen Zeit am Tatort aufgehalten. Der Anteil entspricht den Erwartungen. Etwa ein Viertel der ganzen Luchspopulation war in den letzten beiden Jahren unter radiotelemetrischer Kontrolle.

Der Verdacht, Schafe würden hauptsächlich von halbwüchsigen Luchsen gerissen, welche noch Mühe haben, selbständig Wildtiere zu erbeuten, bestätigte sich nicht. Es sieht eher so aus, als wären es vorwiegend ausgewachsene Kuder. Bezeichnenderweise waren von drei Luchsen, welche seit 1997 als besonders schadenstiftende Tiere legal abgeschossen wurden, zwei adulte Männchen: Nico, der 1998 im Kanton Freiburg erlegt wurde, hatte im laufenden Jahr mindestens 12 Schafe gerissen sowie mehrere im Jahr zuvor. Auf das Konto des Kandertaler Kuders, den man 1999 schoss, gingen 26 Schafe. Mit dem Abschuss dieser Kuder hatte man die beiden offensichtlichen Problemluchse entfernt. Die übrigen Schäden verteilten sich weiträumig auf die anderen Luchse.

Dass es häufig adulte Kuder sind, die sich an Schafe halten, belegen noch folgende Fakten. So konnten 25 bis 30% der von 1997 bis 1999 gefundenen Risse eindeutig einem mit Sender versehenen Luchs zugewiesen werden. In 88 % der Fälle handelte es sich bei dem Täter um ein adultes männliches Tier Sieben der acht adulten Luchsmännchen, die man mittels Telemetrie überwachte, rissen mindestens einmal nachweislich ein Nutztier, jedoch nur vier der 14 überwachten Weibchen.

In Luchsrevieren, in denen das Angebot an Nutztieren üppiger ausfällt als das an Wildtieren, kommt es zu mehr Übergriffen als in denen, wo es ausgeglichener ist. In drei Projektjahren war im Amtsbezirk Frutigen die Zahl der gerissenen Schafe und Ziegen am höchsten. Im Sommer übertrifft hier aber auch der Bestand der Nutztiere den der Wildtiere um das Doppelte. Im Amts-

Schutzhalsbänder bei Schafen haben sich nicht bewährt, denn der Luchs setzte seinen Tötungsbiss ober- oder unterhalb des Halsbandes an.

Schafriss eines Luchses. Im Sommer werden im Wallis die Almen innerhalb kurzer Zeit von tausenden von Schafen bevölkert, die zum größten Teil unbeaufsichtigt weiden. Hier wäre es für den Luchs leicht, sich ohne große Mühe zu bedienen. Dass er dieses in der Regel nicht tut, zeigt, dass ihm das weitaus schwerer zu erlegende Wild vermutlich wesentlich besser schmeckt.

bezirk Saanen, wo es im Sommer mehr Wildtiere als Schafe gibt, ist es genau umgekehrt, hier sind die Nutztierverluste am geringsten.

Die wenigen Spezialisten, die sich öfters an Schafe halten, sollen gemäß Konzept „Luchs Schweiz" abgeschossen werden. Doch jetzt wird es heikel, denn woran erkennt man sie und wie ist gewährleistet, dass man beim Abschuss auch den richtigen erwischt? Hierfür wurden Kriterien und Rahmenbedingungen für Abschussbewilligungen und deren Vollzug vom „Luchsforschungsprojekt" entwickelt. Doch die erste Bewilligung zum Abschuss eines Luchses erteilte man schon, noch ehe diese Kriterien vorlagen. Bis zum Jahr 2002 folgten zehn weitere Bewilligungen, von denen sechs vollzogen werden konnten.

Auch bei den Luchsen, die man zum Abschuss freigab, überwogen die männlichen. Sechs von acht Tieren, deren Geschlecht bekannt war oder nach vollzogener Erlegung bekannt wurde, waren Kuder. Doch bei der Erteilung von diesen Ausnahmebewilligungen traf man nicht immer ins Schwarze. So wurde der Kuder Tito unberechtigt bereits nach drei gerissenen Schafen zum Abschuss freigegeben. Danach hat er nie mehr eins gerissen und das nicht, weil er tot war, sondern weil er den Vollstreckern aus dem Weg ging. Yaro hat das Limit von 15 gerissenen Nutztieren in einer Saison ebenfalls nicht erreicht, denn in dem Tatsommer lebte ein weiterer Luchs als nachweislicher Schadensverursacher im Diemtigtal (Kanton Bern). Es war ein Weibchen, dessen Streifgebiet mit dem von Yaro überlappte.

Als wirksame Maßnahme erwies sich dagegen der Abschuss von zwei echten Schafspezialisten, die am 28. September 1999 bei Kandergrund im Kanton Bern und am 21. März 2002 bei Epauville im Kanton Jura geschossen wurden. Es waren Luchse, die sich zumindest zeitweise vorwiegend an Schafe hielten. Nach ihrer Erlegung herrschte Ruhe beim Weidevieh. Als weitere Spezialisten taten sich ein Weibchen hervor, welches bis zu seinem Abschuss am 18. Oktober 2001 im vorangegangenen Sommer erhebliche Schäden anrichtete, und eine führende Luchsin in Monbovon Kanton Freiburg, die ihren erhöhten Nahrungsbedarf gleichfalls mit Schafen deckte. Doch in den letzten beiden Fällen führte der Abschuss zu keinem bleibenden Erfolg. Schon in der Nacht nach dem Tod der Luchsin kam es auf der betroffenen Weide von Montbovon zu einem erneuten Schadensfall. Der Verursacher war der Kuder Rodo, der bei seiner Rückkehr zum Riss gefangen und besendert werden konnte. Ob er sich in dieser Gegend weiter an Schafe hielt, ist nicht bekannt. Niesen blieb nach der Entfernung der Schafspezialistin ebenfalls Schadensgebiet. Keine Besserung trat in der Schadensbilanz auch nach Abschuss des bereits erwähnten Nico ein.

Es sind vermutlich mehr ortsspezifische Gegebenheiten, die auf wiederholt betroffenen Weiden zu Übergriffen verleiten, und weniger eine Spezialisierung der Luchse. Eine dauernde Behirtung oder ein Nutzungsverzicht sind an solchen „hot spots" wohl die einzigen Maßnahmen, mit denen Verluste minimiert werden könnten.

Vorbeugende Maßnahmen zum Schutz der Nutztiere, die einfach und billig sein sollten, testete man auf mehrfach betroffenen Weiden. Die Behirtung der Herden und der Einsatz von Schutzhunden als wirksamste, aber auch als teuerste Methode des Herdenschutzes blieb deshalb unberücksichtigt.

Die Favoriten bei dieser Betrachtung waren breite Schutzhalsbänder aus Habasit, die verhindern sollten, dass der Luchs seinen Tötungsbiss am Hals ansetzt. Um das zu prüfen, wurden 1998 und 1999 Schafen in 18 bzw. 16 Herden diese Halsbänder angelegt. Der Test brachte keine Klarheit, denn manche Herden blieben von Luchsrissen verschont und andere nicht. Um die Wirksamkeit der Schutzbänder zu erhöhen, versah man sie mit übel riechenden Abwehrstoffen, die aber für Umwelt und Menschen unbedenklich waren. Der Testort waren die Tierparks Dählhölzli in Bern und Langenberg in Zürich. Alle getesteten Stoffe erwiesen sich jedoch für den vorgesehenen Zweck als unwirksam.

Auch Blinklampen gehörten zu der Testkonzeption. Bei 13 betroffenen Herden installierte man sie nach einem rechtzeitig gemeldeten Luchsriss. Weitere Luchsattacken blieben danach aus. Doch trotz dieses Erfolges herrscht noch keine vollständige Klarheit, denn es kam auch vor, dass nach einem Schadensfall kein weiterer Luchsangriff erfolgte, obwohl keine Blinklampen installiert waren. Mit Sicherheit weiß man nur, dass solche Lampen nicht präventiv einsetzbar sind, also vor dem Eintritt eines Schadensfalles wegen des eintretenden Gewöhnungseffektes nicht installiert werden können.

Was jedoch in Polen mit großem Erfolg bei Wölfen eingesetzt wird, könnte bei Luchsen gleichfalls getestet werden, der Lappenzaun (dem ein eigener Abschnitt gewidmet ist).

Da die meisten Abwehrmaßnahmen Ösen und Haken haben, stellt sich die Frage, was kann ein Schafhalter vorbeugend tun, wenn er seine Tiere in Gebieten weiden lässt, die zum Streifgebiet des Luchses gehören? In den überwiegenden Fällen ist die Antwort verblüffend einfach: nichts.

Diese Antwort ergibt sich aus Fakten, die die Schweizer Nordalpen betreffen. Dort war das Risiko in drei Jahren (gerechnet ab 2000), größere Schäden zu erleiden, gering. Im Untersuchungsgebiet befanden sich 455 Schafweiden in ihrer gesamten Palette: Vorweiden, Nachweiden und dauernd besetzte Weiden. Während des gesamten Untersuchungszeitraumes meldeten ihre Benutzer nur 104 durch den Luchs verursachte Schadensfälle und von diesen wiederum nur zwei Drittel ein einziges Mal. Deshalb rechnet es sich bei den meisten Weiden nicht, etwas zur Schadensverhütung zu unternehmen, denn die natürlichen Abgänge sind nach wie vor deutlich höher als die Verluste durch den Luchs.

Gemäß dem „Managementkonzept Luchs" kann aufgrund der Jagdverordnung eine Ausnahmebewilligung zum Abschuss der geschützten Luchse erteilt werden, wenn sich diese auf die Jagd von Nutztieren spezialisiert haben. Fallen dem flinken Jäger während der Alpsaison im Umkreis von 5 km nachweislich 15 Tiere zum Opfer, dann kann BUWAL eine Abschussbewilligung erteilen, sofern Maßnahmen zum Schutz der Schafherden getroffen wurden. Vorjahresschäden reduzieren die Limits auf zwölf Stück Kleinvieh, wenn die Risse auf ein und denselben Luchs zurückzuführen sind. Zu den Schutzmaßnahmen zählen Signallampen zur Abschreckung nach erfolgtem Riss oder ein Herdenesel als Schutztier. Einen wirksamen Schutz vor Luchsangriffen bieten Elektrozäune. Ein gewöhnlicher Maschendrahtzaun ist für die große Katze kein Hindernis. Doch die Wirkung eines Elektrozaunes konnten Mitarbeiter von KORA beobachten. Sie handelten schnell, als man ihnen Ende August 2003 einen Luchsriss meldete. Auf den bereits bestehenden Maschendrahtzaun installierten sie zwei Elektrodrähte. Der untere Draht wurde in einem Abstand von 20 cm über den Zaun geführt, der zweite 20 cm höher. Ohne Arbeitskosten betrug der aufgewendete Betrag für den 350 m langen Zaun 450,-- SFr. Als der Luchs vier Tage später zur Weide zurückkehrte, hat er vermutlich die ihm zugedachte Lektion sofort gelernt, denn das tote Schaf wurde nicht weiter genutzt und auch Schafrisse waren nicht mehr zu verzeichnen.

0,4 % der Schafe werden vom Luchs gerissen

Das vorläufig letzte legal geschossene Tier, ein Luchsmännchen im Kandertal, dürfte im Verlauf des Sommers 1999 über 25 Schafe getötet haben. Derartige Problemtiere sind nach CHRISTOF ANGST, verantwortlicher Biologe für Schaf und Luchs beim Forschungsprojekt KORA, eher selten. Ganze 0,4 % betrugen 1999 die Luchsschäden am Schafbestand, der in den Sommermonaten die Luchsreviere förmlich überflutet. Im Verhältnis zu den drei bis fünf Prozent Schadensereignissen pro Alpsaison, die nicht durch den Luchs verursacht sind, ist das verschwindend wenig. Krankheit, Steinschlag, Blitz und wildernde Hunde treten als Todesursachen wesentlich häufiger auf. Schafe, die laut Gutachten des Wildhüters durch einen Luchs ums Leben kamen, werden von Bund und Kantonen voll vergütet. Allerdings ist dieser Nachweis nur in den ersten Tagen nach dem Riss möglich. Bei den vielen unbehirteten Schafherden auf den Sömmerungswiesen werden tote

Tiere aber vielfach erst nach Tagen gefunden – zu spät für das eindeutige Feststellen der Todesursache.

Als Fazit der Schweizer Erfahrungen bleibt festzustellen: Bei dem großen und leicht zu erlangenden Nahrungsangebot an Schafen verwundert es nicht, dass sich der Luchs bedient. Erstaunlich ist nur, dass er es nicht öfters tut.

Bei der Minimierung von Schadensfällen können Methoden helfen (oder nicht helfen), deren Wirkungsweise in der Schweiz im Rahmen eines Forschungsprojektes in den Nordwestalpen getestet wurde. Die Ergebnistabelle ist Teil dieses Abschnitts.

Verhütungsmaßnahmen und ihre Wirkung

Maßnahme	Resultate	Wirkung/ Einsatzmöglichkeit	Empfehlung
Abschreckungs- maßnahme			
Blinklampen	Keine Risse auf Weiden mit Blinklampen.	**abschreckend** überall	Einsatz empfohlen. Nur **nach** bereits erfolgtem Schaden, da bei präventivem Einsatz eine Gewöhnung eintritt.
Knallpetarde	Nach einer Explosion keine Schäden in dieser Herde, jedoch auf der Nachbarweide.	**abschreckend** überall	Einsatz empfohlen. Nur **nach** bereits erfolgtem Schaden, da bei präventivem Einsatz eine Gewöhnung eintritt.
Vergrämungs -fänge	Routinefänge von Luchsen haben gezeigt, dass sie den Fangort nach dem Fang vermeiden.	**abschreckend** überall	Wegen hoher Kosten vor allem auf „Hot-Spot-Weiden" einzusetzen, oder falls sich ein Luchs auf Nutztiere spezialisiert.
Präventions- maßnahmen			
Elektrozäune bei Schafweiden	Bis jetzt kam es auf Weiden mit speziellen Elektrozäunen zu keinen Rissen. Weitere Versuche müssen allerdings zeigen, ob die Zäune Luchse tatsächlich fern halten können.	**präventiv** Vor-, Nach- und Permanentweiden. Für Sömmerungsweiden eher nicht geeignet.	Einsatz empfohlen. Vermehrt einsetzen, um weitere Erfahrungen zu sammeln.

Elektrozäune bei Wildtiergehegen	In wiederholt betroffenen, nachträglich elektrifizierten Gehegen kam es zu keinen weiteren Luchsrissen.	**präventiv** Wiederholt durch Luchse betroffene Gehege.	Einsatz empfohlen.
Esel	Auf fünf Weiden, wo Esel nach Schadensereignissen zum Einsatz kamen, blieben weitere Risse aus.	**präventiv** Auf kleinen Vor-, Nach- und Permanentweiden mit kleinen Schafherherden.	Einsatz empfohlen Esel können unter bestimmten Bedingungen einen Schutz vor Luchsen bieten. Sie helfen aber auch, Schaden durch streunende Hunde zu minimieren.
Lama	Ein Pilotprojekt hat gezeigt, dass sich Lama wie Esel in Schafherden integrieren lassen. Ob sie auch Luchsangriffe abwehren können, ist nicht bekannt. Junge Lamas können jedoch selbst Opfer von Luchsen werden.	**präventiv** Auf kleinen Vor-, Nach- und Permanentweiden mit kleinen Schafherden.	Einsatz empfohlen. Lamas können unter bestimmten Bedingungen einen Schutz vor Luchsen bieten.
Behirtung	Eine Behirtung von der regelmäßig durch Luchsschäden betroffenen Herden konnte weitere Risse verhindern.	**präventiv** Vor allem auf „Hot-Spot-Weiden".	Einsatz empfohlen. Aufgrund der hohen Kosten für eine Behirtung lohnt sich die Maßnahme jedoch nur bei „Hot-Spot-Weiden". In Verbindung mit Herdenschutzhunden die beste Maßnahme.
Abschuss	Sechs Luchse wurden zwischen 1997 und 2002 als Schafsspezialisten abgeschossen. Zweimal hatte der Abschuss keinen Einfluss (weitere Risse durch andere Luchse), dreimal brachte er die gewünschte Besserung.	Nur bei Luchsen, die sich auf Nutztiere spezialisiert haben. Erfolglos auf „Hot-spot-Weiden".	Kann ein schadensstiftender Luchs als Schafsspezialist erkannt werden, ist dies eine wirksame Maßnahme, um weitere Schäden zu verhindern. Nützt bei „Hot-Spot- Weiden" nichts.

Nicht empfohlene Maßnahmen			
Schutzhalsband	Viele Schafe wurden trotz Schutzhalsband gerissen. Die Luchse bissen vor oder hinter dem Band zu.	Keine	Einsatz wird nicht Empfohlen.
Schutzhalsband mit Abwehrstoffen	Es ist keine Substanz bekannt, die auf Luchse eine Abwehrwirkung hat.	Keine	Versuch abgebrochen.
Aus KORA Bericht Nr. 10: Übergriffe von Luchsen auf Kleinvieh und Gehegetiere in der Schweiz; Maßnahmen zum Schutz von Nutztieren.			
Lappenzaun	Ein in Polen erprobtes Mittel bei der Wolfsabwehr.	**präventiv** Wölfe haben vor den flatternden Stofffahnen eine panische Angst.	Zum Versuch auch bei Luchsen zu empfehlen. Es ist bisher kein Fall von Wolfsrissen bekannt, wo Weiden mit einen solchen Zaun abgesichert waren.

Der Luchs hilft dem Förster

Die Weißtanne ist eine Baumart auf dem Rückzug. Nicht zuletzt dank dem Luchs hat sie in den Wäldern des Berner Oberlandes wieder bessere Überlebenschancen.

1994 war für die Jäger des Simmentals und des Saanenlandes im Berner Oberland ein Rekordjahr: 853 Rehe brachten sie zur Strecke. Die Rehbestände waren hier auf einen Höchststand geklettert: Zum Leidwesen der Förster, welche zunehmende Schäden in den Jungwäldern registrierten. Namentlich die Weißtännchen, an denen die Rehe so gerne knabberten, konnten kaum mehr in die Höhe wachsen. Die Jägerschaft war aufgerufen, nach dem Rechten zu schauen. Mit Sonderjagden musste der Wildbestand auf ein waldverträgliches Maß reduziert werden.

Der Luchs trug das Seine dazu bei, indem das Wild durch seine Anwesenheit das Verhalten änderte und sich die Verbissschäden dadurch verringerten. Bereits vor 20 Jahren waren Luchse aus der Innerschweiz in das westliche Berner Oberland eingewandert. Sie hatten Mitte der achtziger Jahre des 20. Jahrhunderts auch schon mal für Konflikte mit Jägern und Schafhaltern gesorgt. Danach wurde es um den heimlichen Jäger wieder ruhig, obwohl er im Lande blieb und immer wieder gesichtet und gespürt werden konnte. Mit den überhöhten Rehbeständen kamen dann fette Jahre für den Luchs. Das reiche Nahrungsangebot ließ auch seinen Bestand im westlichen Berner Oberland markant ansteigen.

Weniger Rehe – vielfältigere Wälder

Heute liegen die Rehbestände im Berner Oberland um etwa ein Drittel tiefer als in den frühen neunziger Jahren des vorigen Jahrhunderts, gebietsweise war der Rückgang noch stärker. Dem

Jungwald ist dies anzusehen. In den folgenden Jahren konnte sich die Weißtanne wieder natürlich verjüngen. Vorher war das aufgrund der hohen Rehbestände nur in eingezäunten Flächen möglich, betont CHRISTIAN VON GRÜNINGEN, Forstingenieur in der Waldabteilung 2 des Kantons Bern, welcher für das westliche Oberland zuständig ist.

Die Weißtanne gehört in der Region zur natürlichen Baumartenvielfalt und ist wichtig für den Wald. Der Luchs ist mit Sicherheit mit ein Grund – wenn auch nicht der einzige –, dass diese Baumart wieder besser aufkommt, sagt der Forstmann. Wir Förster sind froh, dass es ihn gibt.

Wie bereits in einem anderen Abschnitt ausgeführt, ändern Rehe ihr Verhalten, wenn der natürliche Feind in ihrem Gebiet wieder auftaucht oder häufiger wird. Feste Gewohnheiten werden aufgegeben. Die Tiere verteilen sich gleichmäßiger im Raum – und mit ihnen die Verbissschäden an jungen Bäumen. Auch darin sehen die Förster einen Vorteil.

Inwiefern hilft der Luchs dem Wald? Diese Frage soll noch näher untersucht werden. Dabei wird kontrolliert, wie stark Jungbäume von Rehen verbissen sind. Diese Erhebungen erfolgen in drei ausgewählten Gebieten des Berner Oberlandes: in einem mit starkem Luchseinfluss auf die Wildbestände, einem mit mittlerem Luchseinfluss und einem dritten, in dem sich der Luchs kaum bemerkbar macht.

Ein Reh pro Woche

Luchse ernähren sich zu 90 % von Rehen und Gämsen. Gelegentlich erbeuten sie auch Füchse. Um satt zu werden, muss ein Luchs etwa pro Woche ein Huftier reißen, das heißt um die 60 Stück im Jahr. Davon sind in der Schweiz etwa drei Viertel Rehe und ein Viertel Gämsen. Der Bedarf der noch nicht selbständigen Jungtiere ist eingerechnet.

Beutegreifer rotten ihre Beutetierarten nicht aus – was aber nicht bedeutet, dass zwischen den Beständen des Jägers und des Gejagten ein stabiles Gleichgewicht besteht. Die Zahl der Beutetiere kann gebietsweise schwanken und mit ihr diejenigen des natürlichen Feindes – und umgekehrt. Räuber-Beute-Beziehungen sind schwer zu durchschauen. Die Zahl der Rehe in einem Gebiet kann steigen und sinken, unabhängig davon, ob der Luchs vorkommt oder nicht. Das Klima spielt eine wichtige Rolle, etwa ein harter Winter. Dazu kommen noch viele weitere Faktoren; einer davon ist der Luchs.

Luchs und Reh sind Partner

Bei Wildtieren sind Räuber und Beute nicht Feinde, sondern Partner einer ökologischen Beziehung. Im Wechselspiel zwischen ihnen sorgt die natürliche Auslese dafür, dass auf der einen Seite beim Räuber die geschicktesten Jäger überleben und sich fortpflanzen – und auf der anderen Seite bei den Beutetieren diejenigen, die sich ihrem Verfolger am besten zu entziehen wissen.

Das gilt auch für den Luchs und das Reh. Seit dem Ende der Kaltzeit besiedeln beide Arten denselben Lebensraum. Die ursprüngliche Verbreitung des Luchses in Eurasien deckt sich ziemlich genau mit jener des Rehs. Im Laufe von mehreren Jahrtausenden Evolution haben sich die beiden Arten gegenseitig geprägt.

Das Reh hat den Luchs zum perfekten Pirschjäger gemacht. Und umgekehrt? Der Luchs reißt nicht – wie oft angenommen – bevorzugt schwache oder gar kranke Tiere. Er ist kein Gesundheitspolizist. Zu seinen Opfern werden eher Rehe, die sich durch leichtsinniges Verhalten exponieren, das heißt, unaufmerksam sind oder sich an ungünstigen Orten aufhalten. Das kann auch ein kapitaler, kerngesunder, aber unvorsichtiger Bock sein.

Unter dem Einfluss des Luchses sind die Rehe wachsamer geworden. Sie haben sich in ihrem sozialen Leben und im Raumverhalten darauf eingestellt, neben ihrem natürlichen Gegenspieler zu überleben. Wo dieser fehlt, fällt der entsprechende Selektionsfaktor weg. **Um ein Reh zu bleiben, braucht das Reh den Luchs** (BAUMGARTNER – Umwelt 3/2000).

Abgeknallt, vergiftet, ausgestopft

Der Luchs im Visier

Erschreckende Bilanz: Rund ein Viertel der Todesfälle beim Luchs geht auf das Konto von Wilderern. Von 1974 bis Ende 1999 wurden mindestens 34 Luchse illegal geschossen, erschlagen oder vergiftet. Die Chancen, die Täter ausfindig zu machen, sind äußerst gering – eine „chronique scandaleuse".

Wenn man alles für bare Münze nehmen würde, was in einer Jägerversammlung so zu hören ist, dann gäbe es in der Schweiz schon lange keine Luchse mehr, klagt HANS-JÖRG BLANKENHORN, Eidgenössischer Jagdinspektor und Bereichsleiter Wildtiere beim BUWAL (Bundesamt für Umwelt, Wald und Landschaft). Da wird gedroht, über den Luchs geschimpft, die Faust gegen ihn erhoben. Doch es klingt mehr nach Säbelrasseln, denn nach authentischen „Heldentaten" – Jägerlatein eben.

Und trotzdem gibt es auch einzelne Gestalten, die ihre Drohungen wahrmachen. Es sind kaum die lautesten und bestimmt nicht ausschließlich Jäger, die den Luchs aufs Korn nehmen – schon gar nicht jene, die mit Gift, Knüppel oder Fallen hantieren. So finden sich auch unter den Schafhaltern solche, die kein Blatt vor den Mund nehmen und lauthals zur Ausrottung des Luchses aufrufen. Selbsthilfe nennen sie das. Eine derartige Haltung ist „beklagenswert, kontraproduktiv und inakzeptabel" sagt Blankenhorn und ist überzeugt: „Diese Leute repräsentieren keinesfalls die Mehrheit der Jägerschaft und Kleintierhalter."

Eine Mauer des Schweigens

Gerade die Jäger sind seit ein paar Jahren bei jedem bekannt gewordenen Frevel beflissen, das Ganze als Gräuel und negativen Einzelfall zu beurteilen, wohlweislich darum bemüht, ihr angeschlagenes Image vor allzu großem Schaden zu bewahren. Im Februar 2000 haben zwei Jagdverbände ihre Mitglieder dazu aufgerufen, bei der Aufklärung der jüngsten Vorfälle aktiv mitzuhelfen. Gefruchtet hat es kaum. Die Situation ist katastrophal, das eigentliche Problem könnte man als Omertá bezeichnen – es herrsche eine Mauer des Schweigens, sagt der Jagdinspektor. Niemand hat etwas gesehen oder gehört, man weiß von nichts. Luchswilderer haben in der Schweiz ein entsprechend leichtes Spiel. Einzig im Kanton Nidwalden ist es in den letzten Jahren zur Verurteilung eines Wilderers gekommen. Der Jäger hatte sich selber angezeigt – bei der Fuchsjagd erlegte er versehentlich einen Luchs. Vom Bundesgericht wurde 1997 ein Freiburger Tierpräparator zu einem Monat bedingter Haft und 10.000 Franken Buße verurteilt: wegen illegalen Ausstopfens mehrerer Luchse. Bezogen hatte er sie unter anderem von Walliser Jägern. Der Präparator wurde für seine Tat bestraft, der eigentliche Frevel, der illegale Abschuss der Tiere, wurde indes trotz Intervention des BUWAL nicht weiterverfolgt. Im Wallis fruchteten Untersuchungen bei vermuteter Wilderei bis dahin so wenig, dass es nie zu einer Gerichtsverhandlung kam. Und im Kanton Waad, wo im Jahr 2000 gleich mehrere Fälle der Aufklärung harrten, wurde das bisher einzige Verfahren mangels Beweisen eingestellt.

Jahrelang schien sich die Stimmung rund um den Luchs beruhigt zu haben. Bis zum Eklat im Frühjahr 2000. Der widerwärtige Höhepunkt der Luchshetze in dem genannten Jahr war eine anonyme Päckchenpost Mitte Januar an das Amt für Natur des Kantons Bern. Im Paket waren vier frisch abgeschnittene Luchspfoten, ordentlich in Haushaltspapier eingewickelt und jeweils mit den Namen bestimmter Personen des Amtes beschriftet. Auf einer beigelegten Postkarte stand: „Aus dem Berner Jagddschungel." Nur wenige Tage später wurden im waadtländischen Rougemont ein Luchsweibchen und seine beiden Jungen tot aufgefunden. Alle drei waren vergiftet worden, ergab die Untersuchung im Berner Tierspital. Anfang April machte dann erneut ein toter

Luchs von sich reden: In Pohlern unweit von Thun wurde ein erwachsenes Luchs-

Der Luchs ist in historischer Zeit noch nie einem Menschen gefährlich geworden, im Gegenteil, heute setzen viele Menschen die Anwesenheit des Luchses mit einer intakten Natur gleich.

männchen verendet entdeckt. Das Tier hatte Schrotkugeln in den Pfoten. Diese waren nicht Todesursache, zeugen aber von einer schmerzhaften Begegnung mit einem Wilderer. Eine solche endete für einen anderen Luchs 1997 im bernischen Gurnigelgebiet tödlich. Er lag mit einer Ladung Schrot im Bauch neben der Straße. Im Wallis posierte zwei Jahre zuvor ein Jäger mit zwei toten Luchsen für ein Foto. Er erlangte große Medienpräsenz und wurde, trotz Anzeige des BUWAL, von den kantonalen Behörden nicht zur Rechenschaft gezogen. Einmal mehr konnten nicht genügend Beweise für ein Verfahren gefunden werden.

Nur die Spitze des Eisberges

Solange einzelne Jäger bei Jungjägerkursen ausdrücklich zum Abschuss des Luchses aufrufen, die Kantone Wilderei nicht konsequent verfolgen, unter den Jägern selber das Schießen eines Luchses weiterhin als Kavaliersdelikt bewundert wird und sich Kleintierhalter und Schafzüchter das Recht zur Selbsthilfe herausnehmen, solange steht es um die Zukunft der Schweizer Luchse nicht rosig. Denn die bekannt gewordenen Luchstötungen sind nur die Spitze des Eisberges. „Die Dunkelziffer dürfte erheblich höher sein", vermutet HANS-JÖRG BLANKENHORN. Er ist der Meinung, dass man mit sporadisch illegalen Abschüssen immer rechnen muss, deren Einfluss auf den gesamten Luchsbestand man aber auch nicht überbewerten sollte. Eines lässt dem Eidgenössischen Jagdinspektor indes keine Ruhe: „Die Mentalität, die dahinter steckt, finde ich äußerst verwerflich." (MARC TSCHUDIN, BUWAL 3/2000)

Luchs und Mensch

Vor einer Wiedereinbürgerung stellt sich die Frage, wie sich die wehrhafte Großkatze gegenüber den Menschen verhält. Die Bevölkerung in den Luchsregionen wird kaum etwas von dem Mitbewohner bemerken. Er meidet in der Regel die Ansiedlungen, und da seine Aktivitäten in die Dämmerungs- und Nachtstunden fallen, ist die Möglichkeit eines Zusammentreffens mit dem Menschen äußerst gering. Eine Kollision mit einem Verkehrsmittel ist nicht auszuschließen, wobei infolge der auseinandergezogenen Siedlungsdichte des Luchses derartige Begegnungen wohl selten bleiben. Der gefleckte Jäger ist zwar scheu, aber nicht so scheu, wie bisher angenommen wurde. In die Enge getrieben wird er sich jedoch zur Wehr setzen, was jedes andere Wildtier ebenso machen würde. Bisher sind nur zwei Vorkommnisse bekannt, bei denen der Luchs Menschen angefallen hat. Sie datieren aus den Jahren 1640 und 1819. Tollwut scheidet hier von vornherein aus. Diese Viruskrankheit, die Luchse nur selten befällt, äußert sich bei ihnen nicht in dem vom Fuchs her bekannten Aggressivverhalten, sondern, bedingt durch Lähmungserscheinungen, in einer stillen Form. Die Tiere ziehen sich in ein Versteck zurück, welches gleichzeitig auch ihr Sterbelager ist. Da wir die geschilderte Vorgeschichte aus den vergangenen Jahrhunderten nicht kennen, ist die Wahrscheinlichkeit groß, dass die zwei Angriffe des Luchses aus einer Notwehrsituation heraus erfolgten. Auf alle Fälle hat Meister Pinselohr in der heutigen Zeit noch nie einen Touristen oder sonstigen Mitbürger angefallen. Im Gegenteil, die, wenn auch versteckte, Anwesenheit wird oft mit einer intakten Landschaft gleichgesetzt. Falls irgendwo bestandsstützende Maßnahmen durch Aussetzungen von Luchsen vorgesehen sind, ist es unerlässlich, die Menschen in den betroffenen Gebieten nicht nur von Anfang an informativ miteinzubinden, sondern auch ihre Mitarbeit zu suchen.

Luchsfonds

Die Akzeptanz gegenüber der Anwesenheit von Luchsen hängt wesentlich davon ab, welche Schadensregulierungen bei Luchsrissen greifen. Bei der Umsetzung dieser wichtigen Aufgabe kann die im Bayerischen Wald getroffene Lösung zumindest im Vorlauf solcher Bemühungen als Anregung dienen. Deshalb eine ausführliche Vorstellung.

Im Herbst 1997 fand in Deggendorf ein Luchssymposium statt. Ausgehend von der Beschlusslage wurde der Verein Naturpark Bayerischer Wald e. V. beauftragt, die Umsetzung und Verwaltung eines Fonds zum finanziellen Ausgleich von Luchsübergriffen auf Haustiere und Gatterwild zu übernehmen. Den Grundstock für diesen Fonds mit je 3000 DM legten die drei anerkannten Naturschutzverbände Bund Naturschutz, Landesbund für Vogelschutz und der Landesjagdverband. Weitere 3000 DM kamen von den Teilnehmern des Symposiums und dem Naturpark Bayerischer Wald. Das Fondskapital wurde damit auf insgesamt 12.000 DM aufgestockt. Für die Begutachtung von gemeldeten Übergriffen bildete man Luchsberater aus, die von Anfang 1998 bis 30. Mai 2002 insgesamt 107 Fälle untersuchten. Das Ergebnis dieser Gutachten: 29 Tiere wurden von Luchsen gerissen. Die anderen Todesursachen teilten sich auf in gewaltlos (z. B. Krankheiten bei Hund und Fuchs), Blitzschlag, Forkeln und nicht mehr feststellbar. Dafür mussten als Entschädigung 3460 Euro aufgewendet werden, das waren pro Jahr 750 Euro.

Die 29 Luchsrisse an Haustieren und Gatterwild geschahen in einem Zeitraum von 53 Monaten auf einem Flächenareal, welches sich von Passau bis Hof erstreckt und etwa 18.000 km^2 umfasst. Auf das Jahr umgerechnet, war das ein Luchsriss pro 2600 km^2. Diese Verluste an Haus- und Gattertieren beschränkten sich alle auf den grenznahen Bereich. Durchschnittlich erfolgten im Monat zwei Begutachtungen. Eine Zunahme der Übergriffe auf Gattertiere war in den Monaten November 2002 bis Mai 2003 zu verzeichnen und ging auf das Konto eines einzigen Luchses (Bertram). Für die folgende Zeit verblieben einschließlich der Zinseinkünfte knapp 3000 Euro in der Fondskasse. Damit waren, gleichbleibende Luchsrisse vorausgesetzt, die nächsten drei Jahre abgedeckt. Deshalb wurde angestrebt, den Fonds, der bisher nur aus privaten Mitteln finanziert wurde, auch mittelfristig sicherzustellen. Falls die Fondssumme unter 500 Euro abfällt, wollen ihn die bereits genannten Verbände wieder durch Eigenmittel aufstocken. Vom Staat, der bei jeder Gelegenheit Eigeninitiativen lobt, ist zu erwarten, dass er diesen vorbildlichen Einsatz von Verbänden mit einem eigenen finanziellen Anteil belohnt. In einem solchen Fall könnte man das bayerische Modell wirklich als beispielhaft bezeichnen.

Die Umsetzung des Fonds beinhaltete Verwaltung, Gewährleistung der fachlichen Betreuung und Organisation von Schulungen. Dafür musste der Naturpark Bayerischer Wald e. V. ca. das 10-fache der reinen Ausgleichszahlungen aufwenden. Die zusätzlich anfallenden Kosten für Schulungen hatten die Regierung Oberpfalz und der Landesjagdverband übernommen.

In Baden-Württemberg haben Mitglieder der AG Luchs ebenfalls einen Luchsfonds gegründet, aus dem Luchsrisse an Haustieren mit einem Pauschalbetrag abgegolten werden. An dem Fonds haben sich bisher mit den festgelegten 500 Euro beteiligt: BUND Baden-Württemberg, NABU Baden-Württemberg, Ökologischer Jagdverband und Jagdverband Baden-Württemberg.

Zweckgebundene Privatspenden werden von den Verbänden an den Fonds weitergeleitet. Die in den Fonds eingezahlten Beträge werden durch Entschädigungszahlungen abgeschmolzen. Um ständig zahlungsfähig zu bleiben, soll der Fonds die Summe von 1000 Euro nicht unterschreiten. Dabei besteht zwar keine Nachzahlungspflicht der „Erstzahler", doch die AG Luchs will jederzeit sicherstellen, dass der Fonds immer den Minimumbetrag enthält.

Luchsberater

Luchsberater nehmen, bevor eine Vergütung für Luchsrisse ausbezahlt wird, eine wichtige und heikle Aufgabe wahr. Deshalb soll auf ihre Ausbildung und ihren Einsatz in diesem gesonderten Kapitel eingegangen werden, wobei auf die in Bayern gemachten Erfahrungen zurückgegriffen werden kann.

Im Mai 1998 begann in Zwiesel eine Schulung zur Beurteilung von Rissen, die durch große Beutegreifer verursacht werden. Bei dieser Schulung wurden 24 Personen zu Luchsberatern ausgebildet. Sie waren und sind das Rückgrat des Fonds, aus dem man Luchsrisse vergütet, denn sie bewerten die Schadensmeldungen vor Ort. Seuchenhygienische Bestimmungen verbieten ihnen, an toten Haustieren und Gatterwild herumzuschneiden. Aufgrund ihrer Ausbildung sind sie jedoch in der Lage, bei einer oberflächlichen Begutachtung Rissmerkmale und Spuren am Tatort zu beurteilen. Bei Verdacht kommen die Kadaver in die zuständige Tierbeseitigungsanlage, wo Amtstierärzte die weitere kostenfreie Untersuchung übernehmen. Für Niederbayern und die südliche Oberpfalz sind für die Abwicklung der Kostenerstattung der geschädigten Eigentümer der Naturpark Bayerischer Wald und für Oberfranken der Naturpark Fichtelgebirge zuständig.

Bei einer zweiten Schulung 1999 in Amberg, organisiert von der Regierung Oberpfalz und dem Landesjagdverband, konnte man 46 Personen zu Luchsberatern ausbilden.

Eine weitere Schulung 2002 diente der Schließung noch vorhandener Lücken. Zu diesem Zeitpunkt waren 70 Luchsberater in zwei Bereichen tätig. Diese umfassten mit der Südostschiene den Regierungsbezirk Niederbayern und den Landkreis Cham und mit der Nordwestschiene die Regierungsbezirke Oberpfalz und Oberfranken.

Die Motivation und das Engagement der einzelnen Berater ist abhängig von regelmäßigen Informationen, die Vertrauen erhalten und neue Kenntnisse vermitteln. Das ist unerlässlich, denn die Berater sind oft in der schwierigen Lage, bei gemeldeten Verlusten auch Übergriffe des Luchses auszuschließen. Das dabei entstehende Spannungsfeld kann nur durch eine intensive Betreuung ausgeglichen werden.

Anstehende Themen werden auf regelmäßigen Treffen behandelt. So organisiert der Naturpark Bayerischer Wald e. V. jedes Frühjahr ein regionales Treffen in Zwiesel, ebenfalls im Frühjahr die Regierung der Oberpfalz in Neustadt an der Waldnaab und im Herbst der Arbeitskreis Luchs des Landesjagdverbandes Bayern e. V. Das Letztere ist ein zentrales Treffen aller Luchsberater und Jagdkreisgruppen, an dem auch Behördenvertreter und Naturschutzverbände teilnehmen.

Das Umweltministerium in Berlin hat eine sehr gut gestaltete CD über den Luchs herausgebracht, die sich besonders an Kinder wendet.

Der Pardelluchs

Biologie und Ökologie

Körpermerkmale des Pardelluchses

Der Pardelluchs oder Iberische Luchs *(Lynx pardinus)* ist mit einer Körperlänge von 90 cm, einer Schulterhöhe von 60 bis 70 cm und einem Gewicht zwischen neun und 15 Kilogramm merklich kleiner als der Nordluchs *(Lynx lynx)*. Sein Fell ist nicht so dicht und lang wie das des Nordluchses, dagegen erreicht sein sehr gut ausgebildeter Backenbart eine Länge von 50 bis 80 mm. Die an der Basis rötlichgelbe Unterwolle wird zur Spitze hin matt-lohfarben. Die Grannenhaare haben eine rötlichgelbe Basis und eine schwarze Spitze mit einer weißlichen, ca. 5 mm langen subterminalen Zone. Im Zusammenwirken ergibt das eine rötlichgelbe Färbung mit einer Neigung ins Graue.

In der Fleckung unterscheidet man zwei Typen. Das ist:

1. der Großfleckentyp mit etwa zwölf Flecken, die einen Durchmesser von 20 mm aufweisen und die zwischen dem Schwanz und den Längsstreifen des Nackens stehen. Seine Musterung entspricht der des Nordluchses, sowie
2. der häufigere Kleinfleckentyp, dessen dichte Punktfleckung aus 20 und mehr rundlichen Tupfen bestehen, die einen Durchmesser bis 10 mm aufweisen. Sie sind in mehr oder minder schrägen Reihen angeordnet und ziehen sich vom Schwanz bis in den Schulterbereich.

Selbstverständlich gibt es dazwischen noch zahlreiche Übergangsformen.

In den 80-er Jahren des 20. Jahrhunderts gab es in Spanien noch etwa 1000 bis 1200 Pardelluchse, denen eine Fläche von 11.000 km^2 zur Verfügung stand. 2005 waren es gerade noch etwa 160 Tiere, die auf einer Fläche von 585 km^2 lebten.

Der Schwanz mit einer schwarzen 40 mm langen Spitze trägt an der Oberseite gleichfalls eine schwarze Fleckung, die zu drei Querstreifen verschmelzen kann. Die Ohrpinsel sind mit drei Zentimetern nicht ganz so lang wie beim Nordluchs (vier Zentimeter).

Vorkommensgebiete

Das Vorkommensgebiet des Pardelluchses liegt auf der Iberischen Halbinsel, wo es inselartig aufgeteilt und im Wesentlichen auf drei gut unterscheidbare Regionen beschränkt ist. Das sind die Sumpfgebiete des unteren Guadalquivir, die Berghänge des Kastillischen Scheidegebirges und die hohen Ausläufer der Pyrenäen.

Die Luchspopulation im unteren Guadalquivir hat ihre Streifgebiete überwiegend im Naturpark Donana. Der früher gute Luchsbestand wird heute auf 15 Tiere geschätzt. In der gesamten Region leben etwa 50 Tiere. In der Sierra de Gata, die gleichfalls zu seinem Vorkommensgebiet gehört, wurde auf den Fincas eine Baumschule angelegt, in der jährlich mehrere tausend Bäume für die Aufforstung geeigneter Gebiete in der Umgebung gezogen werden. Die sollen dem Pardelluchs das Überleben sichern, da er für die Jagdausübung u. a. auch lichte Wälder benötigt. Die Reviere des Pardelluchses erstrecken sich in Höhenlagen bis 1700 m über dem Meeresspiegel.

Lebens- und Aktionsraum

Das bevorzugte Aufenthaltsgebiet des Pardelluchses sind Niederwaldzonen, offene Pinienhaine mit dichtem Unterholz, Zistrosenfelder und Korkeichenwälder mit Zistrosensträuchern, Myrten und wilden Ölbäumen. Die Größe eines Streifgebietes in der Extremadura liegt bei 300 ha, wobei jedoch durch die Beschaffenheit des Geländes große Unterschiede möglich sind. Ein solches Revier sollte drei Bedingungen erfüllen:

Es muss genügend Unterschlupfmöglichkeiten bieten, sich als Wurfplatz eignen und groß genug sein, um Unwettern und Feinden ausweichen zu können.
Es müssen Wasserstellen vorhanden sein, die der Luchs auf seinem Streifzug fast immer aufsucht.

Die Pyrenäen zählten noch 1960 zum Streifgebiet des Pardelluchses. 1990 bewohnte er als Folge des Bestandsrückganges nur noch Mittel- und Südspanien.

Ein Jagdrevier, welches landschaftlichen Luchsbe-
dingungen entspricht und in dem genügend
Kaninchen und sonstige Beutetiere leben.

Ein typischer Lebensraum des Pardelluchses ist diese Dehesa-Landschaft im
Süden der Extremadura.

Die Reviere in den anderen Landesteilen umfassen durchschnittlich 10 bis 25 km². Im Streifgebiet
eines männlichen Luchses hatte eine Luchsin einen nur drei km² messenden Bezirk besetzt, der
jedoch eine entsprechende Wilddichte aufwies.

Die dämmerungs- und nachtaktive Katze kann pro Nacht bis zu neun Kilometer zurücklegen.

Ranzzeit, Geburt und Jungenaufzucht

Im Naturschutzgebiet von Donana setzt die Ranzzeit bereits mit dem Beginn des Jahres ein. Eine
genau fixierte Periode scheint es hier jedoch nicht zu geben, denn schon im Januar und besonders im Februar konnten junge Luchse beobachtet werden. Bei einer Tragzeit, die zwischen 60 und
70 Tagen liegt, müssen Paarungen bereits im November oder Dezember stattgefunden haben.

In den Zentralgebirgen setzt die Ranzzeit dagegen Mitte Februar ein, die ersten Jungluchse
fand man hier Anfang Mai. Von drei ebenfalls in diesem Gebiet entdeckten Wurfplätzen befanden sich zwei, die mit drei Jungen besetzt waren, in Gipfelnähe von Felsschluchten und einer mit
zwei Jungen in einem dichten Erdbeergestrüpp.

Der Paarungsruf ist beim Pardelluchs nur tiefes Miauen. Der Geburtsort kann ein hohler Baumstamm, eine Dachshöhle, ein Lager im Dickicht oder auch ein Greifvogel- oder Storchenhorst sein.

Eine Luchsin bringt ein bis vier Junge zur Welt, wobei zwei die Regel sind. Die anfangs blinden Jungen öffnen im Alter von neun oder zehn Tagen die Augen. Ihre Entwicklung verläuft zunächst sehr langsam. Mit zwei Monaten erkunden sie zum ersten Mal für kurze Zeit ihre Umgebung. Drei Monate nach ihrer Geburt begleiten sie ihre Mutter schon einmal bei der Jagd. Am Beginn der Ranzzeit müssen sie das mütterliche Revier verlassen und sich ein eigenes Streifgebiet suchen. Wie bei den Nordluchsen ist dieses ihr schwerster Lebensabschnitt. Im Alter von zwei Jahren sind sie geschlechtsreif.

Der Pardelluchs als Jäger

Beutespektrum
Das Kaninchen hat für den Pardelluchs die gleiche Bedeutung wie das Reh für den Nordluchs. Es stellt seine überwiegende Nahrung dar (88 %). Daneben frisst er Maulwürfe, Feldmäuse, Gartenschläfer und Wildschweine (überwiegend Frischlinge), Rehe, Dam- und Rotwildkälber.

Rechnet man Nahrungsspektrum und Einzelanteile im Coto Donana zusammen, ergibt das eine durchschnittliche Jahresbeuteliste von 261 Kaninchen, neun Ungulaten (davon sechs Damwildkälber), 31 Entenvögeln, 9 Rothühnern, 14 Kleinsäugern und zwölf diversen kleineren Vögeln (DELIBES und BELTRAN 1984, BELTRAN et. al. 1985).

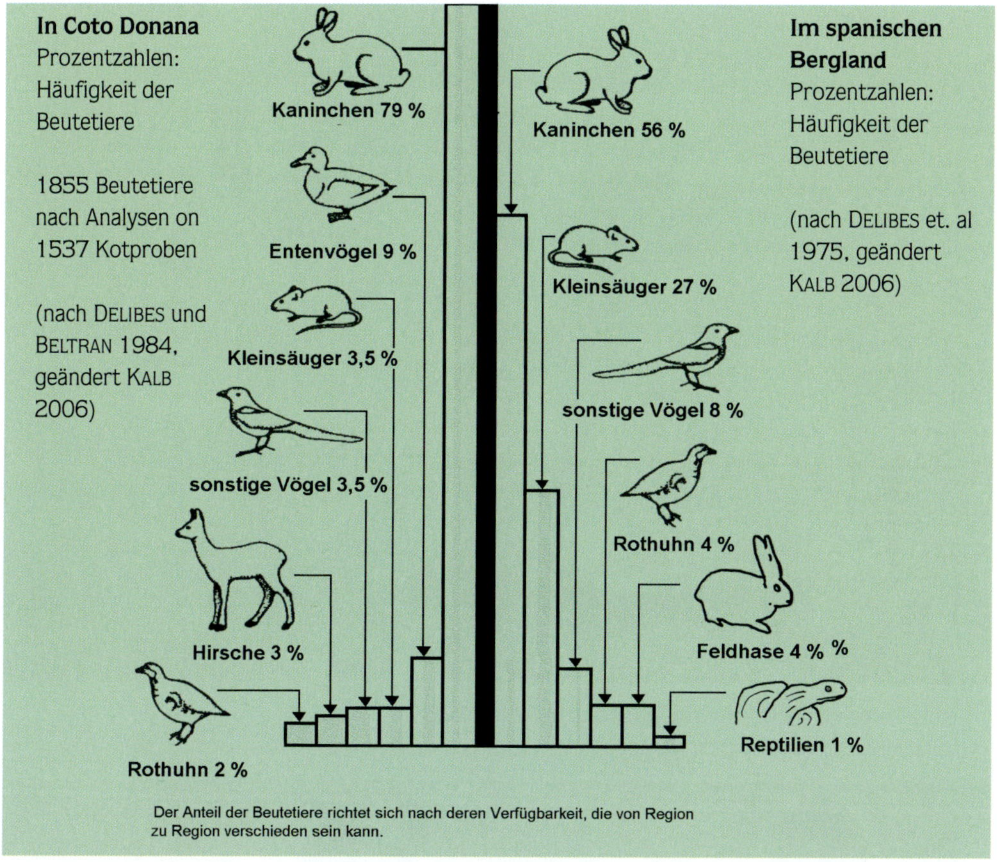

In Coto Donana
Prozentzahlen:
Häufigkeit der
Beutetiere

Kaninchen 79 %

1855 Beutetiere
nach Analysen on
1537 Kotproben

Entenvögel 9 %

(nach DELIBES und
BELTRAN 1984,
geändert KALB
2006)

Kleinsäuger 3,5 %

sonstige Vögel 3,5 %

Hirsche 3 %

Rothuhn 2 %

Kaninchen 56 %

Kleinsäuger 27 %

sonstige Vögel 8 %

Rothuhn 4 %

Feldhase 4 % %

Reptilien 1 %

**Im spanischen
Bergland**
Prozentzahlen:
Häufigkeit der
Beutetiere

(nach DELIBES et. al
1975, geändert
KALB 2006)

Der Anteil der Beutetiere richtet sich nach deren Verfügbarkeit, die von Region
zu Region verschieden sein kann.

Nahrungsbedarf

Um satt zu werden, muss der Pardelluchs täglich etwa ein Kilogramm Fleisch zu sich nehmen. Größere Beutetiere frisst er in der Regel nicht ganz auf, bei einem solchen Menü scheint ihm aber die Nackenpartie besonders zu schmecken. Es ist für ihn auch weitaus ungefährlicher und dazu noch wesentlich leichter, kleinere Tiere zu jagen, die ihm bei einer geringeren Anstrengung ebenfalls eine ausreichende Nahrungsmenge liefern.

Kaninchen sind die Hauptbeute des Pardelluchses. Deshalb ist die Erholung der höchst gefährdeten Population eng an das Vorkommen eines ausreichenden Kaninchenbestandes geknüpft.

Pardelluchs auf Pirsch. Anschleichen und Auflauern sind seine Methoden des Beuteerwerbs.

Jagdverhalten

Anschleichen und Auflauern sind beim Pardelluchs die Methoden des Beuteerwerbs. In der Lauerstellung nimmt der Luchs eine aufrecht sitzende Haltung ein. Der Lauerplatz ist nach Möglichkeit ein Dickicht mit anschließendem offenem Gelände oder eine mit Gras bewachsene Lichtung in der Nähe eines Kaninchenbaus. Im Schatten der Dickung behält der Jäger die Umgebung im Auge und ist dabei selbst nur schwer auszumachen. Sobald ein Kaninchen seine Höhle verlässt, duckt sich die Katze nieder und versucht im Schutze des Grases noch ein Stück an das anvisierte Tier heranzukommen. Beträgt die Distanz noch etwa vier Meter, setzt sie zum Sprung auf die Beute an, die selten entwischt. Gelingt es ihr doch, wird sie nicht oder nur ein kurzes Stück verfolgt. Ein Biss in das Genick beendet das Leben des Beutetieres. Erbeutet der Luchs ausnahmsweise einmal ein Reh oder ein Dam- bzw. ein Rotwildkalb wendet er den Tötungsbiss seines großen Vetters durch das Zudrücken der Luftröhre an.

Verhalten am Rissplatz

Das Verhalten des Pardelluchses am Rissplatz hebt sich deutlich von dem des Nordluchses ab, der seine Beute entweder direkt am Erlegungsort oder zumindest nicht weit davon entfernt verzehrt. Dagegen hat es der Pardelluchs lieber, wenn zwischen Erlegungsort und Fressplatz eine gewisse Distanz liegt. So wurde ein Luchs in der Donauregion einmal beobachtet, wie er einen jungen Hirsch 140 m durch das Gelände schleifte. Ein Kaninchen beförderte er mit hocherhobenem Kopf fast einen Kilometer weit.

Beutetiere bis zur Größe einer Gans werden sofort gefressen. Bei Kaninchen bleiben nur Eingeweide, große Knochen und Fellreste übrig. Erbeutete Hirsche sucht er meistens solange auf, bis alle fleischreichen Teile verzehrt sind.

Nicht gefressene Teile werden verscharrt und mit Laub oder sonstigem Umgebungsmaterial zugedeckt.

Der Pardelluchs hat es im Gegensatz zum Nordluchs gern, wenn zwischen Riss- und Fressplatz eine gewisse Distanz liegt.

Der Pardelluchs, eine bedrohte Tierart

Bestandsentwicklung

Um 1900 lebten auf der Iberischen Halbinsel 100.000 Pardelluchse. Heute sind sie von 90 % ihres angestammten Lebensraumes verschwunden. 1960 umfasste ihr Bestand 3000 Tiere und die Jahrtausendwende überlebten gerade noch 200.

Die zwei wesentlichen Populationskerne liegen in der Donana und in der Sierra Morena. Die Verbindung dieser Vorkommen wird durch landschaftliche Barrieren erschwert. In Portugal soll es seit 2002 nur noch einen einzigen Luchs geben, der im Nationalpark Serra da Malcate sein Streifgebiet hat. Das ist eine katastrophale Entwicklung, denn 1992 lebten in Portugal noch 50 Luchse.

Gefährdung und Hilfe

Die Myxomatose und eine starke Bejagung führten dazu, dass das Kaninchen 1960 fast ausgerottet und damit auch die Luchspopulation in äußerste Gefahr gebracht wurde. Die Luchse waren durch diesen Nahrungsmangel gezwungen, weite Gebiete zu durchstreifen, mit der Folge, dass sie zu dieser Zeit in bisher luchsfreien Regionen gesichtet wurden. Nur das Erlöschen der Seuche rettete den Pardelluchs vor seinem völligen Verschwinden.

Seitdem die jagdlich interessanten Huftiere unter Schutz gestellt wurden, entfiel die traditionelle Abbrennung des Buschwaldes zur Anlage kleiner Getreideäcker und zur Förderung guter Weideflächen. Als Folge wird das Gebüsch immer dichter und für Kaninchen immer ungeeigneter. Das führt zu einer Abwanderung der Jungluchse in eine für sie ungeeignete Umgebung, in der sie nicht überleben können. Um dieser Entwicklung entgegenzusteuern, wurden stellenweise die geschlossenen Matorralflächen zugunsten offener Areale mit krautigem Unterwuchs zurückgedrängt. Durch diese Umstellung haben die Kaninchen wieder einen zusagenden Lebensraum und der Pardelluchs, neben dem ebenfalls gefährdeten Kaiseradler, einen ausreichenden Jagderfolg.

Ein weiteres Gefährdungspotential ist die großflächige Zerstörung seines Lebensraumes durch die Anlage von Intensivkulturen. Um diesen Trend umzukehren, versucht die spanische Naturschutzorganisation CBD, unterstützt durch EURONATUR, die Grundbesitzer für die Ausweisung privater Schutzgebiete zu gewinnen. Die bisherigen Ergebnisse dieser Bemühungen können sich sehen lassen. So konnten in den Luchsgebieten Verträge für rund 80 Fincas mit einer Gesamtfläche von 110.000 Hektar und Laufzeiten zwischen zwei und 20 Jahren abgeschlossen werden. Davon befinden sich elf Fincas in den Montes de Toledo, vier in der Region Albacete (Provinz Castilla La Mancha) sowie vierzehn in Andalusien. Nicht nur die Laufzeiten der Verträge sind unterschiedlich, sondern auch ihre Inhalte im Detail. Der Zugang für Kontrollzwecke wird jedoch immer gestattet. Die Jagdausübung ist ebenfalls nicht einheitlich geregelt, die Facette reicht von der Nichtausübung bis zur deutlichen Einschränkung. Die Fläche mit ganzjähriger Jagdruhe umfasst 30.000 Hektar. Teilweise dürfen Habitatsverbesserungen vorgenommen werden, in einzelnen Fällen sogar mit finanzieller Unterstützung der Eigentümer. Die Bemühungen der beiden Naturschutzorganisationen zur Rettung des Pardelluchses sind damit nicht beendet. Ihr Ziel ist die Schaffung weiterer jagdfreier Zonen im Südwesten Spaniens durch den Kauf von Jagdrechten und das Hinzugewinnen neuer privater Schutzgebiete.

Um die Luchse in sicheren Habitaten zu halten, die vorübergehend eine geringe Kaninchendichte aufweisen, helfen ihnen die genannten Naturschutzorganisationen durch Zusatzfütterungen. Zu diesem Zwecke entwickelte man spezielle Zaunkäfige, bestückt mit Kaninchen, Hasen oder Hühnern, in die nur Luchse eindringen können, eine Methode, die bereits ihre Bewährungsprobe bestanden hat. Besonders führende Luchsweibchen profitieren von diesen Käfigen, von denen bereits 15 aufgestellt sind und die pro Woche mindestens ein oder mehrere Male von Luchsen aufgesucht werden.

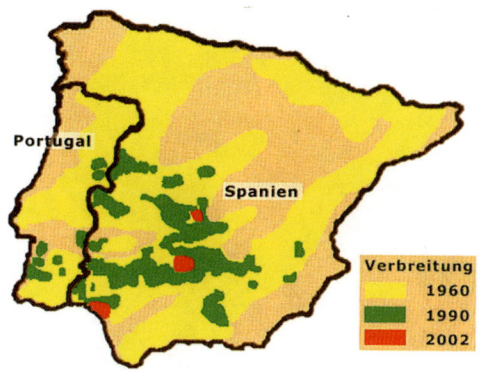

Karte von Portugal und Spanien

Parallel zur Bestandsaufnahme der spanischen Luchse lief eine Zählung des Kaninchenvorkommens. Dabei kam eine Zweiteilung heraus. Es gab Gebiete mit gutem Kaninchenbestand, in denen auch Luchse lebten, und solche, die zwar ein gutes Kaninchenvorkommen aufwiesen, aber keine Luchse. In der Regel waren das Fincas, in denen eine rege Niederwildjagd betrieben und der Luchs als Konkurrent angesehen wurde. Das führte zu massiven Nachstellungen, von denen sich die dort ansässige Population bis heute nicht erholt hat.

Bis die bereits durchgeführten und noch durchzuführenden Maßnahmen im Ergebnis eine Erholung des Luchsbestandes bringen, ist eine Nachzucht und Pflege verletzter und kranker Tiere in einer Aufzuchtstation zu vertreten und auch sinnvoll. Eine solche Station gibt es schon seit etwa 1992 im Donana-Nationalpark. Für diesen Zweck standen zwar reichlich Mittel zur Verfügung, aber keine Luchse. Schuld an dieser Misere waren die politischen und bürokratischen Hürden, die eine Fanggenehmigung verhinderten. Das ist nun Vergangenheit, und der Weg ist endlich frei für die Aufnahme von Jungluchsen, deren Nachwuchs die geschwächte Population zukünftig verstärken soll. Die Chancen für ein Gelingen des Vorhabens stehen nicht schlecht, denn wir wissen von seinem Vetter, dem Nordluchs, dass er im Gehege die erwarteten Hoffnungen fast jedes Jahr erfüllt. Doch ist es zu verantworten, Jungluchse aus der freien Wildbahn zu entnehmen? Die Frage ist eindeutig mit ja zu beantworten. Pardelluchse bringen bis zu vier Junge zur Welt. Doch in solchen Würfen überstehen, wie beim Nordluchs, in der Regel nur zwei Junge das erste Lebensjahr. Deshalb schwächt die Entnahme solcher „überzähligen" Jungtiere in keiner Weise die Population. Im Gegenteil, die führende Luchsin kann sich dann fast von Anfang an auf die restlichen zwei Jungen konzentrieren und muss nicht versuchen drei oder vier durchzufüttern, die dann allesamt nicht genug bekommen.

Als Ende November 2003 endlich „Rubi", ein männlicher Luchs, in die Aufzuchtstation kam, der hier bei vier Weibchen für Nachwuchs sorgen sollte, währte die Freude nicht lange, denn er musste vor seiner „Aufgabenerfüllung" wieder freigelassen werden. Veterinäre hatten in seinem Blut Einzeller *(Cytauxzoon)* aus der Ordnung der Piroplasmiden festgestellt. Im Blut gesunder Luchse kommt es zwar durch diese Protozonen zu keiner Beeinträchtigung, aber gerade bei Zuchttieren wollte man keinerlei Risiko eingehen.

Aus dem Gebiet der Sierra de Andùja kamen zwei gefangene Jungluchse, und Como, ein acht Monate altes Männchen, welches bisher im Zoo von Jerez, nordöstlich der alten Hafenstadt Cádiz, ein Gehege bewohnte, wurde ebenfalls als Verstärkung aufgenommen. Doch eine Untersuchung bei dem im März 2003 gefangenen Luchs Andujar ergab wieder eine Infizierung mit den durch Zecken übertragenen Blutparasiten Cytauxzoon. In dieser verzwickten Situation analysierte man weitere Blutproben mit dem Ergebnis, dass viele Luchse im Einzugsbereich der Sierra Morena infi-

Zu den Maßnahmen, die den Pardelluchs retten sollen, gehört der weitere Ankauf von Jagdrechten zur Schaffung jagdfreier Zonen im Südwesten Spaniens durch den spanischen Naturschutz.

ziert waren, nicht aber die Tiere aus der Coto Donana. Bei europäischen Wildtieren hatte man den Blutparasit, der in Nordamerika vor allen bei Rotluchsen *(Lynx rufus)* weit verbreitet ist, bisher nie festgestellt. Rotluchse als auch Pardelluchse scheinen daran jedoch nicht zu erkranken, während der Befall bei Hauskatzen tödlich verläuft.

Die eventuelle Integration des infizierten Andujar führte schließlich zu einem heftigen Konflikt, der aus anderen Gegensätzen heraus schon jahrelang geschwelt hatte. Aufgrund dieser Auseinandersetzungen beschlossen im November 2003 die zuständigen Behörden in Madrid und Sevilla, die Leitung und das gesamte Team des Zuchtprogrammes zu ersetzen, was wieder Verzögerungen mit sich brachte. Nachdem man sich diagnostischen Rat bei internationalen Fachleuten eingeholt hatte, wurde trotz Cytauxzoon die Vorantreibung des Zuchtprogrammes vereinbart. Vermutungen gehen nun dahin, dass der Parasit schon lange mit den Luchsen koexistiert, aber wegen der fehlenden Symptome bisher nicht entdeckt wurde.

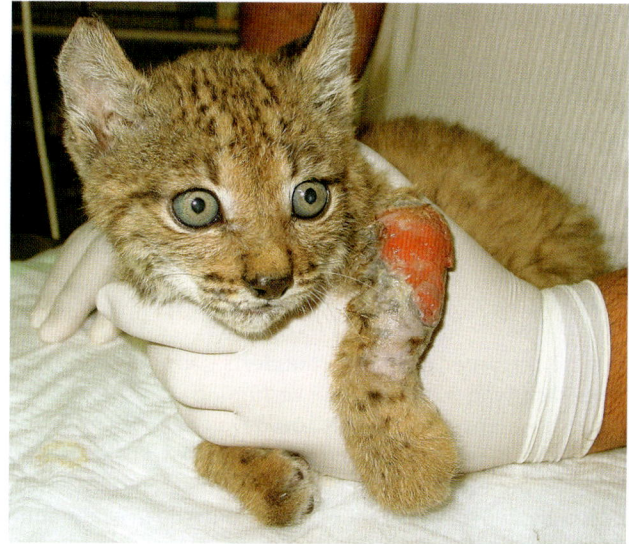

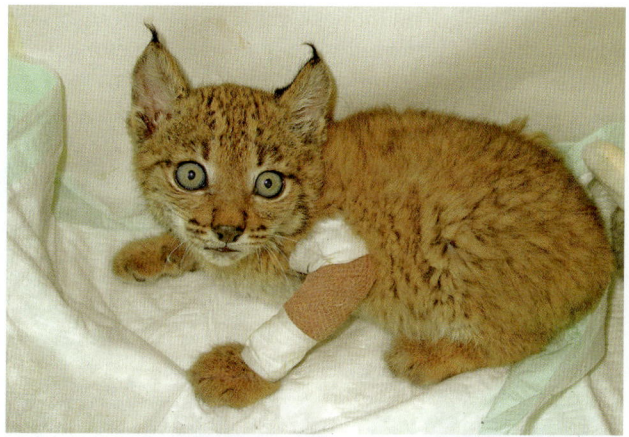

Wenn das Pardelluchsweibchen vier Junge wirft, haben nur zwei eine reelle Überlebenschance. Deshalb versucht das Centro de Cria del Lince Ibérico die überzähligen Jungluchse aufzunehmen und als Stützungspotential des Luchsbestandes aufzuziehen.

Das im Januar 2004 gefangene zweite Männchen, es bekam den Namen Garfio, erwies sich bei der Untersuchung auf Cytauxzoon als schwach positiv, weswegen man keine Bedenken hatte, es in dem Zuchtzentrum El Acebuche einzusetzen. Nach einer mehrwöchigen Quarantäne erhielt es anschließend mit dem Luchsweibchen Esperanza ein gemeinsames Gehege, in der Hoffnung auf Zeugung des lang erwarteten Nachwuchses. Das war fast am Ende der Paarungszeit, und die Sozialisierung des Männchens, der in der Freiheit aufgewachsen war, mit der in Gefangenschaft aufgezogenen Esperanza machte gute Fortschritte. Doch Junge gingen aus diesem Zusammensein nicht hervor. Also konnte bis zum Jahr 2004 noch keine Erfolgsmeldung, die erste Geburt eines Pardelluchses in Gefangenschaft, verkündet werden.

Nochmals zusammenfassend die Gefährdungspotentiale:

- Aufforstungen mit Eukalyptus und Kiefer, Beseitigung des mediterranen Waldes
- Zurückdrängung seines Lebensraumes durch die Anlage von Intensivkulturen
- Abnahme der Kaninchen durch Myxomatose und intensive Bejagung
- Fang in Wildschweinfallen
- Illegale Verfolgung

Fazit

In den 80er Jahren des 20. Jahrhunderts gab es in Spanien noch etwa 1000 bis 1200 Luchse, denen eine Fläche von 11.000 km² zur Verfügung stand

2002 waren es weniger als 200, davon nur noch etwa 30 fortpflanzungsfähige Weibchen, und die Fläche ihrer Lebensräume war auf 585 km² geschrumpft.

So ist der Pardelluchs die am meisten gefährdete Katzenart, die auf die Dauer nur noch von bestandsschützenden und bestandsfördernden Maßnahmen vor der Ausrottung bewahrt werden kann.

So effektiv die Bemühungen der Naturschutzorganisationen auch sind, bei der Rettung des Pardelluchses ist gleichzeitig die spanische Regierung gefordert, denn nur sie ist in der Lage, die dringend notwendigen Änderungen im Landschaftsgefüge in die Wege zu leiten.

Luchsgeschichte in chronologischer Kurzform

Nordluchs

1200 – 1500	Beginn des Ausrottungsprozesses.
1480	Erste Hinweise auf Luchse im Schwarzwald.
1500 – 1600	Der Luchs bevölkert noch das gesamte Juraareal.
1561	In den Schweizer Südalpen, in Bormio, wird der Luchs zum ersten Mal im Jagdrecht erwähnt.
1576	Das Elsass ist noch von einer guten Luchspopulation besiedelt. In den Markgräflichen Baden-Baden'schen Forstgesetzen wird die Ablieferung der Felle von geschossenen Luchsen geregelt.
1607	Erster schriftlicher Beleg eines geschossenen Juraluchses aus dem Kanton Schaffhausen. Erste schriftliche Luchshinweise in der Gotthardregion.
1618 – 1648	Es tobt der Dreißigjährige Krieg. Infolge rückläufiger Bevölkerungsentwicklung und nachlassendem Jagddruck steigt der Luchsbestand in Deutschland vorübergehend wieder an. Diese gute Luchspopulation greift auch auf die Nachbarländer über.
1647 – 1663	In Württemberg werden 209 Luchse erlegt.
1656 – 1680	In diesen Jahren werden in Sachsen 191 Luchse erlegt.
bis 1700	Das Luchsvorkommen der Schweiz erstreckt sich noch über das ganze Land, das Mittelland eingeschlossen.
1700	Um die Jahrhundertwende wird der Ausrottungsprozess im Elsass beendet.
1700 – 1800	Der Luchsbestand im Schweizer Mittelland erlischt. In den 100 Jahren wird der Luchsbestand Ungarns fast ausgerottet.
1719	Das Luchsvorkommen in Württemberg wird noch auf 43 Tiere geschätzt.
1743	Sachsens letzter Luchs wird im Ziegengrund in der Nähe der tschechischen Grenze erlegt.
1745	Der letzte Luchs Nordrhein-Westfalens wird in der Grafschafter Jagd auf dem Salschede erlegt. Ein Gemälde dieses Luchses hängt im Schloß Hoverstatt bei Soest.
1750	In den Vogesen ist die Population des Luchses bis auf einen kleinen Rest zusammengeschmolzen.
1750 – 1780	Die Regionen zwischen Bodensee und Aare, das südliche Areal der Voralpen und die Berge der Schweizer Jura zählen nicht mehr zu den Aktionsräumen des Luchses.
1767	Die Hinweise auf den Luchs im Schwarzwald werden seltener.
1770	Der letzte Luchs des Schwarzwaldes wird erlegt.
1785	Im Elbsandsteingebirge wird der letzte Luchs im Verlauf einer Treibjagd geschossen.
1790 – 1800	Die Luchspopulation in Tessin und Veltrin erlischt.
1796	Der letzte Luchs Thüringens wird geschossen.
um 1800	Im Gebiet des späteren Jugoslawien ist der Luchs noch flächendeckend verbreitet.
1800	In Europa ist nur noch die Hälfte der Siedlungsräume vom Luchs besetzt. In Vorarlberg und im Allgäu gibt es noch größere Luchsvorkommen. Luchsbelege in Graubünden werden immer seltener. Im Juragebiet ist der Luchs ausgerottet.
1800 – 1850	Der überwiegende Teil der Südalpen, der Zentralalpen und das Gebirgsareal zwischen Aare und Genfer See werden frei von Luchsen.

1800 – 1950	Im Gebiet Jugoslawien anhaltender Rückgang des Luchsvorkommens.
1800 – 1930	Das flächendeckende Luchsvorkommen in Norwegen wird fast ganz ausgerottet.
1814	Im Pfälzer Wald wird der letzte Luchs geschossen.
1818	Das Ende der Luchspopulation im Harz.
1830	In Liechtenstein wird der letzte Luchs erlegt.
1846	Der letzte württembergische Luchs wird auf der Schwäbischen Alb erlegt.
1850	Erlöschen des Luchsvorkommens in den Allgäuer Alpen, den Bayerischen Alpen, den Nordtiroler Kalkalpen, in den Berner- und Waadtländer Alpen. Im Wallis und den Französischen Alpen lebt noch ein guter Luchsbestand. Die ursprünglich hohe Luchsdichte in Polen ist auf ein Minimum abgesunken. In Schweden ist der Luchs noch in hoher Dichte verbreitet.
1850 – 1900	Den menschlichen Nachstellungen entgehen in Wallis und Graubünden nur wenige Tiere.
1872	Das Tiroler Luchsvorkommen ist ausgerottet.
1880	Finnland ist noch flächendeckend vom Luchs besiedelt.
1882	Die Region um Brienz in der Schweiz ist frei von Luchsen.
1885	Im französischen Juragebiet wird der letzte Luchs erlegt.
1892	Der gefleckte Jäger ist in der Steiermark verschwunden.
1900 – 1915	Der Luchs wird in den Schweizer Rückzugsgebieten ausgerottet. Zu Anfang des 20. Jahrhunderts erlischt in den Meeralpen, den Grajischen, Cottischen und Penninischen Alpen der Luchsbestand.
1909	Letzte Luchsbeobachtungen auf der Walliser Simplonseite.
1912	Der letzte Luchs Sloweniens wird erlegt.
1915	Der letzte Luchs des Alpenmassives wird gesichtet.
1920	In Finnland besiedelt das Luchsvorkommen nur noch Karelien und Lappland. In Südschweden ist der Luchs ausgerottet, in Mittelschweden leben nur noch wenige Tiere.
1930	In den slowakischen Karpaten leben etwa 30 bis 50 Luchse.
1933	Der ursprünglich über ganz Rumänien verbreitete Luchsbestand umfasst nur ca. 100 Tiere.
1934	Unterschutzstellung des Luchses in der Slowakei.
1950	In Rumänien leben wieder 500 Luchse.
1962	Im Elbsandsteingebirge gibt es erste konkrete Hinweise auf die Anwesenheit von Luchsen
18.8.1967	Unterschutzstellung des Luchses in der Schweiz.
1968	Norwegens Luchsbestand steigt in 22 Jahren von 150 auf 400 Tiere.
1969	Luchsbeobachtungen in der Dübener Heide nördlich von Leipzig.
1970	Erste Luchsaussetzungen im Bayerischen Wald.
23.4.1971	Beginn der Wiedereinbürgerung in der Schweiz.
1973	In Slowenien werden sieben Luchse freigelassen, die eine weitausstrahlende Population begründen. Aussetzung von zwei Luchsen im italienischen Nationalpark Gran Paradiso. Weitere Freilassungen unterbleiben, da die Aktion scheitert.
1974	Französischer Jura, erster Luchsnachweis bei Genf.
1974 – 1999	In diesem Zeitraum werden in der Schweiz mindestens 34 Luchse illegal geschossen.
1975	Erste Beobachtungen von Luchsen im Lausitzer Bergland.
1976	Wiedereinbürgerungsversuch in der Steiermark. Nach 20 Jahren wieder eine Sichtbeobachtung des Luchses auf der linken Elbseite der Sächsischen Schweiz.

1976 – 1989	In diesem Zeitraum werden in Polen 408 Luchse erlegt.
1979	In Ungarn gibt es wieder einen ersten Luchsnachweis.
1980	Nach der Wiedereinbürgerung in der Schweiz nachweislich die erste Überquerung des Grimselpasses durch den Luchs. Kanton Uri wird wiederbesiedelt. Französischer Jura, die Zuwanderung des Luchses setzt ein. Im Bayerischen Wald gehört der Luchs wieder zum Standwild. Im Pfälzer Wald wird bei Annweiler der erste Luchs gesichtet.
um 1982	Im Böhmerwald werden 17 Luchswildfänge freigesetzt.
1983	Einbürgerungsversuch des Luchses in den Vogesen.
ab 1983	Wiederbesiedelung des Vorderrheintales und des südlichen Walenseeareales, der Kantone Jura, Berner Jura, Solothurn, Basel Land und Aargau.
1985/1986	Der Luchsbestand in Ungarn umfasst zehn Tiere.
1986/1987	Im Fichtelgebirge werden erstmals wieder Luchsspuren festgestellt.
1987	Das rumänische Luchsvorkommen ist auf 1500 Tiere angewachsen.
1988	Polens Luchsbestand umfasst etwa 200 Tiere.
1989	In der Slowakei werden 99 Luchse erlegt.
1990	Der Luchsbestand im Böhmerwald wird auf 35 Tiere geschätzt.
etwa ab 1995	Im Schwarzwald kommt es immer wieder zu Luchsbeobachtungen.
1998 – 2001	Im Bayerischen Wald, Tschechien und Österreich geht der Luchsbestand von 68 auf 29 Tiere zurück.
2000	In der französischen Alpenregion leben etwa 30 Luchse. Im November werden im Harz die ersten Luchsse ausgesetzt.
um 2000	Im Französischen Jura umfasst der Luchsbestand 30 bis 40 Tiere. Finnlands Luchsbestand ist auf 500 Tiere angewachsen. Im gesamten Karpatenbogen leben etwa 2200 Luchse. Der Pfälzer Wald wird von den Vogesen aus wieder vom Luchs besiedelt. Der erste Luchs wird wieder in Nordrhein-Westfalen gesichtet. In allen Landesteilen nördlich des 60. Breitengrades lebt in Schweden eine nicht gefährdete autochthone Luchspopulation. Die Luchspopulation in der Slowakei umfasst 400 bis 500 Tiere.
2000 – 2003	Im Bayerischen Wald werden acht Luchse mit Sendern versehen.
2003	Mehrere Luchsbeobachtungen werden aus dem Kanton Aargau/Schweiz gemeldet. Erste Luchsmeldungen von der Schwäbischen Alb im Donautal zwischen Beuron und Sigmaringen.
2003/2004	Erste Luchsaussetzungen in der Ostschweiz.
2004	Luchsbeobachtungen im Umfeld vom Nationalpark Hainich/Thüringen. Im Januar wird eine Luchsin mit zwei Jungen in der Nähe der deutsch-belgischen Grenze beobachtet. Im Jura und hier besonders im Solothurner Jura kommt es zu einer leichten Bestandszunahme. Im Bayerischen Wald kann man durch Kreuzpeilungen mit Hilfe der Telemetrie den Lebensweg von einigen Luchsen verfolgen. Gründung einer AG Luchs durch das Ministerium für Ernährung und ländlichen Raum in Baden-Württemberg. In Italien werden in der Region Friuli Venezia Giulia durch Fotofallen Luchse nachgewiesen.
2005	Erneut Luchsbeobachtungen im Schwarzwald. An einem am 8. März gefangenen Luchs wird weltweit zum ersten Mal die fast punktgenaue Standortbestimmung mit einem satellittengestützten Sender (GPS-Empfänger) erprobt. Ein bis vier Anpeilungen am Tag ermöglichen eine weitgehend lückenlose Verfolgung seines Lebensweges.

Pardelluchs

Um 1900	Auf der Iberischen Halbinsel leben 100.000 Pardelluchse
	Der Pardelluchs ist noch in weiten Teilen Spaniens verbreitet, der Bestand umfasst ungefähr 3000 Tiere.
Um 1985	Der Gesamtbestand Spaniens von 1000 bis 1200 Tieren durchstreift eine Fläche von 11.000 km².
1990	Gegenüber 1960 weit weniger als die Hälfte der ursprünglichen Territorien besetzt.
1992	In Portugal haben ca. 50 Luchse ihre Streifgebiete.
	Die gesamte Pardelluchspopulation Spaniens, die noch eine Fläche von 585 km² besiedelt, zählt weniger als 200 Tiere mit etwa 30 fortpflanzungsfähigen Weibchen.
2004	In Spanien kann endlich das schon einige Jahre bestehende Centro de Cria del Lince Ibérico seine praktische Arbeit als Pflege und Zuchtstation für die Stützung des hochgefährdeten Pardelluchsvorkommens aufnehmen.

DER BRAUNBÄR

Biologie und Ökologie

Bärenarten und ihre systematische Einordnung

Die stammesgeschichtliche Entwicklung der Bären läßt sich 60 Millionen Jahre zurückverfolgen. Sein Vorfahre Miacis war ein kleines wieselartiges Raubtier, welches Wälder bewohnte. Es war zugleich auch Ahnherr der Katzenartigen *(Felidae)*, Hyänen *(Hyaenidae)*, Marderartigen *(Mustelidae)*, Waschbären *(Procyonidae)*, Schleichkatzen *(Viverridae)* und Hundeartigen *(Canidae)*. In der Epoche des Eozäns, das vor 53 Millionen Jahren begann und vor 37 Millionen Jahren endete, spalteten sich von diesem gemeinsamen Stammtier die ersten Ausgangsformen der Bärenartigen *(Ursidae)* ab: *Plesiocyon, Cynodon, Dinocyon.* Echte *Ursidae* leben in Europa seit dem Mittleren und Unteren Miozän vor etwa 5 bis 12 Millionen Jahren. Obwohl die Gattungssystematik in Teilen recht differenziert ist, sind die heutigen Bären Mitglieder einer homogenen Familie, die sechs verschiedene Gattungen umfasst.

> Dazu gehören vier in Eurasien, Nordamerika, Nordafrika und der Arktis lebende Arten mit *Ursus* (echte Bären), *Thalarctos* (Eisbär), *Euarctos* (Schwarzbär) und *Selenarctos* (Kragenbär), die in Südasien lebenden Arten *Melursus* (Lippenbär) und *Helarctos* (Malaienbär) und die in Südamerika lebende Art *Tremarctos* (Brillenbär).

Körpermerkmale des europäischen Braunbären

Der europäische Braunbär hat eine massige Körperform. Die Körperlänge liegt zwischen 1,70 und 2,20 m. Ebenso groß ist mit 100 bis 340 kg die Schwankungsbreite des Gewichtes. Zu den Leichtgewichten zählen mit durchschnittlich 148 kg die kleineren Bären in den Pyrenäen, wobei auch von dort Daten vorliegen, die ein 350 kg schweres Männchen und ein 250 kg schweres Weibchen belegen. Im Vergleich: die wesentlich größeren Bären auf der Halbinsel Kamtschatka und in Alaska bringen es auf 500 bzw. 700 kg.

Der rundliche Kopf sitzt auf einem dicken, kurzen Hals. Der Schwanz ist so kurz, dass er im Fell verborgen bleibt. Die verhältnismäßig kleinen Augen haben einen Durchmesser von etwa 15 mm. Der Braunbär ist ein Sohlengänger, allerdings sind die Sohlen nur bei den Eisbären behaart. Während der Winterruhe erneuert sich die Sohlenhaut, während die alte abgestoßen wird. Die Krallen der Vordertatzen erreichen eine Länge von durchschnittlich fünf bis sechs, maximal acht Zentimeter.

Die Fellfarbe ist an Rücken und Körperseiten braun bis dunkelbraun, sie kann aber Variationen aufweisen, die von fahl-hellbraun bis schwarz reichen. Die dunkelbraunen Ohren heben sich von der Kopffärbung deutlich ab. Junge Tiere haben oft einen nicht immer geschlossenen weißen oder fleckenfarbigen Kragen, der im Alter verschwinden kann. Die Haare am Bauch sind über 20 cm, die an den Körperseiten vier bis acht Zentimeter lang. Sie sind bei den Bären des Nordens länger als bei den Bären des Südens. Bei älteren Tieren wird das Haar kürzer und spröder.

Das kräftige Gebiss zeichnet sich durch mächtige Eckzähne aus. Die Backenzähne mit ihren breiten und flachen Kronen haben die Funktion von Mahlzähnen und sind Ausdruck eines hohen pflanzlichen Nahrungsanteils. Die Tatzen der stämmigen Beine haben meist fünf gleich lange Krallen. Sie sind stark gebogen, können aber nicht wie bei Katzen in die Scheide zurückgezogen werden, deshalb nutzen sie sich auch stark ab. Da bei den Jungen die Abnutzung noch nicht so ausgeprägt ist, haben sie beim Klettern auf Bäume einen besseren Halt als ihre Mutter. Eine Zusammenstellung der 22 ältesten Bären aus verschiedensten Gebieten ergab, dass nur vier über 25 Jahre und 16 mehr als 20 Jahre alt wurden. Dagegen können es Zoobären auf 30, maximal auf 47 Jahre bringen.

Sinnesorgane des Braunbären

Der Braunbär sieht schlecht und ist verhältnismäßig kurzsichtig. Mit den kleinen, eng anstehenden Augen kann er ein breites Blickfeld erfassen, und sie ermöglichen ihm auch ein räumliches Sehen. Die Entfernung, über die der Bär noch gut sieht, liegt bei etwa 80 m. Auf 300 m kann er einen Menschen oder ein gleich großes Lebewesen mit den Augen nicht mehr ausmachen.

Der Geruchssinn ist bei den Bären der am besten entwickelte Sinn mit einem bemerkenswerten Leistungsvermögen. So ist er in der Lage, noch sechs Stunden alte Spuren wahrzunehmen, auch wenn es sich zum Beispiel nur um den an Pflanzen oder Gräsern anhaftenden Geruch von Kleidungstücken handelt, die ein Wanderer oder Jäger leicht gestreift hat.

Mit dem ebenfalls außerordentlich gut entwickelten Gehör nimmt der Bär selbst in den oberen Hörbereichen helle Geräusche auf, deren Unterschiedlichkeit er klar wahrnehmen kann.

Der Braunbär hat eine massige Körperform, und sein Gewicht hat eine Schwankungsbreite, die zwischen 100 und 340 kg liegt.

Der rundliche Kopf sitzt auf einem dicken, kurzen Hals.
Der Schwanz ist so kurz, dass er im Fell verborgen bleibt.

Das kräftige Gebiss zeichnet sich
durch mächtige Eckzähne aus.

Lebens- und Aktionsraum

Der optimale Lebensraum des Braunbären sind sowohl Berge als auch Tiefebenen sowie ausgedehnte Laub- und Nadelwälder, wobei kein bestimmter Waldtyp bevorzugt wird. Daneben bewohnt er aber auch waldlose Gebiete, wie die Ränder von Steppen, die Tundra, Wiesen der Alpenregion, Fjordbereiche und die Küsten von Seen.
Voraussetzung ist jedoch,

1. dass in den Gebieten die notwendigen Schutz- und Überwinterungsmöglichkeiten gegeben sind
2. und dass sie nicht nur genügend Nahrung bieten, sondern das Angebot auch saisonal gut verteilt sein muss.

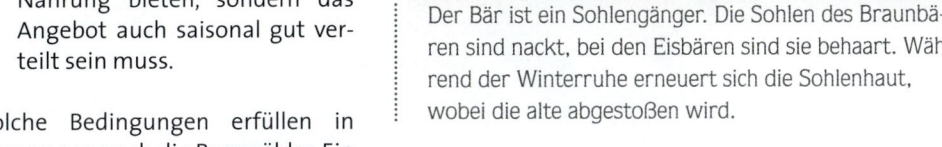

Der Bär ist ein Sohlengänger. Die Sohlen des Braunbären sind nackt, bei den Eisbären sind sie behaart. Während der Winterruhe erneuert sich die Sohlenhaut, wobei die alte abgestoßen wird.

Solche Bedingungen erfüllen in Europa nur noch die Bergwälder. Ein besonders wichtiger Faktor für das Überleben des Braunbären sind große Ruhezonen in den traditionellen Überwinterungsarealen.

Welche Auswirkungen das saisonale Nahrungsangebot auf die Wanderungen der Bären hat, zeigen Beispiele aus Rumänien. Zwischen 15. August und 15. November verlässt dort Meister Petz die Berge und sucht die submontane Zone auf, wo in dieser Jahreszeit Birnen, Äpfel und Pflaumen locken (COTTA 1980). In Finnland sind es Gebiete mit Heidelbeeren, Krähenbeeren und Moltebeeren, die Meister Petz wie einen Magnet anziehen. Obwohl der Bär auch in waldlosen Regionen zu Hause ist, haben große Waldareale einen bedeutenden Einfluss auf das Überleben seiner Art. Wo Wälder zurückgedrängt werden oder nur noch Waldinseln übrig bleiben, zeigen sich negative Auswirkungen auf seine Bestandsentwicklung. Dazu kommt noch, dass Menschen durch das intensive Sammeln von Preiselbeeren, Heidelbeeren und Himbeeren das Nahrungsangebot des Bären verringern.

In dem von ihm besetzten Refugium hält sich der Braunbär meistens über viele Jahre auf, wobei sich die einzelnen Reviere oft überschneiden. Haupt- und Nebenwechsel durchziehen sein Territorium und verbinden Trinkstellen, Äsungs-, Ausblicks-, Bade- und Ruheplätze sowie Harn- und Kotstellen. Hauptwechsel, die oft viele Bärengenerationen benutzen, sind entsprechend tief ausgetreten. Die Größe des Lebensraumes unterliegt jahreszeitlich bedingten Änderungen. So hielten sich in den Alpen zwei Bären in Arealen auf, die 56,5 und 74 km² umfassten. Im Spätherbst schrumpfte ihr Streifgebiet auf 4,3 bzw. auf 12 km². Im Sommer unternahmen die beiden Tiere weite Wanderungen, die nach 3 bis 14 Tagen immer wieder in ihren eigentlichen Aktionsraum zurückführten.

Die Reviergröße schwankt zwischen 23 km² in einer ruhigen Umgebung, 90 bis 100 km² (eines Männchens) im Tatra-Nationalpark, 50 bis 500 km² in Mittelschweden und 115 km² in Nordschweden (BJÄRVALL und SANDEGEN 1987).

Das Territorialverhalten bei erwachsenen Männchen ist im Frühling und Sommer am deutlichsten ausgeprägt. Während der Brunftzeit verlegen sie das Streifgebiet häufig in die Randzonen des Reviers, wo sie den Kontakt mit den Weibchen suchen, das Revier selbst wird dabei aber nicht verlassen (JANIK 1982).

Mit dem gut entwickelten Gehör nimmt der Bär selbst im oberen Hörbereich helle Geräusche auf, deren Unterschiedlichkeit er klar erkennt.

Nach dem Gehör ist der Geruchsinn bei den Bären der am besten entwickelte Sinn.

Der Braunbär ist verhältnismäßig kurzsichtig und sieht schlecht. Mit den kleinen, eng anstehenden Augen kann er ein breites Blickfeld erfassen.

Die Bärendichte ist in den einzelnen Regionen beträchtlichen Schwankungen unterworfen. Eine Auflistung macht dies besonders deutlich:

Bedingungen, die den Ansprüchen des Braunbären genügen, erfüllen in Europa nur noch die Bergwälder.

Region	Rumänien	Karpaten (1970 – 1981)	Abruzzen	Karelien	Finnland	Russland, europ. Teil
Individuen pro 1000 ha	1,5–2,0	0,28–8,00	0,75–1,33	0,03	0,01	0,10–0,40

Auffällig ist, dass Bären an Bäumen Kratzspuren hinterlassen, die vermutlich der Reviermarkierung dienen. Die Einschränkung „vermutlich" beruht darauf, dass Tiere dabei beobachtet wurden, wie sie Baumrinde entfernten, um an die süßen Baumsäfte heranzukommen. Als Standorte solcher „Kratzbäume" konnten Wege in der Nähe von Nahrungsplätzen und Rotwildwechseln ausgemacht werden. Die Markierungen erfolgen in einer Höhe von 160 bis 220 cm überwiegend von April bis Juni, also während der Brunftzeit. An der Kennzeichnung sind besonders ältere Männchen beteiligt, da jüngere damit erst im Alter von sechs bis sieben Jahren beginnen, obwohl sie schon mit anderthalb Jahren für solche Bäume Interesse zeigen. Es gibt Bäume, die über viele Jahre benutzt werden, doch nicht immer von dem gleichen Bären.

Die Braunbären bauen in ihren Lebensräumen nicht nur ein Winterlager, sondern im Sommer auch Tageseinstände, die sie manchmal über längere Zeiträume nutzen. Ihre Standorte liegen in Norwegen zu 72 % in Waldgebieten mit mittelalten und alten Baumbeständen, errichtet direkt an der Basis stehender Bäume. Von hier ergibt sich eine Sichtweite zwischen drei und zwölf, maximal 35 m. Der Platz wird mit Umgebungsmaterial ausgelegt und hat eine durchschnittliche Länge von 119, eine Breite von 88 und eine Dicke von 21 cm.

Brunftzeit, Geburt und Jungenaufzucht

Die Hauptbrunftzeit des Braunbären dauert von Mai bis Anfang Juni, sie kann aber schon im März oder April einsetzen. Allerdings gibt es eine Nachbrunftperiode, die, wenn sie stattfindet, im Juli oder September, in zoologischen Gärten sogar noch im Oktober abläuft. Die angegebenen Brunftmonate sind nicht einheitlich, so dass man vermutet, dass Variationen durch die unterschiedlichen klimatischen Verhältnisse in den einzelnen Bärenregionen zustande kommen.

Nähern sich mehrere Männchen in der Brunftzeit einem Weibchen, dominiert das Männchen, welches in einer schon früher festgelegten Rangfolge die Spitzenposition einnimmt. Kämpfe sind jedoch nicht immer auszuschließen. Die Jungen werden während der Hauptbrunftzeit vom Weibchen fortgejagt, da sie befürchten muss, dass das werbende Männchen sie tötet. Sie halten sich dann (nach Beobachtungen) nur ca. 300 m vom Paarungsplatz auf, um nach dem Ende dieser Periode zu ihrer Mutter zurückzukehren. Der Bär kann die Witterung der Bärin schon auf eine große Entfernung wahrnehmen.

Zum Paarungsverhalten liegen neue verblüffende Erkenntnisse vor. Demnach wird die Bärin gleich von mehreren Liebhabern hofiert. Das ist Teil einer raffinierten Strategie, die der Sicherung des eigenen Nachwuchses dient, da jedes Individuum das Ziel verfolgt, sein Erbgut an die folgende Genereration weiterzugeben. Um das Weibchen schnell empfängnisbereit zu machen, versuchen männliche Braunbären oft, die Jungbären anderer Väter umzubringen. Um dem entgegenzuwirken, haben die Weibchen die oben genannte Strategie entwickelt. Sie paaren sich mit mehreren Männchen, so dass am Schluss keiner weiß, wer eigentlich der Vater ist. Der Projektleiter MAG. ANDREAS ZEDROSSER, der mit seinen Mitarbeitern dieses Verhalten erforschte, hat herausgefunden, das 54 % der während der Laufzeit des Projektes beobachteten Bärenmütter diese Strategie angewendet haben.

Das Streifgebiet des Bären muss nicht nur genügend Nahrung bieten, dieses Angebot muss auch saisonal gut verteilt sein.

Dazu kommt noch eine Erschwernis, die es Bärenmännchen unmöglich macht, ihre Vaterschaft zu „beweisen".
Die Natur hat es so eingerichtet, dass nicht der erste Part-

Der Braunbär nutzt auch
Gewässer als Nahrungsquelle.

ner der Vater des Nachwuchses sein muss. Die Weibchen sind in der Lage, ihren Eisprung zu kon-
trollieren. Die Folge ist, dass sie sich damit für die Befruchtung bestimmter Spermien entschei-
den können.

Es besteht zwar noch Klärungsbedarf, wie das funktioniert, doch einige Auswahlkriterien sind
bereits bekannt, wie die Körpergröße und der Grad der Mischerbigkeit, der eine Vielfalt an Erbinformationen enthält. Ein hoher Grad an Mischerbigkeit verleiht eine höher genetische Variabilität, was wieder die Überlebenschance der gesamten Population erhöht.

Genauso differenziert wie die Brunftzeit fällt die Tragzeit aus. Sie beträgt zwar überwiegend
sieben bis acht Monate, im Zoo können die Jungen aber schon nach 3,8 bis 4,5 Monaten zur Welt
kommen.

Die eins bis vier, seltener fünf oder sechs Jungen werden überwiegend im Dezember/Januar
im Winterlager der Bärin geboren, mit einer ausgeprägten Spitze von 53,6 % in den ersten Janu-
artagen. Aus den polnischen Karpaten liegen Beobachtungen aus dem Zeitraum von 1980 bis
1988 vor, die folgendes Ergebnis brachten: 111 Bärinnen führten 158 Junge, davon 63,1 % eines,
31,5 % zwei und 5,4 % drei.

Die Termine der Geburtsmonate sind ebenfalls nicht einheitlich. Hier kommen, wenn auch selten, noch der November, oder erst Februar und März in Frage. Diese Bärenkinder haben jedoch
eine geringere Überlebenschance. Nur unter Gefangenschaftsbedingungen stellt sich bei Meister Petz jedes Jahr Nachwuchs ein, in freier Wildbahn passiert das alle zwei bis drei, manchmal
sogar erst alle vier Jahre. Das Verhältnis der Geschlechter untereinander ist bei der Geburt mit
annähernd eins zu eins fast ausgeglichen, das „fast" bezieht sich auf eine leichte männliche Über-
zahl.

Bärinnen bekommen in der Regel im Alter von vier bis fünf Jahren ihre ersten Jungen. Die Bären
werden als 30 cm kleine Winzlinge mit einem durchschnittlichen Gewicht von nur 350 Gramm
geboren. In der dritten Woche öffnen sie die Augen, und erste Anzeichen eines Geruchssinnes

konnte man acht Wochen nach der Geburt beobachten. Die ersten acht Wochen verbringen die Neugeborenen unter der Obhut der Mutter im Winterlager, wo sie auch gesäugt werden. Diese natürliche, äußerst nahrhafte „Bärenmarke" hat immerhin einen Fettgehalt von 10,5 % und bewirkt eine verhältnismäßig schnelle Gewichtszunahme. So brachten es zwei Jungtiere im Zoo von Wrocław im Alter von etwa 4,5 Monaten auf 14,0, bzw. 14,5 kg. In den ersten vier Lebensmonaten betrug die durchschnittliche Gewichtszunahme pro Tag 72 Gramm, und im fünften Monat steigerte sich die Menge auf 240 Gramm pro Tag. Als im August die Beerenreife einsetzte, ging die Gewichtszunahme mit 427 Gramm pro Tag nochmals steil nach oben. Kurz vor Wintereinbruch wogen die Jungen schon 29 kg. Die Zunahme des Gewichts weist jedoch wiederum regionale Unterschiede auf. So verdoppelt sich das Gewicht bei den Bären in den Pyrenäen im zweiten Lebensjahr. Sie wiegen dann 30 bis 35 kg und im Alter von drei Jahren ca. 50 kg. Die weitere Zuwachsrate beträgt bis zum 15. Lebensjahr jährlich 10 bis 15 kg. Die Geschlechtsreife erlangen weibliche Bären drei oder vier, manchmal sogar erst sechs Jahre nach ihrer Geburt. Die unterschiedlichen Termine stehen im Zusammenhang mit dem entsprechenden Nahrungsangebot.

Die Jungen verlassen Ende März im Alter von drei Monaten zum ersten Mal, noch recht unbeholfen, ihr Lager. Die Führungszeit dauert bis zum Beginn des dritten Lebensjahres. Im ersten Winter dient der Geburtsplatz der Bärin und ihren Jungen erneut als Winterlager. Im zweiten Winter teilen sich die Jungen in den meisten Fällen nochmals mit ihrer Mutter das Winterlager. Doch kommt es auch vor, dass sie in der Nähe der Mutter schon ein eigenes Lager beziehen.

Nicht leicht haben es Bärinnen mit großen Würfen mit dem Anlegen eines ausreichenden Wurfortes. Selten kommt es vor, dass ein Weibchen Junge aus zwei aufeinander folgenden Würfen führt. Eine solche Situation kann auf drei Ursachen beruhen:

1. Die Familie hat sich nicht aufgelöst.
2. Die Bärin muss Junge aus zwei aufeinander folgenden Jahren betreuen.
3. Die Bärin hat fremde Junge adoptiert.

Im Normalfall löst sich jedoch die Familie am Beginn der Brunftzeit im zweiten Frühling auf. Das Beisammensein mit der Mutter endet durch Verjagen und Wegbeißen, auch, wenn die Jungen bis dahin noch nicht selbständig sind. Doch die überwiegende Zahl der Jugendlichen hat sich durch Nachahmung und Beobachtung der mütterlichen Verhaltensweisen gut auf ihre Selbständigkeit vorbereitet. Doch Vorsicht bei der Begegnung mit einer führenden Bärin, während dieser Zeit ist sie sehr angriffslustig.

Besonders an heißen Sommertagen schätzt Meister Petz ein ausgiebiges Bad.

Während der Brunftzeit besteht die Möglichkeit, dass Bär und Bärin auch einmal ein gemeinsames Bad nehmen. Dem Bärenmännchen scheint die Hitze des Tages oder das Zusammensein mit der Bärin ziemlich zugesetzt zu haben.

Nähern sich mehrere Männchen während der Brunftzeit der Bärin, dominiert das Männchen, welches sich in einer früher festgelegten Rangfolge die Spitzenposition erkämpft hat.

Wenn man diesen beiden jungen Bärengeschwistern zuschaut, kann man verstehen, dass sie auch nach der Trennung von ihrer Mutter eine Zeitlang ein Team bilden können.

Verhalten und Aktivität

Braunbären sind tag- und nachtaktiv. Wenn sie Störungen ausgesetzt sind, verlegen sie ihre Aktivität in die Nacht. Die sehr unterschiedliche Tagesaktivität hängt ab vom einzelnen Individuum, der Jahreszeit und der Ruhe im Revier. Im Verlauf der Monate unterliegt sie großen Schwankungen mit einer relativen Gleichmäßigkeit zwischen 8 und 13 Uhr. In Schweden liegt die Zeit der höchsten Aktivität wohl aufgrund der längeren Tage zwischen 7 und 21 Uhr.

Die normale Fortbewegungsart ist bei Braunbären der Passgang. Sie sind in der Lage, schnell zu laufen, beim Springen beachtliche Weiten zu erzielen, sie sind gute Kletterer, ausgezeichnete Schwimmer und können lautlos pirschen. Meister Petz überwindet im normalen Troll in der Stunde eine Strecke von 5,5 bis 6 km, im Traben bringt er es auf 10,8 bis 12, und im langsamen Galopp kann er stündlich sogar 22,3 km zurücklegen. Auf einer Strecke zwischen 10 und 25 Metern erreicht er sogar eine gemessene Höchstgeschwindigkeit von 50,9 km/h.

Der Braunbär ist ein solitär lebendes Tier, das jedoch zu bestimmten Zeiten und Orten in größerer Dichte auftreten kann. In Europa sind das in der Reifezeit Stellen mit Bucheckern, Birnen, Pflaumen, Äpfeln, Beeren und Ebereschen.

Bei Begegnungen mit Artgenossen verhielten sich von 478 Bärenbeobachtungen 47,6 % gleichgültig und 52,4 % unterschiedlich aggressiv. Bestimmende Faktoren im unterschiedlichen Verhaltensmuster der Bären sind Körpergröße, sozialer Rang und Populationszugehörigkeit, weniger Geschlecht, Temperament und augenblickliches Befinden. Eine führende Bärin mit Jungen vermeidet nach Möglichkeit die Begegnung mit anderen Artgenossen, findet sie trotzdem statt, verhält sie sich aggressiv. Bei Auseinandersetzungen der männlichen Bären um ein Weibchen und um Nahrungsplätze ist eine Rangordnung auszumachen, in denen oft die Männchen dominieren, die sowohl den Kampf um die Nahrungsplätze als auch um die Weibchen für sich entschieden haben.

Die Rangordnung hat auch eine Rangfolge, die sich von unten nach oben wie folgt darstellt:

> Jüngere Bären
> Einzelne alte Weibchen
> Weibchen mit Jungen
> Große, alte Männchen

Die Kämpfe um ein Weibchen können für einen der Kontrahenten tödlich und in Kannibalismus enden, denn der Sieger frisst den Unterlegenen auf. Um die Paarungsbereitschaft einer Bärin herbeizuführen, tötet das Bärenmännchen manchmal deren Junge, um sie ebenfalls anschließend zu verzehren.

Der Bär als Winterschläfer

Der Braunbär hält keinen eigentlichen Winterschlaf, sondern eine Winterruhe, bei der die Körpertemperatur nur um 3 bis 4 °C absinkt und die Frequenz der Herzschläge am Beginn der Ruhe um 50 und am Ende um 40 Schläge abnimmt. Das alles ermöglicht dem Bären, schnell wach und aktiv zu werden.

Meister Petz lebt in dieser Zeit von seinen Fettreserven. Auch die säugende Bärin nimmt in dieser Zeit keine Nahrung auf, sondern ihre Milchproduktion ermöglicht den Stoffwechsel mit Speichersubstanzen. Die Wasserausscheidung aus den Nieren ist gestoppt, ein Problem, das die Natur auf wunder-

Erst zum Beginn des dritten Lebensjahres trennen sich die jungen Bären von ihrer Mutter.

same Weise gelöst hat. Eine Urämie wird verhindert, indem die überwiegende Zahl der Aminiosäuren nicht zu Harnstoff abgebaut wird, sondern für die Synthese anderer Aminiosäuren Verwendung findet. Die geringen Mengen an Harnstoff, die doch anfallen, werden absorbiert und am Darmende gespeichert. Dort sind wieder Bakterien tätig, die den Harnstoff zu neuen Verbindungen umbauen, die der Organismus erneut nutzt. Dadurch entfällt bei Braunbären die Stoffwechselruhe. Das überwiegende Blutvolumen befindet sich während der Winterruhe in Herz, Lunge und Gehirn. Der Energieverbrauch ist während dieser Zeit gering, da es in der Höhle relativ „warm" ist. So lag bei Außentemperaturen von – 40 °C die Temperatur in einer nicht besetzten Bärenhöhle unter einer 1 m mächtigen Schneedecke nur bei 1,2 °C.

Im zweiten Lebensjahr wiegen die Bärenjungen z.B. in den Pyrenäen 30 bis 35 kg und im Alter von 3 Jahren etwa 50 kg.

Ist die Winterruhe beendet, wirkt der Bär ziemlich „abgespeckt". Jetzt muss er versuchen, durch entsprechende Nahrungsaufnahme den Gewichtsverlust wieder auszugleichen. Bei diesem Gewöhnungsprozess fressen und trinken die Bären jedoch nur wenig, so dass die Mär von dem „Bärenhunger" nach der Winterruhe nicht den Tatsachen entspricht.

Der Standort des Winterlagers liegt zumeist in Wäldern und im Gebirge oberhalb der Waldgrenze, oft an Steilabbrüchen. In den Karpaten sind das Höhenlagen zwischen 580 und 1650 m, in den Abruzzen zwischen 1100 und 1700 m, im Trentino zwischen 1000 und 2300 m und in den Pyrenäen zwischen 1190 und 1740 m. Ein Winterlager, welches optimalen Bärenbedingungen entspricht, kann über Jahre bezogen werden. Die Stellen, die für den Bau geeignet sind, haben ein

Bären muss man eine gewisse Intelligenz in ihrer Verhaltensweise zuerkennen, die sich besonders in ihrem Lernvermögen äußert. Auch wenn sich junge Bären beim Baden regelrechte Wasserschlachten liefern, wird das recht deutlich.
In ein solches Herumtoben wird manchmal auch die Mutter mit einbezogen.

breites Spektrum. Es umfasst natürliche Höhlen, Erdbauten, Höhlen in Bäumen, Asthaufen von Windbrüchen, Hohlräume unter oder zwischen Felsblöcken oder unter überhängenden Fichten, selbstgegrabene Höhlen unter Felsblöcken und sogar ausgegrabene Ameisenhaufen. Von den zehn Typen von Winterlagern, die man in Europa kennt, bestehen sechs aus natürlichen Unterschlupfmöglichkeiten und vier setzen bei Meister Petz eine mehr oder minder tätige Grabarbeit voraus.

Sind die Winterlager in den Boden gegraben, haben sie eine durchschnittliche Länge von zwei bis drei Metern, eine Breite von 1,5 m und eine Höhe von 0,5 bis ein Meter. Sie sind mit Moos, trockenem Gras, Nadeln und winzigen Zweigen ausgelegt.

Die Dauer der Winterruhe des Bären ist abhängig von der Region, in der er lebt, von den Witterungsbedingungen, von dem Nahrungsangebot im Herbst und von dem Geschlecht. Weibchen suchen früher das Winterlager auf als Männchen. Beide Geschlechter verlassen es im Frühling überwiegend in Abhängigkeit von ihren Fettvorräten, von der Qualität des Lagers und dem Einsetzen der Schneeschmelze. Im Frühjahr besteht die Möglichkeit, dass der Bär wiederholt zu seinem Lager zurückkehrt. Alte Bären, die als Folge eines frühen Wintereinbruchs nicht in der Lage waren, sich genügend Fettreserven anzufressen, können auch mitten im Winter aktiv werden. In Jahren mit einer reichlichen Bucheckernmast ist es schon vorgekommen, dass Meister Petz sein Winterlager erst gar nicht aufgesucht hat.

Junge Bären können weitaus besser klettern als ihre Eltern, deren Krallen durch Abnutzung schon viel von ihrer ursprünglichen Schärfe verloren haben. Wenn ein männlicher Bär in der Brunftzeit ihre Mutter bedrängt, können sie sich vor ihm auf einen Baum in Sicherheit bringen. Denn, wenn er sie erwischt, wird er sie töten und anschließend auffressen.

Alte wie auch junge Bären sind gute Schwimmer, was diese Aufnahme recht deutlich dokumentiert, wo die Bärin mit ihren Jungen im Schlepptau ihre Runden dreht.

Auf dem Baumstamm balancierend lassen sich die Unebenheiten des Bodens besser überwinden und außerdem behält man von der erhöhten Warte aus die Mutter besser im Auge.

Wenn der Bär schläft, schläft er, das heißt, ihn können weder fallende Zweige, Tannenzapfen noch andere kleine Gegenstände wecken, die auf ihn niederfallen. Davon lässt sich ableiten, dass er sich seiner Stärke bewusst ist, er sich also vor keinem anderen Lebewesen, ausgenommen dem Menschen, fürchten muss.

Die Winterruhe des Braunbären in verschiedenen europäischen Regionen:

Süd Norwegen	von November bis März	= 5 Monate
West Karpaten	von Dezember bis 2. Märzhälfte	= 3,5 Monate
Trentino	von Dezember bis März	= 3,5 bis 4 Monate
Pyrenäen	von Anfang Dezember bis Mitte März	= 3,5 Monate

Der Braunbär wird, wie alle Wildtiere, von Parasiten geplagt. Die Winterruhe ist nun gleichzeitig eine Wurmkur. Da während dieser Zeit das Nahrungsangebot für die Eingeweidewürmer versiegt, verlassen sie umgehend das Gedärm.

Der Bär als Allesfresser

Nahrung und Nahrungsbedarf

Der Braunbär ist ein Allesfresser, wobei er einen beachtlichen Teil an pflanzlicher Nahrung aufnimmt. So stellte JAMNICKY (1988) beim vegetarischen Menü in der Slowakei 96 Pflanzenarten fest. Dazu gehören u. a. Beeren, Nüsse, Obst, Knospen, Rizome, Knollen, Zwiebeln, grüne Teile von Stauden und Gräsern sowie der Bast von Bäumen. Wie die Menschen verschiedener Länder unterschiedliche Nationalgerichte kennen, so kann man auch bei den Bären eine regionale Geschmacksrichtung ausmachen. Das sind in den skandinavischen Bergen die Engelwurz und der Alpenlattich, in Mitteleuropa der Bärlauch, in den Pyrenäen die Französische Edelkastanie und in Sibirien Zedernnüsse.

Im tierischen Nahrungsspektrum des Braunbären spiegelt sich die verschiedenartige Faunazusammensetzung seiner Vorkommensgebiete wieder. Im Norden Europas erbeutet er Rentiere und Elche, in Mitteleuropa Hirsche, Rehe und Wildschweine, im Bergland Gämsen, in den Pyrenäen Schafe (12 %), Rinder und Steinböcke (6,6 %), Gämsen (3 %), Nagetiere (3 %), Insektenfresser (3,6 %), Wiesel (0,6 %) und Dachse (3 %). Dazu kommt in allen Regionen noch Aas, was besonders in der Tatra in der Vorfrühlingszeit einen hohen Nahrungsanteil ausmacht, eine große Anzahl Wirbellose und alle Wirbeltiere, bei denen Vögel den geringsten Tribut bezahlen müssen. Besonders munden ihnen Bienen und deren Brut.

Das Nahrungsspektrum des Braunbären weist auch saisonale Unterschiede auf. Durchgeführte Untersuchungen von CLEVENGER et al. (1982) an 929 Kotproben brachten folgendes Ergebnis: Pflanzennahrung war im Frühling mit 84,1 % und im Sommer mit 44,8 % vertreten, im Herbst lagen Bucheckern, Eicheln und Haselnüsse mit 61,5 % und mit 49,9 % im Winter vorne. Ebenso gibt es regionale Unterschiede bei der Aufnahme von tierischer und pflanzlicher Kost.

So bilden in Skandinavien im Vorfrühling Ameisen, in den Pyrenäen pflanzliche Kost und in den Karpaten Fleisch die Hauptkomponente. Eine Analyse zeigt, dass im Herbst der Anteil von aufgenommenen Proteinen und Fetten und im Frühling der Anteil an eiweißreicher Kost steigt.

Besonders aus den Berichten aus Österreich geht hervor, dass Bären zwei neue Nahrungsquellen entdeckt haben: Wildfütterungen und Rapsöl. Um an Rapsöl heranzukommen, nehmen sie u. a. die Motorsägen von Waldarbeitern auseinander oder vergreifen sich an deren Rapsölbehältern. Ausführlich wird über diese Verhaltensweise unter dem Kapitel „Bären in Österreich" berichtet.

Bären führen ihre Nahrung oft mit den Tatzen zum Maul. Dabei konnte man feststellen, dass sie überwiegend Rechtshänder sind.

> In Jahren mit einer reichlichen Bucheckernmast ist es schon vorgekommen, dass Meister Petz sein Winterlager erst gar nicht aufgesucht hat.

Ein Windbruch ist voll von Kerven, die auch zum Nahrungsspektrum des Braunbären gehören.

Der Bär als Jäger

Der Bär nimmt nicht nur vegetarische Nahrung und Kleingetier auf, sondern er versucht als Jäger auch größere Tiere zu erbeuten. Hat er ein solches erspäht, pirscht er sich bis auf wenige Meter heran und spurtet dann im schnellen Lauf mit etwa 17 m pro Sekunde auf das Tier zu. Wenn er es erreicht, wird erst durch einen kräftigen Schlag mit der Pranke die Wirbelsäule gebrochen, um dann mit einem Biss in den Hals den Tod herbeizuführen. Aus Norwegen weiß man, dass bei Schafrissen nach dem Prankenhieb der Nackenbiss folgt. Bevorzugt wird die Jagd während eines Gewitters.

Kann der Bär das erbeutete Tier nicht auf einmal verzehren, wird der Rest einige zehn Meter weit fortgeschleppt, um ihn an einer deckungsbietenden Stelle mit Umgebungsmaterial, wie Zweigen, Moos und Gras, zuzudecken. Das soll als Sichtschutz ungebetene Mitfresser fernhalten. Meister Petz bezieht dann im näheren Umfeld sein Lager und markiert das Areal mit seinen Exkrementen. Die Beute wird solange aufgesucht, bis die verwertbaren Überreste verzehrt sind.

Insekten – die er in solchen Windbrucharealen besonders häufig findet – machen etwa 3,6 % seiner gesamten Nahrung aus.

Viele Menschen haben im Film und auf Abbildungen schon Bären gesehen, wie sie, in Stromschnellen stehend, Fische fangen. Das ist eine spezielle Form des Beuteerwerbs. Eine große Zahl hat es gelernt, die Lachse in der Luft aufzugreifen, wenn sie die besagten Stromschnellen überspringen. Ein anderes Mal werden sie unter Steinen aufgespürt oder mit einem schnellen Prankenhieb auf den Boden gedrückt.

Der Bär nimmt einen beachtlichen Teil an pflanzlicher Nahrung auf, wobei das vegetarische Menü 96 Pflanzenarten umfasst.

Areale seines Reviers, die Nahrung versprechen, sucht der Bär jeden Tag zu bestimmten Zeiten auf und benutzt dabei immer wieder die gleichen Wechsel.

Da die Sehfähigkeit des Bären nicht gut ausgebildet ist, verlässt er sich bei der Nahrungssuche auf Geruchs- und Gehörsinn. So ist er in der Lage, Aas aus einer Entfernung von 19 km zu riechen und menschliche Stimmen, die 250 m entfernt sind, zu hören.

Areale, die Nahrung versprechen, sucht er jeden Tag zu bestimmten Zeiten auf und benutzt dabei immer wieder die gleichen Wechsel.

Verbreitung und Bestands- entwicklung

Exakte Angaben über die Bärenbestände der einzelnen Regionen gibt es nicht, denn bisher fehlen zuverlässige Ermittlungsmethoden. So beruhen alle Zahlen auf Schätzungen mit großer Schwankungsbreite. Für ganz Skandinavien beziffert man das Bärenvorkommen auf ungefähr 1100 bis 1200 Tiere.

Da die Sehfähigkeit des Bären nicht gut ausgebildet ist, verlässt er sich bei der Nahrungssuche auf Geruchs- und Gehörsinn, was ihm auch das Aufspüren von Wild erleichtert.

Norwegen/Schweden

Die ursprünglich über ganz Norwegen verbreitete Bärenpopulation, die 1850 mit 2000 Individuen angegeben wurde, schrumpfte durch Abschuss bis auf ein kleines Inselvorkommen zusammen, das nach Schätzungen um 1940 nur noch wenige Tiere umfasste. Nach einem bis 1965 anhaltenden Tiefstand von 25 bis 50 Bären zeigte die Kurve anschließend steigende und fallende Tendenzen. In Zahlen ausgedrückt, stellt sich die weitere Entwicklung wie folgt dar:

1976	100 Bären
1978–1982	157–230 Bären
1983–1984	74–136 Bären
1985	60–110 Bären
2006	30–50 Bären

Informationen lassen darauf schließen, dass sich der Negativtrend weiter fortsetzt.

In Schweden setzte eine Arealverkleinerung schon ab dem 17. Jahrhundert ein, die aber erst im 19. Jahrhundert deutlich zu bemerken war. Ab dem 20. Jahrhundert ging die Kurve jedoch wieder nach oben. Nach Bestandsschätzungen lebten hier

um 1928	130 Bären
1940–1970	250–400 Bären
1975–1985	400–600 Bären
2000	1000 Bären
2006	1000 Bären

┊ Verbreitung des Braunbären (*Ursus arctos*) in Europa

Um das Überleben einer Tierart längerfristig zu gewährleisten, muss das Vorkommen
über dem Niveau der Mini-
mum Viable Population (MVP)
liegen, und das beläuft sich für
beide Länder zusammen auf
1500 Bären. So schlägt eine
Kommission, die in dem
Abschnitt über Wölfe in Nor-
wegen/Schweden genauer
beschrieben ist, vor, den
Bärenbestand von 1000 auf
1500 Individuen anwachsen
und sich ausbreiten zu lassen.
Der kontrollierte Abschuss soll
nach alter Praxis in den Schadensgebieten weiter fortge-
führt werden.

Die Führungszeit des Jungen dauert bis zum Beginn des
dritten Lebensjahres.

Finnland

In Finnland begann die negative Bestandsentwicklung bei den Braunbären mit besonderer Intensität im zweiten Drittel des 19. Jahrhunderts. Das Verbreitungsgebiet schrumpfte in dieser Zeit
auf die Hälfte zusammen. Angaben für das Jahr 1952 von COUTURIER mit 400 bis 500 Stück scheinen überzogen, denn Schätzungen für die Jahre 1970/1971 sprechen nur von 150–200 Tieren,
deren Kurve von 1979–1982 mit maximal 465 Bären eine steigende Tendenz aufweist, die aber
auch für die Zeit von 1982 bis 1986 minimale Zahlen beinhalten, die nur von 404 bis 424 Tieren
ausgehen. 2006 wird Finnland wieder von 800 bis 1000 Bären besiedelt.

Sudeten und Polen

In den Sudeten und im Tiefland Polens war der Ausrottungsprozess des Bären im 19. Jahrhundert
beendet. Der polnische Teil der Karpaten beherbergte bis zum Ersten Weltkrieg noch fünf Tiere,
deren Zahl zwischen 1940 und 1950 auf 10 bis 14 und bis 1980 auf 60 bis 65 Individuen anstieg.
Die Bärenpopulation konnte sich hier zwischen 1983 und 1989 mit 80 bis 90 Tieren stabilisieren.
Diese Zahl änderte sich auch in den folgenden Jahren nicht, denn 2001 werden als Bestand etwa
80 Tiere genannt, eine Zahl, die sich bis 2006 nicht veränderte. Seit 1957 steht der Braunbär in
Polen unter Schutz. Das Vorkommen in den gesamten Karpaten gehört mit 7480 bis 7590 Bären
zu dem größten Europas. Davon entfallen auf das ukrainische Areal ungefähr 1000 Tiere.

Böhmen und Mähren

In Böhmen endete das Leben des letzten Bären 1856 im Pulverdampf und in Mähren 1893.

Slowakei

Der Randbereich der rumänischen Karpaten, wie hier in Torockòi-Hegyseg, ist ein gut besetztes Bärengebiet.

In der Slowakei setzte die intensive Abnahme des Bärenvorkommens Ende des 20. Jahrhunderts ein.

Allein in dem Zeitraum von 1926 bis 1929 wurden 180 Bären erlegt, so dass man den Bestand 1932 noch auf 20 Tiere schätzte. Eine Unterschutzstellung von Meister Petz rettete die Population vor dem völligen Zusammenbruch und führte zu einem Umschwung, der in den folgenden 20 Jahren die Zahl der Tiere auf 200 ansteigen ließ. Damit war der Aufwärtstrend jedoch noch nicht unterbrochen, denn 1987 gingen die Annahmen von 400 bis 500 Bären aus, während sie bis 2006 schon 700 Tiere umfassten.

Rumänien

In Rumänien lebt eine große Braunbärenpopulation, deren Entwicklung einen beachtenswerten Trend aufweist:

1940	etwa	1000	Bären
1964	etwa	3500	Bären
1986	etwa	6000	Bären
1988	etwa	8000	Bären
1990	etwa	7000	Bären
2006	etwa	5500	Bären

Der Bestandsrückgang der rumänischen Bären von 1989 bis 2006 wurde nach dem Sturz von Nicolae Ceausescu gezielt angestrebt. Der Diktator hatte während seiner Herrschaftszeit den Ehrgeiz, als größter Bärenjäger in die Geschichte einzugehen, was ihm von den Abschusszahlen her auch gelang. An manchen Jagdtagen schoss er mehr als ein Dutzend Bären. Dieses Tagesrekordergebnis ermöglichte ihm ein Hubschrauber, der ihn von einem beheizten Jagdstand zum anderen brachte. Angelockt durch ausgelegte Fleischköder dauerte es nicht lange, bis Meister Petz erschien.

Trotz dieser Bestandsminderung zählt das rumänische Bärenvorkommen nach Russland zu dem größten Europas.

Der Lebensraum dieser Bären wird von urwüchsigen Wäldern gebildet. Diese sind aber in Gefahr, denn durch die Haltung von Weidevieh und durch andere Nutzung schrumpfen sie in einem erschreckenden Ausmaß. Die wichtigste Bärenregion mit etwa 3000 Tieren liegt in den südlichen Karpaten. Die auch von EURONATUR unterstützte Planung und Umsetzung von Biosphärenreservaten und Nationalparks eröffnet die Chance, die Vorkommensgebiete des Bären langfristig zu sichern.

Ein Land mit einer so großen Bärenpopulation hat natürlich auch seine Probleme mit den sogenannten „Müllbären". So bilden die Müllcontainer, die am Stadtrand der nördlich von Bukarest liegenden Stadt Brasov stehen, seit 20 Jahren eine attraktive Futterstelle. Im Verlauf dieses langen Zeitraums haben sich die Bären an die Menschen gewöhnt. Trotz dieses Gewöhnungseffektes bleibt das eine gefährliche Nachbarschaft, obwohl es bisher zu keinen Zwischenfällen gekommen ist. Für die Bären hatte das kontinuierliche gute Nahrungsangebot überraschende Folgen: ihre Geburtenrate stieg an. Das zeigte 2001 die Beobachtung einer vier Jungen führenden Bärin. Die Bemühungen des Carpathian Large Carnivore Projekts (CLCP), mit neuen bärensicheren Müllcontainern das Problem zu lösen, blieben ohne Erfolg. Dafür hatte die Stadtverwaltung von Brasov die etwas zweifelhafte Idee,

Bärengebiet Karpaten

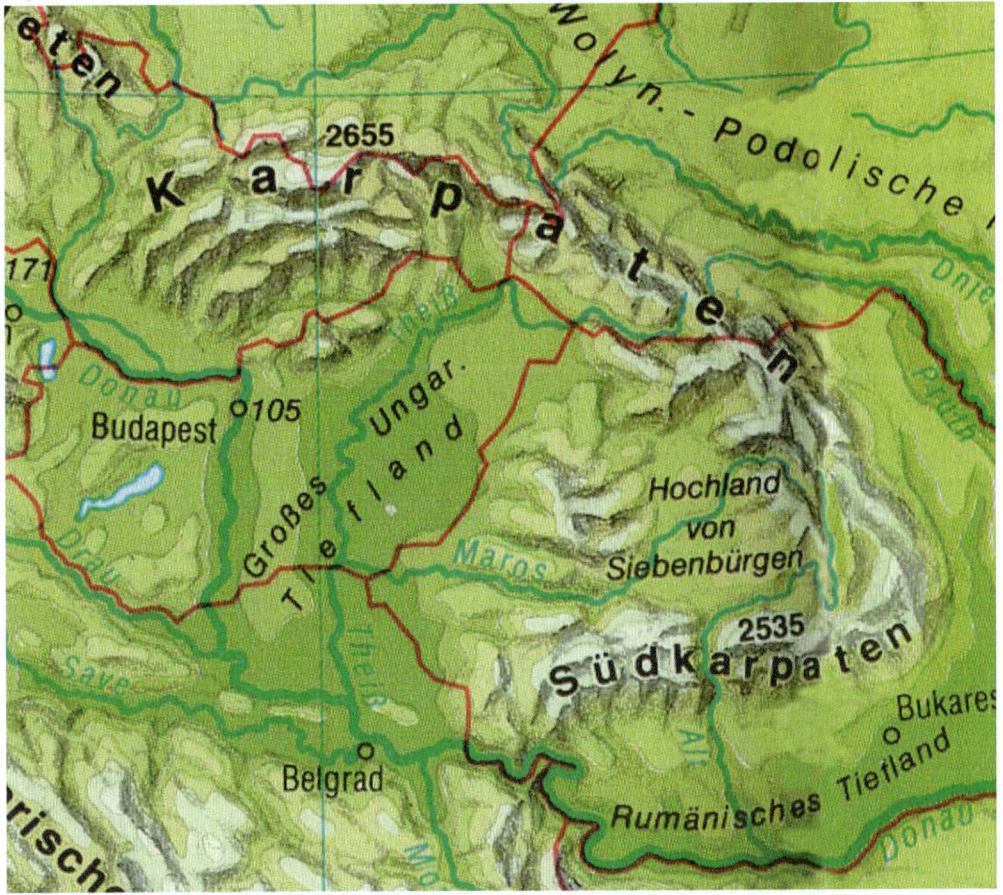

wie sich das Problem in zweierlei Hinsicht für sie vorteilhaft lösen ließ. Sie bot 50 Bären in einer Internetauktion zum Verkauf an. Das würde im Erfolgsfall Geld in ihre leeren Kassen spülen und außerdem das Bärenmüllproblem lösen. Um den Verkauf der Bären zu verhindern, will das CLCP mit Unterstützung der Bevölkerung entsprechenden Druck auf die Behörden ausüben.

Bulgarien

Die Kurve des Bärenvorkommens in Bulgarien, welches den Großteil der Balkanpopulation abdeckt, zeigte eine fallende Tendenz, die 1930 mit etwa 300 Tieren ihren Tiefststand erreichte. Die dann einsetzende Wende ließ die Kurve bis 1950 auf 450 und bis 1986 auf 700 bis 750 Tiere ansteigen.

Griechenland

Die Heimat der überwiegenden Bärenpopulation in Griechenland sind das Dinarische und das Pintusgebirge, wo über 2000 Tiere leben. Im übrigen Griechenland war das schrumpfende Vorkommen 1986 bei 150 Bären angelangt. Der Trend ins Negative setzte sich fort, denn 1997 umfasste der Bestand noch 110 bis 130 Tiere, eine Zahl die sich bis 2006 nicht veränderte.

Albanien

Über die Zahl der Bären in Albanien liegen keine Angaben vor.

Türkei

Zu den großen Beutegreifern, die in der Türkei leben, zählen außer Luchs, Bär und Wolf noch Caracal, Hyäne und Anatolischer Leopard.

Den Bärenbestand umfassen etwas weniger als 3000 Tiere, die sich in der Region am Schwarzen Meer und in Anatolien konzentrieren. Das sind Areale mit großflächigen, natürlichen Wäldern. Die Wälder der Türkei nehmen zwar 20,7 Millionen Hektar ein, davon entfallen aber nur 2,5 % auf natürliche und ungestörte Waldgebiete.

Während der letzten 50 Jahre führte ein Verlust an Lebensraum zu einem Populationsrückgang, der besonders die westlichen Vorkommen betraf, die heute in isolierte Bestände aufgespaltet sind. Dazu wurden durch menschliche Aktivitäten Wanderkorridore vernichtet.

Die Basis für alle Schutz- und Erhaltungsaktivitäten der Wildtiere ist ein Jagdgesetz von 1937. Der Bär gilt im Gegensatz zu den anderen großen Beutegreifern hier nicht als Problemtier. Er ist in die Kategorie der schützenswerten Tiere eingestuft. Regulierende Eingriffe sind gegen Bezahlung von 2000 US-Dollar erlaubt. Bei illegalen Abschüssen werden 3000 US-Dollar Strafe kassiert. Regulierende Eingriffe werden laut türkischem Ministerium für Forstwesen auch in Zukunft wegen auftretender Schäden in Getreidefeldern und an Bienenstöcken genehmigt.

Schäden an Vieh und Bienenvölkern, für die es in der Türkei keine Ausgleichszahlungen gibt, führen zu Nachstellungen und damit zu einer weiteren Gefährdung des Bärenbestandes. Besonders in den Landesteilen am Schwarzen Meer erhöht die dort traditionelle Wildschweinjagd nochmals das Gefährdungspotential, denn abgesehen von den Schwarzkitteln bleibt auch mancher Bär auf der Strecke. Weiteres Ungemach droht Meister Petz durch die projektierte Baku-Tbilisi-Ceyan Ölpipeline, einer internationalen Ölleitung von Aserbaidschan über Georgien und die Türkei. Sie führt durch die letzten großen und unberührten Bergwaldgebiete in den Provinzen Kars, Erurum und Erzincan und durchschneidet damit die noch vorhandenen Rückzugsgebiete der Bären. Um diese Trasse zu verhindern und damit die potentiell wichtigen Bärenhabitate zu schützen, ist eine Bestandsaufnahme der von der Pipeline betroffenen Gebiete notwendig.

Um dem negativen Abwärtstrend des Bärenbestandes zu stoppen, arbeitet der WWF zusammen mit der internationalen Gesellschaft für Artenschutz (WSPA) an einem Bildungsprojekt. Es soll die betroffene Bevölkerung für den Braunbären sensibilieren und die Forstwirtschaft für ökologische Bewirtschaftungsmethoden gewinnen. Zu den mittelfristigen Zielen des Projektes zählt unter anderem der Versuch, durch eine umfassende Aufklärung der Menschen die illegale Wilderei einzudämmen.

Als zukünftiges Mitglied der EU wäre die Türkei gut beraten, beim Bärenschutz ihre nationalen Gesetze denen der EU-Staaten anzupassen.

Serbien und Montenegro

Der geschätzte Bärenbestand in diesen Ländern umfasste

1950	700 Tiere,
1970	2000 Tiere und
1986	1600–2000 Tiere

In Serbien und Montenegro führten Untersuchungen über die Todesursachen geschlechtsreifer Bären zu einem aufschlussreichen Ergebnis. Von 282 Bären starben durch legale und illegale Abschüsse 73 %, Vergiftungen 9 %, Verkehr 11 % und durch unbekannte Ursachen 7 %.

Mazedonien

2006 lebten in Mazedonien 90 Bären.

Kroatien/Slowenien

Aus Kroatien gibt es über den Bärenbestand unterschiedliche Zahlenangaben. Die Landwirtschaft spricht von 600 bis 800 Bären, während die Wissenschaftler der Universität Zagreb von 400 Bären ausgehen. Solche abweichenden Zahlen erschweren ein Schutzkonzept. Deshalb arbeiten der renommierte Wildtier-Genetiker DR. STEPHAN FUNK und DR. DJURO HUBER von der Universität Zagreb mit Unterstützung von EURONATUR an einem Genetik-Projekt zur Bestandserfassung der kroatischen Braunbären, in das auch die Wolfs- und Luchsbestände einbezogen werden. Diese Untersuchungsmethoden versprechen exaktere Ergebnisse als Zählungen an Köderstellen, wo Mehrfachregistrierungen oft vorkommen, weil der gleiche Bär eventuell während des Erfassungszeitraumes mehrmals dieselbe Futterstelle aufsucht. Die Genetikerfassung arbeitet exakt,

Bärenspuren und Bärenlosung geben Hinweise auf die Anwesenheit von Bären, ohne dass man sie zu sehen bekommt.

weil man aufgespürte Exkremente und Bärenhaare eindeutig individuellen Bären zuordnen kann. So ging man 2006 von 600 Bären aus.

Die im Abschnitt „Luchs" − „Kroatien" beschriebenen und von Dr. Djuro Huber initiierten Grünbrücken haben bei Bären und den anderen beiden großen Beutegreifern ihre enorme Wirksamkeit bewiesen. An der Autobahn Karlovac Rijeka konnte die 100 m breite Grünbrücke beim Hügelrücken Detin bei Delnice im Mai 2003 ihren vierten Jahrstag erleben. Die von der Forschung installierte Infrarot-Lichtschranke, die 40 cm über dem Boden angebracht ist und alle Bewegungen sowie Spurenanalysen von Tieren, die größer als Fuchs und Dachs waren, registrierte, lieferte beeindruckende Zahlen. Jährlich überquerten diese Brücke 548-mal ein

Beim kühlen Bad lässt sich ein gut schmeckender Zweig mit besonderem Genuss ablutschen.

Braunbär, 55-mal ein Wolf und 11-mal ein Luchs. Dazu wurde sie noch von 2263 Rehen und 1387 Rothirschen benutzt. Diese Forschungsergebnisse lieferten dem Naturschutz so überzeugende Argumente, dass bei dem Bau des neuen Autobahnabschnittes zwischen Karlovac und Split alle 5 km eine Querungsmöglichkeit für Wildtiere zusätzlich zu dem aufgrund der topografischen Verhältnisse erforderlichen Tunnel- und Viaduktbau durchgesetzt werden konnte. Auch die breiten Tunnels bilden bereits Wanderkorridore und schützenswerte Habitate, für die Dr. Huber einen festgeschriebenen Schutzstatus erreichen will. Die beeindruckenden Erfahrungen können bei den Diskussionen um den Bau von Grünbrücken auch in anderen Ländern als wichtige Argumentationshilfe dienen, um eine Trennung der entsprechenden Wildtierpopulationen durch neue Verkehrswege zu verhindern.

Schon bald folgen junge Bären ihrer Mutter ins Wasser. Dabei lernen sie neben dem Herumtollen auch, wie Fische gefangen werden.

Das slowenische und das kroatische Bärenvorkommen bilden eine Einheit. Ihr Lebensraum zieht sich durch beide Länder und wird als der Dinarische Karst bezeichnet. In ihm lebt eine stabile Bärenpopulation, die etwa 800 Tiere zählt. Den zusammenhängenden Bärenwäldern droht aber Gefahr durch Zerstückelung infolge des Straßenbaus. Um umweltverträgliche Lösungen zu finden, die auch dem Schutz der gemeinsamen Bärenpopulation dienen, arbeiten PROFESSOR DR. DJURO HUBER von der Universität Zagreb und der als Bärenexperte anerkannte PROFESSOR DR. MIHA ADAMIC von der Universität Ljubljana zusammen. Der Erhalt dieses Bärenlebensraums im

Das Bad vertreibt viel von dem Kleingetier im Fell, und außerdem lässt es sich in dem kühlen Nass gut ausruhen.

Dinarischen Karst ist von großer Bedeutung, denn nur von hier aus können die geeigneten Regionen in den österreichischen und italienischen Alpen wiederbesiedelt werden.

Die einzige Gewähr für den Schutz großflächiger Lebensräume, die nicht nur Braunbären, sondern auch Luchse und Wölfe benötigen, ist die Gründung eines grenzüberschreitenden Karstparks, der sich über die Länder Kroatien und Slowenien erstrecken soll. Um dieses Vorhaben in die Tat umzusetzen, haben sich kroatische und slowenische Naturschützer zusammengeschlossen. Gemeinsam arbeiten sie seit 1999 an einer Gebietskonzeption mit Schwerpunkt Bärenschutz, in die beide Länder eingebunden sind.

Eine Besserung im Vergleich zur Vergangenheit ist schon eingetreten. Früher wurden alle Bären, die versuchten nach Norden, also nach Österreich, zu wandern, geschossen. Heute lässt man sie größtenteils ziehen.

Das Bindeglied zwischen dem Dinarischen Gebirge, dessen Bären Teil der großen Balkanpopulation sind, und dem Alpenbogen ist Slowenien. Von hier erfolgt die natürliche Wiederbesiedlung der Alpenregion.

Trotz dieser Erkenntnis erhöhte man in Slowenien, dessen Bärenbestand im Jahr 2002 bei 300 bis 400 Tieren lag, die Abschussquote auf das Doppelte. Durch das Ansteigen des Bärenvorkommens hätten die durch Bären verursachten Schäden drastisch zugenommen, so die anzuzweifelnde Begründung.

Die Auswirkungen einer solchen Maßnahme trifft besonders die auf Zuwanderung angewiesene österreichische Population. Heftige internationale Proteste verhinderten für 2003 die Genehmigung einer ähnlich hohen Abschussquote.

Ein Grund für den Anstieg der von den Braunbären verursachten Schäden liegt in der vom Staat geförderten Schafzucht. Um die Probleme in den Griff zu bekommen, läuft seit September 2002 zum Schutz der Bären ein LIFE-Projekt. Zu diesen Bemühungen gehören das Umsetzen von Maßnahmen, die eine friedliche Koexistenz zwischen der Bevölkerung und den Bären ermöglichen, sowie die Entwicklung einer Kommunikationsstrategie zur Steigerung der Akzeptanz in der slowenischen Bevölkerung.

2006 umfasste der Bärenbestand Sloweniens etwa 300 bis 500 Tiere.

Italien

In Italien zählte der Braunbär im 17. Jahrhundert in tiefer und höher gelegenen Waldregionen zu den relativ häufigen Tieren (DUPRÉ et. al. 2000). Als man ab dem 18. Jahrhundert in bestimmten Gebieten den Wald immer mehr zurückdrängte und die landwirtschaftliche Nutzung große Flächen beanspruchte, blieb das nicht ohne Auswirkungen auf die Bärenpopulation. Bärenhinweise hatten in bestimmten Gegenden Sel-

Die Bärenkinder leben nicht ohne Gefahren, Aus den italienischen Alpen ist ein Fall bekannt, wo ein Steinadler einen jungen Bären getötet hat.

tenheitswert. Die zunehmende Verfolgung durch den Menschen führte in den westlichen italienischen Alpen um 1800 zu seinem völligen Verschwinden. Nur im Aostatal konnte sich bis 1850 ein isoliertes Vorkommen halten. Doch aus dem dazwischen liegenden Gebiet, welches sich bis in das Tessin erstreckte, gab es schon ab 1820 keine Bärenhinweise. Ab 1860 blieb als einziges Bärengebiet in den italienischen Alpen die Region östlich der Provinz Como übrig. Ab 1900 hatte sich dieses Bärenvorkommen in zwei Teilpopulationen aufgespalten. Eine davon lebte im äußersten Osten, an der Grenze zu Slowenien und Österreich in der Gegend um Tarvisiano, Riaul, die andere hatte ihre Streifgebiete in der Region Trentino im Umfeld von Bolzano, Trento, in der Provinz Sondrio und in den nördlichen Bereichen der Provinzen Bergamo und Brescia. Innerhalb des zweiten Verbreitungsgebietes reduzierte sich das eigentliche Vorkommen außerhalb von Trentino ab 1880 nochmals auf vier Kernbereiche. Diese verteilten sich:

- Im Westen auf das Val San Giacomo in der Provinz Sondrio und das Misox,

- östlich davon auf die Alpi Orobie in den südlichen Tälern des Veltlins, der Provinz Sondrio und dem Bergell,

- den nördlichsten Teil der Provinz Brescia im Val Camonica und auf

- den nördlichsten Teil der Provinz Sondrio im Bormio, dem Puchlav, dem Münstertal und den angrenzenden Regionen der Provinz Bozen in Südtirol (ORIANI 1991).

Am Beginn des 21. Jahrhunderts war auch in diesen vier Kernbereichen der Braunbärenbestand weitgehend erloschen. Abschussstatistiken lassen den Schluss zu, dass in der zweiten Hälfte des 19. Jahrhunderts die Braunbären infolge massiver Abschüsse verschwanden. Die folgenden Erlegungszahlen belegen die Richtigkeit dieser Annahme. Es wurden

zwischen 1850 und 1870	63	Bären,
zwischen 1870 und 1890	96	Bären,
zwischen 1890 und 1910	35	Bären und
zwischen 1910 und 1920	2	Bären erlegt.

Später gab es in den angeführten Gebieten immer wieder vereinzelte Bärenbeobachtungen. Wenige Bären überlebten die Nachstellungen im westlichen Trentino im Gebiet Adamello-Brenta, welchem im Zuge der Wiederbesiedlung später eine bedeutende Rolle zukam.

Die Entwicklung der in den Abruzzen, südlich von Rom, beheimateten Population zeigt eine schwankende Tendenz. In Zahlen drückt sich das so aus:

1928	etwa 50 Bären
1931	etwa 20 Bären
nach 1945	etwa 72–94 Bären
1970	etwa 70–100 Bären
1985	etwa 50 Bären, also der Bestand von 1928.
1997	etwa 65–108 Bären
2006	etwa 80–110 Bären

Die Untersuchungen der Todesursachen der Bären in den Abruzzen ergaben ein etwas anderes Bild als in Serbien und Montenegro. Hier starben durch illegale Abschüsse 40 %, Verkehr 20 %, einen natürlichen Tod wie Kannibalismus, durch andere Beutegreifer und Ertrinken 11 % sowie durch unbekannte Ursachen 29 %.

Im Jahr 2000 umfasste die Bärenpopulation in dem Nationalpark Abruzzen etwa 70 Tiere.

Die Bestandsentwicklung des erwähnten Inselvorkommens im Naturpark Adamello-Brenta in der Provinz Trentino ist in der folgenden Auflistung festgehalten. Sein geschätzter Bestand lag

1970	bei 8–10 Bären
1979	bei 12 Bären
1985	bei 14–16 Bären
1989	bei 3 Bären

1989 hatte die Population infolge des geringen Bestandes Inzuchtprobleme und war nicht mehr fortpflanzungsfähig. Deshalb erhielt das Vorkommen im Rahmen des Projektes „Life Ursus" aus Slowenien mit menschlicher Hilfe Verstärkung. Ein Artikel von URS FITZE, BUWAL 3/2000, leicht geändert vom Autor dieses Buches, schildert diese Aussetzung recht anschaulich:

Am 17. Mai 1999 tappte Daniza, angelockt von einem Fleischköder, in die Falle, fünf Tage später waren es Joze und Irma, um deren Pfoten unvermittelt ein Eisenreif schnappte – ein in Kanada entwickeltes Fangsystem, das die Tiere nicht verletzt. Gefangen wurden die drei Braunbären in einem Reservat im Süden Sloweniens von einem dreiköpfigen Spezialistenteam aus dem Naturpark Adamello-Brenta im Trentino. Ziel der Aktion: die Umsiedlung nach Italien, wo die drei Petze dazu beitragen sollten, die arg geschrumpfte letzte Braunbärenpopulation Norditaliens zu verstärken. Sie umfasste zuletzt nur noch drei Tiere, die seit 1989 keinen Nachwuchs mehr zeugten. Dazu gestoßen sind schon 1998 zwei umgesiedelte Braunbären aus Slowenien namens Kirka und Masun. Ihre neue Heimat war 1998 in einer Machbarkeitsstudie des italienischen „Istituto Nazionale per la Fauna Selvatica" als gutes Bärengebiet ausgewiesen worden. Die Erfahrungen waren so positiv, dass man sich im Frühjahr 1999 zu einer zweiten Fangaktion entschloss. „Wir hatten unser Lager ganz in der Nähe der Fallen aufgestellt, um rasch reagieren zu können", erzählt der Tierarzt EDOARDO LATTUADA. „Die Bären wurden sofort betäubt und dann auf Parasitenbefall und Krankheiten untersucht." Alle erwiesen sich als gesund. Irma war mit 100 kg die leichteste, Joze mit 140 kg der schwerste. Die Bären wurden mit einem speziell hergerichteten Kleintransporter nach Italien überführt und im nordöstlichen Teil des Naturparks freigelassen. Seither werden sie praktisch rund um die Uhr mit Peilgeräten überwacht. Bis 2002 waren es insgesamt zehn Bären, sieben Weibchen und drei Männchen, die man zur Verstärkung der italienischen Population aus Slowenien umsiedelte.

Nische in den Südalpen

Im Trentino waren die Braunbären nie ganz verschwunden. Die Jagd ist dank umfassender Schutzbestimmungen schon seit Jahrzehnten keine Gefahr mehr. Dazu kommt, dass das Gebiet des heutigen Naturparks Adamello-Brenta, das 681 km² umfasst, schon lange unter Entvölkerung leidet. Die landwirtschaftliche Bewirtschaftung ist rückläufig. Von einiger Bedeutung ist der Tourismus. Vor allem Wanderer und Bergsteiger schätzen die von mächtigen Gipfeln überragte Berglandschaft. Vor den Braunbären brauchen sie sich allerdings nicht zu fürchten: Diese ernähren sich zu einem großen Teil vegetarisch und von Aas, nur selten erlegen sie hier Wild. Dem Menschen werden sie nicht gefährlich, solange ihnen bei einer Begegnung immer ein Fluchtweg offen gelassen wird. Nur von einer führenden Bärin sollte man aus Sicherheitsgründen einen gebührenden Abstand einhalten.

Das Streifgebiet dieser Population ist nicht isoliert. Es liegt mitten in den Alpen, und es besteht Anschluss an die ausgedehnten Lebensräume in Richtung Südtirol und Schweiz.

Bevölkerung wird einbezogen

Im Naturpark Adamello-Brenta wurde die Aussiedlung der fünf Braunbären von einer Informationskampagne begleitet. Umfragen ergaben, dass 80 % der Bevölkerung dem Braunbären gegenüber positiv eingestellt sind. Auch die Jäger sind ins Projekt eingebunden. Sie beteiligen sich an der radiotelemetrischen Überwachung. Landwirte können darauf bauen, dass sie, falls ein Braunbär Schaden verursachen sollte, entschädigt werden. Das war bislang nicht notwendig. Die Auswertung der Telemetriedaten zeigt, dass die Bären sich auf relativ kleinem Raum bewegen. Zu Begegnungen mit Einheimischen und Touristen ist es bislang nicht gekommen – auch wenn sich die Braunbären manchmal in unmittelbarer Nähe von Wanderwegen oder Viehherden aufhielten.

Im Trentino in den italienschen Alpen konnte im Frühjahr 2003 eine interessante Beobachtung gemacht werden. Hier tötete ein Steinadler einen männlichen Jungbären. Seine Mutter war die Bärin Maja, eines der umgesiedelten Tiere aus Slowenien. Die Bärin hatte in diesem Jahr zwei Junge. Es war der erste Geburtsnachweis aus dem Jahr 2003. 2002 hatte die Bärin Kirka zwei Junge zur Welt gebracht.

Im Jahr 2004 kam weiterer Nachwuchs zur Welt. Die 2001 in die Trentiner Alpen umgesiedelte Bärin Jurka wurde von Parkwächtern mit zwei Jungtieren erblickt. Im Mai fotografierte man die aus Slowenien stammende, knapp zehnjährige Daniza, die im Naturpark Adamello-Brenta ausgesetzt wurde, mit Drillingen.

2004 erwiesen sich in Italien Fotofallen ebenfalls als sichere Nachweisquelle für Bären. Installiert wurden sie in der Region Friuli Venezia. Ausgesuchte Geruchsstoffe lockten die Bären an die gewünschte Stelle. Fünfmal lichteten sie sich selbst ab. Aufgrund ihrer Größe sowie von Ort und Zeitpunkt der Nachweise konnte man zwei Individuen unterscheiden. Initiiert wurde die Aktion, wie bereits bei den Luchsen beschrieben, innerhalb eines italienisch-slowenischen Interegg-Projektes unter Federführung der Universität Udine.

Der von Luchsen genutzte Wanderkorridor im östlichsten Zipfel Norditaliens diente auch Bären als Grenzübergang. Die ersten Nachweise gab es schon in den 1940er Jahren.

Österreich

Österreich war in den vergangenen Jahrhunderten immer ein Bärenland. Das belegen z. B. 27 Bären, die von 1710 bis 1724 allein in einem Revier in Oberkärnten geschossen oder gefangen wurden (FORSTNER 1982). Während in den Karawanken der Bär bis 1850 noch als Standwild lebte (AMON 1962), galten sie in Niederösterreich, Oberösterreich, Salzburg und der Steiermark zu dieser Zeit bereits als ausgerottet. In Kärnten sorgten nach 1850 verbesserte Schusswaffen und Lebensraumzerstörungen für einen deutlichen Rückgang des Bärenvorkommens.

Doch was waren lange Zeit die Gründe für die Nachstellungen durch den Menschen? Obwohl der Bär zu einem großen Teil vegetarisch lebt, vergriff er sich hin und wieder an einem Stück Vieh. Für die in armen Verhältnissen lebenden Bergbauern und Waldarbeiter konnte ein solcher Verlust schwere wirtschaftliche Folgen haben, die im schlimmsten Fall sogar ihre Existenz bedrohten. Das führte zu einer Gegnerschaft, die etwa um 1830 in Österreich mit der Ausrottung des Braunbären endete. Es waren also die gleichen Gründe, die in vielen Gebieten auch zum Verschwinden des Wolfes oder des Luchses führten.

Seit damals hat sich die Situation um einiges verändert. Die Bevölkerungsdichte hat sich in den betroffenen Regionen um die Hälfte verringert, viele Almen wurden aufgegeben, und als Folge dieser Entwicklung hat der Viehbestand um ein Drittel abgenommen. Das bedeutet eine wesentlich bessere Voraussetzung für ein Bärenhabitat.

Als der Grundbestand der Braunbären in Österreich ausgelöscht war, kamen aus dem Nachbarland Slowenien immer wieder einmal Zuwanderer. Sie konnten sich jedoch nur eine begrenzte Zeit halten, denn sie endeten zumeist als Jagdtrophäe. Bis weit in das 20. Jahrhundert hinein mussten Bären in Österreich ihr Erscheinen mit dem Leben bezahlen: 1950 im Bärental, 1965 im Bereich von Ferlach und Eisenkappel sowie 1971 in der Nähe von Matrei in Osttirol. Als

Zuwanderung der Bären nach Kärnten

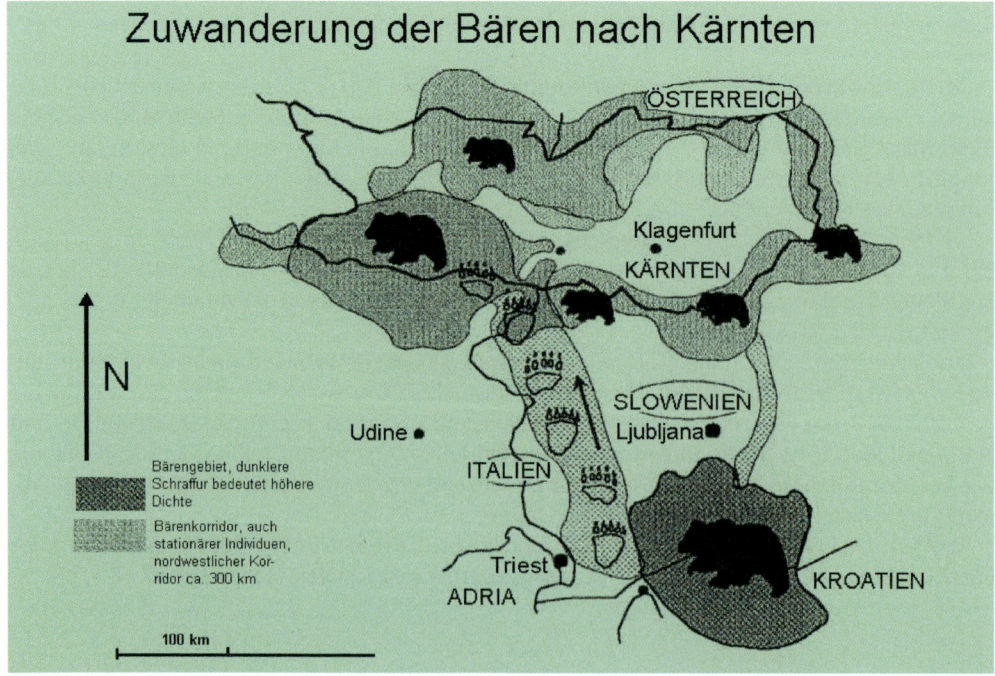

Zuwanderung der Bären nach Kärnten

ÖSTERREICH

Klagenfurt
KÄRNTEN

N

SLOWENIEN
Ljubljana

Udine

Bärengebiet, dunklere Schraffur bedeutet höhere Dichte

Bärenkorridor, auch stationärer Individuen, nordwestlicher Korridor ca. 300 km

ITALIEN

Triest
ADRIA

KROATIEN

100 km

Korridor für die Einwanderer konnte aufgrund von Meldungen eine Route ausgemacht werden, die überwiegend von dem Bärenkerngebiet in Slowenien, südlich von Laibach, über das Dreiländereck und die italienischen Karnischen Alpen bis nach Kärnten führt. Erst von dort haben einige von ihnen ihre Wanderung in Richtung Osten fortgesetzt. Das sich in Slowenien von Süden nach Norden entlang ziehende Dinarische Gebirge war Quelle der Einwanderungen. Sein Bärenbestand lag bis zum Ausbruch des Krieges in Bosnien bei 2000 Tieren. Es ist ein Wanderweg, den schon viele Bärengenerationen benutzten und den ein bewaldeter Streifen über Postojna, Tolmin und das obere Kanaltal ins Weißenseegebiet begleitet. Der für die Bären gefährlichste Streckenabschnitt liegt im Kanaltal und an der Autobahn Laibach-Adelsburg-Triest, wo im Sommer 1992 drei Bären die Überquerung nicht über-

Große Teile der Gebirgslandschaft bleiben vom Menschen weitgehend unberührt. Hier ist der eigentliche Lebensraum der Bären, wo sie eine Verhaltenweise praktizieren, die wir Menschen als unauffällig bezeichnen.

lebten (mündl. Mitt. DR. ADAMIC). Das Vorkommen der Bären in dem Dreiländereck ist insgesamt die Folge der Ausdehnung der dinarischen Population. Da der beschriebene Korridor das Herzstück zwischen den Vorkommen des Dinarischen Gebirges und des Alpenraumes ist, sollte mit allem Nachdruck der Bau einer Grünbrücke auf der Höhe des unfallträchtigen Autobahnabschnitts in Betracht gezogen werden.

Dann allmählich änderte sich die Einstellung gegenüber Meister Petz. Es waren zwar erst nur vereinzelte Stimmen, die sich gegen seinen Abschuss wendeten, doch ihr Chor wurde immer größer, und die endgültige Trendwende brachte der „Ötscherbär". Über seine Herkunft weiß man nicht so genau Bescheid. Er kam 1972 aus Slowenien oder Kroatien und wanderte durch die waldreichen Regionen der Steiermark im Südosten Österreichs. Sein Weg führte über Dutzende von Straßen hinweg bis 150 km vor Wien. Seine neue Heimat fand er schließlich an einem Berg in Niederösterreich, dem Ötscher.

Um ihm eine Partnerin zu verschaffen, ließ man im Verlauf eines Wiederansiedlungsprojektes 1989 eine in Kroatien gefangene Bärin frei, die den Namen Mira erhielt. Das war ein Schuss ins Schwarze. Denn der Ötscherbär zeugte mit Mira zweimal Junge. Es waren die ersten Bären in Österreich, die nach ihrer Ausrottung hier geboren wurden. Damit war das Eis gebrochen. Insgesamt gab es bis heute 20 Geburten.

Es war der Ötscherbär, der durch seine mehr als 20 Jahre dauernde Anwesenheit bei der Bevölkerung nicht nur an Popularität gewann, sondern die Akzeptanz für das neue Bärenvorkommen förderte. Auch die europäische Presse nahm sich dieses Falles an, und mit Hilfe dieser Berichte wurde die öffentliche Meinung über eine Rückkehr der Braunbären in längst verlassene Gebiete mehrheitsfähig.

So setzte sich allmählich die Erkenntnis durch, dass eine längst abgeschriebene Tierart doch in den Alpen bestehen konnte.

Eine Chronologie zeigt nun den weiteren Weg der Wiederbesiedlung Österreichs durch die Bären:

1972
Einwanderung des Ötscherbären.

1989
Das WWF-Wiederansiedlungsprojekt wird am 9. Juni mit der Aussetzung von Mira in den steirisch-niederösterreichischen Kalkalpen zum ersten Mal in die Tat umgesetzt. Der Ötscherbär hält sich immer noch in diesem Gebiet auf.

1990
Im April gibt es erste gesicherte Meldungen eines Bären in der Region Dachstein und Totes Gebirge.

In den Gailtaler Alpen weisen 18 Meldungen auf ein Ansteigen des Bärenbestandes hin. Erstmals seit 1975 vergreift sich Meister Petz gleich 18-mal an Bienenstöcken. Zu einer nicht ganz gesicherten Sichtung einer Bärin mit Jungen kommt es im September.

1991
Mira wird im Juni mit drei Jungen beobachtet, doch im Spätherbst und im Frühjahr 1992 lässt sich nur noch ein Junges nachweisen.

Die Bezirke Murau, Judenburg, Knittelfeld und Leoben melden im August und September Bärenbeobachtungen und einige Schäden.

Aus Kärnten liegen nur 13 Bärenhinweise vor, doch Meldungen über Schadensfälle, die 19 Schafe und 17 Bienenstöcke beinhalten, häufen sich. In Kärnten beginnt im November das WWF-Bärenmonitoring.

1992
Im Februar sichtet man eine Bärin mit einem Jungen im Kärntner Weißenseeareal, was sich in der Folge zweimal wiederholt. Dazu kommen Fährtennachweise am 2. März und 11. April. Danach wird das Junge noch einmal ohne Mutter beobachtet.

Im Mai macht sich ein sogenannter Müllbär bemerkbar, den die Müllsäcke im Bezirk Waidhofen/Ybbs interessieren.

Im Juni erscheint ein auffälliger Bär im Bereich von Donnersbach, Mitterndorf sowie Bad Aussee. Vermutungen gehen dahin, dass es sich um Nurmi handelt, einem Bären, der in der Folge noch eine große Rolle spielt.

Im Rahmen des Wiederansiedlungsprojektes wird am 29. Juni ein weiblicher Wildfang aus Slowenien in den steirisch-niederösterreichischen Kalkalpen freigelassen. Er erhält den Namen Cilka und erkundet, anders als Mira, ein weitaus größeres Gebiet, welches von Mürzzuschlag bis zum Sengsengebirge und von Amstetten bis nach Leoben reicht.

Aus den siebziger Jahren des zwanzigsten Jahrhunderts stammen einige Bärennachweise aus den östlichen Karawanken. Doch 1992 erscheint seiner Fährte nach ein jugendlicher Bär, der hier das Image seiner Sippe negativ beeinflusst, denn er reißt in der Region um Zell-Pfarre bis Ende August 20 Schafe. Das Missfallen über diese Tat führt zu einem Abschussantrag, den die Landesregierung jedoch ablehnt.

Der geschätzte Bärenbestand in Kärnten umfasst jetzt drei bis sieben Tiere.

1993

In den steirisch-niederösterreichischen Kalkalpen tut sich etwas. Die erst Anfang Mai aus dem Winterlager erscheinenden Bären führen Junge, Mira drei und Cilka zwei. Bei Mira ist wahrscheinlich der Ötscherbär der Vater, während Cilka vermutlich bereits bei der Freilassung beschlagen war.

Im weiteren Verlauf des Wiederansiedlungsprojektes wird am 11. Mai Djuro, ein Wildfang aus Slowenien, freigelassen. Djuro ist nicht so wanderfreudig wie die meisten Männchen seines Alters, denn sein Streifgebiet ist sogar wesentlich kleiner als das von Cilka.

Es taucht ein Problembär auf, den man aufgrund seiner weiten Wanderungen nach dem finnischen Langstreckenläufer Nurmi nennt. Er ist wenig scheu, plündert Hasenställe und hat sogar gelernt, Fischteiche abzulassen, um an die Forellen heranzukommen, sogar, wenn sie sich in der Nähe von Häusern befinden.

Die Schadensbilanz beläuft sich auf fünf Schafe, sieben Bienenstöcke und weiterer Schadensfällen, die Nurmi zugeschrieben werden.

Hinweise deuten darauf hin, dass 1993 im Vergleich zu früheren Jahren größere Teile von Kärnten zum Streifgebiet von Bären gehören. Zu ihnen zählen die östlichen Hohen Tauern, die Nockberge und zum ersten Mal der Nationalpark Nockberge, die Sau- und Koralpe, die Karawanken einschließlich des Dreiländerecks und die Gailtaler Alpen.

Aufgrund der Datenlage, die auf 61 Hinweisen beruht, sind es sieben bis zehn Bären, die in Kärnten ihre Heimat gefunden haben.

Im Lechnergraben bei Lunz am See endet Mitte September das Leben von Mira. Die Todesursache bietet Raum für Spekulationen: Absturz, Steinschlag, Autounfall? Schussverletzungen werden ausgeschlossen. Die drei verwaisten Jungen finden sich trotzdem gut zurecht. Sichtungen sind häufig, besonders wenn sie Obstgärten in der Nähe von Häusern aufsuchen. Ihr Aufenthaltsgebiet zwischen Lunz und Lackenhof ist ein Areal, welches sie einige Tage vorher mit ihrer Mutter durchstreift haben. Eine Woche später trennt sich einer der kleinen Bären von seinen Geschwistern und geht eigene Wege. An einem verendeten Stück Rotwild kann er drei Wochen lang seinen Hunger stillen. Ab Mitte November wird es still um die Jungbären, sie haben sich vermutlich zum Winterschlaf zurückgezogen.

1994

Beobachtungen Ende März zeigen, dass die drei Jungbären den Winter gut überstanden haben. Zwei von ihnen halten immer noch zusammen und sind im Bereich von Göstling unterwegs, wo sie regelmäßig Rehfütterungen und Kirrstellen aufsuchen und eine Attraktion für die Jagdpächter und ihre Gäste bilden.

Von dem in die Jahre gekommenen Ötscherbären fehlt jeder Nachweis.

Nachdem es am 19. und 20. April im Umfeld von Stainz (Weststeiermark) und der Koralm zur Sichtung eines auffälligen Bären kommt, erscheint von 9. April bis 4. Mai ein Problembär, vermutlich Nurmi, dessen Route von Oberösterreich nach Hainfeld bis Naßwald und zurück in den Bezirk Liezen führt. 18 von ihm verursachte Schadensfälle sind als Bilanz dieses Streifzuges zu verzeichnen.

Bei Bruck/Mur verursacht ein Bär auf der Schnellstraße nach Graz einen Autounfall, in den drei PKW verwickelt sind. Das im Straßengraben liegende Tier wird von einem verständigten Tierarzt narkotisiert und in den Tierpark Mautern verfrachtet. Da sich der Bär schnell erholt und die Untersuchungen keine Knochenbrüche ergeben, erfolgt seine Freilassung am 4. Mai am Brennsteinkar. Ein Kamerateam, welches das Geschehen dokumentieren will, ist gefährlich leichtsinnig, denn es postiert sich nur zehn Meter vom Bären entfernt auf. Dass nichts passierte, lag mit Sicherheit nicht an den mit dem Teddybärensyndrom behafteten Kameraleuten.

Die folgenden Monate gestalten sich zu einem Horror für Bärenfreunde. Die Zahl der Schadensfälle schnellt in die Höhe und erreicht im August mit 49 Schäden ihren Höhepunkt. Von Mai bis Juni liegt ihr Schwerpunkt im Bezirk Scheibbs sowie von Mai bis August im Bezirk Lilienfeld. Von Juni bis September ist der Bereich von Bruck/Mur besonders betroffen. In Oberösterreich geht nun die Angst um, angeheizt von der Berichterstattung der Publikationsorgane mit Überschriften wie: „Der Bär, Urlauber stornieren und Bauern arbeiten nur noch bewaffnet". Nurmi allein konnte diese Schäden nicht angerichtet haben, also war sicher ein zweiter Bär mit daran beteiligt. Aufgrund von Abschussgenehmigungen konnten dann am 10. September und am 11. Oktober zwei Bären erlegt werden. Sie waren vier bis fünf Jahre bzw. zwei Jahre alt. Man hatte mit ihnen mit Sicherheit die richtigen Übeltäter erwischt, denn von da an gab es keine Schadensmeldungen mehr. Doch die Reaktionen auf die Abschüsse zeigten eine verkehrte Welt. Denn nach dem Tod der schadenstiftenden Bären wurden die „bösen" Jäger mit Telefonterror, Bombendrohungen und sogar mit Handgreiflichkeiten belästigt.

Durch ein unauffälliges Verhalten zeichnen sich die mit einem Sender versehenen Bären Cilka und Djuro aus. Sie haben sich weder auf Hasenställe noch auf Bienenstöcke spezialisiert. Dieser Hinweis ist wichtig, denn die verbalen Auseinandersetzungen gehen weiter. Die Aussage des WWF, dass nicht alle Bären Schaden anrichten, wird so interpretiert, als würde er zwischen guten „WWF-Bären" und fremden Zuwanderern unterscheiden, und das alles, um sich vor der Verantwortung zu drücken. Die Jägerschaft stellt die Behauptung auf, die Problemtiere seien die WWF-Bären, da die Schadensfälle überwiegend in den vom WWF betreuten Aussetzungsgebieten auftraten. Tatsache ist jedoch, dass die Herkunft der erlegten Bären nicht geklärt werden konnte und dass es sich nicht um die drei Jahre alten Jungen von Mira handelte.

Das Auftreten von vermehrten Schäden beruht in den meisten Fällen vermutlich auf das Wirken von neu eingewanderten Bären, die weder mit ihrem Streifgebiet noch mit seinen Ressourcen vertraut sind. Sie nutzen deshalb am Anfang die am leichtesten erreichbaren Nahrungsquellen. Das sind Haustiere und Bienenstöcke. Sobald sie sich in ihrer neuen Heimat eingelebt und sich ihre natürlichen Nahrungshabitate erschlossen haben, gehen die Schäden zurück oder hören ganz auf.

Ab April kommt es immer wieder zu Sichtungen von Miras und Cilkas Jungen. Besonders Rehfütterungen werden von kleinen „silbernen" Bären aufgesucht. Ein gemeinsames Auftreten zwischen den Problembären vor ihrem Abschuss und den Jungbären ist nicht auszuschließen, denn ungewöhnlich viele Bärenspuren sind in Dürradmer am Waldrand hinter einem mehrere Male von Bären heimgesuchten Schafstall auszumachen. Das schnelle Auffressen der Schafskadaver konnte ein einziges Tier auch bei einem Bärenhunger nicht bewältigen.

Zwei Tage nach dem Abschuss eines der Problembären tappt am 12. September ein nur 55 kg wiegendes silbernes Weibchen im Dürradmer im Bereich eines Schafstalles in eine Kastenfalle. PROF. SCHRÖDER von der Wildbiologischen Gesellschaft München und Mitarbeiter des WWF überzeugen den Bezirkshauptmann, dass es sich bei dem Winzling um keinen Problembären handelt. Zustande kommt ein Kompromiss, nach dem der kleine Bär außerhalb vom Bezirk Bruck ausgesetzt werden kann. Vor seiner Aussetzung am 14. September erhält er einen Halsbandsender, eine grüne Marke in das rechte Ohr und den Namen Mariedl. Womit die Kompromissler jedoch nicht gerechnet hatten, war der Orientierungssinn von Mariedl, denn nach nur einem Monat taucht sie wieder im Bereich von Dürradmer auf, wo sie sich an einer Rehfütterung den Winterspeck anfrisst. In der Region um den Zellerhut sucht sie im Dezember ein Winterlager auf.

Nach doppeldeutigen Meldungen aus den steirisch-niederösterreichischen Kalkalpen gibt es Sichtungen von drei Jungbären und Trittsiegeln im Schnee, die auf einen großen und zwei kleine Bären hinweisen.

Am 25. Oktober wird zum letzten Mal ein von Miras Senderhalsband ausgelöstes Signal empfangen, was bedeutet, dass sie in diesem Jahr frühzeitig ein Winterlager in der Falkenschlucht im Bereich von Türnitz aufsucht. Am 28. Oktober gibt das Funkhalsband nach 28 Monaten Funktionszeit vermutlich wegen

Im Verlauf eines Wiederansiedlungsprojektes wird am 11. Mai 1993 ein Wildfang aus Slowenien freigelassen, der den Namen Djuro erhält. Der auf der Aufnahme sichtbare Halsbandsender geht 1995 verloren.

einer leeren Batterie seinen Geist auf, damit sind keine Peilungen mehr möglich. Eine weiträumige Suche bleibt ohne Erfolg.

2,5 km von dem Standort des Vorjahres sucht Djuro Mitte Dezember im Gebiet von Dürradmer sein Winterlager auf.

Im Jahr 1994 registriert man fast über ganz Kärnten verteilt 58 Bärenhinweise und nur zwei Schafrisse. Im Gegensatz zum restlichen Österreich eine gute Bilanz. Dagegen fehlen Nachweise von Jungen.

Neben den zwei erlegten Problembären leben nachweislich zwei weitere Tiere in Oberösterreich in der Region zwischen Offensee und Sengsengebirge.

1995

Um mit einer schnelleren Reaktion das Wirken von Problembären zu entschärfen, wird eine Eingreiftruppe gegründet, der Mitarbeiter des Instituts für Wildbiologie und Jagdwirtschaft der Universität für Bodenkultur Wien (IWJ), der Wildbiologischen Gesellschaft (WGM) und des WWF angehören. Ihr erster Einsatz am 21. und 22. März gilt nicht Bären, die Schafe reißen, Hasenställe aufsuchen oder Bienenstöcke plündern, sondern beinhaltet einen Erziehungsversuch. Er betrifft Mariedl, die am 15. März gegenüber Reportern von „News" jede Scheu vermissen lässt. Ihr ständiger Standort ist der Bereich einer Fütterung. Die Therapie ist für die junge Bärin hart, da zwei Mal Leuchtmunition und Knallkörper zum Einsatz kommen. Der Erfolg ist auf die Dauer gesehen eher mäßig. Sie ergreift zwar die Flucht, bei einer dritten Begegnung schon auf eine Entfernung von 70 Metern, und auch am 6. April zieht sie sich bei dem Anblick von Menschen umgehend zurück. Doch nach nur wenigen Wochen ist alles vergessen, und sie zeigt sich vertraut wie vor der Vergrämungsaktion. So weicht sie am 19. und 20. April Waldarbeitern und dem Förster nur unwillig aus.

Die kontinuierliche Nahrungsbeschaffung bei Rehfütterungen führt bei Mariedl zu einem Problem. Man befürchtet, dass durch die etwas unnatürliche Mästung das Senderhalsband, dessen Sollbruchstelle auf anderthalb Jahre ausgelegt ist, schon viel früher zu eng wird. Deshalb startet man eine Fangaktion mittels Schlingenfallen. Noch während deren Installation treibt sie sich ungeduldig im Bereich der Rehfütterung herum. Die Fallensteller brauchen nicht lange zu warten, schon nach 15 Minuten hat sie sich in den Schlingen verfangen.

Sie ist schlank, hat aber an Wachstum deutlich zugelegt und wiegt 74 kg. Nach Erweiterung der Sollbruchstelle mit einem Stück Segeltuch gehört die Freiheit wieder ihr. Ehe sie das Weite sucht, nutzt man die Gelegenheit, um ihr mit Knallkörpern und Gummigeschossen nochmals beizubringen, wie unangenehm eine Begegnung mit Menschen sein kann. Diese Lektion hilft, Mariedl meidet von nun an ein Zusammentreffen mit den rabiaten Zweibeinern. Den von den unangenehmen Zeitgenossen verpassten Halssender streift sie bald darauf einfach über den Kopf. Kurz vor dieser eigenmächtigen Selbsthilfe gelingt am Abend des 29. Mai nochmals eine Peilung von Mariedl und Djuro, die sich im selben Areal aufhalten. Das lässt auf ein Paarungsverhalten schließen, obwohl Mariedl erst zwei Jahre jung ist.

Im Herzstück von Cilkas Streifgebiet in Weidenau bei Türnitz fehlen im Frühsommer Hinweise auf eine führende Bärin. Cilka ist verschollen und östlich von Mariazell gibt es keinerlei Wahrnehmungen, die auf die Anwesenheit von Bären schließen lassen.

Die folgende Schilderung über Mona und ihre Fortsetzung im Jahr 1996 könnte einer Lachnummer mit dem Titel: „Wie Bären Menschen austricksen" entnommen sein. Um Djuro zu fangen, opferte man vom 6. Juli bis zum 1. August an drei von ihm besuchten Rehfütterungen insgesamt 144 Fallennächte. Djuro besucht zweimal einen dieser Fallenplätze. Er umgeht diese, als ob er wüsste, was es mit diesen Stellen auf sich hat. Dafür tappt am 10. Juli ein kleines zweijähriges und 74 kg schweres Weibchen hinein, welches den Namen Mona erhält. Wahrscheinlich ist es eine Schwester von Mariedl. Sie erhält einen Halsbandsender und an beiden Ohren orangene Ohrenmarken. Als sie aus der Narkose aufwacht, beeindrucken sie die in der Nähe stehenden Menschen wenig. Sie wäre mit diesem Verhalten eine gute Anwärterin für eine Vergrämungsaktion, wenn, ja wenn die entsprechende Ausrüstung in der Nähe bereit stünde. Beim Aufwachen aus der Narkose gelten ihre Bemühungen dem Halsbandsender, den sie mittels Kratzen zu entfernen versucht. Endlich in die Freiheit entlassen, umgeht sie wie Djuro in der Folge die mit Fallen versehenen Fütterungen, denn sie kennt jetzt vermutlich ihre Wirkungsweise. Dafür macht sie einmal an einer Fütterung die Bekanntschaft eines nachgeschossenen Knallkörpers. Diese Erfahrung sitzt ebenfalls tief, denn sie geht jetzt weiteren Vergrämungsversuchen tunlichst aus dem Weg. Doch was den Halsbandsender betrifft, gibt eine Bärin wie Mona nicht so schnell auf. Sie ändert eine gängige Bärenverhaltensweise und ist jetzt auch tagsüber aktiv, vermutlich mit dem Ziel, den Sender endlich los zu werden. Nach etwa vier Wochen hat sie es endlich geschafft, das Senderhalsband durchzubeißen.

Als Djuros Halsbandsender ebenfalls verloren geht, stellt man auch die ihm geltende Fangaktion ein.

Das Jahr 1995 beschert den steirisch-niederösterreichischen Kalkalpen einige Vorkommnisse, die unter „fast nicht wichtig" geführt werden können. So bemerkt ein Bauer am 2. April bei dem Gang zum Melken frische Spuren von einem kleinen und einem großen Bären auf seinem Grundstück, und am Riegel seines Gatters sind deutlich Bärenhaare auszumachen. An einem anderen Ort halten sich zwei Bären in der Nähe eines Hauses auf. Ein kleiner Bär untersucht 50 Meter von einem allein stehenden Haus entfernt die Pfosten einer Wäscheleine. Ein anderer kleiner Bär spaziert am 29. Juni in der Nähe von Gams über das Anwesen eines Landwirts, wobei er der erstaunten Bäuerin samt Sohn wenig Beachtung schenkt. Ebenfalls ein junger und neugieriger Bär durchsucht einen Mistkübel, in dem besonders Damenbinden sein Interesse wecken.

Im Süden Österreichs gibt es Bärenhinweise aus allen Gebieten, die auch im Vorjahr die Anwesenheit von Meister Petz meldeten, zum ersten Mal auch von der Kreuzeckgruppe und aus Osttirol. Nachdem seit 1972 keine nennenswerten Schadensfälle aus diesen Gegenden aufgetreten sind, erreichen sie in diesem Jahr mit 41 Schafen, vier Ziegen und zwei neugeborenen Kälbern einen erheblichen Umfang. Die dafür ausbezahlte Versicherungssumme beläuft sich auf 7200 Euro. Die Gesamtpopulation dieser Region wird auf zehn bis zwölf Bären geschätzt.

Auch Oberösterreich meldet die Anwesenheit von einzelnen Bären. Sie betreffen das Sengsengebirge sowie das Umfeld von Offensee und Almsee. Im Nationalpark Kalkalpen wird erstmals ein Bär gesichtet, der hier auch sein Winterlager bezieht.

1996

Die Herkunft einer Bärin mit zwei Jungen bleibt bis Ende August unklar. Zwei orangefarbene Ohrenmarken geben dann den Hinweis, dass es sich um Mona handelt. Sie ist mit drei Jahren eine junge Mutter, denn der erste Nachwuchs stellt sich in der Regel erst im Alter von vier bis fünf Jahren ein. Warum diese Regel durchbrochen wurde, kann mehrere Gründe haben. Dazu zählen der gute Ernährungszustand und die in diesem Gebiet geringe Populationsdichte.

Aufgebrochene Rotwildfütterung. Man beachte die Tatzenabdrücke auf den einzelnen Brettern.

Ob das Zusammensein während der Paarungszeit von Mariedl und Djuro im gleichen Bereich ebenfalls Junge hervorgebracht hat, bleibt unklar.

Die Lachnummer von Mona findet in diesem Jahr ihre Fortsetzung. Beteiligte: Mona und „Eingreiftruppe". Ihre Scheu vor Menschen hat sie wieder weitgehend abgelegt, denn bei dem Besuch von Rehfütterungen ab Anfang Juli im Salzatal zwischen Fachwerk und Palfau lässt sie das interessierte Publikum bis auf 30 m an sich herankommen. Falls sie doch vertrieben wird, ist sie umgehend wieder da. Das ruft die Eingreiftruppe auf den Plan. Diese will sie fangen, um ihr ein ordentliches Bärenerziehungsprogramm zu verpassen. Doch Mona hat anderweitig gelernt. Sie erkennt die Fallen rechtzeitig, macht einen Bogen um sie oder betätigt die Auslösung, ohne selbst hinein zu tappen. Ihre Jungen unterweist sie ebenfalls, wie man die von den Zweibeinern aufgestellten Fallen meidet oder auslöst, ohne sich selbst in Gefahr zu bringen. Die hinterlassenen Trittsiegel lassen keinen anderen Schluss zu. Ihren regelmäßigen Besuch von drei verschiedenen Rehfütterungen verlegt sie, das Fangteam im Gefolge, nach einigen Tagen nach Dürradmer. Der Besuch der Futterstellen erfolgt aber jetzt nur noch während der Nacht. Auch hier schlagen die Versuche fehl, sie für die vorgesehene Vergrämungsaktion zu fangen. Mit diesen Aktionen beschäftigt sie die Eingreiftruppe vom 2. August bis zum 6. September. Ganz erfolglos war dieser Aufwand jedoch nicht: Mona lässt Menschen gegenüber jetzt eine gewisse Vorsicht walten.

Die in Kärnten lebenden Bären haben sich etabliert, verhalten sich unauffällig und kennen jetzt die in ihren Streifgebieten vorhandenen Ressourcen. Schadensfälle bleiben aus, so dass oft der Eindruck entsteht, dass die Bären aus diesem Bundesland verschwunden sind. Die Nachweise des Bärenvorkommens gleichen denen des Vorjahres.

Der Bärenbestand in Oberösterreich mit vermutlich zwei Tieren beschränkt sich auf das Sengsengebirge und die Region um Offensee und Almsee. Das Gesamtvorkommen Österreichs umfasst 20 bis 25 Tiere, 10 bis 12 in Kärnten, ein bis zwei in Oberösterreich sowie 8 bis 14 in Niederösterreich und Steiermark.

1997

Es ist das Jahr der innerösterreichischen Koordination und der Internationalisierung des Bärenschutzes im Bereich der Alpenländer. Im Folgenden die Ergebnisse:

- Im Rahmen des LIFE-Programmes wird der Schutz der Bären in Österreich von der Europäischen Union unterstützt.
- Durchführung eines 1995 begonnenen und 1997 beendeten Projektes unter Mitarbeit des Institutes für Wildbiologie und Jagdwirtschaft an der Universität für Bodenkultur Wien, der ehemals Wildbiologischen Gesellschaft München und des WWF-Österreich, die in der Arbeitsgemeinschaft Braunbär LIFE zusammen geschlossen sind. Es umfasst die Schadensvorbeugung (zur Verfügungstellen von Weidezäunen für gefährdete Bienenstöcke),
- Abgeltung von Schäden, wozu auch die länderübergreifende Harmonisierung unterschiedlicher Versicherungen gehört,

Größenvergleich: Männerhand zu Tatzenabdruck. Die Hand misst ab Handwurzel 18 cm.

- Öffentlichkeitsarbeit in Form von Foldern, Broschüren, Wanderausstellungen,
- Schulvideos sowie Informationsvideos für die Jägerschaft,
- organisieren der 11. Konferenz der International Association for Bear Biology and Management,
- Monitoring des Bärenbestandes,
- Ausbildung einer Eingreiftruppe, die beim Auftreten von Problembären zur Verfügung steht.

Die Arbeitsgemeinschaft, in der das Umweltministerium und die Jagd- und Naturschutzabteilungen der Länder vertreten sind, erarbeitet im Auftrag des Bund, der Bundesländer Niederösterreich, Oberösterreich, Steiermark und Kärnten einen Managementplan. In ihm werden folgende Fragen aufgegriffen:

- Organisationsstruktur des Bärenmanagements,
- Lebensraum und Möglichkeiten der Populationsentwicklung,
- Umgang mit Problembären,
- Schadensregelung,
- Bestandsmonitoring,
- Schulung und Weiterbildung des im Bärenmanagement tätigen
- Personenkreises,
- Öffentlichkeitsarbeit und Information.

Dem Gremium stehen als Experten Bärenanwälte sowie Vertreter des WGM und WWF zur Verfügung. Die Koordinierungsstelle, die halbjährlich zusammentritt, hat die Aufgabe, Empfehlungen und Zielvorstellungen auszuarbeiten und die Maßnahmen der einzelnen Bundesländer, in deren Kompetenz der Jagd- und der Naturschutz fällt, aufeinander abzustimmen.

Vom Bär „Nurmi" aufgebrochener Kaninchenstall

Die Jungen von Mona, die sich in den steirisch-niederösterreichischen Kalkalpen aufhält, werden schon Anfang Mai am Beginn der Paarungszeit ohne ihre Mutter gesichtet.

Im April führen Fährten von einem großen und einem kleineren Bären zur Vermutung, dass sich Mona und Djuro zur Brunft zusammengefunden haben. Vier Monate später, Ende August, erkennt man Mona bei einer Beobachtung aufgrund ihrer Ohrenmarken. Ihre gute Ernährungsform lässt den Schluss zu, dass im folgenden Jahr wieder mit Nachwuchs zu rechnen ist.

Die Auswertung von Fährten und zwei Sichtungen im Mai und August von einer Bärin mit einem einjährigen Jungen deuten darauf hin, dass in den steirisch-niederösterreichischen Kalkalpen im Vorjahr ein zweites Weibchen ungeklärter Identität für Nachwuchs gesorgt hat. Dafür fehlen für das Jahr 1997 in allen anderen österreichischen Bärengebieten Hinweise auf Geburten.

Kärnten meldet an der Bärenfront keine besonderen Vorkommnisse. Die Hinweise auf die Anwesenheit von Meister Petz konzentrieren sich auf die Karawanken, die Karnischen und

Der Braunbär in Österreich III

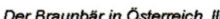
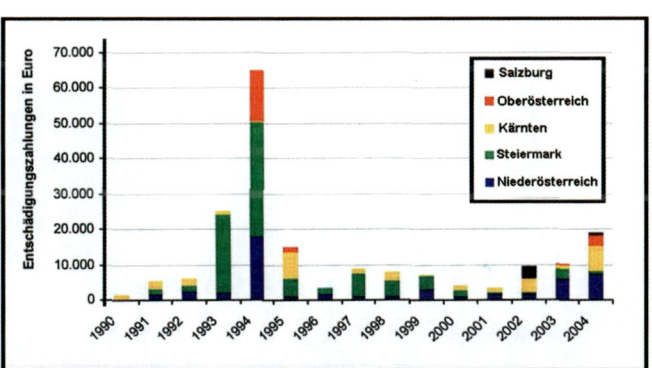

Entschädigungszahlungen 1990 - 2004 für Bärenschäden

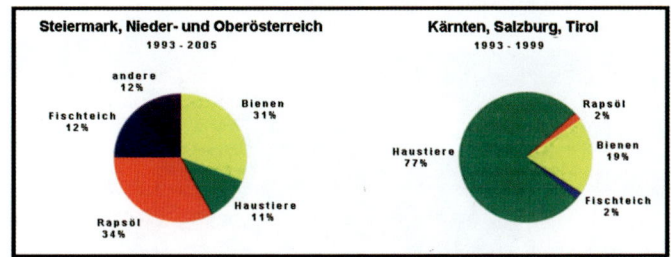

Schadenstypen für die beiden Verbreitungsschwerpunkte der Bären in Österreich

Bienenstände nach einem Bärenbesuch

die Gailtaler Alpen. Einige Bären durchstreifen auch die Gurktaler Alpen und
die Koralpe. Die Gebiete mit dem größ-

Bald wird es Zeit, einen geeigneten Platz für das
Winterlager zu suchen.

ten Aktionsanteil liegen in den nördlichen Kalkalpen zwischen Hochschwab und Dürrenstein. Meldungen westlich von Weyer sind spärlich, östlich von Mariazell fehlen sie ganz. Insgesamt sind die Bärenhabitate wesentlich kleiner als 1994 und 1995.

Imker bleiben 1997 von Bärenbesuchen verschont, auch sonst halten sich die Schäden in Höhe von ca. 8780 Euro in durchschnittlichen Grenzen, wobei im steirisch-niederösterreichischen Grenzgebiet Schadensfälle in geringer Höhe auftreten, die auf eine wieder entdeckte Vorliebe der Bären für Rapsöl zurückzuführen sind. Um an dieses heranzukommen, kennt ihr Einfallsreichtum keine Grenzen. So lädieren sie das Führerhaus einer Straßenwalze, deren Hydraulik mit Hilfe von Rapsöl in Gang gehalten wird. Die „Zuneigung" von Waldarbeitern sichern sie sich, indem sie in der Nacht ihre Kanister und Motorsägen mach Rapsöl untersuchen. Die Suche nach einer auf die Dauer wirksamen Beimischung eines Vergrämungs- oder Abgewöhnungsmittels blieb bisher erfolglos.

Wie in amerikanischen Nationalparks beschäftigen sich die Bären auf Futtersuche auch mit abgestellten Fahrzeugen, einschließlich eines Traktors. Dabei erbeuten sie Rapsöl, verschonen weder Diesel- noch Benzinkanister, inspizieren einen Seilkran und beschädigen einen Gelände-wagen durch das Aufbrechen der Heckklappe. Es bleibt nur zu hoffen, dass sie es nicht wie ihre amerikanischen Artgenossen lernen, die Automarken zu unterscheiden, die sich am leichtesten aufbrechen lassen.

Den Unwillen einiger Fischteichbesitzer haben sie sich mit der Plünderung ihrer Futterhütten erworben. Der am häufigsten Geschädigte erhielt 1998 zur Sicherung der Teichanlage einen Elek-trozaun.

Fazit: Nicht umsonst wird den Besuchern von Bärengebieten empfohlen, falls sie dort über-nachten wollen, ihren Proviant möglichst außerhalb der Reichweite von Bären zu deponieren.

Die beiden Jungen von Mona zeigen sich ihrer Mutter würdig. Im Umfeld von Rotmoos suchen sie regelmäßig zwei Rehfütterungen auf und verlieren gegenüber Menschen immer mehr ihre Scheu. Das geht soweit, dass sie sich durch die Benutzer der ganz in der Nähe verlaufenden Forst-straße in ihrem Tun nicht mehr stören lassen. So etwas spricht sich schnell herum, und es kommt zu einem regelrechten Bärentourismus verbunden mit „Bärenschauen". Eine solche Verhaltensweise liegt natürlich nicht im Interesse des Bärenschutzes, und so wird die Eingreiftruppe aktiv. Einer der Jährlinge kann sich zwar den Fangversuchen entziehen, dafür erwischt man den zweiten. Es ist ein Weibchen, welches den Namen Christl und dazu noch einen Ohrmarkensender erhält. Nach der Freilassung von Christl geht jedes der Geschwister seine eigenen Wege, und beide lassen sich auch bei den Rehfütterungen nicht mehr sehen.

Die Bären in Österreich haben herausgefunden, dass ihnen Rapsöl vorzüglich mundet. Wenn Waldarbeiter das Kettensägeöl nicht bärensicher deponieren, verschafft sich Meister Petz mit seinem Gebiss Zugang zu dieser „Köstlichkeit". Motorsägen sehen nach einer solchen Behandlung übrigens auch manchmal sehr ramponiert aus.

Christl verlagert ihr Streifgebiet in das Areal zwischen Rotmoos und Wildalpen und verhält sich dort scheu und unauffällig. Doch schon ab August scheint sie diese guten Vorsätze vergessen zu haben und zeigt wieder ihre ursprüngliche vertraute Verhaltensweise. Am 30. September verliert sich ihre Spur mit der letzten Ortung. Vermutlich ist der Sender ausgefallen oder verloren gegangen. Damit können die vorgesehenen Vergrämungsmaßnahmen nicht mehr durchgeführt werden.

1998

In den steirisch-niederösterreichischen Kalkalpen hat sich bei den Bären Nachwuchs eingestellt. Die Ohrmarken weisen Mona und Mariedl als führende Weibchen mit jeweils drei Jungen aus. Die von Jagdkreisen vertretene Ansicht, dass sich in dieser Region vier oder fünf Bärenfamilien aufhalten, lässt sich nicht belegen, denn Sichtbeobachtungen, die sich dabei noch auf einen verhältnismäßig kleinen Raum beziehen, bringen kein verlässliches Ergebnis.

Für Christl wird es in diesem Jahr eng. Die schon im Vorjahr begonnene Entwicklung zum Problembären setzt sich fort. Dabei ist es nicht ihr Appetit auf Rapsöl, der das andeutet, sondern andere Begebenheiten, die ihr Image immer weiter verschlechtern. Dazu gehört, dass sie sich nicht nur bei einigen Almstadln und einer Materialseilbahnhütte als Einbrecher betätigt, bei einem Autofenster, angelockt durch leere Säcke, denen noch der Duft von Wildfutter anhaftet, Gewalt anwendet, ein Moped auseinander nimmt und an Scheibtruhenrädern ihre Beißkraft ausprobiert. Vor Menschen zeigt sie keinerlei Scheu, was besonders im Wald tätige Forstarbeiter zu spüren bekommen, denen sie sich auf der Suche nach Rapsöl am Tag nähert oder in der Früh ihre Motorsägen zerstört. Genauso ergeht es einem Bauern, der bei Waldarbeiten seine Motorsäge zurückgelassen hat. Sie ist am Morgen verschwunden, und Bärenspuren verraten, wer sie wegschleppte. Als der Bauer den Tatzenabdrücken folgt und sein Arbeitsgerät wiederfindet, ist es nicht mehr ganz gebrauchsfertig. Auch vor den verständigten Gendarmen, die den Schaden aufnehmen, zeigt Christl keinerlei Respekt, denn sie verschleppt nun den Rapsölbehälter, der keine 100 m von dem Bauern und der tätigen Obrigkeit entfernt abgestellt ist. Der Bauer muss es ihr aber angetan haben, denn als er seine Arbeit fortsetzt, nähert sie sich ihm bis auf zehn Meter. Dem Geschädigten war natürlich die Lust auf eine solche Anmache vergangen und durch lautes Rufen und Drohen mit der Axt gelingt es ihm, die aufdringliche Bärin zu verscheuchen.

Doch das Wiedersehen lässt nicht lange auf sich warten, denn als er sein Auto aufsucht, sitzt Christl nur wenige Meter davon entfernt. Das Rapsöl in der kaputten Säge hat sie wie ein duftender Magnet angezogen. Wenn auch bei Bären der Satz gilt: „Im Zweifel für den Angeklagten", könnte sie mangels Beweisen nicht für alle der geschilderten Taten haftbar gemacht werden, aber zumindest für die meisten. Als Beweis für diese Annahme dient ein am 17. Mai als Köder aufgestellter Rapsölbehälter im Bereich des Gebietes, auf dem sie die Motorsägen misshandelt hat. Sie tappt in die Falle und wird anschließend aufgrund der bisher gemachten Erfahrungen doppelt besendert, mit einem Halsband- und einem Ohrmarkensender. Beim Freilassen abgeschossene Gummikugeln sollen ihr verdeutlichen, dass von den Menschen nicht nur Rapsöl zu erwarten ist. Jetzt zu behaupten, der Erfolg dieser Aktion sei mäßig, wäre leicht übertrieben, denn Forstarbeiter sichten sie morgens bei ihrer Lieblingstätigkeit, dem Zerlegen von Motorsägen, und das ohne Scheu vor den Beobachtern.

Die Meldung vom letzten Schadensfall, dem man Christl zurechnet, stammt vom 14. Juni. Sie wird noch einmal am 17. Juni am Gamsstein bei Palfau geortet, und dann kehrt Ruhe ein, Christl ist verschwunden. Suchfahrten und ein groß angelegter Suchflug über 9000 km² bleiben ohne Erfolg. Christl wurde vermutlich Opfer eines illegalen Abschusses. Darauf deuten neben anderen Indizien der gleichzeitige Ausfall beider Sender und das Ende der Schadensfälle hin.

Es ist nicht so, dass die verantwortlichen Stellen des Bärenschutzes ihre Verhaltensweise als Problembär tolerierten. Die länderübergreifende Koordinierungsstelle wollte ihr nur noch bis September die Chance eines geglückten Umerziehungsversuches einräumen. Hätte sie diese letzte Lektion nicht angenommen, wäre ein legaler Abschuss die Folge gewesen.

Die Vertrautheit einiger Bären bereitet den Bärenschützern immer wieder Sorgen, so auch die von zwei Bärinnen, die Junge führen. Eine von ihnen ist Mona. Diese Bären sind weder scheu noch aggressiv, selbst wenn sich Menschen auf 50 bis 60 m nähern, selbst wenn Beobachter diese Distanz unterschreiten. Das Schlimme dieser Verhaltensweise ist, dass sie sich auf die Jungen überträgt. Eine dieser Familien hält sich in regelmäßigen Abständen in der Region um Dürradmer bei einer Rehfütterung auf. In so einer Situation kann man einen Fangversuch wagen. Im Oktober ist es soweit. Doch das bekannte Spiel von 1996 wiederholt sich. Mona weiß, was es mit den Fallen auf sich hat und wie man mit ihnen umgeht, ohne sich selbst in Gefahr zu bringen. Sie ist wieder imstande, sie auszulösen, die Schlingen zuzuziehen oder das Alarmkabel durchzubeißen. Eine Strategie fordert oft eine Gegenstrategie heraus, in diesem Fall eine neuartige Topffalle. Am 4. November sitzt Mona fest und erhält einen Sender. Wegen der bald einsetzenden Winterruhe kommt es nur zu einer Vergrämungsaktion und einigen Vergrämungsversuchen. Im Winterlager befreit sich Mona von dem lästigen Sender, den man jedoch im Frühjahr sicherstellen kann.

Nachdem ab diesem Jahr die durch Bären verursachten Schäden in Niederösterreich durch eine Versicherung der Landesjägerschaft abgedeckt werden, ist die Harmonisierung in diesem Bereich abgeschlossen, denn in allen vier in der Koordinierungsstelle vertretenen Bundesländern wird jetzt die gleiche Schadensabgeltung praktiziert, die zusätzlich auch für Tirol gilt.

In Kärnten erreichen die Hinweise über die Anwesenheit von Bären ihren Höchststand. Diese Vermutung basiert auf den zunehmenden Meldungen aus Bevölkerung und Jägerschaft und der Anwesenheit eines wenig scheuen und neugierigen Bären, der sich im späten Frühjahr von seiner Mutter getrennt hat. Beide stammen wahrscheinlich aus Slowenien und haben am Beginn

des Frühjahres ihren Aktionsraum nach Kärnten verlegt. Der junge Bär hält sich in der Region um den Loiblpass auf und plündert hier die Reh-fütterungen, eine Angewohnheit, die bisher nur von den Bären der nördlichen Kalkalpen bekannt geworden war.

Das Verhalten von Tieren sollte man nicht vermenschlichen. Dass ein solcher Vorsatz nicht immer leicht fällt, soll diese Aufnahme und zusätzlich folgende Beobachtung belegen. So haben spielende Bären auf einer Almwiese den Kopf zwischen die Vorderpfoten gelegt und sind in dieser Stellung den Abhang hinuntergerollt. Dieses Spiel hat ihnen ein gewisses Vergnügen bereitet, denn sie haben es ständig wiederholt. Andere Beobachtungen waren ebenfalls interessant und dazu noch witzig. Bei einigen Bärenfamilien, die im Gänsemarsch durch die Gegend zogen, konnte es das letzte Tier nicht unterlassen, seinem Vordermann „ein Bein zu stellen", ohne dass dieser darauf aggressiv reagierte, obwohl er dabei fast gestürzt wäre.

Das Vorkommen von etwa zehn bis zwölf Bären konzentriert sich auf die Karawanken, die Karnischen Alpen, die Gailtaler Alpen und im geringeren Maße auf das Pöllatal im Umfeld der Grenze nach Salzburg. Die Streifgebiete zeigen seit 1992 wieder einen Trend nach Südwesten, also nach Italien, wo aus den Städten Cortina d'Ampezzo und Belluno entsprechende Meldungen eintreffen.

Die Schadensfälle mit acht Schafen und zehn Bienenstöcken zeigen einen leichten Trend nach oben, liegen aber immer noch im Bereich des langjährigen Durchschnittes.

Keine gute Entwicklung nimmt die Bärenpopulation in Slowenien, auf deren Zuwanderung und Stabilität das kleine und störungsanfällige Bärenvorkommen in Österreich angewiesen ist.

Das 1991 in Slowenien erlassene Abschussverbot von Bären außerhalb der Kernzone wurde wegen zunehmender Schäden an Haustieren so aufgeweicht, dass 1998 im grenznahen Bereich vier Bären geschossen werden konnten. Ein unhaltbarer Zustand. Hier muss durch ein internationales Abkommen erreicht werden, dass durch unterstützende Maßnahmen bei der Schadensverhütung und Schadensabgeltung das erlassene Abschussverbot wieder voll zur Anwendung kommt.

1999

Die ersten Fährten einer führenden Bärin können schon am 10. März festgestellt werden, obwohl der Höhepunkt der Brunftzeit in der Regel auf Mai und Juni fällt. Noch am Ende des gleichen Monats lassen Hinweise auf zwei weitere Jährlinge schließen, die nicht immer im Beisein ihrer Mutter das Gelände durchstreifen. Andere Spuren im gleichen Zeitraum verraten die Anwesenheit eines großen und eines kleinen Bären. Offensichtlich hat die Paarungszeit in diesem Jahr schon frühzeitig eingesetzt.

Das Geschehen um den weiteren Nachwuchs von 1999 ist nicht leicht nachzuvollziehen, deshalb eine kleine Chronologie:

Mai 1999

Im Bereich zwischen Weichselboden und Gschöder wird mehrmals eine Bärin mit Jungen gesichtet.

Zweimalige Beobachtung eines Bärenjungen auf einer Forststraße.

25. Mai 1999

Am späten Nachmittag hält sich ein Bärenkind mitten auf einer Straßenbaustelle bei der Prescenyklause im Salzatal auf. Das Kleine wird von dem verständigten Förster in den Wald getragen, schließt sich aber nach seinem Rückzug wieder den Bauarbeitern an. Das geschwächte Tier bekommt Futter und wird in einem Gestell aus Holz und dünnem Maschendraht, welches einmal als Krähenfalle diente, untergebracht. Diese Leichtbauweise verhindert ein Ausbrechen des verwaisten Jungen, bildet aber für die evt. auftauchende Mutter kein Hindernis. Nichts geschieht. Am nächsten Tag wird das nur 5 kg wiegende Junge, welches den Namen Stoffi erhält, vom Tiergarten Schönbrunn aufgenommen. Erfolglos bleibt eine Nachsuche im Umfeld des Fundortes nach der Mutter des Kleinen. Später durchgeführte Untersuchungen an Stoffi ergeben, dass er an einem inneren Wasserkopf leidet. Er wird deshalb eingeschläfert. Das könnte vielleicht auch der Grund sein, warum die Mutter das Junge nicht akzeptiert hat.

27. Mai 1999

Die Geschichte ist noch nicht zu Ende, denn zwei Tage später sichtet man an und auf derselben Baustelle ein weiteres Bärenkind. Doch im Gegensatz zu Stoffi ist es scheu und verdrückt sich umgehend im Wald. Da es vom Alter her ohne Mutter keine Überlebenschancen hat, versucht man, es zu fangen, um einen Sender anzubringen. Damit will man seine Überwachung sicherstellen, um es, wenn notwendig, ohne sichtbaren Kontakt mit den Menschen mit Futter zu versorgen. Diesen Bemühungen ist kein Erfolg beschieden, denn das Junge bleibt verschwunden.

Ende Mai 1999

Verwirrend zeigt sich das Geschehen durch die Sichtung eines weiteren Jungbären im gleichen Zeitraum in nur zehn Kilometern Entfernung von der besagten Baustelle beim Überqueren der Hochkarstraße. Der Beobachter hält ihn für keinen Jährling.

September 1999

Am Fuße des Hochkars gelingt es, einen Jährling zu fotografieren. Auf dem Bild lässt sich jedoch nicht mit Sicherheit feststellen, ob es sich tatsächlich um einen Jährling handelt.

Eine führende Bärin wird mit zwei Jungen im Bezirk Baden in der Umgebung von Ensfeld an einem Futterplatz gesichtet, der Wildschweine heranlocken soll (Kirrung). Dieses Areal liegt jedoch in einiger Entfernung von dem eigentlichen Bärengebiet, und es kommt zu keiner zweiten Beobachtung. Deshalb betrachtet man diese Meldung mit einer gewissen Skepsis.

Wieder führt unvernünftiges Handeln von Zeitgenossen zu unerfreulichen Vorfällen. So werden Bären von Rapsöl angelockt, welches Waldarbeiter unsachgemäß aufbewahrt haben. Hundefutter bei einer Jagdhütte und Speisereste bei einer Almhütte zeigen die gleiche Wirkung. Keine Wirkung zeigen dagegen aus wenigen Metern Entfernung abgegebene Warnschüsse. Sogar laufende Motorsägen flößen den Bären nicht den erwarteten Res-

Nur die wenigsten Bären bereiten den Menschen Probleme. In der Regel verhalten sie sich unauffällig, und ihre Kräfte messen sie in freundschaftlichen Raufereien untereinander. Diese Verhaltensweise dient als Vorbereitung für spätere Rangordnungskämpfe.

pekt ein. Leute lassen jedes Naturverständnis vermissen, die bei einem Picknick in der Nähe weilenden Bären Speisereste zuwerfen. Dass diese Teddybärenmentalität sie auch in Gefahr bringen kann, ist ihnen wohl nicht bewußt.

Kärnten: Schon Ende März kommt es hier zu den ersten Bärenbeobachtungen in den Gailtaler Alpen und am Hochobir. Die Kerngebiete mit den größten Bärenkonzentrationen liegen in den Karawanken, den Karnischen Alpen und den Gailtaler Alpen, während von der Saualpe nur zwei Meldungen vorliegen.

Starker Schneefall vom 18. bis zum 21. November vertreibt die Bären in ihr Winterlager. Die Schäden in Form von zwei Schafen halten sich in engen Grenzen.

1999 verfehlen die 54 Bärenhinweise nur in geringem Maße die Zahlen von 1992 bis 1997 und kommen bei weiten nicht an die 100 Sichtungen des Vorjahres heran. Die Gründe dieser Entwicklung haben vermutlich zwei Ursachen:

1. 1998 werden in der slowenischen Grenzregion zum ersten Mal seit 1992 wieder vier Bären erlegt.
2. Im Bärengebiet des Dreiländerecks verläuft die Ausbreitung jetzt mehr in westlicher Richtung.

Die genannten Gründe ließen den Bärenbestand in Kärnten von zehn Tieren 1998 auf sechs Tiere 1999 schrumpfen.

Das angenommene Bärenvorkommen im Dreiländergebiet ging von fünfzehn auf zwölf Tiere zurück.

2002

Weibliche Bären suchen sich in der Regel ein Revier in der Nähe ihrer Mutter, während männliche Bären in solchen Fällen weitere Wanderungen unternehmen. Deshalb überraschte es, dass die im Zuge des Wiederansiedlungsprojektes im italienischen Naturpark Adamello-Brenta in Trentino im Mai 2001 freigelassene Bärin diese Regel durchbrach, indem sie in verhältnismäßig kurzer Zeit weite Strecken zurücklegte. Sie hatte vor ihrer Freilassung ein Senderhalsband erhalten, und so ließ sich auch ihre zweiwöchige Wanderung zwischen Stubai- und Wipptal nachvollziehen. Sie war somit seit 1916 wieder der erste Bär auf Tiroler Boden. Sie erhielt den Namen Vida, wurde aber in Italien aufgrund ihrer Wanderfreudigkeit volkstümlich „La Vagabonda"

Bärenriss eines Kalbes. Beim Vergleich eines von Bär und Luchs verursachten Risses, fällt auf, dass der Bär schon ab dem 1. Fresstag wesentlich mehr zu sich nimmt als der Luchs.

genannt. Nach zwei Wochen Aufenthalt führte ihr Weg nochmals für kurze Zeit nach Südtirol, dann änderte sie die Richtung und zog nach Osten. Bald darauf betrat die scheue Bärin, von der nur wenige Sichtbeobachtungen vorliegen, wieder österreichischen Boden, wo ihre Wanderung bis in den Osttiroler Teil des Nationalparks Hohe Tauern führte. Von dort war auch zum letzten Mal eine Peilung möglich. Das Fazit dieser grenzüberschreitenden Wanderung, die in der Presse große Beachtung fand: Vida hat die Möglichkeit aufgezeigt, dass von dem wachsenden Trentinovorkommen auch Österreich profitieren kann.

Im Bereich von Fusch bei Salzburg werden 15 Schafe von einem unbekannten Bären gerissen. Bei den ersten vier toten Schafen glaubte man noch an einen Blitzschlag, bis ein Bärenanwalt am 1. August Bärenfährten entdeckte. Die Art der Verletzungen, massive Bisswunden im Kopf- und Halsbereich, geben den Hinweis auf einen jungen Bären, der beim Töten der etwa gleich großen Schafe wahrscheinlich Probleme hat. Sein Alter schätzt der Bärenanwalt aufgrund hinterlassener Tatzenabdrücke auf 2,5 Jahre. Ältere Bären töten Schafe mit einem Tatzenhieb auf die Wirbelsäule oder durch einen Biss in den Nasenrücken.

Um die Bären besser identifizieren zu können, wird jetzt die gleiche Methode wie bei der Verbrechensbekämpfung oder bei einem Vaterschaftstest angewendet. Bei den Bären zieht man die oft hinterlassenen Haare oder den Kot zur Identifizierung heran. Aus Haarwurzeln und im Kot enthaltenen Darmzellen wird die Erbsubstanz gewonnen. Sie enthält bestimmte Abschnitte, die sich bei keinem Individuum gleichen. Von diesen variablen DNA-Abschnitten oder Mikrosatelliten untersucht man sieben Proben. Die Zusammensetzung dieser Mikrosatelliten besteht aus einer Kombination, die zwei Teile umfasst, von denen sich einer dem Vater und einer der Mutter zuordnen lässt. Auch über das Geschlecht kann die genetische Analyse Auskunft geben. Schlüsse über die Verwandtschaftsverhältnisse gewinnt man durch den Vergleich von Ähnlichkeiten. Mit Hilfe des Genprojektes kann man Auskunft erhalten über

- die tatsächliche Anzahl der Bären in Österreich,
- den Anteil männlicher und weiblicher Individuen,
- die Populationsstruktur und Verwandtschaftsverhältnisse des Bärenvorkommens und über
- die genetische Variabilität der österreichischen Population.

Durch diese Methode hat man grundlegende Erkenntnisse gewonnen, dass in die Ötscher-Hochschwabregion kaum eine Zuwanderung erfolgt und dass die genetische Variabilität nur durch eine Zuwanderung des slowenisch-kärntnerischen Vorkommens längerfristig gewährleistet wird.

Bis 2002 konnte man mit dieser Methode bereits elf Bären genetisch identifizieren.

2003

Im gesamten Raum der EU, einschließlich der zukünftigen Beitrittskandidaten, wird an neun Braunbärenprojekten gearbeitet. Diese internationale Zusammenarbeit, besonders mit Italien und Slowenien, ist auch für Österreich wichtig, denn sie kann die Voraussetzung dafür schaffen, dass die Braunbärenvorkommen in Norditalien, Slowenien und Österreich in Zukunft besser zusammenwachsen.

Das Ziel von Studien, an denen sich das Institut für Wildbiologie sowie die Jagdwirtschaft der Universität für Bodenkultur beteiligen, ist ein Aufzeigen der Problemstellen der von Bären benutzten Wanderkorridore zwischen Kärnten und den nördlichen Kalkalpen.

Der Lungau erhält noch im spät einsetzenden Winter Besuch eines Bären, der jedoch zu keinen Schäden führt. Nicht bekannt ist, ob er nach seinem Verschwinden abgewandert ist oder sein Winterquartier aufgesucht hat.

In den steirischen Alpen und nördlichen Kalkalpen verlief das Bärenjahr weitgehend ohne Vorkommnisse, so dass von vielen Leuten die Anfrage kam, was mit den Bären los sei. Einer der Gründe für den ruhigen Jahresverlauf liegt in einem Gewöhnungseffekt, der nach 10-jähriger Anwesenheit der Bären mit der Folge eingetreten ist, dass die Meldungen trotz entsprechender Beobachtungen nicht weitergegeben wurden. Die Schadensmeldungen in einer Gesamthöhe von 6.000 Euro betrafen 30 Bienenstöcke, ein Kalb, die Beschädigung eines Fischteichabflusses und einige wenige Rapsölbehälter.

Nachdem sich die Kerngebiete der Bären in den Vorjahren auf die Region zwischen Ötscher und Hochschwab konzentrierten, ist 2003 eine Ausbreitung nach Nordosten bis in die Nähe von Pernitz und nach Südwesten bis in den Bereich von Trieben und Admont zu beobachten.

Bei einer Bärin mit dem Namen Rosmarie fehlt der Nachweis für den dieses Jahr fälligen Nachwuchs, obwohl man Mitte April einen kleineren und einen größeren Bären in einem verhältnismäßig geringen Abstand von drei Jährlingen sichtet. Von den letztjährigen Jungen hat sich das Weibchen bärentypisch bereits im zeitigen Frühjahr getrennt.

2004

Mit den beiden von dem LIFE-Förderprogramm der EU unterstützten Projekten von Slowenien und Norditalien wird ein auf zwei Jahre angelegtes gemeinsames Bären-Kooperationsprojekt vereinbart. Träger des Projektes sind der Naturpark Adamello-Brenta im italienischen Trentino, der WWF-Österreich, der Slowenische Forest Service und die Universität Udine als Projektpartner.

Die Ziele sind:

- die wissenschaftliche Zusammenarbeit und Sichtweise der drei Länder über die Bärensituation,
- Aufzeichnung der Ausbreitungsszenarien in den bestehenden Kerngebieten der Alpenregion,
- Unterstützung einer wissenschaftlich gestützten zusammenhängenden Alpenpopulation,
- Computer gestützte Ausbreitungsszenarien, die bevorzugte Wanderkorridore und Barrieren in Form von Verkehrswegen aufzeigen,
- bessere Voraussage der Rückkehr in zurzeit nicht besiedelte Gebiete und damit rechtzeitiges

Einleiten von Schutz- und Managementmaßnahmen durch die Behörden sowie eine besser abgestimmte Öffentlichkeitsarbeit und
- Erfahrungsaustausch im Bereich von Mensch-Bären-Konflikten.

Im Zuge der Umsetzung dieses Vorhabens besteht die Hoffnung auf mehr Grenzgänger.

Eine neue Grünbrücke „Schütt" überquert jetzt die Südautobahn A2, eine stark befahrene Transitstrecke, und ermöglicht damit die gefahrlose Überquerung eines Nadelöhrs, welches das Dinarische Gebirge und die Alpen verbindet. Um die Spuren von Tieren leichter auszumachen, ist sie mit einem Bett aus Sand versehen. Zwar wurde sie bisher nur von Mardern, Füchsen, Hasen und Rehen benutzt, doch schon mittelfristig ist sie ein wichtiges Bindeglied für das Bärenvorkommen Österreichs und des gesamten Alpenraumes.

Durch die Analyse einer Haarprobe gelang es, einen neuen männlichen Bären in den österreichischen Stammbaum aufzunehmen.

In den nördlichen Kalkalpen können sieben Bären mit Hilfe der Genanalyse nachgewiesen werden.

Im Nationalpark Kalkalpen gibt es den ersten (fotografischen) Nachweis eines Bären. Um Nachweise über weitere Bären, deren Identität und Herkunft zu erhalten, werden sieben Haarfallen aufgestellt (sind es Nachkommen der Bärenpopulation aus der Ötscher-Hochschwabregion oder aus dem slowenischen Raum).

In den Kerngebieten Niederösterreichs und der Steiermark gibt es im ersten Halbjahr Beobachtungen, Spuren und Schadensmeldungen von Bären, aber keine Hinweise auf Junge. In der Summe kommt es zu vier Bienen- und zwölf Rapsölschäden.

Auch aus dem westlichen Österreich werden Bären gemeldet, dokumentiert durch neun Spuren und ebenso viele Sichtungen. Die Schadensfälle beinhalten hier Bienenstöcke, Rehfütterungen, Rapsölbehälter und einen Schafriss.

Den Bärenbestand Kärntens schätzt man auf fünf bis acht Tiere,

Der Alpenbogen, und damit auch ein Teil Österreichs, bietet für Bären einen geeigneten Lebensraum. Wie man eventuell auftretende Probleme mit Eingreiftrupps und Bärenanwälten löst, praktiziert Österreich in vorbildlicher Weise.

verteilt auf die Karawanken, die Kanarischen und die Gailtaler Alpen und mit einem Bären auf die Gurktaler Alpen. Schadensfälle betreffen in der ersten Hälfte des Jahres fünf gerissene Schafe.

2005

Nachdem sich, bedingt durch den langen Winter mit seinen tiefen Temperaturen, das Verlassen der Winterunterkunft um drei Wochen verschoben hat, ist die Freude groß, als ein Oberförster am 21. März die erste Bärenspur dieses Jahres im Schnee entdeckt.

In der Nacht von 6. auf 7. Juli überquert erstmals ein Bär die im Rahmen eines EU-LIFE-Projektes die im Vorjahr fertiggestellte Grünbrücke über die A2.

In diesem Jahr gelingt in den niederösterreichisch-steirischen Kalkalpen der genetische Nachweis von nur fünf Bären.

Bären kümmern sich nicht um Staatsgrenzen. Diese Erkenntnis führt zum ersten Informationsaustausch über die jeweiligen Strategien im Bärenmanagement zwischen den Behörden Österreichs und Sloweniens. Die Situation in beiden Ländern ist von großen Unterschieden geprägt. In Slowenien, nur zweimal so groß wie Kärnten, leben 450 bis 500 Bären, so dass die Schadensfälle dementsprechend groß sind.

Das Bärenvorkommen in Österreich mit 25 bis 30 Tieren hält sich dagegen noch in engen Grenzen, und die kleine Bärenpopulation in den niederösterreichisch-steirischen Kalkalpen kann nur überleben, wenn weitere weibliche Bären aus den südslowenischen Bärengebieten zuwandern.

Das ist laut Aussage der slowenischen Behördenvertreter deshalb schwierig, weil bis auf wenige Ausnahmen nur junge Männchen weitere Wanderungen unternehmen. Dagegen suchen sich junge Weibchen ihre Streifgebiete meistens in der Nähe ihrer Mutter. Das bedeutet in diesem konkreten Fall, sie bleiben in den Bärenkerngebieten im Süden Sloweniens. Um sie doch zu einer Wanderung nach Österreich zu veranlassen, muss der Bärenbestand Sloweniens weiter aufgestockt werden, die damit zunehmenden Schäden wären für die Bevölkerung allerdings nicht mehr tolerierbar. Eine Problemlösung bietet sich daher durch die Umsiedlung von Bären an.

Eine weitere Lösung muss durch die Sicherung und Schaffung von Wanderkorridoren innerhalb Österreichs bewältigt werden. Fast alle überregionalen Wildtierkorridore, die auch Braunbären benutzen, verlaufen mehr oder weniger von Süden nach Norden. Die Ausgangsregionen für Zuwanderer liegen überwiegend in Slowenien, und hier besonders im Dinarischen Gebirgszug. Das einschränkende „überwiegend" bezieht sich auf zwei Einwanderer aus dem italienischen Trentino, die bereits die österreichische Grenze überschritten haben. Falls sich die Bestandszahlen der Bären in dieser italienischen Region weiterhin positiv entwickeln, ist von hier aus mit weiteren zusätzlichen Zuwanderern zu rechnen.

Der aus Slowenien kommende Koralm-Korridor, der direkt in das Kerngebiet der Bären zwischen Niederösterreich und der Steiermark führt, sowie der Karnische Korridor, der vom Dinarischen Gebirge in die Alpen überleitet, sind für die Bären Österreichs die wichtigsten Verbindungsadern. Der Karnische Korridor ist von besonderer Bedeutung für das Bärenvorkommen Kärntens. Drei Korridore könnten in Zukunft das Bärenvorkommen in Westösterreich positiv beeinflussen. Das sind die beiden Brennerkorridore, die als Verbindungsachsen zwischen Bayern und Südtirol in Frage kommen, und der an die Schweiz anschließende Arlberg-Korridor.

Barrieren, die Wanderungen von Großsäugern behindern, sind Hochgebirgszonen, die nur selten überquert werden, sowie inneralpine Tallagen mit ihrem extremen Flächenverbrauch durch Verbauung und der konzentrierten Infrastruktur. Wenn überhaupt eine Querung möglich ist, dann nur an besonderen Stellen. Solche Stellen mit überzeugender Wirkung sind mit Sicherheit Grünbrücken, die über die für das Wild gefährlichen Verkehrswege führen und die Barriereeffekte massiv verringern. Die Grünbrücke über die A2 in Kärnten hat in dieser Beziehung bereits gute Dienste geleistet. Doch auch hier gibt es ein „aber". Um ihre Funktion nicht einzubüßen, müssen die dahinter und davor liegenden Bereiche gesichert und für das Wild zugänglich sein. Deshalb ist es besonders wichtig, diese Wildkorridore in die Entwicklungsplanung der Raumordnung mit einzubinden und das auch auf der kommunalen Ebene sicher zu stellen. Neben der mit gutem Beispiel vorangegangenen Steiermark sind nun die anderen Bundesländer zum aktiven Handeln aufgefordert, denn ohne gesicherte wildbiologische Korridore wird die Überlebenschance der österreichischen Bären, auf die Dauer gesehen, sehr gering.

Eingreiftruppe und Bärenanwälte

Das Zusammenleben mit großen Beutegreifern führt in unserer von Menschen geprägten Kulturlandschaft immer wieder zu Problemen. Um diese im Zusammenhang mit dem Braunbären in den Griff zu bekommen, sie zu minimieren oder ganz auszuschalten, wurde 1994 eine Eingreiftruppe mit so genannten „Bärenanwälten" in ihrer Mitte gebildet. Sie werden tätig, wenn die Meldung eines auffälligen Bären eintrifft, der sich z. B. wiederholt im Bereich von Siedlungen und Ställen sehen lässt.

Wenn sich Bären einmal an die Gegenwart des Menschen gewöhnt haben, bereitet es große Schwierigkeiten, ihnen dieses Verhalten wieder abzugewöhnen.

Die äußerst lernfähigen Tiere erkennen schnell den Zusammenhang von menschlichem Geruch und leicht zugänglichem Futter. Das beste Beispiel hierfür sind die sogenannten Müllbären. Das Auseinandernehmen von mit Rapsöl betriebenen Motorsägen oder die nicht ganz gewaltfreie Beschäftigung mit Rapsölbehältern sowie das Aufsuchen von Wildfütterungen zielen in dieselbe Richtung. Je öfter sich diese Erfahrungen wiederholen, desto mehr verlieren die Bären ihre Scheu, so dass die Distanz einer Annäherung immer geringer wird. Eine solche Situation kann gefährlich werden.

Je eher man in diesen Gewöhnungsprozess eingreift, desto größer sind die Erfolgsaussichten. Diese „Umerziehung" ist die Aufgabe der Eingreiftruppe, zu deren Werkzeug Gummigeschosse, Feuerwerkskörper oder auch nur Lärm gehören. Welche Wirkung eine solche Maßnahme zeigt, lässt sich am besten beurteilen, wenn es gelingt, den betroffenen Meister Petz zu betäuben oder zu fangen, um einen Halsbandsender anzubringen. Den Bärenanwälten obliegt dann die anschließende Überwachung. Damit im Ernstfall alles schnell und reibungslos abläuft, muss der Umgang mit Betäubungsgewehren, Nakosemitteln, Aldrich- und Kastenfallen sowie das Verhalten in Gefahrensituationen immer wieder geübt werden.

Der Bärenanwalt ist viel unterwegs und ist neben dem Monitoring Ansprechpartner in allen regionalen Bärenfragen. Dazu kommen in den betroffenen Regionen Fachvorträge für Jäger, Landwirte und andere interessierte Personenkreise.

Alpenraum

Ein von der EU gefördertes Kooperations-Projekt zwischen Italien, Slowenien und Österreich soll das Vorkommen des Braunbären im Alpenraum sichern. Diese Länder konnten bereits mit LIFE-Projekten Erfahrungen sammeln und haben die gleichen Naturschutzziele. Der Vorteil der Zusammenarbeit mehrerer Institutionen liegt auf der Hand. Sie umfasst unter anderem den Austausch von Erfahrungen und Forschungsergebnissen, die im Rahmen eigener Projekte gesammelt wurden, die Möglichkeit der Bildung einer Baunbären-Metapopulation soll ausgelotet werden, und die Schutzbestrebungen der einzelnen Staaten sollen koordiniert werden. Metapopulationen sind Vorkommen, die aus mehreren Teilgruppen von Individuen bestehen, die in voneinander getrennten Gebieten leben und zwischen denen ein genetischer Austausch möglich ist. Das Braunbär-LIFE-Projekt beinhaltet die dynamische Modellierung innerhalb Italiens, Österreichs und Sloweniens, um die Möglichkeiten der Weiterentwicklung und Stabilisierung der Kernpopulationen zu prüfen. Weitere Vorgaben sind die Untersuchung bereits bestehender Bären-habitate, die Suche nach weiteren potentiell geeig-neten Bärengebieten und Wanderkorridoren, die Simulation einer möglichen Populationsdynamik und die Analyse zukünftiger Wanderbewegungen

Wanderwege für die Bären

sowie die Öffentlichkeitsarbeit zum Thema „Verhältnis zwi-schen Mensch und Bär". Zudem sollen die bisher gesammelten Erfahrungen mit all den europäi-schen Ländern ausgetauscht werden, die an dem Schutz des Braunbären interessiert sind.

Bisherige Ergebnisse des Projekts:
- Modell und Studie der Möglichkeit zur Entwicklung einer Bären-Metapopulation
- Festlegung von Grundsätzen der Kommunikationsstrategie für zukünftige Bärenareale
- Kommunikation der Ergebnisse bei Treffen mit offiziellen Vertretern der Behörden aus den betroffenen Regionen

Schweiz

Die überlieferte Ausrottungsgeschichte des Braunbären in der Schweiz in chronologischer Rei-henfolge:

16. bis 18. Jahrhundert Es wird davon ausgegangen, dass eine Bärenpopuation die östlichen Zentralal-pen (Graubünden) besiedelt.

1743 Im Mittelland gibt es den letzten Bärennachweis aus dem Gebiet Riggisberg BE. Als Folge des Erlöschens dieser Population trennt sie sich in zwei Teilvorkom-men, eines im Alpenraum und eines im Jura.

1848 An der Alpennordseite verschwindet der letzte Braunbär aus dem Wallis (Lac de Taney bei Vouvry).

1861 Nachweis des letzten Jurabären, Région des Creux du Van.

1870 Die westlichen Zentralalpen im Val d'Anniviers sind frei von Bären.

nach 1870 Beschränkung des Bärenvorkommens ausschließlich auf die südöstlichen Lan-desteile. In der Endphase beschränkt es sich nur noch auf das Engadin, die Bünd-ner Südtäler und das östliche Tessin.

Mitte 19. Jahrhundert In den östlichen Zentralalpen erreichen die Abschüsse von Bären ihren Höhe-punkt. Anschließend gehen die Hinweise kontinuierlich und schnell zurück. Das kann als eindeutiger Hinweis auf eine starke Abnahme des Bärenvorkommens in diesem Gebiet gewertet werden.

1840 – 1880	In Graubünden sterben mindestens 136 Braunbären eines gewaltsamen Todes. Betroffen sind auch weibliche Bärinnen mit und ohne Nachwuchs. Damit wurde der schon geschrumpfte Bärenbestand ernsthaft gefährdet
1885 – 1897	Eine hohe Zahl erlegter Bären auf der linken Talseite des Misox und auf der rechten des Engadins lassen auf eine rege Zuwanderung aus dem Gebiet des Vinschgaues schließen. Dabei benutzten die Tiere auf ihrem Weg von Italien in die Schweiz verschiedene Wanderkorridore, u. a.: Passo di Slingia ins Val d'Uina und über die Crischetta ins Val S-charl. Die Erlegung führender Bärinnen oder einzelner Jungtiere lässt vermuten, dass sich in diesem Gebiet Bären wieder fortpflanzen konnten.
Ende 19. Jahrhundert	Zwei Bärennachweise in der Nähe der östlichen Zentralalpen.
1. Sept. 1904	Abschuss des letzten Schweizer Braunbären in den östlichen Zentralalpen durch zwei Gämsjäger im Val S-charl.
1910	Beobachtung des letzten Bären im Misox an der Alpensüdseite.
1914	Letzte Beobachtung eines Bären im Schweizer Nationalpark.
1919	Letzte Sichtung eines Bären im Umfeld von Val Chamuera (METZ 1990).
August 1923	Letzter Bärennachweis im Val Laviruns.

Die Braunbären suchen nicht nur im Wald ihre Nahrung, sondern auch auf den angrenzenden Almen und Wiesen.

Durch die allmähliche Ausrottung der Bären in den tieferen Lagen des Mittellandes verlagerten sich die Nachweise in den Jura und die Alpen. In diesen landwirtschaftlich geprägten und dünn besiedelten Gebieten

Wie Menschen verschiedener Länder unterschiedliche Nationalgerichte kennen, so kann man auch bei den Bären eine regionale Geschmacksrichtung ausmachen.

verfügte die Bevölkerung noch über keine leistungsfähigen Waffen. Außerdem gestaltete sich die Jagd hier infolge der Geländeverhältnisse weitaus schwieriger als im Tiefland. Bei der Erlegung wurde keine Rücksicht auf des Geschlecht und das Alter der Tiere genommen.

Zu der Verfolgung durch den Menschen kamen für den Bären weitere Negativtrends. So verschlechterten sich für den Waldbewohner vom 17. bis zum 19. Jahrhundert die ökologischen Bedingungen, die seinen potentiellen Nahrungsraum einschränkten:

Waldweide durch Haus-Wiederkäuer und Schweine, die Nutzung von Waldheu und Nadelfutter, das Schneiden von Bäumen sowie das Sammeln von Bucheckern und Eicheln.

Das besonders intensiv betriebene Sammeln von Heidelbeeren mit Hilfe des später verbotenen „Heidisträhli" könnte den Bären die Anlage von Reservefett für den Winter erschwert haben. Dazu kam noch Mitte des 19. Jahrhunderts der Raubbau an den Waldbeständen, der schwere Auswirkungen auf die Artenvielfalt dieses Lebensraumes zur Folge hatte. Am Ende des 19. Jahrhunderts hatten auch die Wildbestände einen Tiefstand erreicht. Damit reduzierten sich auch die Totfunde von Tieren beim Abschmelzen von Lawinenkegeln (ROBIN et al. 2003) als Nahrungsquelle für den Bären.

Bei Nachstellungen, die den Bären galten, wendete der Mensch verschiedene Methoden an. Dazu gehörten Treibjagden mit Hilfe von Hunden in Richtung Jäger, die mit Bärenfangeisen ausgerüstet waren, der Einsatz von Blankwaffen, Ende des 19. Jahrhunderts die Ablösung des seit

dem 16. Jahrhundert verwendeten Hinterla-
ders durch den wirkungsvolleren Vorderla-
der (METZ 1990, OTT 2004), das Aufstellen von

In dem von ihm besetzten Gebiet hält sich der
Braunbär meistens viele Jahre auf.

schweren aus Baumstämmen errichteten Schlagfallen und aus Eisen geschmiedeten Tretfallen
an Zwangswechseln.

Die Idee einer Wiederbesiedlung der Schweiz durch den Braunbären wurde bereits bei der
Gründung des Schweizer Nationalparks verfolgt. Danach kam es immer wieder einmal zu Forderungen, die das gleiche Ziel beinhalteten. Die dabei ins Feld geführten Gründe waren bei Gegnern
und Befürwortern meistens sehr emotionaler Art. Als Voraussetzung eines solchen Vorhabens
fehlten bisher allerdings die Abklärung der Akzeptanz der betroffenen Bevölkerung und ihre Auswirkungen. Inzwischen ist in dieser Beziehung einiges erledigt worden. Wie notwendig und dringend das war, zeigten die im Jahr 2005 eingetretenen Ereignisse.

Nachdem ein Bär zwischen Mitte Juni und dem 17. Juli im benachbarten Südtirol in der Region
um Sulden und Prad festgestellt wurde, war mit einem baldigen Grenzübertritt in die Schweiz zu
rechnen. Man musste nicht lange warten, denn eine Medienmitteilung vom 26. Juli 2005 lautete:
„Der Bär ist zurück." Was war geschehen? Ein Jäger traute kaum seinen Augen, als er am Abend
des 25. Juli um 21 Uhr bei Wildbeobachtungen am Ofenpass mit dem Fernglas auf eine Distanz
von etwa 600 m einen Bären entdeckte. Seine schnell herbeigerufene Frau und ein Autofahrer
konnten seine Wahrnehmungen bestätigen. Die Beobachtungsstelle lag auf einer Freifläche
innerhalb eines Waldgebietes, etwa 1 km von dem Schweizer Nationalpark entfernt. Einen Tag
darauf untersuchten Mitarbeiter des Amtes für Jagd und Fischerei und des Schweizerischen
Nationalparks diese Freifläche und fanden entlang einer 60 m langen Strecke auf dem Rasenbo-
den drei frisch umgedrehte Steinbrocken und sechs vor kurzem bearbeitete Totholzstücke. Das
bedeutete, dass der Bär hier nach Larven und Insekten gesucht hatte. Die amtliche Bestätigung
lag nun vor. Der Bär stammte vermutlich aus dem Wiederansiedlungsprojekt im italienischen

Nationalpark Adamello-Brenta im Trentino. So war der Braunbär nach 84-jähriger Abwesenheit (gerechnet ab 1923) wieder in die Schweiz zurückgekehrt.

Die chronologische Abfolge der weiteren Anwesenheit stellte sich nun wie folgt dar:

Medienmitteilung vom Schweizer Nationalpark und/oder dem Amt für Jagd und Fischerei in Graubünden:

vom 28. Juli 2005

Anläßlich einer Gamsbeobachtung Sichtung und Fotografieren des Bären in einem Seitental des Ofenpassgebietes. In den folgenden Tagen hält sich der Bär in der Nähe einer Straße auf. Deshalb plant man eine Vergrämungsaktion. Doch vor ihrer Umsetzung verschwindet Meister Petz aus dem Straßenbereich.

vom 3. August 2005

Der Bär, es ist ein Männchen, reißt außerhalb des Nationalparks ein Kalb, welches man liegen lässt, um seine Nahrung für die nächsten Tage sicherzustellen. Seither erscheint der Bär in diesem Gebiet regelmäßig. An einzelnen Abenden kommen mehrere hundert Schaulustige, um die Rückkehr des Bären zu beobachten und um ihn zu fotografieren. Auch hier wieder das Teddybärsyndrom: Die Besucher haben wenig Respekt und halten zu wenig Abstand. Ein solch unvernünftiges Verhalten kann einen Angriff des Bären provozieren. Dass bisher nichts Schlimmes passiert ist, liegt nicht an den Zuschauern, sondern an dem Bären. Das muss nicht immer so sein. Am Abend des 2. August verlässt der Bär diesen Rummelplatz. Die Verantwortlichen des Schweizer Nationalparks haben seit längerer Zeit mit der möglichen Rückkehr des Bären gerechnet und mit der Bärenausstellung im Museum Schmelzra, der Bärenbroschüre „Auf den Spuren des Bären" sowie in Vorträgen das Thema immer wieder ins Bewusstsein gebracht.

vom 4. August 2005

Der Bär wird wiederholt in der Nähe des Ofenpasses und des Schweizer Nationalparks gesichtet.

vom 5. August 2005

Sichtung des Bären von Privatpersonen in recht weit auseinander liegenden Gebieten. Aufgrund der vorangegangenen Ereignisse wird auf die Bekanntgabe der Beobachtungsorte verzichtet.

vom 6. und 7. August 2005

Der Bär hält sich weiter im gleichen Gebiet auf. Das bedeutet, er hat sich nicht durch den Rummel vertreiben lassen. Der Andrang von Passanten am Ofenpass hat sich stark beruhigt, wenn auch am Abend immer noch einige Neugierige kommen.

vom 8. und 11. August 2005

Beobachtungen bestätigen, dass sich der Bär weiterhin im Münstertal aufhält. Er bevorzugt jetzt Orte abseits der Talstraße, wo er vor Belästigungen sicher ist.

vom 16. August 2005

Der Bär reißt ein Schaf. Fachleute des Herdenschutzes Schweiz prüfen den Einsatz von Herdenschutzhunden im Münstertal. Ob und in welchem Maß die für die Wolfsprävention eingesetzten Herdenschutzhunde Schafrisse durch Bären verhindern können, bleibt abzuwarten.

vom 22. August 2005

Im Obervinschgau, auf der Gemarkung Mais, haben Hirten etwa 2600 m über dem Meer in unmittelbarer Nähe der Schweizer Grenze einen Bären gesichtet. Mit großer Wahrscheinlichkeit handelt es sich hierbei um den Bären aus Graubünden.

vom 29. August 2005

Der Bär hält sich im Dreiländereck Österreich-Italien-Schweiz auf. Sein Aufenthaltsort hat sich aus dem Gebiet Sursass nach Nauders/Nordtirol verschoben.

vom 26. September 2005

In den vergangenen zwei Wochen wird der Bär mehrmals im Unterengadin gesichtet. Er muss sich im September genug Fett für die Winterruhe anfressen. Ob der Bär den Winter im Engadin verbringt, ist noch offen.

Ende September 2005

Diese Mitteilung trägt den Titel: *Bärenrisse in der Val d'Assa. – Auf dem Gemeindegebiet von Ramosch hat der Bär offensichtlich 22 Schafe gerissen.* Im folgenden Abschnitt wird die Mitteilung relativiert, im Wortlaut heißt es (auszugsweise): Gemäß den Aussagen des Amtes für Jagd und Fischerei und des Schafhirten sind die meisten Schafe im steilen Gelände abgestürzt und anschließend vom Bären teilweise gefressen worden. Wie viele Schafe der Bär lebendig gerissen hat, ist nicht bekannt. Normalerweise reißen Bären im Herbst kaum Haustiere und ernähren sich vermehrt von Zucker und Fett (Beeren, Nüsse Früchte etc.).

Oktober 2005

Ende September reißen die Beobachtungen im Unterengadin ab. Über den Aufenthaltsort des Bären herrscht Unklarheit. Das frühe Verschwinden und die Tatsache, dass er bis Juli 2006 nicht mehr gesichtet wurde, deuten auf einen illegalen Abschuss hin.

Genetische Analysen, die in Norditalien und in der Schweiz gesammelt wurden, haben ergeben, dass der Bär aus der Trentiner Population stammt. Er ist ein Sohn von Jurka und Joze. Das sind slowenische Bären, die man zur Stützung der Population in den Alpen ausgesetzt hat. Italienische Forscher tauften ihn JJ2 (zweites Junges von Jurka und Joze). Seine Mutter galt als nicht scheu und hatte schon einige Nutztiere gerissen. Da Junge eineinhalb Jahre bei ihrer Mutter verbleiben, hat die mütterliche Erziehung einen größeren Einfluss als bei anderen Arten. Bei seiner Wanderung folgte JJ2 ziemlich treu dem nördlichen Korridor. Die erste Sichtung erfolgte in Ultental (Italien). Mitte Juni konnte er in der Nähe von Sulden fotografiert werden. Ehe er dann am 25. Juli 2005 zum ersten Mal Schweizer Boden betrat, hielt er sich bis Mitte Juli zwischen Sulden und dem Martelltal auf.

Spanien

Eine unerfreuliche Entwicklung hat die Bärenpopulation in den Pyrenäen genommen. Dort lag ihre Zahl um 1935 bei 150 bis 200 Tieren, 1950 waren es 130 und um die Jahrtausendwende lebten dort noch 10 bis 20 Individuen.

Eine ähnliche Entwicklung spielte sich in der Kantabrischen Kordillere, im äußersten Nordwesten der Iberischen Halbinsel, ab, die zwischen 1833 und 1843 insgesamt noch einen guten Bestand aufwies. Starke Nachstellungen führten zu einem drastischen Arealschwund und zu einer Tren-

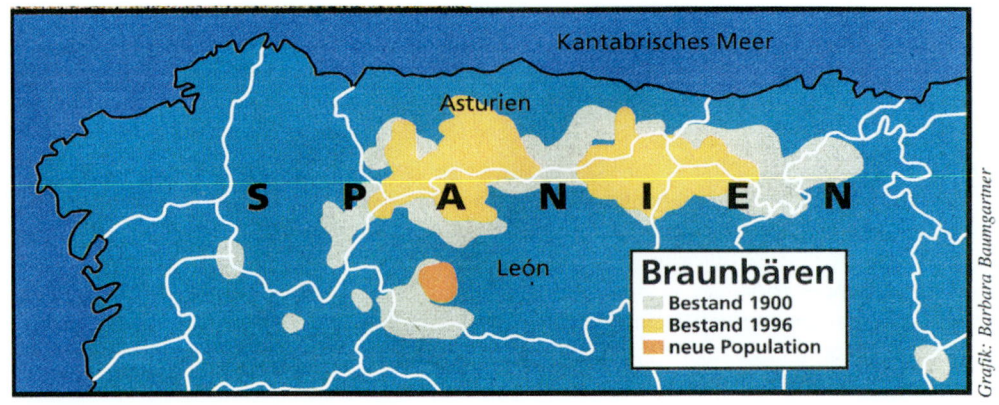

Grafik: Barbara Baumgartner

Braunbärenentwicklung in Spanien

nung des Vorkommens in ein westliches und östliches Bärengebiet. In dem westlichen, 4000 km² großen Areal leben 40 bis 55 Tiere. Es erstreckt sich über Kastilien-Leòn, Asturien und Galizien. In dem östlichen, 2500 km² großen Gebiet zählt das Vorkommen nur noch 20 bis 25 Bären. Diese Entwicklung ist im Hinblick auf ihr Überleben alarmierend, denn die Bären zeigen bereits gravierende Inzuchterscheinungen, wie genetische Untersuchungen des naturwissenschaftlichen Museums Madrid belegen. Im Jahr 2000 brachte diese Population nur ein Jungtier hervor, ein weiteres bedenkliches Zeichen des Abwärtstrends. Das westliche Bärenvorkommen hat zwar ebenfalls abgenommen, es zählte im Jahr 2000 aber immer noch 60 bis 70 Tiere mit sieben Bärinnen, die Junge führten. 1994 konnte erstmals nach vielen Jahren wieder ein Bär zwischen den beiden Gebieten nachgewiesen werden.

Die Angaben über die Größe der Bärenpopulation in der Kantabrischen Kordillere beruhen auf grobe Schätzungen. Um die Bärendichte in den verschiedenen Teilregionen des genannten Gebirgszuges zu ermitteln, hat die Naturschutzorganisation FAPAS mit Unterstützung von EURONATUR und dem Bärenspezialisten PROF. DR. PURROY, Lehrstuhlinhaber an der Biologischen Fakultät der Universität Leòn, ein Monitoring-Programm durchgeführt. Im Zuge dieser Maßnahme haben die Fapasmitarbeiter in einem Zeitraum von fünf Jahren dreimal jährlich eine vorher genau festgelegte Wegstrecke begangen, immer auf der Suche nach Bärenspuren. Dabei haben sie pro Durchgang 908 km zurückgelegt, eine beachtliche Leistung.

Mit Hilfe radiotelemetrischer Untersuchungen konnte man feststellen, dass die kantabrischen Bären gezwungen sind, große Strecken zurückzulegen, um die getrennt liegenden Nahrungsräume im jahreszeitlichen Rhythmus nutzen zu können. In Spanien zählen zu den optimalen Bärenbiotopen große Eichen- und Buchenwälder. Doch die haben inzwischen an Fläche verloren und sind dazu noch mosaikartig aufgesplittert. Um sie aufzusuchen, werden die Bären zu großen Wanderungen gezwungen, bei denen sie Störungen ausgesetzt sind, die durch die menschliche Anwesenheit verursacht werden.

Um ihre Nahrungssituation zu verbessern, aber auch um Schäden in der Landwirtschaft zu minimieren, wurden von der Naturschutzorganisation FAPAS an günstigen Stellen Sträucher und Obstbäume gepflanzt. Hunderttausende von Setzlingen kamen auf diesem Weg in die Berge, wo ihre Früchte und Blätter später eine gute Nahrungsgrundlage für die Bären bilden sollten. Eine Bestandsaufnahme 2002 zeigte, dass sich die Pflanzen gut entwickelt hatten und die Bären sich nicht mehr um ihren Winterspeck sorgen mussten, sondern auch die Täler meiden konnten. Für die Neuanpflanzungen verwendete man Wildapfel, Wildbirne, Wildkirsche, Eiche, Buche, Kastanie, Vogelbeere und Hagebutte.

Bei der Erforschung der Lebensweise der Bärenpopulation setzte man auch fünf Kameras ein, die Bärenranger entlang wichtiger Wildwechsel in verschiedenen Schutzgebieten installierten. Eine Lichtschranke diente als Auslöser, und sie erfasste neben Bären, Wölfen, Wildschweinen, Rehen und Füchsen auch zwei Wilderer. Bei dem Kampf gegen Wilderer, Fallensteller, Brandstifter und Holzdiebe hat die Naturschutzorganisation FAPAS einen wichtigen Verbündeten, nämlich die spanische Umweltpolizei SEPRONA. Seit 1999 hat sich die Überwachung der Bären intensiviert, und die Mitarbeiter beider Organisationen führen gemeinsame Patrouillen durch, die auch Bereiche von Monte de Leòn und der Sierra de Begaga einbeziehen. Schon die Anwesenheit der Umweltpolizei hat die Straftaten erheblich zurückgehen lassen. Unterstützung erfährt FAPAS auch durch den neuen Direktor des Nationalparks Picos d´Europa, der es ermöglicht, einen detaillierten Statusbericht über das Bärenvorkommen im Nationalpark zu erstellen.

Wenn Menschen der Magen ordentlich knurrt, spricht man nicht zu Unrecht von einem Bärenhunger. Zwar ist er bei Bären außerordentlich groß, doch der Appetit setzt erst allmählich nach dem Verlassen des Winterlagers ein. Um diesen Appetit zu befriedigen und das Nahrungsangebot zu verbessern, griff FAPAS 2001 auf eine in Italien erfolgreich praktizierte Methode zurück. Auf neun verschiedenen Äckern mit einer Gesamtfläche von 7000 Quadratmetern wurde Mais angepflanzt. Die Anlagen wurden von einem Zaun vor Wildschweinen geschützt, die Mais ebenfalls nicht verachten. Eine spezielle Leiter ermöglichte Meister Petz den Übertritt. Die Maßnahme, die 10.000 Euro kostete, funktionierte. Wildschweine blieben draußen, während Bären das Angebot gut annahmen.

Eine Entwicklung, die sich negativ auf das Bärenvorkommen auswirkt, ist die anhaltende Landflucht. Bedingt durch den Wegzug vieler junger Leute aus den Dörfern des Kantabrischen Gebirges, verkaufen die älteren Menschen ihren Grundbesitz, auf dem oft wertvolle Eichen- und Kastanienwälder stocken. Die Käufer roden diesen Baumbestand, ohne die Lebensraumansprüche der hier lebenden Bären in Betracht zu ziehen. Untersuchungen haben ergeben, dass sich allein im Nationalpark Somiedo 20 % der Waldfläche in Privatbesitz befindet, ein Areal, dessen Nahrungsangebot von mindestens zwölf Bären im Herbst und im einsetzenden Winter genutzt werden kann. Um die zum Verkauf stehenden Flächen für die Bären zu erhalten, hat die Parkverwaltung mit Unterstützung von FAPAS eine Strategie ausgearbeitet. Demnach erhält die Nationalparkverwaltung von den Eigentümern den Verkaufsantrag und überprüft dessen Rechtmäßigkeit. Nach Abschätzung der ökologischen und ökonomischen Wertigkeit des Baumbestandes kann FAPAS mit den Eigentümern der Baumgrundstücke verhandeln. Führt die Verhandlung zum Erfolg, ist Vertragsbestandteil, dass die Bäume mindestens 45 Jahre lang nicht gefällt werden dürfen. Dieses Abkommen scheint den Käufern keine Probleme zu bereiten, denn im Jahr 2002 lagen der Parkverwaltung bereits elf Anträge von Privatwaldbesitzern vor. Sieben davon betrafen besonders wertvolle Baumbestände. Der erste Abschnitt dieses Programmes sieht den Kauf oder Verkauf von 40 bis 45 Parzellen vor, den auch EURONATUR mit Spendengeldern unterstützt.

Für die meisten gefährdeten Tierarten sind Wanderkorridore, die Ausbreitungs- und Verbindungsbarrieren überbrücken, unerlässlich. Werden solche unterbrochen, hat das meistens gravierende Folgen für die betroffenen Wildbestände. Eine solche Bedrohung, besonders für die Bären, ergibt sich durch die Goldmine in der Sierra de Begega im Kantabrischen Gebirge, deren Ausbreitung nicht zu stoppen ist. Ihr Abbaugebiet umfasste bisher 3000 ha. Hier werden zwar von dem kanadischen Minenbetreiber mit Bagger und Planierraupen seit Jahren Unmengen an Erdreich verschoben, doch Funderfolge waren mit einem Gramm Gold pro Tonne dabei mehr als mäßig. Diese Ausbeute und der sinkende Goldpreis brachten weder 2000 noch 2001 einen Gewinn. Trotzdem will man weitere Probebohrungen durchführen. Angepeilt wird ein Betrieb der Mine um weitere 20 Jahre und ihre Ausbreitung nach Nordwesten auf nochmals 3000 ha. Dadurch besteht die

Gefahr, dass sie wichtige Bärenwanderwege zerschneidet, denn das Minengelände verläuft parallel zu dem Höhenzug, der von den Bären genutzt wird.

Der Bärenpopulation dieser Region droht noch weiteres Unheil, denn auf den Kammlagen der Sierra de Begega ist ein Windpark mit 68 Windrädern in Planung, einschließlich

Bären halten sich gern am und im Wasser auf, so wie die Bärin mit ihrem Jungen auf dieser Aufnahme. Der gleichen Neigung frönte Bruno am 25. Juni 2006 bei einem Bad im Soinsee.

der dazugehörigen Zufahrtswege und Gebäude. Nach seiner Ausführung werden Windparkanlage und Goldmine einen wichtigen Abschnitt des Bärenlebensraumes in einer Flussschleife des Rio de Narcea fast vollständig vom Rest des Areals abtrennen.

Durch diese Szenarien gibt es für das Bärenvorkommen der genannten Gebiete nur noch einen eingeschränkten Verbindungskorridor in der Gegend um den Rio Cauxa und den Hangbereichen unterhalb der Dörfer El Pontigo und Villaverde, weil dort die Minenerweiterung schon deutliche Spuren hinterlassen hat. Das Unternehmen hatte zwar die Auflage, die niedergewalzte Vegetation nach dem Abbau durch Anpflanzungen wieder aufzuforsten, doch Papier ist geduldig, besonders, wenn in den niedergeschriebenen Texten Auflagen festgesetzt sind. So stehen heute auf dem riesigen kahlen Hang lediglich 50 Pflanzen, vor allem Birken, Ebereschen und zwei Kastanien, die in ihrer Dürftigkeit weit entfernt von einem geschlossenen Waldbild sind. Das „Heilen der Wunde" bleibt auch dieses Mal anderen überlassen. Die anderen sind, wie so oft, die Naturschutzorganisation FAPAS, die mit Unterstützung von EURONATUR das 7,5 ha große Flurstück „La Hermita" unterhalb des Dorfes El Pontigo im Dezember 2001 kaufen konnte. 2002 erwarb FAPAS bei Rodevinjas weitere 22 Hektar. Dies sind zwei Teilabschnitte, durch die wichtige Bärenwanderwege verlaufen. Außerdem sind es Areale, die zu den Ausweichflächen gehören, die am meisten durch Waldbrände und andere Störungen gefährdet sind. Die Kosten für den Flächenerwerb betrugen 55.000 Euro, die durch Spenden aufgebracht werden mussten.

Die Bärenbestände Spaniens leiden zusätzlich unter Nachstellungen, mit denen man eigentlich Wildschweinen an die Schwarte rücken will. Das Borstenvieh bereitet den Landwirten durch die von ihm angerichteten Schäden große Probleme. Deshalb versuchten sie die Plage in der Vergangenheit mit Kabelschlingfallen einzudämmen. In neuerer Zeit finden immer öfter Fallen mit Kunststoffschnüren Verwendung. Sie sind in der Herstellung billiger und können deshalb in größerer Zahl ausgelegt werden, sind aber auch schwerer zu entdecken als die Kabelschlingfallen. Das wieder bereitet den Rangern Probleme, die den verbotenen Fangmethoden nachgehen. Im Jahr 2002 zählte ihr gesamtes Fundgut nur vier Plastikschlingfallen. Was haben diese Fallen aber mit den Bären zu tun? In einer Fotofalle wurde ein Bär abgelichtet, dem die rechte Vorderpfote fehlte. Die Vermutung, dass es sich dabei um eine Schlingfallenverletzung handelte, dürfte mit Sicherheit richtig sein.

Doch die Erfolgserlebnisse spornen die Mitarbeiter von FAPAS bei ihrer Tätigkeit immer wieder an. Dazu zählt, dass sie Jagdverbände als Verbündete für den Bärenschutz gewinnen konnten.

Junge Bären haben die Mutter als Lehrmeister. Hat sie es überwiegend auf Bienenstände und Schafe abgesehen, wird sich diese Verhaltenweise in der Regel auch auf ihre Kinder übertragen. Ist ihr Benehmen gegenüber den Menschen unauffällig und das ist meistens der Fall, werden auch aus den Kindern keine Problembären.

Diese Kooperation zeigte schon 2001 positive Auswirkungen. Beobachter von FAPAS konnten an Treibjagden auf Wildschweine teilnehmen, bei denen man insgesamt auch acht Bären aufscheuchte. Die Anwesenheit der Ranger rettete den Bären das Leben, denn früher hatten solche Begegnungen für die Tiere meistens einen tödlichen Ausgang.

Diese Zusammenarbeit kann man jedoch nur voll würdigen, wenn man die Ausgangssituation kennt. Der Braunbär steht in Spanien zwar seit 1973 unter Schutz, doch bei mancher Wildschweinjagd blieb, wie bereits angeführt, oft auch ein Bär auf der Strecke. Eine viel gebrauchte Ausrede war, dass die Jäger den Bären mit einem Wildschwein verwechselt und somit in Notwehr gehandelt hätten. Doch wer eine solche Argumentation vorbringt, sollte eigentlich seinen Jagdschein abgeben müssen, denn er könnte ja genauso gut einen Menschen für ein Borstentier halten. Die Fadenscheinigkeit der Notwehrbegründung zeigte dann die Einschussstelle, die bei den erlegten Bären oft in den Flanken oder im Hinterteil lag. Die Bären Spaniens als aggressiv zu bezeichnen, ist ebenfalls Unsinn. Durch dauernde Nachstellungen wurden sie im Laufe der Zeit so scheu, daß sogar Mitarbeiter des Bärenschutzes, die viel zu Fuß unterwegs sind und die auch die Bärenwanderwege gut kennen, oft über Monate hinweg keinen Bären sichten. Zudem kennt man keinen einzigen verbürgten Fall, in dem ein Bär in Spanien einen Menschen angefallen hat.

Genau wie die illegale Jagd schwächt auch die Wilderei den Bärenbestand Spaniens. Die dabei angewendeten Mittel sind Kugel, Gift und Fallen. Es ist bekannt, dass von etwa 1980 bis 2000 über 30 Bären der Wilderei zum Opfer fielen, wobei die Dunkelziffer, die ille-

Erziehungsmethoden – Wenn es die Jungen zu toll treiben, bekommen sie von der Mutter auch einmal eine Zurechtweisung, die offensichtlich weh tut. Brunos Mutter führte 2006 wieder Junge, und es bleibt zu hoffen, dass deren Erziehung anders als bei ihrem älteren Bruder verläuft.

gale Jagd eingeschlossen, viel höher liegen dürfte. Für diese Art der Verfolgung gibt es zwei Gründe:

1. In weiten Teilen der Bevölkerung ist die Toleranz gegenüber Bären durch Verluste von Weidevieh sowie Schäden an Imkerständen, Obstbäumen und Maisfeldern gering.
2. Ihr Fell erzielt auf dem Schwarzmarkt hohe Preise.

Die Landwirtschaft in den Bergen Spaniens kann auf eine lange Tradition zurückblicken. Es waren die über Jahrhunderte andauernden Kriege und Unruhen zwischen den einzelnen Provinzen, die viele Bauern in die kargen, aber sicheren Berglandschaften auswandern ließen. Das wieder kam den Bären zu Gute, denen sich, ein vorsichtiges Verhalten vorausgesetzt, neuartige Futterquellen in Form von Obst, Mais, Kartoffeln, Getreide und Gemüse erschlossen, inklusive ein gestürztes Stück Weidevieh und als Leckerbissen die Bienenstände. Die Weidewirtschaft sorgte außerdem durch das Freihalten großer Flächen für natürliche Feuerschneisen.

Als sich der Trend umkehrte und die Bauern ihre Höfe in den Bergen aufgaben, weil sie sich in den Städten einen besseren Lebensstandard erhofften, verloren auch die Bären einen Teil ihrer Nahrungsgrundlage. Zusätzlich zerstörten Waldbrände, durch keine natürlichen Feuerschneisen mehr gehemmt, wesentliche Areale ihrer Nahrungsflächen. Sie waren jetzt gezwungen, vermehrt die Täler aufzusuchen, wo das Gefährdungspotential durch Jäger und Wilderer deutlich zunahm.

Am Rückgang der Bären ist auch die Forstwirtschaft nicht ganz unschuldig. Die angepassten, artenreichen Waldstrukturen der Berge mussten Eukalyptus-Monokulturen weichen, die weder einheimischen Tieren noch Pflanzen Lebensraum bieten. Nach dem Fällen der Bäume kam es zu großflächigen Erosionen. So bietet heute mancher Berghang, auf dem vor der Eukalyptusanpflanzung ein dichter Mischwald stockte, das traurige Bild einer Erosionslandschaft. Falsch eingesetzte Fördermittel aus dem Topf der Europäischen Union leisteten der Zerstörung der natürlichen Habitate noch Vorschub.

Eine forstwissenschaftliche Studie, angeregt von FAPAS und finanziert von EURONATUR, legte nicht nur die Folgen dieser Fehlplanung offen, sie gab auch positive Ansätze zur Regenerierung der Berghänge. Es sollen zwar schnellwüchsige, aber in den Gebirgsregionen heimische und landschaftsangepasste Baumarten angepflanzt werden. Inzwischen haben die Forstbehörden die Ergebnisse der Studie angenommen und tatsächlich schon mit der Anpflanzung der empfohlenen Baumarten begonnen.

Was ist zu tun, um dem spanischen Bärenbestand langfristig wieder eine Zukunft zu geben?

Die Aufklärungsbemühungen müssen verstärkt werden, damit die Bevölkerung „ihre" Bären toleriert und akzeptiert. So lange dieses angestrebte Bewusstsein nicht vorhanden ist, sind alle übrigen Anstrengungen, die den Schutz der Bären beinhalten, großteils zum Scheitern verurteilt.

Ein weiterer, äußerst wichtiger Schritt auf diesem Wege wird bereits seit zehn Jahren umgesetzt. Das sind Ausgleichszahlungen für von Bären verursachte Schäden. Dieses Problem konnte FAPAS in Zusammenarbeit mit der Regierung von Asturien lösen.

Eine weitere Lösung ist die Umwelterziehung, die FAPAS besonders in den Schulen und Jugendorganisationen forciert. Gespräche mit Hirten und Landwirten dienen dem gleichen Zweck.

Beim Abwägen aller positiven und negativen Fakten und Entwicklungen, die den spanischen Bärenbestand betreffen, gewinnen die positiven Ansätze dank der vielen uneigennützigen Helfer langsam die Oberhand, und eine intakte Natur, die überwiegend von Pflanzen und Tieren im Gleichgewicht gehalten wird, kommt schließlich auch uns Menschen zu Gute.

1997 umfasste der Bärenbestand in den Pyrenäen und dem Kantabrischen Gebirge 70 bis 90 Tiere.

2006 zählte der Bärenbestand Spaniens insgesamt bereits 100 bis 120 Tiere.

Spanien/Frankreich

Die Grenze zwischen Spanien und Frankreich verläuft in den Pyrenäen überwiegend entlang des Hauptkammes, deshalb läßt sich hier bei der Bärenpopulation nur schwer eine Trennung nach Ländern vornehmen.

Um 1950 umfasste der Bärenbestand in den Pyrenäen etwa 70 Tiere. Mitte der 90er Jahre des letzten Jahrhunderts hatten illegale Abschüsse dieses Vorkommen stark zusammenschrumpfen lassen, die übrig gebliebenen Tiere überlebten im Gebiet Beàrn in den Westpyrenäen. 2004 waren es noch vier Bären und eine Bärin.

In den zentralen Pyrenäen erlosch die Population im Verlauf der 80er Jahre des 20. Jahrhunderts. 1996 und 1997 erfolgte ein Wiederansiedlungsversuch mit zwei Bärinnen und einem männlichen Bären aus Slowenien. Sie begründeten bis 2004 einen Kleinbestand von sechs bis sieben Tieren. Insgesamt könnten die Pyrenäen vom Habitat her hundert Bären einen Lebensraum bieten.

So besteht der Bärenbestand in diesem Gebirge nur noch aus 16 bis 18 Individuen (Stand 2004), die dazu noch zwei getrennte Vorkommensgebiete bewohnen. Wildbiologen, die die Populationsentwicklung unter verschiedenen demographischen Gesichtspunkten untersuchten – Überlebensrate der Tiere unterschiedlichen Alters und Geschlechts, die Wurfgröße usw. – kamen zu dem Ergebnis, dass ohne zusätzliche Tiere ein Erlöschen des Vorkommens sehr wahrscheinlich ist.

Um den Trend umzukehren und den Bestand wenigstens einigermaßen zu sichern, müssten in der östlichen Region mindestens fünf Bärinnen und im zentralen Gebiet zwei Männchen ausgesetzt werden. Genau das wurde immer wieder von den Schutzorganisationen gefordert. Sie erhielten bei ihren Bemühungen Unterstützung durch Umfrageergebnisse, nach denen die ansässige Bevölkerung mit 80 % die Anwesenheit der Bären befürwortet und 58 % weitere Umsiedlungen zur Sicherung des Bestandes für wünschenswert hielten.

Die Gegner solcher Aktionen kommen aus den Reihen der Schafhalter. 2003 hatte ein Jungbär sich wiederholt an ihren Schafherden vergriffen. Proteste von Politikern und Landwirten zwangen die zuständigen Behörden zum Handeln: Sie verfügten im Juni, den Problembären einzufangen, was jedoch nicht gelang. Die Sommermonate blieben ruhig, aber im Herbst griff Meister Petz erneut zu. Die erbosten Landwirtschaftsvertreter verlangten daraufhin im November Abhilfe und drohten mit Aktionen, wenn ihre Forderungen ohne Folgen blieben. Diesen Drohungen folgten Taten. Während der Weihnachts- und Neujahrstage blockierten die Schafhalter in einer Protestaktion den Anstieg zu dem örtlichen Skilift. Das brachte zwar den Bären nicht in die Falle, aber den Skiliftbetreibern Umsatzeinbußen von 20 %.

Aus dem Jahr 2004 stammen erfreuliche Nachrichten, wenigstens was den Bärennachwuchs betrifft. In dem Département Haute-Garonne in den zentralen Pyrenäen konnte ein Angler eine Bärin mit einem Jungen beobachten, und im östlichen Teil des Grenzgebirges, im Département Ariège, meldete die Équipe technique ours eine Begegnung mit einer Bärin, die zwei einjährige Junge führte.

Das Jahr 2003 wartete wieder mit einer schlechten Nachricht auf. Am 1. November wurde die Bärin Canelle, die mit dem im gleichen Jahr geborenen Jungtier bei Urdos im Vallée d´Aspe unterwegs war, bei einer von sechs Jägern veranstalteten Treibjagd auf Wildschweine geschossen. Als man sie in die Enge trieb, biss sie einen Jagdhund und bewegte sich in die Richtung eines Jägers, der auf sie schoss. Die schwer verletzte Bärin fiel in eine Schlucht, wo sie verendete.

Der Schütze gab Notwehr als Motiv an. Naturschutzorganisationen äußerten jedoch den Verdacht, dass die Jäger für ihre Treibjagd mit Hunden ganz gezielt eine Region ausgesucht hatten, in der die Wahrscheinlichkeit groß war, auf die Bärin mit ihren Jungen zu treffen. Die Ours-loup-lynx-conservation hatte schon seit Jahren die Forderung erhoben, in den Aufenthaltsgebieten führender Bärinnen auf die Jagd zu verzichten. Um die Überlebenschancen des zehn Monate alten Jungtieres zu vergrößern, verhängte man in dem betroffenen Gebiet ein Jagdverbot. Der Tod von Canelle ist deshalb so verwerflich, weil sie das einzige reproduzierende Weibchen in einer Gruppe von weniger als sechs Bären war, die im westlichen Teil des Verbreitungsgebietes der Pyrenäen lebten.

Die Gesellschaft für den Schutz wilder Tiere ASPAS erhob wegen der Zerstörung einer unter Schutz stehenden Art Anklage gegen den Schützen sowie gegen den Präsidenten der Jagdgruppe. Bei Verhängung der Höchststrafe müsste der Angeklagte mit sechs Monaten Freiheitsentzug und einer Geldstrafe von 6000,- Euro rechnen.

Zahlreiche regionale Schutzorganisationen, die im Coordination associative pyrénenne pour l´ours Pyrènes (CAP-Ours) zusammengeschlossen sind, lancierten gleich nach dem Vorfall eine Petition, die weitere Umsiedlungen von Bären in die Pyrenäen forderte. Schon im Oktober 2003 hatte die Schutzorganisation einen Appell mit der gleichen Forderung an den französischen Präsidenten Jacques Chirac gerichtet.

Nach dem Abschuss von Canelle stiegen die Chancen für weitere Aussetzungen. Die Reaktionen, die der Abschuss nach sich zog, waren auch in den oberen Etagen der Politik heftig. Der Präsident Jacques Chirac kommentierte das Geschehen als „einen großen Verlust für die Artenvielfalt in Frankreich und Europa" und entsandte seinen Umweltminister Serge Lepeltier an den Ort des Geschehens. Die konkrete Forderung lautete, im Frühjahr 2004 in den Westpyrenäen zwei Bären als bestandsstützende Maßnahme auszusetzen, denn der Tod der etwa 15 Jahre alten Bärin war ein herber Verlust für das Vorkommen in den Pyrenäen, dessen Gesamtbestand bis 2006 immer noch nicht über 10 bis 20 Tiere hinausging.

Deutschland

Ein Bär namens Bruno

Der letzte Braunbär auf deutschem Gebiet wurde 1835 bei Ruhpolding in Oberbayern erlegt. Danach war Deutschland etwa 170 Jahre eine bärenfreie Zone.

Von Mai bis Oktober 2006 schaukelte sich in den Publikationsorganen ein Thema hoch, welches fast jeden Tag mit entsprechenden Artikeln und Kommentaren gewürdigt wurde. Es war das Auftauchen von Meister Petz, der nach einer langen Abwesenheit wieder seine Tatzen in Bayern auf deutschen Boden setzte. Aufgrund der Bestandsentwicklung in Österreich und Italien war sein Erscheinen nur noch eine Frage der Zeit, und doch traf es die deutschen Behörden weitgehend unvorbereitet, sie waren in der Reaktion unprofessionell und weitgehend hilflos. Stellvertretend für die vielen Presseorgane, deren Berichterstattung in der Aufmachung sogar einige Male mit der gerade stattfindenden Fußballweltmeisterschaft gleichzog, sollen hier die Schlagzeilen einer südwestdeutschen Zeitung durch die Entwicklung der Geschichte führen.

Es begann am **18. Mai 2006** mit einer harmlos erscheinenden Schlagzeile. „Bär streift durch Bayern und Tirol".

Nach WWF-Beobachtungen handelte es sich um ein Tier, welches sich ungewöhnlich nahe an Siedlungen heranwagte. Der Bär hatte sich eine Woche vorher in Vorarlberg mit einem Einbruch in einen Schafstall bemerkbar gemacht und dort zwei Schafe gerissen. Man vermutete, dass es sich um einen Sohn von Jurka und Jose handelte, der den wissenschaftlichen Namen „JJ1" führte. Seine aus Slowenien stammenden Eltern waren im Rahmen einer Wiedereinbürgerung im Trentino ausgesetzt worden. Aufgrund seines wenig scheuen Verhaltens sollte er gefangen werden, um ihm einen Peilsender anzulegen. Anschließend wollte man ihm mit Gummigeschossen und Knallkörpern beibringen, dem Menschen und seinen Einrichtungen tunlichst aus dem Weg zu gehen. Doch dann bewahrheitete sich die alte Regel, dass man das Fell eines Bären erst verteilen kann, wenn man ihn hat, und das war zu diesem Zeitpunkt nicht der Fall.

Die nächste Schlagzeile ließ nicht lange auf sich warten. Am **23. Mai 2006** hieß es „Meister Petz geht es an den Kragen", „Schafe gerissen und in Hühnerstall neben Wohnhaus eingedrungen", „Bayerns Umweltminister WERNER SCHNAPPAUF gibt Braunbären zum Abschuss frei".

„Denn der Bär ist offensichtlich außer Rand und Band und zu einer Gefahr für den Menschen geworden", so der CSU-Minister.

Was war geschehen? Der Neuankömmling begann seinen Einstand in Bayern mit sieben Schafrissen im Raum Garmisch-Partenkirchen und zwei Schafrissen am Eibsee. Das war ein Schlag für Tierfreunde und Umweltschützer, die die Rückkehr des Bären nach Deutschland mit Begeisterung erwartet hatten.

Durch diese Vorkommnisse geriet der Umweltminister unter Druck, was ihn zu seiner drastischen Anordnung veranlasste, die den Abschuss des Bären erlaubte. Zugleich boten zwei Tierschutzstiftungen an, in Bayern ein drei Hektar großes Bärengehege zur Verfügung zu stellen, falls sich der Bär fangen ließ. Als Zitat des Tages galt eine Äußerung von FRANZ EMDE, Sprecher des Bundesamtes für Naturschutz: „Es wäre besser gewesen, der Bär hätte sich vernünftig verhalten und sich eingegliedert."

Einen Tag später, am **24, Mai 2006** lauteten Titel und Untertitel: „Geplanter Bären-Abschuss heftig umstritten – Meister Petz vermutlich wieder in Österreich", „Laut Auskunft des Tiroler Landesrats soll er auch dort getötet werden – Tier steht unter Artenschutz".

In der Annahme, dass die Wanderung des Bären wieder in Richtung Österreich führte, wurde die Suche eingestellt. Sieben Forstbeamte, die ein 1000 Hektar großes Gelände oberhalb des Eibsees durchkämmten, fanden keine neuen Spuren. Nach dem vermutlichen Verlassen des deutschen Gebietes blieben auch die Schadensmeldungen aus. Vorsichtshalber stellte der WWF-Österreich auf seinem Hoheitsgebiet eine Lebendfalle auf.

Trotz seiner Taten erhielt der „Korbiniansbär" kirchlichen Beistand, denn Münchens Ordinariatssprecher WINFRIED RÖHMEL gab den Hinweis, dass kein Geringerer als der aus Bayern stammende PAPST BENDEDIKT XVI. den Bären in seinem Wappen führt. „Dabei handelte es sich um den Freisinger Korbiniansbären, der auf eine Episode in der Vita des gleichnamigen Bischofs zu Anfang des 8. Jahrhunderts zurückgeht. Kundige hätten wissen müssen, dass der Bär auf seinem Weg von Italien her nicht ganz zufällig ins Werdenfelser Land gefunden haben kann, noch dazu drei Monate bevor PAPST BENEDIKT XVI. nach Bayern kommen wird", heißt es in der Anspielung auf den Besuch des Kirchenoberhaupts im Freistaat. In seiner Begründung weist Röhmel auf die Begegnung Korbinians mit einem Bären hin, als er die Alpen überquerte. Auf dieser Reise fiel ein Bär über das Pferd Korbinians her, verhielt sich anschließend aber so zahm, dass er zum Reisebegleiter avancierte. Als Korbinian Rom erreichte, entließ der Bischof den Bären wieder in die Freiheit.

Am **25. Mai 2006** fielen die Schlagzeilen wegen Christi Himmelfahrt aus.

Doch der **26. Mai 2006** brachte dafür wieder eine dicke Überschrift:

„Zu aufgeregt zum Fotografieren", und weniger dick: „Immer mehr Befürworter wollen das untergetauchte Tier am Leben lassen."

Nach dieser Berichterstattung konnte sich der junge Braunbär als Sieger fühlen, denn immer mehr Stimmen forderten sein Überleben. Ein Jagdpächter wollte ihm im Bereich von Kufstein bei einer Auerhahnsuche begegnet sein. Seine Aussage: „Er hat mich angebrüllt und ist weitergezogen. Ich wollte noch ein Foto machen, war aber zu aufgeregt." Diese Meldung brachte die Mitarbeiter von WWF-Deutschland und Österreich auf Trab, und zwar in Richtung Kufstein. Sie wollten dort einem Abschuss zuvorkommen und den Bären mit einer Röhrenfalle einfangen. Falls das gelingen sollte, würde ihn der bayerische Wildpark Poing bei München gern in einem Gehege unterbringen.

Nun wurde es aber verzwickt, denn der bayrische Bärenbeauftragte MANFRED WÖLFLE erklärte, dass es sich bei dem Kufsteiner Tier möglicherweise um einen anderen Bären handelte und nicht um den gesuchten. Der Münchner Tierparkdirektor und gleichzeitig Blasrohrexperte HENNING WIESNER machte den Vorschlag, den Bären (und zwar den richtigen) mit Hunden zu stellen, um ihm dann mit Hilfe eines Blasrohres eine Betäubungsspritze zu verpassen. Doch es zeigte sich, dass der Bär doch zahlreiche nationale und internationale Freunde hatte. Denn der Versicherungskonzern Gothaer machte den betroffenen Bauern, Jagdpächtern und Imkern in Bayern den Vorschlag, die von den Bären angerichteten Schäden zu vergüten. Dem ersten folgte ein zweites lukratives Angebot von dem britischen Versicherungsunternehmen British Insurance. Sein Geschäftsführer SIMON BURGESS bot an, für in Deutschland angerichtete Bärenschäden mit bis zu 1,5 Millionen Euro aufzukommen. „Wir wollen verhindern, dass der Bär abgeschossen wird", so seine Aussage.

Um diese Summe in Relation der zu erwartenden Bärenschäden zu setzen: Nur etwas mehr als ein Zehntel dieses Betrages mussten die Österreicher von 1990 bis 2004, also in einem Zeitraum von 15 Jahren, für solche Schäden aufbringen, wobei diese Zahlungen in elf Jahren weit unter und einmal nur wenig über 10.000 Euro lagen, und das bei einem Vorkommen, welches 2006 25 bis 30 Tiere umfasste.

Doch die Meinungen zu Bruno, so wurde der Bär inzwischen genannt, waren nicht einheitlich, denn zum Thema Bär, ob nun pro oder kontra, fühlte sich jeder berufen, seine Ansichten zu äußern. Der Europäische Tier- und Naturschutz kritisierte die Abschussgenehmigung des bayerischen Umweltministers. Der Deutsche Tierschutzbund bezeichnete sie als ungeheuerlich und empörend und der Deutsche Naturschutzring als typisch deutsch.

Eine entgegengesetzte Meinung vertrat die Umweltorganisation World Wild Fund For Nature (WWF), die für die Abschusserlaubnis Verständnis zeigte. Äußerst diplomatisch verhielt sich das Bundesumweltministerium in Berlin, indem es zu Bruno keine Stellungnahme abgab.

Am **31. Mai** wurde die Angelegenheit zumindest in Österreich hochpolitisch, denn die Schlagzeile lautete: „Jörg Haider ist auf den Bär gekommen" – „Asyl für einen Tunichtgut".

„Rechtspopulist" Jörg Haider bot dem Braunbären als erstem Ausländer Asyl in Kärnten an, obwohl das Tier (im menschlichen Sinne) wiederholt straffällig geworden war. Der populären Kronenzeitung zufolge war es leicht, Bruno mit Hilfe von Sex, also mit einer Bärendame, in eine „(Liebes)-Falle" zu locken. Der Bär, der inzwischen auch die Presseorgane der Österreicher voll beschäftigte, hatte sich den Gepflogenheiten der Bevölkerung gut angepasst: Die Woche blieb er unsichtbar in den Wäldern, und am Wochenende stieg er auf die Alm und verzehrte dort Ziegen- und Schafffleisch. Dazu das Zitat der deutschen Südwest-Presse: „Wie die Österreicher es gern

„...der Bär soll sich mittlerweile raffiniert tarnen!"   ZEICHNUNG: HAITZINGER

täten, narrt das Tier die täppischen Behörden; jede Bezirkshauptmannschaft muss immer wieder eine neue „Fanggenehmigung" für Bruno ausstellen, wenn er ihr Territorium betritt. Bis es so weit ist, ist er längst wieder über alle Berge."

Der Problembär Bruno, der sich während der Fußballweltmeisterschaft 2006 in deutsch-österreichischem Grenzgebiet aufhielt und dem man lange Zweit vergeblich nachstellte, aus der Sicht des Karikaturisten.

Schlagzeile vom 5. Juni 2006
„Braunbär ‚Bruno' hat die Diskussion über tierische Einwanderer neu entfacht".

Das Fazit dieses Artikels: Der in Österreich und Deutschland umherwandernde Braunbär wurde weiterhin gesucht.

6. Juni 2006
„JJ1 ist erneut in Deutschland aufgetaucht" – „Sieben Schafe gerissen" – „Der Braunbär ist wieder in Deutschland" – „Hundestaffel auf Suche" – „Mit Siebenmeilenstiefeln die Alpen durchquert".

Der Braunbär wechselte wieder auf bayerisches Gebiet über. In der Nacht riss er in Klais, im Landkreis Garmisch-Partenkirchen, auf einer eingezäunten Koppel vier Schafe und in der folgenden Nacht im fünf Kilometer entfernten Mittenwald am Lautersee drei Schafe. Zu den vier toten Schafen in Klais verletzte er weitere drei sowie eine junge Ziege. Aufgrund der Spuren, darunter auch Bärenhaare, konnte man JJ1 eindeutig identifizieren.

Der zweijährige Braunbär verbrachte die ersten 15 Monate bei seiner Mutter im Trentiner Naturpark Adamello-Brenta. Das Verhalten von jungen Bären wird stark von ihrer Mutter geprägt. Von ihr lernte er auch, in der Nähe von Menschen Beute zu machen.

8. Juni 2006

Die Suche nach Bruno ging weiter. Die Bärenexperten vom WWF erhofften sich von einer verbesserten Ausrüstung mehr Erfolg. Für sie wurde die Bärenjagd mit 2500 Euro pro Tag langsam zu einem finanziellen Problem. 70.000 Euro waren dafür inzwischen aufgewendet worden. Eine eigens von einem US-Spezialunternehmen angefertigte Bärenfalle in Form einer Aluminiumröhre, die am 7. Juni eintraf, wartete auf ihren Einsatz. Die Experten würden von einem Sender benachrichtigt werden, sobald der Bär in der mit einem Köder bestückten Röhre festsaß. In der Falle konnte man den gefangenen Bären auch transportierten. Ein Zoo stellte eine ähnliche Falle ebenfalls zur Verfügung

10. Juni 2006

„Bär ‚Bruno' untergetaucht" – „Gummibär ade".

Die Österreicher hofften jetzt, dass der Bär, bevor er vor eine deutsche Büchse lief, in eine der von ihnen aufgestellten Fallen tappen würde. Das bayerische Umweltministerium setzte auf den heiligen St. Florian, denn bei dieser Behörde wäre niemand traurig, wenn „Brunos" Todesnachricht aus Tirol über die Alpen schallen würde.

12. Juni 2006

„Heute beginnt die Hatz" – „Für ‚Bruno' wird es jetzt eng".

Jetzt sollten fünf aus Finnland herbeigebrachte und speziell ausgebildete karelische Elchhunde Bruno aufspüren, um ihn dann mit Hilfe eines Narkosegewehres betäuben zu können. Ein bayerisches Wildgehege wollte ihm in diesem Fall Asyl gewähren. Hinweise auf seinen Aufenthaltsort kamen aus Tirol. Dort hatte der Bär einen Hasenstall beschädigt, und außerdem waren zwei Schafe verschwunden. Ob hier der Gesuchte tätig war, konnte nicht festgestellt werden. Die offizielle Fanggenehmigung wurde erteilt und die Abschussgenehmigung für vorläufig zwei Wochen ausgesetzt, was jedoch nicht für den Notfall galt.

Der damalige österreichische Bundeskanzler Wolfgang Schüssel war über die Aufregung im Nachbarland verwundert, die Bruno dort verursachte. Der „Bild am Sonntag" erklärte er, dass man in Österreich die ganze Angelegenheit entspannter sah, da man dort ein Bären-Ansiedlungsprogramm hatte, mit dessen Hilfe ganze Bärenfamilien heimisch gemacht wurden.

13. Juni 2006

„Bärensuchtrupp wartet" – „Erster Einsatz gerät zur Pleite" – „Jagdpächter verweigert Durchquerung".

Beim ersten Einsatz des finnischen Bärensuchtrupps verweigerte ein Jagdpächter die Durchquerung seines Reviers. Nun wurde für alle Jagdpächter in Österreich eine Zwangszustimmung erlassen.

Experten vom WWF versuchten weiterhin, Bruno in ihre Stahlröhren zu locken. Das Problem war nur, dass er nie in sein altes Tätigkeitsgebiet zurückkehrte.

Sollten die Elchhunde Peni, Jeppe, Raikum, Jimmy und Atte die Bärenjäger in die Nähe von Bruno führen, würden sie von der Leine befreit, um ihn zu stellen. Während dieses Ablenkungsmanövers wollte ihn der Wiener Professor für Wildtiermedizin und Artenschutz, CHRIS WALZER, mit einem Narkosegewehr betäuben.

16. Juni 2006

„Braunbär weiter verschwunden" – „‚Bruno' vom Auto gestreift – offenbar aber nur leicht verletzt".

Ein Autofahrer streifte den Jungbären mit seinem Wagen gegen 22.45 Uhr am Sylvensteinspeicher in Oberbayern, als das Tier eine Straße überqueren wollte. Die dabei zugezogene Verletzung dürfte nicht so schwer gewesen sein, um ihn an seiner Bewegung zu hindern. Daraufhin nahmen die fünf Elchhunde zweimal die Spur auf. Die Suche blieb erfolglos, obwohl sie die ganze Nacht über dauerte.

Den Campern am Speichersee wurde vom Sprecher des Umweltministeriums dringend das empfohlen, was in den Bärengebieten der USA und Kanadas schon lange Vorschrift ist, nämlich die Grillwürste nicht in Reichweite des Bären aufzubewahren.

20. Juni 2006

„Bayerns Problembär zeigt sich in Wildbad Kreuth" – „‚Bruno' provoziert CSU".

Nach einem nächtlichen Streifzug durch die Feriengemeinde Kochel verschwand der Bär in den nahen Bergwald, um auf seiner Tour durch Bayern als nächstes der Südspitze des Tegernsees Wildbad-Kreuth einen Besuch abzustatten. Dort riss er zwei Schafe und stresste durch seine Anwesenheit zusätzlich die zuständigen Politiker und Amtsleute – eine unerhörte Provokation. Der Spur des Bären, die kreuz und quer durch Oberbayern führte, folgten die Mitarbeiter der Presse und des Fangteams. Letztere verbrachten die Nacht im Auto, um möglichst schnell an Ort und Stelle zu sein. Sogar ein Hubschrauber stand für sie bereit. Doch der Bär war immer einen Schritt voraus. Einmal verhinderte die Dunkelheit einen Betäubungsschuss, ein anderes Mal war es ein zu trockener Boden, der eine Spurenaufnahme unmöglich machte. Dann war es wieder ein heftiger Regen, der sämtliche Spuren wegspülte. Doch allem Unbill zum Trotz verkündete der Bärenbeauftragte des Umweltministeriums MANFRED WÖLFLE voller Zuversicht: „Man ist auf dem richtigen Weg und so nah dran wie noch nie."

22. Juni 2006

„Für ‚Bruno' wird es eng".

Das bayerische Umweltministerium erteilte den finnischen Bärenjägern eine Abschussgenehmigung, falls sie den Bären nicht betäuben könnten, was schwierig war, weil sich der Schütze mit dem Narkosegewehr dem Tier auf 30 m nähern musste. Ein Teil des finnischen Teams reiste ab, während zwei Bärenjäger mit drei Hunden ihre Fangversuche fortsetzten. Sollten die Versuche ergebnislos verlaufen, würde die Abschussgenehmigung wieder in Kraft gesetzt werden.

24. Juni 2006

„PROBLEMBÄR/ Dem Räuber geht es jetzt an den Kragen" – „‚Bruno' zum Abschuss frei".

Nach einer Anordnung des bayerischen Umweltministers WERNER SCHNAPPAUF trat die Abschussgenehmigung für den Bären am 26. Juni 2006 wieder in Kraft. „Das Tier ist leider zu einem konkreten Unfallrisiko für die Menschen geworden", so die Aussage des Ministers.

25. Juni 2006

„Braunbär in Bayern und Tirol ab sofort zum Abschuss freigegeben" – „‚Bruno' geht's jetzt an den Kragen" – „Finnische Jäger mit ihren Hunden wieder abgereist" – „Raubtier beim Baden gesichtet".

In den zwei Wochen, in denen das finnische Team in den bayerisch-Tiroler Alpen unterwegs war, hat es in etwa 1000 Stunden ca. 500 km auf der Suche nach „Bruno" zurückgelegt und dabei 10.000 Höhenmeter überwunden. Die vielen Versuche blieben ohne Ergebnis, und die erschöpften und genervten Finnen fuhren wieder nach Hause. Ihr Einsatz soll 30.000 Euro gekostet haben, eine Summe, die Bayern und Tirol je zur Hälfte bezahlten.

Nach der Ansicht von Bayerns Umweltstaatssekretär OTMAR BERNHARD lag nach zwei Dutzend gescheiterten Fangversuchen mit der Röhrenfalle und dem Nachstellen durch das finnische Fangteam kein Erfolg versprechendes Fangkonzept mehr vor. Mit seinem Tiroler Amtskollegen

ANTON STEIXNER vertrat er die Ansicht, dass „das Eindringen des Bären in Siedlungen und das Aufbrechen von Ställen ein Unfallrisiko heraufbeschworen hat, das nicht mehr hinnehmbar war".

Die Italiener lehnten die Rückgabe des Problembären ebenfalls dankend ab. Und zwar nicht nur die Region Trentino, der Geburtsregion des Bären, sondern auch die Zentralregierung in Rom.

Bruno wird bei einem Badevergnügen von Mountainbikern und Wanderern beobachtet. Einer von ihnen beobachtet und filmt ihn sogar längere Zeit und das ohne Einhaltung des notwendigen Sicherheitsabstandes. Dieser Vorgang wird umgehend den Behörden zur Kenntnis gebracht, ohne dass diese reagieren. Noch am gleichen Tag wird „Bruno" in der Nähe des Rotwandhauses von dem Wirt der dortigen Alpenvereinshütte beobachtet und der Obrigkeit gemeldet. Nur wenige Stunden später setzten um 4.50 Uhr zwei Schüsse dem Leben des Bären ein Ende. Dass ein solches Verhalten der Behörden Anlass zu Spekulationen gibt, liegt auf der Hand.

Am Wochenende wurde der Bär längere Zeit beim Baden im Soinsee im Landkreis Miesbach, einer Urlaubsregion bei Bayrischzell, beobachtet und gefilmt.

27. Juni 2006

„Ministerium rechtfertigt den Abschuss des Braunbären" – „Verhängnisvolle Neugier" – „Trauer und Wut in Bayern und Tirol über das plötzliche Ende" – „Gedenktag und Film" – „Drohungen nach Abschuss".

Der Bär wurde noch am Sonntag, den 25. Juni, im Gebiet am Spitzingersee von Mountainbikern und Wanderern im Soinsee beim Baden beobachtet. Am Abend des gleichen Tages wurde er in der Nähe des Rotwandhauses vom Wirt dieser Alpenvereinshütte gesichtet. Bis auf fünf Meter Entfernung hatte sich der Bär der Hütte genähert, so der Wirt PETER WEIHER. Er habe ihn angeschrieen und dabei irgendwie das Gefühl gehabt, dass sich der Bär vor ihm fürchtete, weil das Tier umgehend flüchtete. Der Hüttenwirt verständigte die Polizei und diese das Landratsamt Miesbach. Das organisierte schnell ein Team von drei Jägern, das den Bären stellte. Um 4.50 Uhr setzte angeb-

NATUR / Tierschützer beobachten den wanderlustigen Meister Petz

Bär streift durch Bayern und Tirol

In Deutschland könnte sich bald der erste Bär seit rund 170 Jahren niederlassen. Im Grenzgebiet zwischen Bayern und Tirol treibt sich ein Braunbär herum.

Es wäre besser gewesen, der Bär hätte sich vernünftig verhalten und sich eingegliedert.

Franz Emde, Sprecher des Bundesamtes für Naturschutz, über den in Bayern aufgetauchten Braunbären.

Peinliche Bärokraten

Münchner Merkur:
Für den Freistaat war das Bären-Abenteuer eine peinliche Aneinanderreihung von Pannen. Bayerns Bärokraten... haben in dem knapp sechswöchigen Frühsommertheater kein gutes Bild abgegeben.

NATUR / Bayerns Umweltminister Werner Schnappauf gibt den Braunbären zum Abschuss frei

Meister Petz geht es an den Kragen

Das Tier ist außer Rand und Band: Schafe gerissen und in Hühnerstall neben Wohnhaus eingedrungen

Tagelang hatte die Rückkehr von Meister Petz nach Deutschland Tierfreunde und Umweltschützer begeistert. Doch jetzt kam die Wende: Bayerns Umweltminister Werner Schnappauf forderte die Jäger zum Abschuss auf: Das Tier ist zum „Risikobären" geworden.

IRIS HILBERTH

MÜNCHEN ■ Eigentlich hatte Bayerns jüngster Einwanderer im Freistaat willkommen sein sollen. Der

Braunbär
Ursus arctos
Länge: 1,00 bis 2,80 m
Höhe: 90 bis 150 cm
Gewicht: 70 kg (Südeuropa) bis 250 kg (Nordeuropa, Sibirien)
dämmerungs- oder nachtaktiv bis zu 50 km/h schnell, unternimmt hunderte km lange Wanderungen
Nahrung: Gräser, Schößlinge, Wurzeln, Nüsse, Pilze, Beeren, Insekten, Vögel, Nagetiere, aber auch größere Säugetiere wie Schafe, Rehe, junge Rinder

vorne   hinten

seien Bären menschenscheu. Doch dieser hat sich mittlerweile ein auf Haustiere gerichtetes Futterverhalten angeeignet. Dass er wiederholt Schafe gerissen hat und in den Hühnerstall – direkt an einem Wohnhaus – eingedrungen ist, alarmiert die Experten. Sie sprechen nun von einem so genannten Risikobären.

Unberechenbar

Es gibt unauffällige Bären, die sich möglichst nicht in der Nähe von Menschen blicken lassen, aber auch so genannte Schadbären, die hin und wieder auf der Weide ein Vieh reißen. Die aber könnte man noch verjagen und verlagen. Wird

NATUR / Geplanter Bären-Abschuss heftig umstritten

Meister Petz vermutlich wieder in Österreich

Laut Auskunft des Tiroler Landrats soll er auch dort getötet werden – Tier steht unter Artenschutz

Der im deutsch-österreichischen Grenzgebiet herumwandernde Braunbär erregt die Gemüter. Darf das Tier abgeschossen werden? Es gibt Befürworter und Gegner.

GARMISCH-PARTENKIRCHEN ■ Der in Bayern und laut Auskunft des Tiroler Landrats Anton Steixner jetzt auch im Tiroler Bezirk Reutte vom Abschuss bedrohte Braunbär hat offenbar Deutschland wieder den Rücken gekehrt. „Mit großer Wahrscheinlichkeit ist der Bär nach Österreich zurückgekehrt", sagte der Sprecher des Landratsamts Gar-

ausgelöst, der auch Tierschützer untereinander entzweite. Landratsamtssprecher Olexiuk erklärte, dass sich bisher in dem bayerischen Staatsforst, in dem Bär die vergangenen Tagen umhergewildert war, noch keine Jäger mit Gewehren auf die Pirsch nach dem seltenen Tier gelegt hätten. Insgesamt hätten sieben Forstbeamte das 1000 Hektar große Gelände oberhalb des Eibsees bei Grainau abgesucht. „Wir haben keine neuen Spuren gefunden", sagte der Sprecher. Am Nachmittag sei die Suche dann abgebrochen worden.

„Wir glauben, dass er sich nicht mehr in Bayern aufhält", erklärte

xiuk. „Vielleicht folgt er seinem Urinstinkt." Auch die Umweltorganisation World Wildlife Fund (WWF) habe eine Lebendfalle auf österreichischem Boden aufgestellt. „Man wartet jetzt, bis das Tier wieder aktiv wird, damit man weiß, wo es sich bewegt", sagte Olexiuk. Im Laufe des Dienstages seien keinerlei neue Schäden festgestellt worden, die dem Bären zuzuschreiben seien.

Umweltminister Schnappauf verteidigte unterdessen seine Entscheidung, das unter Artenschutz stehende Tier zum Abschuss freizugeben. Er bekräftigte, dass es sich bei dem Tier um einen „Problembären" handle.

WILDTIERE / Ministerium rechtfertigt Abschuss des Braunbären

Verhängnisvolle Neugier

Trauer und Wut in Bayern und Tirol über das plötzliche Ende – Gedenktag und Film

Seine Neugierde ist „Bruno" zum Verhängnis geworden. Ohne Scheu war der Braunbär am Sonntagabend zu einer Hütte marschiert. Deren Wirt verständigte die Polizei, um 4.50 Uhr war Bruno dann tot – nach fünf Wochen Streunen im Grenzgebiet erschossen von drei Jägern.

IRIS HILBERTH

Der Bär ist tot. Und Hubert Weinzierl, Präsident des Naturschutzrings, ist tief traurig darüber. Das sei die „dümmste aller Lösungen", findet er und steht damit nicht allein

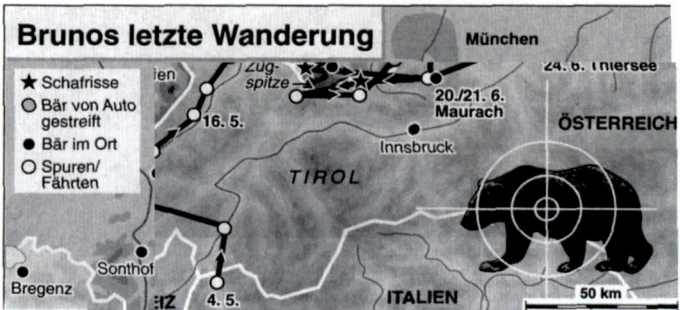

Brunos letzte Wanderung

München
★ Schafsrisse
○ Bär von Auto gestreift
● Bär im Ort
○ Spuren/ Fährten

Zugspitze
24. 6. Inntersee
20./21. 6. Maurach
16. 5.
ÖSTERREICH
Innsbruck
TIROL
Sonthofen
Bregenz
IZ 4. 5.
ITALIEN
50 km

„Bruno" im Spiegel der Presse

lich ein Schuss aus einer Entfernung von 150 m in der Nähe der Kümpflalm dem Leben von Bruno ein Ende, nur wenige Stunden nach der erneuten Freigabe der Abschussgenehmigung. Der bayerische Umweltsekretär OTMAR BERNHARD gab an, dass der Bär sofort tot gewesen sein soll. Das Ministerium nannte als Grund für den Abschuss die mangelnde Scheu des Bären vor dem Menschen. Das Ende des Bären blieb nicht ohne Emotionen. Kaum hatte der Bärenbeauftragte MANFRED WÖLFLE über den Tod Bericht erstattet, gab es die ersten Morddrohungen gegen die Schützen. Deshalb hielt sich das Landratsamt Miesbach mit der Bekanntgabe der Identität der Schützen bedeckt und nannte keine Namen. Innerhalb kurzer Zeit gingen über hundert E-Mails beim Landesjagdverband ein, den Anwälte verklagen wollten. Ebenfalls rechtliche Schritte gegen die Verantwortlichen kündigte WOLFGANG APEL vom Tierschutzbund an. „Wochenlang gelang es nicht, den Bären einzufangen, kaum wird er zum Abschuss freigegeben, ist er auch schon tot." In Worbis will die Stiftung für Bären den 26. Juni zum Bärengedenktag ernennen. Damit soll die Mahnung verbunden sein, sich auf die Tatsache vorzubereiten, dass „die Bären nach 170 Jahren Abwesenheit wieder nach Deutschland zurückkehren", so Geschäftsführer RÜDIGER SCHMIEDEL. Der bayerische Umweltminister WERNER SCHNAPPAUF bekam ebenfalls Morddrohungen. Die bayerische SPD forderte seinen Rücktritt. Auf der Basis der Gegebenheiten wollten die bayerische Autorin KARIN MICHALKE und der Regisseur CORBINIAN LIPPL ein Drehbuch für eine Komödie schreiben. So avanciert der Bär Bruno vielleicht noch nach seinem Tot zum Filmstar.

28. Juni 2006

„Experte: Abschuss war Abwägung des Risikos" – „Von Anfang an viele Fehler im Fall ‚Bruno'".

Der Kärntner „Bärenanwalt" BERNHARD GUTLEB, der in Kärnten die Ansiedlung von Bären betreut, vertrat die Ansicht, dass eine ganze Serie von kleinen Fehlern zum fast zwangsläufigen Abschuss des Bären führen musste und dass Bayern und das Land Tirol überhaupt nicht auf den Bären vorbereitet waren. Schon von Anfang an hätte man in Tirol versuchen sollen, den Bären zu konditionieren, das heißt, ihn mit Gummigeschossen und Feuerwerkskörpern von Siedlungen abzuschrecken und zu verjagen, ein in Österreich schon lange überwiegend mit Erfolg angewendetes Verfahren. Tirol habe ähnlich wie Bayern bisher keinen Plan zum Bärenmanagement entwickelt, obwohl mit einem solchen Besuch zu rechnen war. So hätten die Menschen aus Unkenntnis überreagiert, während die Presse in das andere Extrem verfallen war und JJI zum Kuschelbären hochstilisiert hatte. Ebenso sei die frühe Veröffentlichung des Abschussbefehls ein Fehler gewesen, dadurch hätte man dem Tier jede Chance genommen.

Der Wildtierverhaltensforscher HANS-PETER SORGER und BERNHARD GUTLEB wiesen auf gravierende Fehler bei den Fangversuchen hin. Die Versuche des WWF in Österreich und Bayern, das Tier mit Röhrenfallen zu fangen, konnten nur scheitern, so die Meinung von BERNHARD GUTLEB. Bären können mit ihrem ausgezeichneten Geruchsinn diese Dinger riechen, und der Einsatz von finnischen Jägern und Elchhunden sei von vornherein zum Scheitern verurteilt gewesen. Die einzige Erfolg versprechende Methode, „Bruno" zu fangen, bestand in der Verwendung von Drahtseilschlingen und Ködern. Da Wilderer damit früher gejagt haben, wurde dies von der Tiroler Landesregierung ausdrücklich untersagt. Grundsätzlich könnte davon ausgegangen werden, dass der Bär von sich aus keinen Menschen angegriffen hätte. Doch bei einer Begegnung in einem Stall wäre das Risiko für den Menschen doch zu groß gewesen. Der österreichische Bärenanwalt WALTER WAGNER, der die Fangversuche begleitet hatte, betonte, dass „Bruno" in Freiheit eine Gefahr für den Menschen darstellte. „Risikobären müssen aus der Wildbahn genommen werden." Diese Aussage ist richtig. Ein Abschuss ist jedoch nur zu rechtfertigen, wenn alle professionellen Maßnahmen der Problemlösung versagt haben. Es gibt nur eine verschwindend geringe Anzahl von Bären, die Probleme bereiten, indem sie z. B. mehrere Tiere gleichzeitig reißen und so das Image einer sonst weitgehend für den Menschen unproblematisch lebenden Tierart in Verruf bringen und damit auch ihre Weiterverbreitung und Neuansiedlung erschweren.

Doch bald könnten erneut Schwierigkeiten auftreten, denn „Brunos" Mutter hat schon wieder drei Junge zur Welt gebracht, und wir wissen jetzt, dass ihre Erziehungsmethoden Schlimmes befürchten lassen, besonders, wenn sie sich in absehbarer Zeit ebenfalls auf Wanderschaft begeben.

29. Juni 2006

„Mit erlegtem ‚Bruno' machen manche Geld und andere von sich reden" – „Auch ein toter Bär ist für viele ein gutes Geschäft".

Der Bär ist tot, es lebe der Bär. Die Popularität von „JJ1" alias Bruno war auch posthum ungebrochen. Der sprichwörtliche Streit um das Fell des Bären war voll entbrannt. Der umstrittene Anatom GUNTER VON HAGEN wollte ihn plastinieren und die Schusskanäle fabelhaft darstellen, die SPD mit Hilfe des Bären den Umweltminister stürzen. Der kleine Ort Schliersee wollte ihn als Ausstellungsobjekt für seine Gemeinde, der Ex-Skistar MARKUS WASMEIER für sein Bauernhofmuseum. Seine letzte Bleibe, wenigstens als Präparat, sollte er jedoch nach dem Willen des bayerischen Umweltministeriums im Münchner Museum „Haus der Natur" finden.

Eine Münchner Agentur, die bereits „Bruno" T-Shirts übers Internet vertrieb, bot nun neben schwarzen Trauerwimpeln für Autoantennen auch Hemden mit der Aufschrift „Rache für „Bruno" für 19,90 Euro an. 49,95 Euro kostete der vom Auktionshaus Ebay angebotene Kuschelbär mit Trauerflor, kreiert vom Teddybär-Produzenten Steiff; davon sollten 5 % des Erlöses einem Projekt des WWF, welches die Wiederansiedlung des Braunbären in Europa beinhaltet, zur Verfügung gestellt werden.

Eine Anzeigenwelle gegen den Umweltminister von Bayern und die Jäger von „Bruno", der laut Obduktionsbericht nicht, wie erst behauptet, mit einer, sondern mit zwei Kugeln niedergestreckt wurde, beschäftigte nun auch eine Weile die Justiz.

Bei der Analyse aller Aktionen um „Bruno" gaben folgende Vorgänge zu Spekulationen Anlass, die eine behördliche Verschleierungspolitik nicht ausschließen. Ein Hobbyfotograf filmte den Bären beim Baden und beobachtete ihn in diesem Bereich über mehrere Stunden. Er unterrichtete in dieser Zeit auch die zuständigen Stellen, ohne dass diese reagierten. Doch nur kurze Zeit nach der Schussfreigabe wurde der Bär erlegt.

5. Juli 2006

„Italien fordert die Auslieferung des erlegten ‚Bruno' – „Lieber tot als lebendig".

Das erste Auftauchen eines Bären nach seiner Ausrottung in Deutschland schien sich zu einer unendlichen Geschichte auszuweiten. Am 4. Juli erhielt das bayerische Umweltministerium von dem italienischen Umweltminister ALFONSO SCANIO ein Fax. Es war eine offizielle Anfrage verbunden mit der Bitte, den erlegten Bären „Bruno" an Italien zurückzugeben. Im bayerischen Umweltministerium löste dieses Ansinnen große Überraschung aus. Die Ministersprecherin SANDRA BRANDT erinnerte daran, dass die Italiener den Bären gar nicht zurückhaben wollten. Doch als dieser Verzicht ausgesprochen wurde, lebte der Braunbär noch und riss im deutsch-österreichischen Grenzgebiet Schafe, Kaninchen und Geflügel. Als die Umweltschutzorganisation WWF warnte, dass von diesem Bären eine Gefahr für den Menschen ausgehen könnte, verzichteten die Italiener auf eine Auslieferung nach einer evt. Gefangennahme.

Die Begründung der Italiener in dem Fax lautete jetzt, „Brunos" Geburtsheimat war der Adamello-Brenta-Park in Trentino und somit war der Bär Eigentum des italienischen Staates, wohlgemerkt der tote Bär. Es ist nur gut, dass alle anderen Länder Europas, von deren Territorium Luchs,

Bär oder Wolf in die angrenzenden Staaten wandern, nicht die gleiche Ansicht wie der italienische Umweltminister vertreten. Doch die südländischen Emotionen übertrafen im Fall „Bruno" noch die seiner Nachbarn. Italienische Tierschützer forderten nämlich ihre Landsleute auf, beim WM-Halbfinal-Fußballspiel Deutschland gegen Italien Trauerflor für den Bären zu tragen.

Das bayerische Umweltministerium lässt nun die rechtlichen Grundlagen durch Experten und Juristen klären, denn hier möchte man, wie bereits ausgeführt, den Bären selbst behalten.

7. Juli 2006

„Gedenkstätte am Abschussort des Bären" – „Kreuz und Teddy für ‚Bruno'".

Im Rotwandgebiet in den bayerischen Alpen wurde der Abschussort zu einer Gedenkstätte umgewandelt. Unbekannte Verehrer hatten an der Abschussstelle zwei Kreuze in den Boden gerammt und Blumen und einen Teddy dazu gelegt.

11. Juli 2006

„Rückführung des erschossenen Braunbären nach Italien wird noch geprüft" – „Weiter Streit um ‚Brunos' sterbliche Überreste".

Zwei Wochen nach Abschuss des Braunbären wurden die Modalitäten einer Rückführung nach Italien weiter geprüft.

Das Allgäu sollte nun eine Bärenregion werden, so lautete ein Antrag des Oberallgäuer Kreisrates EDUARD GEYER anlässlich einer Kreistagssitzung. Das Allgäu biete zusammen mit dem Bregenzerwald und dem Lechtal für Bären genügend Lebensraum. Voraussetzung sei jedoch ein Wildtiermanagement nach dem Vorbild Österreichs.

2. August 2006

„Ein Dutzend Beschwerden" – ‚Bruno' beschäftigt Justiz".

165 eingereichte Strafanzeigen u. a. gegen Bayerns Umweltminister WERNER SCHNAPPAUF sowie die öffentlich nicht bekannten Schützen beschäftigten einen Monat nach „Brunos" Tod die Justiz. Die Anzeigen richten sich gegen das Vorgehen des Freistaates und den Abschuss des Bären. Die Staatanwaltschaft München II verzeichnete den Eingang von knapp einem Dutzend Beschwerden, weil sie kein Ermittlungsverfahren gegen die für den Abschuss Verantwortlichen einleitete, so Behördenleiter RÜDIGER HÖDL. Die Beschwerden wurden an den Generalstaatsanwalt beim Oberlandgericht weitergeleitet.

5. Oktober 2006

„Seit drei Monaten liegt der erschossene Braunbär auf Eis" – „‚Bruno' – tot wie lebend ein Problem für Bayern".

Drei Monate nach seinem Tod lag „Bruno" in der Kühlkammer des Instituts für Tieranatomie der Ludwig-Maximilian-Universität auf Eis, wo Temperaturen von minus 20° dafür sorgten, dass er auch für längere Zeit das Kompetenzgerangel zwischen Bayern und Italien ohne Schaden überstand. Die Italiener wollten prüfen, ob sie Untersuchungsbedarf an dem Tier hatten, deshalb gab es bis auf Weiteres keine Ausstellung und keine Präparation, die etwa drei Monate dauern würde. Um Haarausfall zu vermeiden, wurde sein Fell zusätzlich eingesalzen.

Nach Aussage von Wissenschaftlern hat „Ötzi" in einer solchen Eisummantelung als Mumie 5000 Jahre ihren Erhaltungszustand bewahrt. Es bleibt zu hoffen, dass die Entscheidung, wo der Bär letzten Endes bleibt, nicht so viel Zeit in Anspruch nimmt.

19. Oktober 2006

„Braunbär-Kadaver auf Reisen" – „‚Bruno' an geheimen Ort".

Der tiefgekühlte Braunbär wurde vom Institut für Tieranatomie der Münchner Ludwig-Maximilian-Universität an einem geheimen Ort gebracht, weil dessen Leiter Morddrohungen und ständigen Journalisten-Anfragen ausgesetzt war.

Dies ist der aktuelle Stand zur Zeit der Produktion dieses Buches. Wie die Geschichte endet, wird wahrscheinlich noch länger unbekannt bleiben.

Europa

Drei Bestandserhebungen, die etwa ab 1950 durchgeführt wurden, um den europäischen Braunbärenbestand zu ermitteln, erbrachten folgende Ergebnisse:

um 1950	4180–5220 Bären
um 1970	7200–7500 Bären
um 1985	10.036–11.261 Bären (COUTURIER 1954, CURRY-LINDAHL 1972, SORENSEN 1990)

In einem vom Schweizer BUWAL (3/2000) veröffentlichten Artikel werden für Europa 50.000 Tiere angegeben. Die große Differenz ergibt sich vermutlich daraus, dass bei den oben angeführten Bestandserhebungen die etwa 36.000 Bären im europäischen Teil Russlands unberücksichtigt blieben.

Die steigende Tendenz innerhalb von 35 Jahren ergibt sich aus den Bestandszunahmen in Skandinavien und besonders in den Karpaten.

Bär und Mensch

Bär und Mensch verbinden uralte Beziehungen, die bis in die Altsteinzeit zurückreichen. Es gab zwar keinen allumfassenden Bärenkult, aber einige Hinweise lassen den Schluss zu, dass der Bär zumindest auf lokaler Ebene ein mystisches Interesse fand. Darauf deuten Höhlenzeichnungen sowie Funde aus altsteinzeitlichen Höhlen hin, die rechteckige, mit flachen Platten sorgfältig zugedeckte Steinkisten enthielten. Der Inhalt jeder dieser Steinbehälter bestand aus mehreren Bärenschädeln. In den Augen- und Mundlöchern steckten große Gliedmaßenknochen.

Trotz aller Verehrung wurde der Bär auch als Jagdbeute geschätzt. Sein Fleisch lieferte wertvolles Eiweiß, und sein Fett diente als willkommene Bereicherung des Nahrungsspektrums. Fell, Knochen und Zähne fanden bei der Herstellung von Kleidung und Werkzeugen Verwendung. Daneben fertigte man aus Zähnen und Knochen Kultgegenstände an (DESCHLER-ERB 1998).

In der Mythologie der Kelten spielten die Bären im jährlichen Rhythmus von Werden und Vergehen eine wichtige Rolle. Von alten finnischen Runen wissen wir, dass der Bär bei den nordischen Völkern eine hohe Verehrung genoss.

Vor 2000 Jahren galt der Braunbär bei den Germanen als Exportschlager, den sie nach Rom ausführten, um den unersättlichen Verbrauch der Tiere in dieser Metropole zu befriedigen. So mussten auf Befehl von KAISER CALIGULA an einem Tag in der Arena 400 Bären gegen große Hunde und Gladiatoren kämpfen. Übertroffen wurde dies von KAISER GORDIANUS I., der 1000 Bären in die Arena schickte. KAISER PROBUS ließ in seinem Zirkus einen Wald anpflanzen, in den er Löwen, Leoparden und hundert Bären hineintrieb, um sie anschließend mit Speeren umbringen zu lassen. Diese angegebenen Zahlen scheinen heute etwas übertrieben. Doch egal, ob sie es sind oder nicht, es gab noch genügend Tiere, denn einen solchen Aderlass konnte nur eine gute Bärenpopulation verkraften.

Eine andere Geschichte erzählt man von der Schweiz, wo nicht die Bären selbst, sondern ihre Darstellung 1578 in einem Wappen fast zu einer kriegerischen Auseinandersetzung geführt hätte. In dem genannten Jahr druckte der erste Buchdrucker in St. Gallen einen Kalender, der die Wappen vieler Orte enthielt, auch das von Appenzell. Die Einwohner entdeckten jedoch, dass ihrem Wappenbären das Zeichen der Männlichkeit fehlte, so dass man es für ein weibliches Tier halten konnte. Die Bürger von Appenzell, die in ständigem Streit mit den Bürgern von St. Gallen lebten, empfanden diese Darstellung als absichtliche Beleidigung und drohten mit Krieg. Nur weil der Drucker den beanstandeten Bären aus dem Kalender entfernte, nahm die Geschichte doch noch einen friedlichen Verlauf.

Die Wertschätzung des Braunbären durch den Menschen findet in vielerlei Hinsicht ihren Ausdruck. So in den Namen von Ortschaften und Städten wie Berlin mit dem Bären als Wappentier, auf einem früheren Geldstück, dem Batzen, in vielen Wappen, Fabeln, Märchen (Schneeweißchen und Rosenrot), Sagen, dem Bärental im Schwarzwald und weniger prosaisch in Wirtshausnamen sowie Bier- und Milchmarken.

Der Name der Stadt Bern wird zwar ebenfalls mit Bären in Verbindung gebracht, ein Bärengraben, besetzt mit diesen Tieren, soll dieses auch suggerieren, doch der Name dieser großen Stadt in der Schweiz ist aus dem Wort Brandrodung hervorgegangen.

Als im Verlauf der neolithischen Revolution am Beginn der Jungsteinzeit der Mensch sesshaft wurde und Ackerbau und Viehzucht betrieb, empfand er den Bären als Bedrohung, weil er sich hin und wieder bei der schon damals praktizierten Waldweide an seinen Haustieren vergriff. So erlegte man den Bären bei jeder sich bietenden Gelegenheit. Später galt der Bär bei ehrgeizigen Jägern als beliebte Jagdtrophäe. Die Malerei hielt die damaligen Bärenjagden in wirklichkeitsfernen Szenen fest. Sie zeigten, wie die von den gestellten Bären ausgeteilten Tatzenhiebe die Hunde in die Luft wirbelten, während die Jäger dem gefährlichen Objekt mutig zu Leibe rückten.

Doch der Bär lernte den Menschen auch auf eine andere Art und Weise kennen, nämlich durch illegale Abschüsse und Gift, durch unsachgemäße Haltung und die schmerzhafte Dressur zum Tanzbären. Heute kauft kein Zoo und kein Tiergehege mehr die überschüssigen, aus Gefangenschaft stammenden Jungbären, folglich müssen sie eingeschläfert oder erschossen werden. Einen Gefallen tut der Bär dem Menschen jedoch nicht. Während Dompteure an Gesichtsausdruck und Verhalten die augenblickliche Stimmung von Leoparden, Tigern und Löwen abschätzen können, ist das beim Bären wegen der fehlenden Mimik nicht möglich.

Die entgegengebrachte Wertschätzung wurde teilweise aufgehoben, weil er Weidetiere schlägt, Bienenstöcke plündert, und der Hafer ihm so gut mundet. In Österreich plündert er Wildfütterungen und Rapsölbehälter. Doch die Schäden sind regional unterschiedlich und stehen im Zusammenhang mit dem Nahrungsangebot des jeweiligen Bärengebietes. In Skandinavien hält er sich neben der von der Natur gespendeten Nahrung an Rentiere und Schafe, in den Karpaten an Schafe, Rinder, Pferde, Honig und Haferfelder, wobei in den Ostkarpaten Rinder und Pferde eine große Rolle spielen, während solche Verluste von der bis vor kurzer Zeit abgetrennten Population der Westkarpaten nicht bekannt sind. Im zentralen Teil Russlands spielen Haferfelder im Nahrungsspektrum des Bären eine bedeutende Rolle. Die Schäden, die er in Mitteleuropa anrichtet, sind so gering, dass sie z. B. in einem der Landwirtschaft zur Verfügung stehenden Etat gar nicht auffallen würden. Doch ist es nicht der Wert als solcher, der die Menschen in Rage bringt, sondern die Art, wie Meister Petz die Schäden verursacht. Denn welcher Imker hat es schon gern, wenn bei einem Bärenbesuch nicht nur sein Honig abhanden kommt, sondern dabei auch noch sein Bienenstand zu Bruch geht. Auch der Jäger könnte eine Futterentnahme durch Bären sicher verkraften, wenn er nicht nach einem solchen Besuch viel Arbeit in die Instandsetzung der Futterraufe investieren müsste. Waldarbeiter sind ebenfalls nicht über die Kosten erfreut, die sie bei der Repa-

Wenn Bären die Scheu vor dem Menschen verlieren, sind Massnahmen gefordert: Schema zur Situationsbeurteilung aus dem Entwurf für den österreichischen Managementplan	
Massnahmen	**Situation**
Unauffälliger Bär **keine Massnahmen** **notwendig**	Bei zufälligem Zusammentreffen auf kurze Distanz flüchtet Bär sofort
	Bär richtet sich bei Sichtung auf
	Bär macht Schäden abseits bewohnter Gebäude (z.B. Plünderungen eines Bienenstocks auf Waldlichtung)
	Bär kommt gelegentlich in die Nähe abgelegener Häuser
	Überraschter Bär fühlt sich bedroht und startet Scheinangriff
	Bär lässt sich auf kurze Entfernung beobachten ohne zu flüchten
	Provozierter Bär startet Scheinangriff
	Bärin verteidigt ihre Jungen durch Angriff
	Bär sucht Futter bzw. macht Schäden in unmittelbarer Nähe bewohnter Gebäude
	Bär verteidigt seine Beute durch Angriff
	Bär dringt wiederholt in geschlossenes Siedlungsgebiet vor
Auffälliger Bär **Massnahmen sofort** **notwendig**	Bär versucht in bewohnte Gebäude oder Ställe einzudringen
	Bär folgt Menschen in Sichtweite
	Bär ist unprovoziert aggressiv

nach Bundesamt für Umwelt
BAFU 1/2006 (Schweiz)

ratur oder Neuanschaffung von Motorsägen aufbringen müssen, die der Bär auseinander genommen hat, um an den Kettenschmierstoff, das Rapsöl, heranzukommen.

Zu einem Problem können die sogenannten Müllbären werden, die sich, angelockt von den Abfällen der Hotels, in den Touristengebieten aufhalten. Dort sind Angriffe auf den Menschen nicht auszuschließen. So wurden in der Slowakei zwischen 1985 und 1987 26 Menschen von Bären attackiert, von denen sich 20 in die ärztliche Behandlung von Krankenhäusern begeben mussten. Im ehemaligen Jugoslawien kosteten solche tätlichen Begegnungen von 1986 bis 1988 vier Personen das Leben.

- Eine 60-jährige Pilzsammlerin wurde in Slowenien am späten Nachmittag von einem Bären angefallen.

- In Kroatien hatte ein Angestellter des Nationalparks Plitvice an einem nebligen Spätnachmittag eine Begegnung mit einer führenden Bärin, die für ihn tödlich endete.

- Ein Kind, welches in Bosnien auf einem Kartoffelacker arbeitete, der neben einem Wald lag, wurde von einem angeschossenen Bären angegriffen, der dazu noch an Tollwut erkrankt war. Das war in Europa der einzige bisher bekannt gewordene Tollwutfall bei Bären.

- Ein Knabe, der sich in Bosnien in einem Wald auf der Suche nach seinen weidenden Schafen befand, wurde ebenfalls von einem Bären tödlich verletzt.

Um gefährliche Begegnungen zu verhindern, sollten Abfälle so deponiert werden, dass sie keine Bären anlocken. Denn Angriffe auf Menschen senken den Sympathiegrad für Meister Petz beträchtlich. Noch ein Rat, falls es doch einmal zu einer Begegnung mit einem Bären kommen sollte: Man sollte ihm nicht in die Augen schauen, denn das fasst er als Kampfansage auf.

Die Begegnung von Bär und Mensch verläuft in der Regel friedlich, wenn auch Tatsachen in eine andere Richtung deuten. So kam es zwischen 1900 und 2000 in Europa zu insgesamt 36 Bärenangriffen mit tödlichem Ausgang. Relativiert man jedoch die Zahlen, ergibt das ein ganz anderes Bild. In Westeuropa ereignete sich in dem genannten Zeitraum nicht ein einziger Bärenangriff mit Todesfolge, in Rumänien waren es jedoch allein 24. Wie bereits erwähnt, hatte der Diktator Nicolae Ceausescu den Ehrgeiz, als größter Bärenjäger aller Zeiten in die Geschichte einzugehen, was ihm – rein quantitativ betrachtet – auch gelang. Dieser Rekord war jedoch nur möglich, indem man die Bären des Landes extra fütterte und zu Höchstbeständen heranzüchtete. Das unnatürlich hohe Vorkommen verstärkte man noch zusätzlich durch Aussetzungen von Zootieren. Damit waren gefährliche Begegnungen zwischen Mensch und Bär vorprogrammiert.

In der Schweiz kam es während der Ausrottungsgeschichte des Bären, für welche man 718 Nachweise von 1342 bis 1923 auswertete, zu einem einzigen Bärenangriff mit Todesfolge. Das Opfer hatte den Bären vorher mit einem Gewehrschuss verletzt.

Kritische Situationen ergeben sich im Wesentlichen unter drei Voraussetzungen:

- Durch einen angeschossenen Bären.
- Es kommt unvermittelt zu einer Begegnung mit einer führenden Bärin.
- Ein Bär wird beim Fressen an einem Kadaver gestört. Auch dabei handelt es sich oft um einen Jagdunfall. Ein angeschossenes und nicht tödlich verletztes Stück Wild kann noch flüchten.

Bei der Nachsuche trifft der Schütze möglicherweise auf einen Bären, der dank seines feinen Geruchssinnes der Schnellere der beiden war.

Anzahl Fälle	Verhalten des Bären
68	Der Bär machte sich sofort davon.
10	Der Bär verharrte am Ort, ohne Drohverhalten zu zeigen.
12	Der Bär näherte sich dem Menschen, zeigte aber ebenfalls kein Drohverhalten.
15	Der Bär drohte, griff aber nicht an.
4	Der Bär attackierte den Hund, der den Menschen begleitete.
5	Der Bär lancierte einen Scheinangriff.
114	Anzahl dokumentierter Zwischenfälle

Aufschlussreich ist die Auflistung der begleitenden Umstände:

Anzahl Fälle	Begleitende Umstände
13	Der Mensch begegnete einer Bärin, die Junge führte.
11	Der Mensch war von einem Hund begleitet.
4	Mensch mit Hund trafen auf eine Bärin mit Jungen.
27	Die Begegnung erfolgte bei einem Kadaver.
1	Die Bärin führte Junge, und ein Kadaver war in der Nähe.
5	Ein Mensch mit Hund begegnete dem Bären bei einem Kadaver.
53	Keiner dieser Umstände traf zu.
114	Anzahl dokumentierter Zwischenfälle

nach KORA Bericht Nr.24

Skandinavische Bärenforscher konnten in einer Studie nachweisen, dass die Braunbären Europas weitaus weniger aggressiv sind als ihre Artgenossen in Nordamerika und östlich des Urals. Die Studie beinhaltete Analysen von 114 Begegnungen zwischen Bär und Mensch, seit dem Beginn des 20. Jahrhunderts überlieferte Fälle von Bärenattacken auf Menschen in Europa sowie ältere Ereignisse aus Skandinavien.

In der folgenden Tabelle, veröffentlicht von KORA-News 2005, sind die 114 Begegnun-

Gebiet	Anzahl
Norwegen	1
Schweden	1
Finnland	0
Russland (europäischer Teil)	6
Ukraine	0
Estland	0
Polen	0
Slowakei	0
Rumänien	24
Slowenien, Kroatien, Bosnien	4
Italien	0
Frankreich	0
Spanien	0
Total	36

nach KORA Bericht Nr.24

Literaturhinweise und eine internationale Befragung von Fachleuten aus den verschiedenen europäischen Regionen mit Bärenvorkommen erbrachte im Ergebnis eine Auflistung der bekannten Todesfälle, die sich zwischen 1900 und 2000 ereigneten.

gen zwischen Bär und Mensch, die den Zeitraum von 1976 bis 1995 erfassen und bei denen kein Mensch zu Schaden kam, aufgelistet:

Bei Problembären, die ihre Scheu gegenüber Menschen verloren haben, müssen jedoch spezielle Maßnahmen eingeleitet werden. Eine solche Palette können z. B. Vergrämungsaktionen und, in aussichtslosen Fällen, Abschussempfehlungen sein.

Bärenschutz, was ist zu tun?

Um die Bären langfristig zu schützen und ihnen die Rückkehr in ihre alten, noch vorhandenen und geeigneten Lebensräume zu ermöglichen, sollten die Maßnahmen angestrebt werden, die EURO-NATUR in dem Projekt „Braunbären in Europa" formulierte:

- Ausbau des Netzwerkes unter den europäischen Bärenschützern. Insbesondere sollen weitere Mitarbeiter aus den osteuropäischen „Bärenländern" in diese Bemühungen eingebunden werden.

- Sicherung der überlebensfähigen Bärenbestände in Kantabrien und Asturien. Die Eindämmung der illegalen Jagd soll durch effektive Kontrolle und auch durch Sensibilisierung der Bevölkerung erreicht werden.

- Erarbeitung und Durchsetzung eines umfassenden Schutzkonzeptes für die südlichen Karpaten.

- Ausweisung und Kontrolle neuer Schutzgebiete im Karst zwischen den Ländern Slowenien, Italien und Österreich.

- Sicherung der Bären-Wanderrouten von Kroatien und Slowenien in die Alpen. Wildbiologen müssen die Bärenwechsel erforschen und mit verantwortlichen Autobahningenieuren an kritischen Stellen Durchlässe und Grünbrücken einplanen.

- Schutz der Bären, die in den letzten Jahren von Slowenien/Kroatien in die Westalpen eingewandert sind. Bei guter Entwicklung könnte diese Population mit der italienischen zusammenwachsen.

- Gezielte Aufklärung über das Verhalten der Bären für Behörden, Bevölkerung und Touristen in Bärenzuwanderungsgebieten, um Konflikten vorzubeugen.

Die meisten europäischen Bergwälder sind bereits übererschlossen. Deshalb müssen die Auflassung kritischer Forststraßen und eine Regelung des Tourismus sorgfältig geplant und umgesetzt werden. Gegen die Zerstückelung noch intakter, weitflächiger Bergwälder muss angekämpft werden.

Geschichte des Braunbären in chronologischer Kurzform

14. Jhd.	Für die Abtei Herford besteht die Auflage, jährlich einen Bären zu liefern.
1445	Bei Soest wird ein Bär gefangen.
1446	Im Bereich von Albersloh bei Münster wird der letzte Bär erlegt.
1506–1551	Unter der Regierung des Grafen Johann (Nordrhein-Westfalen) werden Bärenjagden abgehalten und etliche Bären gefangen.
1518–1680	Die Zahl der erlegten Bären betrug in der Region Vorarlberg/Österreich 40 Tiere. In diesem Jahr sollen die Einfallstore der Berleburg, deren Name auf Berneburg – Bärenburg – zurückgeht, noch Bärenköpfe „geziert" haben.

ab 1600	Der Bärenbestand Schwedens muss ständige Arealverkleinerungen hinnehmen.
1692–1802	Im Schweizer Jura werden zehn Bären erlegt.
1760–1800	Der Revierförster GEORG FORSTER aus Zwiesel erlegt zwischen Rachel und Arber 37 Bären, sein Bruder fast ebenso viele.

bis 1800	In den Sudeten und in dem polnischen Tiefland ist die Ausrottung vollendet.
1804	Der letzte Bär Ostpreußens wird im Forstamt Puppen erlegt.
um 1830	Die österreichische Bärenpopulation erlischt mit dem Abschuss des letzten Bären.
1833–1847	In Spanien verzeichnet die Kantabrische Kordillere noch einen guten Bärenbestand.
1836	Am 10. Oktober 1836 wird in der Nähe von Ruhpolding der letzte Bär Deutschlands geschossen.
1843	Mähren ist frei von Braunbären.
1850	Das Norwegische Vorkommen umfasst 2000 Braunbären.
1856	Das Böhmische Bärenvorkommen ist erloschen.
1870–1900	Das Verbreitungsgebiet in Finnland schrumpft auf die Hälfte zusammen.

1904	Der letzte Bär der Schweiz wird im Engadin geschossen.
1914	In den polnischen Karpaten leben noch fünf Braunbären.
1926–1929	Die Jagdstrecke in der Slowakei umfasst 180 Tiere.
1928	Die italienische Population zählt 50 Braunbären.
1930	In den Slowakischen Karpaten leben 20 bis 30 und in Bulgarien 300 Braunbären.
1931	Die italienische Bärenpopulation ist auf 20 Tiere abgesunken.
1932	Der Gesamtbestand liegt in der Slowakei bei 20 Individuen.
1933	Die spanischen Pyrenäen werden von 150 bis 200 Bären bevölkert.
1937	Der letzte Bär der französischen Alpen wird erlegt.
1940	In Norwegen haben nur wenige Bären die Nachstellungen überlebt. In Rumänien leben ca. 1000 Braunbären.
1940–1950	Die Bärenpopulation in den polnischen Karpaten ist mit 10 bis 14 Tieren immer noch gefährdet.
1940–1970	In Schweden leben 250 bis 400 Bären.
nach 1945	Das italienische Vorkommen erreicht mit 72 bis 100 Bären seinen Höchststand. Die Braunbärenpopulation Bulgariens umfasst 450 und die Jugoslawiens 700 Tiere. Die Population in den spanischen Pyrenäen ist mit 130 Tieren etwas zurückgegangen.
1964	Der Bärenbestand in Rumänien ist auf 3500 Tiere angestiegen.
1965	Das Vorkommen in Norwegen umfasst 25 bis 50 Braunbären.

1970	Das jugoslawische Vorkommen hat mit 2000 Bären seinen Höhepunkt erreicht. Im italienischen Naturpark Adamello-Brenta, Provinz Trentino, leben acht bis zehn Braunbären. Die italienische Population kann ihren hohen Stand mit etwa 70 bis 100 Tieren halten.
1970–1971	Der Bärenbestand in Finnland umfasst 150 bis 200 Individuen.
1972	Der später berühmte Ötscherbär wandert aus Slowenien oder Kroatien kommend in die Steiermark, wo er 20 Jahre überlebt.
1975–1985	Der Bärenbestand Schwedens ist auf 400 bis 600 Tiere angestiegen.
1978–1982	Das Braunbärenvorkommen in Norwegen hat sich auf 157 bis 230 Tiere erhöht.
1979	Die Population im italienischen Naturpark Adamello-Brenta umfasst zwölf Braunbären.
1979–1982	In Finnland hat die Population mit 465 Bären einen Höchststand erreicht.
1980	Das Vorkommen in den polnischen Karpaten ist auf 60 bis 65 Bären angestiegen.
1981–1982	Das Bärenvorkommen in Spanien liegt bei etwa 187 Tieren.
1982–1986	Mit 404 bis 424 Tieren verzeichnete das finnische Bärenvorkommen gegenüber den Vorjahren einen leichten Abwärtstrend.
1983–1984	Der norwegische Braunbärenbestand liegt jetzt bei 74 bis 136 Tieren.
1983–1989	Der Bestand in den polnischen Karpaten umfasst 80 bis 96 Bären.
1985	Der Abwärtstrend in Norwegen hat sich leicht fortgesetzt, die Bestandszahl umfasst 60 bis 100 Individuen. Im italienischen Naturpark Adamello-Brenta hat die Zahl der Bären mit 14 bis 16 Tieren leicht zugenommen, der Gesamtbestand Italiens umfasst aber nur noch 50 Tiere.
1986	In Rumänien leben 6000 und in Bulgarien 700 bis 750 Braunbären. Die Population Jugoslawiens wird auf 1600 bis 2000 Tiere geschätzt. Der Bärenbestand der Slowakei hat mit 400 bis 500 Bären einen Höchststand erreicht.
1989	Die Jagdstrecke in der Slowakei umfasst 56 Braunbären. Im italienischen Naturpark Adamello-Brenta ist der Bärenbestand mit drei Tieren nicht mehr fortpflanzungsfähig.
1990	In Rumänien ist die Bärenpopulation auf 7000 Tiere angestiegen. In Österreich gibt es die erste gesicherte Meldung über einen Bären zwischen Dachstein und Totem Gebirge.
1992	Der geschätzte Bärenbestand Kärntens umfasst sieben Tiere.
1995	In Österreich wird eine Eingreiftruppe gegründet. Zwei Bären aus Slowenien werden in den Naturpark Adamello-Brenta umgesiedelt. Das Bärenvorkommen zwischen den Karawanken, den Karnischen Alpen und den Gailtaler Alpen umfasst zehn bis zwölf Bären. Drei Bären aus Slowenien verstärken nochmals das Vorkommen in Adamello-Brenta.
um 2000	In der Slowakei leben 500 bis 600 und in Griechenland 2000 Braunbären. Die Braunbärenpopulation in dem gesamten Karpatenbogen wird mit 7480 bis 7590 Tieren angegeben. Die Pyrenäenpopulation ist mit nur noch 10 bis 20 Bären hochgefährdet.
2002	Im Trentino bringt Bärin Kirka zwei Junge zur Welt.
2003	Im Trentino werden erneut zwei Junge geboren. Ein Steinadler tötet im Trentino einen jungen Bären. In den französischen Pyrenäen wird eine führende Bärin bei einer Treibjagd geschossen.

2004	In den Pyrenäen leben noch 16 bis 18 Bären.
	Zwei Bärinnen werden mit Jungen beobachtet.
2005	In Niederösterreich und der Steiermark leben 20 bis 25 Bären.
	In der Schweiz wird nach 84-jähriger Abwesenheit im Bereich Ofenpass/Nationalpark wieder ein Bär gesichtet.
Mai 2006	Der erste Bär setzt nach 170-jähriger Abwesenheit in Bayern seine Tatzen wieder auf deutschen Boden, um sich wenige Tage später wieder nach Österreich abzusetzen.
26. Juni2006	Der erste Bär auf deutschem Boden, der unter dem inoffiziellen Namen „Bruno" eine gewisse Berühmtheit erlangte, wird geschossen.

Das Bärenvorkommen umfasst 2006 etwa (nach EURONATUR) **in**

Finnland	800–1000 Bären
Frankreich	10–20 Bären
Griechenland	110–130 Bären
Italien	80–110 Bären
Kroatien	600 Bären
Mazedonien	90 Bären
Norwegen	30–50 Bären
Österreich	25–30 Bären
Polen	80 Bären
Rumänien	5500 Bären
Schweden	1000 Bären
Slowakei	700 Bären
Slowenien	300–500 Bären
Spanien	100–120 Bären

Der Höhlenbär

Der Höhlenbär starb nicht wegen menschlicher Nachstellungen, sondern aufgrund klimatischer Veränderungen aus. Trotzdem soll ihm ein Kapitel gewidmet werden, weil er als Vetter unseres Braunbären mit diesem lange Zeit sein europäisches Streifgebiet teilte. Der Höhlenbär, dessen Evolutionslinie sich schon vor über einer Million Jahren von der des Braunbären trennte, kam nur in Europa vor.

Der Vorläufer des hochspezialisierten Höhlenbären war der Deninger-Bär. Der Übergang erfolgte in kleinen Schritten, so dass die Trennungslinie zwischen den beiden Bärenarten Übergangsmerkmale aufweist. Sie stellte daher einen Mittelwert dar und spielte sich in der Zeit des Jungpleistozäns vor 130.000 Jahren ab, das heißt in der ausgehenden Risskaltzeit, die vor 250.000 Jahren begann und vor 125.000 Jahren endete. Die jüngsten Funde von Höhlenbären sind 16.000 Jahre alt. Das bedeutet, dass seine Art „nur" 124.000 Jahre überlebte.

Als die Menschen

Bärenskelett in einer der vielen Bärenhöhlen.
Hier ist nicht auf Anhieb festzustellen, ob es sich bei dem aufgestellten Skelett um ein Braunbären- oder Höhlenbärenskelett handelt, denn während der Würmkaltzeit hatten beide Bärenarten bei uns ihre Streifgebiete. In den meisten Höhlen mit Bärenknochen waren jedoch die Fundschichten getrennt. In der unteren Schicht lagen die Überreste der Höhlenbären und darüber die der Braunbären. Das heißt, die Braunbären hatten in einer späteren Periode die Höhlen ebenfalls aufgesucht.

Europa besiedelten, fanden sie eine Tierwelt vor, die sich deutlich von der heutigen unterschied. Wollnas-

Höhlenbären suchten mit ihren Jungen auch während der Vegetationsperiode immer wieder Höhlen auf.

hörner, Mammuts, Säbelzahntieger, Höhlenlöwen, Höhlenbären, Steppenwisente und Riesenhirsche besiedelten die Landschaft, Tierarten, die heute schon längst ausgestorben sind. Die Frage, ob Höhlenzeichnungen und in einigen wenigen Fällen die unnatürliche Anordnung von Bärenknochen in manchen Höhlen darauf hinweisen, dass die damaligen Menschen eine besondere Beziehung zu den Bären hatten, kann man nur sehr eingeschränkt mit ja beantworten. Einerseits bilden die Höhlenzeichnungen zu 80 % Herdentiere ab. Andererseits sind Funde, bei denen Menschen die Bärenknochen in eine besondere Lage gebracht haben, so selten, dass ein allgemeiner Bärenkult auszuschließen ist.

Es ist interessant zu wissen, dass Menschen in Europa viele Jahrtausende im gleichen Lebensraum umherstreiften, in dem zuerst die Deninger-Bären und später ihre Nachfolger, die Höhlenbären, zu Hause waren. Die ersten Menschen, die in Europa vor etwa 300.000 Jahren einwanderten, werden von manchen Forschern als frühe Neandertaler *(Homo sapiens anteneanderthalensis)* bezeichnet. Sie waren also Zeitgenossen des Deninger- und später des Höhlenbären.

Die klassischen Neandertaler *(Homo sapiens neanderthalensis)* erschienen in Europa vor 115.000 Jahren und starben aus bis heute noch nicht geklärten Gründen vor etwa 30.000 Jahren aus.

Das heißt, Neandertaler sowie der *Homo sapiens sapiens*, der seit etwa 35.000 Jahren Europa bevölkert, der Höhlenbär und der Braunbär waren über Jahrtausende hinweg Nachbarn.

Im Gegensatz zu den Höhlenbären kam es bei den Braunbären *(Ursus arctus)* in den letzten 100.000 Jahren vermutlich weder in der Lebensweise noch in der Größe zu wesentlichen Veränderungen. Der etwas größere Höhlenbär, entwickelte sich immer mehr zum reinen Pflanzenfresser, der an Gewicht und Umfang zunahm und die vegetationslose Zeit in Höhlen verschlief, in denen eine gleichmäßige Temperatur für ideale Schlafbedingungen sorgte. Es liegen Beweise in

Der Höhlenbär war auch ein Zeitgenosse des Menschen. Die letzten Höhlenbären starben vermutlich vor 16.000 Jahren aus. Mit einer Größe von etwa 3,50 m bot der Höhlenbär einen imposanten Anblick.

Form von Milcheckzähnen vor, nach denen die Weibchen von Höhlenbären auch im Sommer mit ihren Jungen Höhlen aufsuchten.

Der vorher genannte Größenvergleich bezieht sich auf den europäischen Braunbären, der weder das Gewicht noch die Größe des Kodiakbären erreicht. Der Höhlenbär maß vom Kopf bis zum Schwanzansatz maximal 350 cm, die Stand- und Widerristhöhe erreichte manchmal 175 cm. Im Aussehen unterschieden sich die Höhlenbären deutlich von den heute lebenden Braunbären. Die Höhlenbären waren viel massiger und schwerer, ihr Kopf war höher und mächtiger und ihre Kiefermuskeln stärker entwickelt.

Höhlenbären wiesen aber die gleiche Variationsbreite auf wie Braunbären. Die hochentwickelten Höhlenbären der ausgehenden Würmkaltzeit konnten vermutlich auch wegen ihres Gewichtes nicht schnell laufen, die Männchen brachten es immerhin auf über 1000 kg. Die rasche Fortbewegung war nicht notwendig, denn sie hatten im Tierreich, ihre Jungen ausgenommen, keine Feinde.

Nach neuesten Erkenntnissen vermutet man, dass Höhlenbären mit über 30 Jahren ein wesentlich höheres Alter erreichten als Braunbären.

Die für einen Pflanzenfresser verhältnismäßig großen Eckzähne, deren Bedeutung und Funktion früher schwer zu erklären waren, lassen heute eindeutige Schlüsse zu.

1. Wehrhaftigkeit
   Mit den mächtigen Eckzähnen und der Kraft der Kiefermuskeln konnte sich der Höhlenbär sogar wirkungsvoll gegen den Angriff eines Höhlenlöwen zur Wehr setzen.

2. Brunft- und Drohwaffe
   Während der Brunftzeit dienten die Eckzähne als Drohwaffe. Bei schwächeren Rivalen führte schon das Vorzeigen zu dem gebührenden Respektabstand. Bei gleich starken Männchen, wo dieses Imponiergehabe nichts mehr bewirkte, konnten sie beim Gegner tödliche Bissverletzungen verursachen. An den Schädeln von Höhlenbären stellte man schwere Verletzungen fest, die auf solche Kämpfe hindeuten.

Massenanhäufungen von Knochen des Höhlenbären, in der Drachenhöhle bei Mixnitz (Steiermark) waren es die Gebeine von vermutlich 30.000 Individuen, führten zu den wildesten Spekulationen. Folgt man ihnen, lebten die Höhlenbären in Herden, wurden durch Epidemien dahingerafft oder durch steinzeitliche Jäger erschlagen. Diese in der Zahl riesigen Knochenfunde relativieren sich jedoch, wenn man den Zeitfaktor der Ablagerung mit ins Spiel bringt. Moderne Altersbestimmungen belegen, dass sich die Knochen in Jahrtausenden angesammelt haben. So hat sich z. B. die gut ausgebildete und zwei Meter mächtige Fossilienschicht in der Ramesch-Knochenhöhle im Toten Gebirge in Oberösterreich in einer Zeitspanne von 30.000 Jahren herausgebildet, deren Ablagerung vor 64.000 Jahren begann und vor 34.000 Jahren abgeschlossen war. Wenn man davon ausgeht, dass innerhalb von 100 Jahren zehn Bären in der Höhle starben, und das auf 30.000 Jahre hochrechnet, ergibt das 3000 Höhlenbären oder 900.000 einzelne Knochen. Die Knochen wiesen keine Merkmale menschlicher Einwirkung auf, so dass davon auszugehen ist, dass die Tiere während des Winterschlafes eines natürlichen Todes starben.

Überreste von Braunbären wurden bei allen größeren Höhlenfunden festgestellt. Sie stammten entweder aus reinen Braunbärenhöhlen, selten jedoch aus Schichten, die auch Fossilien von Höhlenbären enthielten, oder ihr Fundort lag über der Schicht, die Höhlenbärenfossilien aufwies. Der Zeitraum, in dem die Braunbären wegen widriger Witterungsumstände ebenfalls in Höhlen überwinterten und dort infolge von Entkräftung starben, lag überwiegend 14.000 bis 10.000

Jahre vor dem Beginn unserer Zeitrechnung. Das ergaben Altersbestimmungen nach der Radiokarbonmethode.

Höhlenbären bevorzugten die Mittel- und Hochgebirge, also Karstregionen, die auch Höhlen aufwiesen. So liegt eine erst 1987 entdeckte Bärenhöhle in den Conturines/Dolomiten 2800 m über dem Meeresspiegel. Auf Grund von Uran-Serien-Daten weiß man, dass die Überreste etwa 45.000 Jahre alt sind, was bedeutet, dass die Bären dort mitten in der Würmkaltzeit gelebt haben – in einer höchst unwirtlichen, kalten Zeit, die in dieser Höhe kein Überleben ermöglichte. Die Erklärung ist verhältnismäßig einfach. Die vergangenen Kaltzeiten darf man sich nicht wie einen gleichmäßig verlaufenden Kälteeinbruch vorstellen, sondern es gab währenddessen immer wieder länger anhaltende Wärmeperioden mit etwas höheren Temperaturen. So auch in der Würmkaltzeit. Diese wärmeren Perioden sind aber nicht zu verwechseln mit den sogenannten Interglazialen, den Warmzeiten zwischen den eigentlichen Kaltzeiten.

Die Ära des Höhlenbären begann, wie bereits erwähnt, vor 130.000 Jahren, also während einer Zeit, in der sich die Risskaltzeit dem Ende zuneigte. Die folgende Warmzeit dauerte ca. 55.000 Jahre. Vor 70.000 Jahren ging es als Folge der einsetzenden Würmkaltzeit mit den Temperaturen wieder bergab. Doch auch in dieser Kaltzeit gab es einige Perioden mit wärmerem Klima. Den Klimaschwankungen begegneten die Höhlenbären mit der Verlagerung ihrer Streifgebiete in für sie günstigere Lagen, die einmal im Bereich des Tieflandes, der Täler oder im Hochgebirge liegen konnten. Als dieses Wechselspiel nicht mehr klappte, weil die Würmkaltzeit ihrem Höhepunkt zustrebte und die etwas wärmeren Epochen ausblieben, waren die Überlebensbedingungen für den Höhlenbären nicht mehr gegeben.

Der Höhlenbär ernährte sich nicht von Gräsern der Steppenvegetation, sondern von Kräutern, die in der lichten Waldrandzone der Gebirge oder im felsigen Gelände wuchsen und die wir heute als Hochstaudenflur bezeichnen. Die sommerlichen Vegetationsperioden, in denen diese Kräuter gediehen, fielen in der dem Höhepunkt zustrebenden Würmkaltzeit immer kürzer aus. So waren die Höhlenbären nicht mehr in der Lage, sich den für das Überleben notwendigen Winterspeck anzufressen, der dazu auch noch für den länger werdenden Winterschlaf ausreichen musste. In der Folge dieses Geschehens ging die Geburtenrate zurück, und den Jungen stand nicht mehr genug Muttermilch zur Verfügung. Sie waren in der Regel die ersten, die in ihrer Höhle an Entkräftung starben. Die Eltern folgten später, als auch sie den Winterschlaf nicht überstanden. In den Hochgebirgslagen geschah das früher, in den Tallagen etwas später.

Als vor 10.000 Jahren nach dem Ende der Kaltzeit der Wald wieder an Boden gewann, also einige Jahrtausende nach dem Verschwinden des Höhlenbären, war auch den Steppentieren, wie Mammut, wollhaarigem Nashorn, Riesenhirsch und Steppenwisent, die Lebensgrundlage entzogen.

Schädel eines Höhlenbären. Die vielen Knochenfunde erlauben es, heute besonders mit Hilfe der Computersimulation, den Höhlenbären weitgehend naturgetreu als Präparat nachzubilden.

DER WOLF

Gesetzlicher Status des Wolfes in Europa

Der Wolf *(Canis lupus)*, der vor kurzer Zeit noch mit allen Mitteln, und durch staatliche Abschussprämien unterstützt, gnadenlos verfolgt wurde, gehört heute zu den am besten geschützten Tierarten Europas. Diesen Umschwung bewirkten internationale Übereinkommen und nationale Gesetzgebungen.

Der Wolf, der vor kurzer Zeit mit allen Mitteln, und unterstützt durch staatliche Abschussprämien, gnadenlos verfolgt wurde, gehört heute zu den am besten geschützten Tieren Europas.

Dazu gehört die Konvention von Bern, ein Übereinkommen vom 19. September 1979, über die Erhaltung der wildlebenden europäischen Pflanzen und Tiere. Der Wolf ist in Anhang II aufgeführt, welcher streng geschützte Tierarten beinhaltet. Der Schutz der Berner Konvention gilt durch einen Vorbehalt nicht für die Wölfe in Bulgarien, der Tschechischen Republik, in Finnland, Lettland, Litauen, Polen, der Slowakei, in Spanien und der Türkei.

In der *Convention on International Trade in Endangered Species of the Wild Fauna and Flora* (CITES; 3. März 1973) ist der Wolf bei den potentiell gefährdeten Tierarten in Anhang II aufgelistet. Durch den Anhang I, der vom Aussterben bedrohte Tierarten enthält, steht er auch in Bhutan, Pakistan, Indien und Nepal unter Schutz.

Die *EU Habitat Direktiven* legen in Anhang II fest, dass in den Ländern der Europäischen Union das Habitat des Wolfes erhalten werden muss und die Art strikten Schutz genießt.

Biologie und Ökologie

Wolfsarten und ihre systematische Einordnung

Die systematische Einordnung stimmt mit den ersten Sätzen überein, die in dem Abschnitt Luchsarten und ihre systematische Einordnung ausgeführt wurden, denn beide Arten haben in der stammesgeschichtlichen Entwicklung einen gemeinsamen Ahnherrn. Deshalb sind sie bei der Großgliederung der Landraubtiere in einer Überfamilie *(Cynofeloiden)* zusammengefasst. Unter dem Dach leben wiederum mehrere Familien und eine davon ist die der Hundeartigen *(Canidae)*.

Alle Hundeartigen gehen auf einen kleinen Beutegreifer zurück, der unter dem wissenschaftlichen Namen *Tomarctus* bekannt ist und dessen Entwicklung 15 Millionen Jahre zurückliegt.

Von diesem Vorfahren stammen die heute 36 lebenden Arten der Hundefamilie ab. Zu ihr gehören neben der Gattung der echten Hunde *(Canis)*, zu denen auch der Wolf zählt, Füchse, Marderhunde, Wildhunde und der in Südamerika vorkommende Mähnenwolf.

Fossilienfunde belegen, dass die ersten echten Wölfe *(Canis lupus)* vor zwei Millionen Jahren auf dem eurasischen Kontinent auftraten. Bei ihrer Ausbreitung über die gesamte Nordhalbkugel passten sie sich den jeweiligen Lebensbedingungen an. Das führte zu geographischen Variationen innerhalb der gleichen Art, den Unterarten. Ihre äußerlichen Unterscheidungsmerkmale sind u. a. Fellfarbe und Körpergröße. In Europa leben nach neueren Forschungen sechs genetisch unterscheidbare Wolfstypen.

Fossilienfunde belegen, dass die ersten Wölfe *(Canis lupus)* vor zwei Millionen Jahren auf dem eurasischen Kontinent auftraten. Heute leben in Europa sechs genetisch unterscheidbare Wolfstypen. Bei der Ausbreitung der Wölfe über die gesamte Nordhalbkugel passten sie sich den jeweiligen Lebensbedinglungen an. Das führte zu geographischen Varianten innerhalb der gleichen Art, den Unterarten.

Körpermerkmale, Geschlechtsverhältnisse, Altersstruktur, Todesursachen

Der Wolf ähnelt im Körperbau und in seinen Proportionen einem Deutschen Schäferhund. Sein Kopf wirkt, von vorn gesehen, jedoch wesentlich breiter. Die Rumpflänge liegt zwischen 100 und 140 cm, die Länge des buschigen, dicht behaarten Schwanzes zwischen 30 und 50 cm. Die Schulterhöhe schwankt zwischen 66 und 80 cm.

Die unterschiedliche Größe der Wölfe schlägt sich auch im Gewicht nieder, welches eine Schwankungsbreite zwischen 20 und 40 kg aufweist. Männchen sind in der Regel um 20 % größer als Weibchen. Das Leichtgewicht mit 18 bis 20 kg ist der Arabische Wolf (*Canis lupus arabs*). Das durchschnittliche Gewicht bei rumänischen Karpatenwölfen (*Canis lupus lupus*) ergab Werte von 40 kg bei Männchen und 35 kg bei Weibchen. Den Gewichtsrekord hält ein in Schweden geschossener Wolfsrüde mit 82 kg. Die Größe des Wolfes wird von der Größe der Beutetiere und den klimatischen Bedingungen der unterschiedlichen Verbreitungsgebiete beeinflusst. So konservieren die überwiegend größeren Wölfe der nordischen Länder die Körperwärme besser als kleinere Artgenossen in anderen Regionen.

Das Fell ist bei europäischen Wölfen vorwiegend graubraun und im Winter dichter als im Sommer. Es

> Der Wolf ähnelt im Körperbau und in seinen Proportionen einem Deutschen Schäferhund.

besteht aus sechs verschiedenen Haartypen, davon bilden vier das Deck- und zwei das Wollhaar. Außen liegen die steifen und glänzenden Grannenhaare. Die wesentlich feineren und kürzeren Wollhaare enthalten eine ölige, Wasser abstoßende Substanz. Im europäischen Teil Russlands haben Wölfe im Sommer eine Deckhaarlänge von 6 bis 7 cm und im Winter bis zu 8,5 cm. Bei alten Rüden ist der Halsbereich kräftig ausgebildet, und seine starke Behaarung wirkt wie der Ansatz einer Mähne. Das Gebiss ist mit großen Eckzähnen und scherenartig wirkenden Reißzähnen ausgestattet.

Das Fell ist bei den europäischen Wölfen vorwiegend graubraun und im Winter dichter als im Sommer.

Männliche und weibliche Tiere unterscheiden sich weder in der Fellfarbe noch in der Fellzeichnung. Änderungen bei beiden Geschlechtern ergeben sich durch den von Ende März bis Juni ablaufenden Haarwechsel und von Anfang September bis November durch die Ausbildung des dichteren Winterfelles, welches die Tiere größer erscheinen lässt. Dazu verleihen die weniger dunklen Winterhaare dem Wolf während dieser Jahreszeit ein helleres Aussehen.

Die Grannenhaare haben nicht nur eine Isolierfunktion, sie dienen auch der innerartlichen Verständigung. So ist das Aufrichten der Nackenhaare und der Haare entlang des Rückens eine Imponierstellung, die Kampfbereitschaft signalisiert und den Konkurrenten einschüchtern soll.

Eine weitere Gruppe von äußerst steifen Haaren an der Schwanzdrüse, etwa 10 cm von der Schwanzspitze entfernt, weisen immer eine schwarze Färbung auf und sind damit das deutlichste Unterscheidungsmerkmal zwischen Wolf und Hund.

Für geographische Variationen liegen keine Untersuchungen vor, jedoch sollen die Wölfe der Tundra- und Waldtundra kleiner sein und eine hellere Fellfärbung aufweisen als die eigentlichen „Waldwölfe".

Wölfe sind „Augentiere", die zwar nahe Gegenstände schlecht erkennen, dafür aber die geringste Bewegung auch in größerer Entfernung wahrnehmen. Sie jagen, bedingt durch menschliche Nachstellungen, in Europa überwiegend in der Nacht. Dafür bringen sie zwei Voraussetzungen mit. Sie haben auf der Netzhaut eine Vielzahl von Stäbchen, das sind Nervenzellen, die selbst auf einen minimalen Lichteinfall noch reagieren. Weiters besitzen sie das *Tepetum licidum,* das ist eine Schicht hinter den Stäbchen, welche das Licht reflektiert und damit optimal ausnützt. Ihr Blickwinkel umfasst 250 °, bei uns Menschen sind es zum Vergleich 180 °. Dazu kommen noch der gut ausgebildete Geruchssinn und die ausgezeichnete Hörfähigkeit, die

Wölfe sind „Augentiere", die zwar nahe Gegenstände schlecht erkennen, dafür aber die geringste Bewegung auch in größerer Entfernung wahrnehmen.

den Wolf zu einem hoch entwickelten Beutegreifer machen. Die beweglichen Ohrmuscheln, die auch im Schlaf nie ganz still stehen, ermöglichen nicht nur eine genaue Lokalisierung der Lautquelle, sondern auch die Wahrnehmung der im Ultrabereich liegenden Laute von Kleinnagern. Er hört Töne bis 40 Khz, der Mensch kommt gerade auf die Hälfte, nämlich 20 Khz.

Durch die große Oberfläche des Riechepithels, welches beim Wolf 130 cm^2 ausmacht (beim Menschen 5 cm^2) ist der Geruchssinn so hervorragend entwickelt, dass er Menschen, Tiere und die Identität von Artgenossen auf eine Entfernung von zwei Kilometern (vermutlich jedoch weiter) „erriechen" kann.

Der Wolf ist in der Lage, mit den Kiefern bzw. Eckzähnen einen Druck von 150 kg/cm^2 auszuüben und so etwa die Knochen eines Elches zu zermalmen.

Das Geschlechtsverhältnis ist bis auf kleinere Abweichungen bei den Welpen fast ausgeglichen. Mit zunehmendem Alter überwiegen jedoch die Weibchen. Eine schlüssige Erklärung für diese Verschiebung konnte bisher nicht gefunden werden. Die Altersstruktur der einzelnen Populationen ist recht unterschiedlich. Sie ist von verschiedenen Faktoren abhängig, von denen die Bejagung durch den Menschen den größten Einfluss ausübt.

So haben bejagte Vorkommen einen höheren Anteil an Welpen als solche, die keiner menschlichen Nachstellung ausgesetzt sind. Vermutungen gehen dahin, dass sich die Weibchen dieser Populationen mehr fortpflanzen, im Durchschnitt auch mehr Junge haben und der Prozentsatz der Jungen, die den ersten Winter erreichen, höher ist als der von nicht bejagten Beständen. Aus diesem Grund sind in den größten Teilen Europas einjährige Jungwölfe mit einem relativ hohen Anteil vertreten, da die Populationen nur in wenigen Ländern keiner Verfolgung ausgesetzt sind.

Übersteht ein Wolf alle Fährnisse des Lebens, kann er in freier Wildbahn etwa 15 Jahre alt werden. REIG(1987) führt jedoch an, dass pro Jahr bis zu 25 % des von ihm untersuchten Wolfsvorkommens in Spanien durch den Menschen getötet wurden. Die jährliche Überlebensrate bejagter Wölfe in Nordamerika, deren Werte sich auch auf die europäische Population übertragen lassen, führt zu folgenden Ergebnissen: Welpen 39 %, Jährlinge 68 % und Wölfe über zwei Jahre 59 %. In Gefangenschaft können Wölfe ein Alter von bis zu 17 Jahren erreichen.

Das Spektrum der Todesursachen bei Wölfen umfasst Tötung durch den Menschen, durch Verhungern, durch Auseinandersetzungen untereinander, durch Verletzungen, die ihnen größere Tiere beim Kampf zugefügt haben, und durch den Verkehr.

Ältere Wölfe haben außer dem Menschen keine Feinde. Dagegen können Welpen manchmal Opfer von Steinadlern, Bären, Luchsen und Vielfraßen werden.

Durch die große Oberfläche des Riechepithels, welches beim Wolf 130 cm² ausmacht, beim Menschen sind es 5 cm², ist der Geruchssinn hervorragend entwickelt.

Fortbewegung

Wölfe sind aufgrund ihrer Lebensweise gute und ausdauernde Läufer. Sie können mit ihren langen Beinen und weit ausgreifenden Schritten ohne Ermüdungserscheinungen stundenlang eine Geschwindigkeit von 10 km/h durchhalten. Sie sind zwar ausdauernd im Laufen, doch ihre Höchstgeschwindigkeit von 40 Stundenkilometern stehen sie nur wenige Minuten durch. Bei der Extremgeschwindigkeit von 60 Stundenkilometern reicht es nur für einen kurzen Sprint.

Wölfe treten bei ihrer Fortbewegung nur mit den Zehen auf. Die Krallen, die beim Gehen nichts von ihrer Schärfe einbüßen, leisten im Festhalten und Niederreißen großer Beutetiere gute Dienste. Wolfsspuren lassen sich von den Spuren großer Hunde manchmal schwer unterscheiden und sind nur auf der Basis mehrerer Merkmale sicher zuzuordnen. Wölfe laufen in der Regel über längere Strecken gradlinig ihrem Ziel entgegen, während die Hundespur häufig Kurven aufweist und allgemein unsteter ist. Die Vorderpfote eines erwachsenen europäischen Wolfes misst ohne Krallen mindestens acht Zentimeter. Wölfe besitzen im Vergleich zu großen Hunden länglichere, schmalere Pfoten. Im Gegensatz zu seinen Beutetieren, den wildlebenden Huftieren, kann der Wolf nicht so leicht in den Schnee einbrechen, was ihm bei der Jagd auf einer geschlossenen Schneedecke einen Vorteil verschafft.

Außerdem sind Wölfe gute Schwimmer, so dass sie auch Flüsse problemlos durchqueren können.

Lebens- und Aktionsraum

Ursprünglich bewohnte der Wolf außer dem Hochgebirge alle Lebensräume. Er war das am weitesten verbreitete Säugetier der Welt, das nördlich des 15. Breitengrades die gesamte Nordhalbkugel durchstreifte. Zurzeit leben auf unserem Globus schätzungsweise noch 172.000 Wölfe.

Im Dunkeln des Waldes wirkt der laufende Wolf wie ein flüchtiger Schemen.

Heute lebt der Wolf in Europa, Russland ausgenommen, in den Waldregionen der Berge und Gebirge. In Italien liegen diese zwischen 800 und 2200 m über dem Meeresspiegel, im Areal der Monti della Tolfa jedoch in der Maccie unterhalb von 600 m.

Die Heimat der Wölfe im äußersten Norden und Nordosten Europas ist die Tundra. Diese Habitate sind vermutlich großteils Rückzugsgebiete, in denen sie bisher menschlichen Nachstellungen ausweichen konnten.

Die unterschiedlichen Populationsdichten pro 1000 km^2 lassen sich am besten in einer tabellarischen Form erfassen.

Land	Anzahl der Wölfe auf 1000 km^2 (1980)
Europäischer Teil Russlands	0,13
Halbinsel Kola	2,3–6,5
Weißrussland	10,0
Ukraine	10,0
Russischer Teil Kareliens	5,0–7,0
Italien	11,8
Spanien	15,0–20,0

Das Territorium eines Wolfsrudels richtet sich in seiner Größe nach der Häufigkeit und Verfügbarkeit der Beutetiere. Das heißt, das Territorium ist immer so groß, dass es genügend Beutetiere für eine erfolgreiche Welpenaufzucht der Wölfe umfasst. Deshalb schwanken Wolfsreviere in ihrer Größe – mitunter innerhalb verschiedener Jahre, grundsätzlich aber auch in verschiedenen Regionen der Erde.

In Polen erbrachten über 15 Jahre dauernde Studien eine Territoriumsgröße im Flachland von 200 bis 300 km^2 und in den Gebirgen von 100 km^2. Sie ist jedoch auch abhängig von der Dichte des Schalenwildes und der Geländeform. So liegt die durchschnittliche Reviergröße von zwei bis drei Wölfen im Bialowieza Urwald mit seiner großen Zahl an Beutetieren bei 100 km^2, während das Bieszczady Gebirge mit 4,3 Wölfen pro 100 km^2 die größte Bestandsdichte erreicht.

Der Tagesruheplatz liegt versteckt in dichter Vegetation oder an unzugänglichen Geländestellen. In Italien lag zwischen den innerhalb von 24 Stunden aufgesuchten Ruhelagern eine Entfernung zwischen einem und zehn Kilometern.

In der Ukraine umfasst das Streifgebiet der Wölfe im Sommer 50 km² und im Winter 700 km², in den Waldgebieten, die sich in einiger Entfernung südlich von Moskau erstrecken, zwischen 500 und 1260 km², in der Tundra Russlands 1000 km², in Finnland zwischen 900 und 1200 km², im Westen Russlands zwischen mehreren Dutzend bis zu einigen Hundert km² und in Italien zwischen 120 und 150 km².

In Bulgarien hatte sich in einem Gebiet, das vorher wolfsfrei war, ein kleines Rudel angesiedelt, welches am Anfang einen Aktionsraum von 60 bis 70 km² beanspruchte, den es später durch eine steigende Individuenzahl des Rudels immer weiter ausdehnte.

Urin und Losung (Kot), die an markanten Strukturen innerhalb eines Streifgebietes abgesetzt werden, dienen unter anderem der territorialen Besitzanzeige. Markierungen werden besonders häufig dort abgesetzt, wo zwei Territorien zusammenstoßen. Ebenso erleichtert es einzeln lebenden Männchen und Weibchen das Zusammenfinden. Stellen, an denen Beutereste verscharrt sind, erhalten gleichfalls eine Urinmarkierung. Beim Absetzen von Kot wird häufig auch gescharrt.

Innerhalb eines Wolfsrudels, das in der Regel eine einfache Familie ist, sind es ausschließlich die Elterntiere, welche mit Urin- und Losungsmarkierungen eine territoriale Besitzanzeige zum Ausdruck bringen. Die Jungtiere des Rudels markieren grundsätzlich nicht im elterlichen Revier. Das eigene Territorium wird gegen fremde Artgenossen verteidigt. Es kommt zwar selten vor, dass fremde Wölfe in ein bereits belegtes Revier eindringen, geschieht es doch, können die Kämpfe zu schweren Verletzungen und sogar zum Tod führen. Damit so etwas erst gar nicht eintritt, setzen

Wolfsspuren in der Oberlausitz, geschnürter Trab.

Wölfe als langwirkendes Kommunikationsmittel für ihren Besitzanspruch ihre Duftmarken und über große Entfernungen ihr Geheul ein.

Die Hierarchie im Rudel wird bestimmt durch das Verhalten der Tiere untereinander. Das Alpha-Paar bewegt sich ganz locker mit erhobenem Kopf und leicht erhobenem Schwanz. Nähert sich ein rangniederes Tier, zeigt es seinen Respekt durch zurückgelegte Ohren, den niedrig gehaltenen Schwanz und den krummen Rücken. Will es noch mehr Demut demonstrieren, versucht es den Mundwinkel des dominanten Wolfes zu lecken, oder es lässt sich zur Seite fallen, nimmt den Schwanz zwischen die Beine und legt den Hals frei zum Zubeißen, was jedoch durch die dadurch ausgelöste Beißhemmung verhindert wird.

Diese Ausführungen machen deutlich, dass bei dem komplexen Kommunikationssystem der Wölfe der Gesichtsausdruck, die

Körperhaltung, der Blick sowie die innerartliche Mitteilung durch Urin, Kot und Scharrspuren eine wichtige Rolle spielen. Diese gute Kommunikation ermöglicht den inneren Gruppenzusammenhalt, das Aufrechterhalten der Sozialstruktur und die Verteidigung des Reviers.

Wanderungen

Die Jungtiere verlassen in der Regel im Alter von ca. 22 Monaten, meist vor oder mit der im Winter eingetretenen Geschlechtsreife, das Gebiet ihrer Eltern auf der Suche nach einem eigenen Territorium und einem nicht verwandten Paarungspartner. Neuere Forschungen aus Skandinavien und Finnland zeigen allerdings, dass die meisten Jungwölfe dort im Alter von zehn bis vierzehn Monaten abwandern. Erklärt wird dies mit der geringen Beutetierdichte in diesen Gebieten. Die Eltern können daher nur den jüngsten Nachwuchs durchfüttern. Die älteren Geschwister müssen dagegen schon früh auf eigenen Beinen stehen.

Bevor sich ihre Wege trennen, wandern die jungerwachsenen Wölfe zunächst oft im Geschwisterverband ab. Das betrifft Rüden als auch Fähen. Doch ehe der Wolf sich endgültig von seinem Rudel verabschiedet, unternimmt er Erkundungsausflüge von verschiedener Dauer und Länge. Während ihrer Abwanderung können Wölfe viele hundert Kilometer zurücklegen. Als Beweis für längere Wanderungen dienen Nachweise einzelner Wölfe in der damaligen DDR. Die nächsten Vorkommen lagen 300 km weit weg in Polen oder der Tschechoslowakei. 1987 wurde in Spanien ein weiblicher Wolf erlegt, 250 km von der nächsten Population entfernt. In Mittelschweden beobachtete man zwei Tiere, deren Stammheimat an der russisch-finnischen Grenze lag, also in 2000 km Entfernung.

Telemetriestudien an abwandernden Wölfen ergaben, dass Rüden lauf-

Ein Wolfsrudel – Bei den Wölfen dienen Urin und Kot u. a. der territorialen Besitzanzeige.

aktiver als Fähen sind und häufiger weitere Strecken als diese zurücklegen. So handelt es sich auch bei allen seit 1980 in der ehemaligen DDR erlegten Wölfen um Rüden.

Innerhalb eines Territoriums legen die Rudelmitglieder meist in einer Nacht ausgedehnte Streifzüge auf der Suche nach Beutetieren zurück. Eine mit einem VHS-Halsbandsender ausgestattete Wölfin, die in einem 240 km^2 großen Territorium in der Oberlausitz lebt, läuft durchschnittlich 30 km in einer Nacht. Durch die Jahreszeiten bedingte Wanderungen der Wölfe, die sich jedoch überwiegend auf Kanada beschränken, haben ihre Ursache im Verhalten der Rentiere, die dann ebenfalls von Weideplatz zu Weideplatz ziehen.

Sozialverhalten - Sozialordnung

Bei den Wölfen spielen optische Signale zur Aufrechterhaltung der komplexen Sozialordnung innerhalb des Rudels eine besonders wichtige Rolle. Dazu gehört eine ausdrucksvolle Mimik, ebenso beeindruckende Gesten und das Aufrichten und Anlegen des Felles an bestimmten Körperteilen.

Das Heulen ist ein akustisches Signal der Wölfe, das bei allen naturverbundenen Menschen, die es einmal gehört haben, einen bleibenden Eindruck hinterlässt. Durch das so genannte „Kontaktheulen" teilen sich die einzelnen Wölfe gegenseitig ihren Aufenthaltsort mit. Einzeltieren gibt es über große Entfernungen Hinweise, wo sie Partner oder ihr Rudel finden. Das Rudelheulen hat eine andere Funktion. An ihm beteiligen sich alle Rudelmitglieder, um damit z. B. die Verbandsangehörigen für eine Jagd in Stimmung zu bringen. Außerdem dient es der Stärkung des Zusammengehörigkeitsgefühles innerhalb des Rudels sowie der territorialen Besitzanzeige.

Wie viele Freilandstudien der letzten Jahre aufzeigten, ist das Rudel einfach ein Familienverband, dessen Mitglieder sich aus einem Elternpaar, seinem jüngsten Nachwuchs (Welpen) und den Jungen des Vorjahres (Jährlinge) zusammensetzen. So umfasst ein Rudel neben dem Gründerpaar, welches meist auf Lebenszeit verpaart ist,

Das Heulen der Wölfe ist so laut, dass es Artgenossen bei entsprechenden Witterungsbedingungen auf eine Entfernung von bis zu 6 km hören.

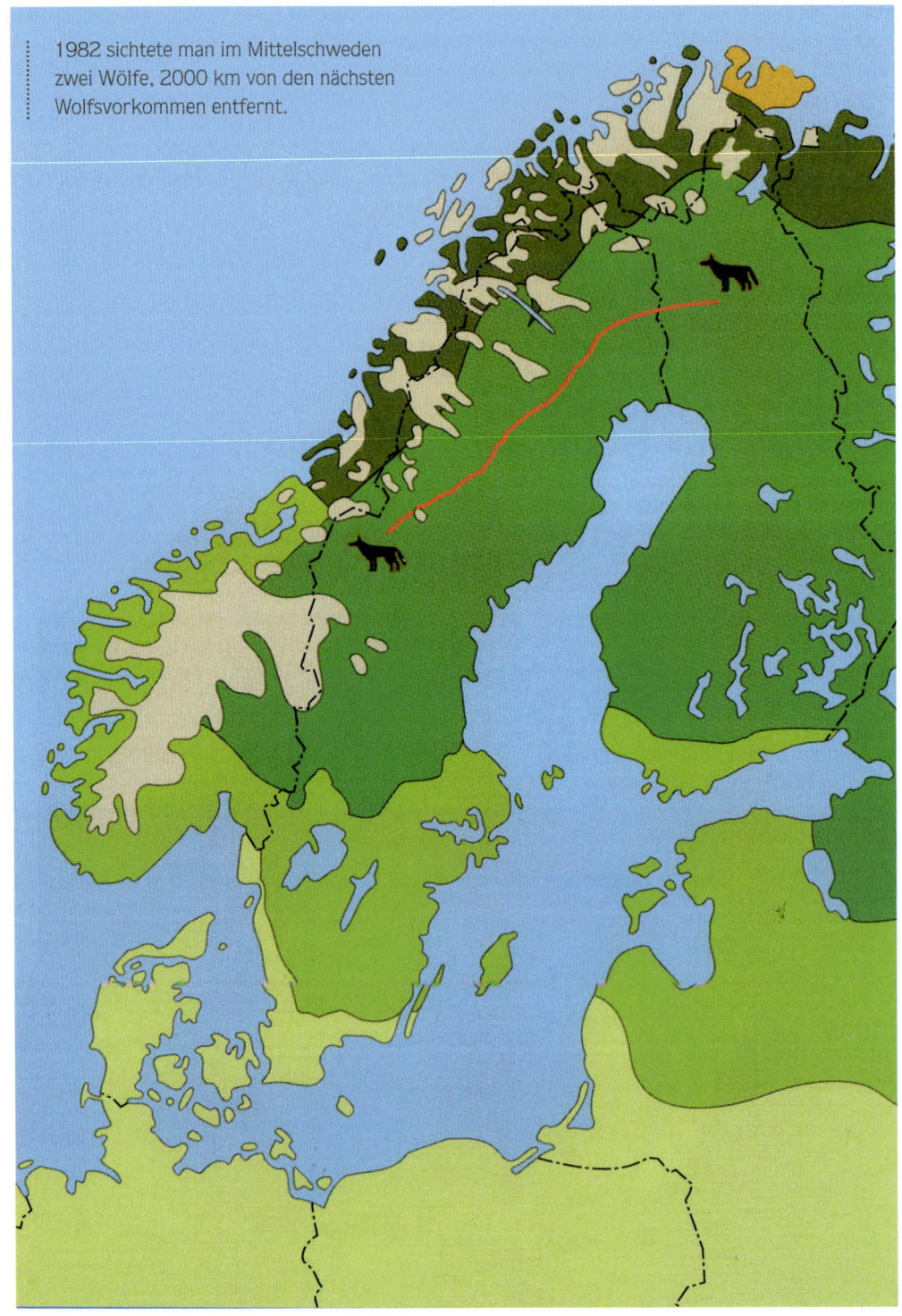

1982 sichtete man im Mittelschweden zwei Wölfe, 2000 km von den nächsten Wolfsvorkommen entfernt.

eine jährlich wechselnde Anzahl von Nachkommen dieses Paares. Unter bestimmten Bedingungen können auch fremde Wölfe in einem Rudel aufgenommen werden. Dieser Fall wurde z. B. in Nordamerika nachgewiesen, wo u. a. Bisons zur Beute der Wölfe zählen. In Anbetracht der Wehrhaftigkeit dieser Beutetiere ist es von Vorteil, wenn dem Rudel zusätzlich Jagd erfahrene, erwachsene Wölfe angehören.

Die soziale Organisationsform des Wolfes, der Familienverband oder das Rudel, erfüllt wichtige Aufgaben. Es ermöglicht die Verteidigung eines Territoriums, und die Bedingungen für die Aufzucht und der Schutz der Jungen sind sicherer. Das Rudel ist Garant für das Warnen der Jungen bei Gefahr, das Zurückführen zum Bau und die Nahrungsbeschaffung. Durch das Leben in der Gruppe wird der Kontakt zu den Erwachsenen in der Regel mehr als ein Jahr aufrechterhalten, was eine längere Lehrzeit beinhaltet.

Durch die territoriale Lebensweise ist den Revierinhabern ihr Territorium bis in den hintersten Winkel bekannt, was die Jagd und die Flucht in sichere Bereiche erleichtert.

Die Anzahl der Wölfe eines Rudels kann stark variieren. Sie wird bestimmt durch den Fortpflanzungserfolg des Wolfspaares innerhalb der letzten zwei Jahre sowie durch Ausfälle infolge Welpensterblichkeit, abwandernde Jungtiere und Neuzugänge.

Aus Polen liegen vorläufige Ergebnisse einer 15 Jahre umfassenden Studie über Wölfe und ihren Einfluss auf bewirtschaftete Waldsysteme vor. Demnach variiert dort die durchschnittliche Individuenzahl eines Rudels zwischen drei und fünf Tieren.

Ein Wolfspaar bleibt in der Regel auf Lebenszeit zusammen. Wenn eines der Elterntiere, die den Kern des Rudels bilden, umkommt, besteht die Möglichkeit, dass ein fremder Wolf sich dem Rudel anschließt, um die nicht besetzte Position einzunehmen.

Kleinere Rudel kommen in Europa häufiger vor als große. Die größten leben in Weißrussland mit durchschnittlich acht bis dreizehn Tieren. Sieben bis neun sind es in der Hohen Tatra, sechs bis sieben in den anderen Landesteilen der Slowakei, in den Abruzzen höchstens vier, in den anderen Wolfsgebie-

Das Verhalten der Wölfe eines Rudels untereinander kann man als freundschaftlich bezeichnen.

ten Italiens vier bis acht. In der spanischen Provinz Burgos lebten nach Beobachtungen 21 % als Einzeltiere, 65,4 % in Gruppen mit zwei bis fünf und 7,7 % in Rudeln mit acht bis neun Tieren.

Ein Wolfsrudel ist in freier Natur, im Gegensatz zur noch oft vertretenen Darstellung in der Literatur, die weitgehend auf die Beobachtung von Wölfen in Gehegen beruht, kein streng hierarchisches System, innerhalb dessen jedes Tier einen Status erkämpfen und behaupten muss. In der Regel verfügen die Eltern über eine auf ihren Erfahrungsvorsprung beruhende natürliche Dominanz gegenüber ihren Nachkommen. Letztere kämpfen nicht mit den Eltern um das Recht auf Fortpflanzung, sondern es herrscht eine Inzestsperre, die eine Verpaarung zwischen Familienmitgliedern weitgehend ausschließt. Neben der Dominanz der Eltern gegenüber den Nachkommen, finden sich – oft durchaus wechselnde – Rangbeziehungen unter den Geschwistern. Das bei Wölfen in Gehegen oft beobachtete Phänomen des „Omega-Wolfes", der allen unterlegen ist und als „Prügelknabe" dient bzw. mitunter sogar getötet wird, ist in der Natur in dieser Form nicht zu beobachten. Er ist in der Regel auf die vom Menschen gesteuerte Zusammensetzung der Wolfsgruppen in den Gehegen zurückzuführen, einschließlich fehlender Abwanderungsmöglichkeiten für jungerwachsene Wölfe.

Die Rangordnung eines solchen Verbandes, der in Gefangenschaft lebt, ist nach Altersklassen und Geschlecht aufgeteilt. Sie wird von oben nach unten mit den Buchstaben des griechischen Alphabetes bezeichnet. Demnach sind die ranghöchsten Tiere der Alpha-Wolf und die Alpha-Wölfin, die im Rudel in der Regel allein zur Fortpflanzung schreiten dürfen. Es kommt jedoch auch vor, dass ein weiteres Weibchen daran beteiligt ist. Unter Umständen kann es in einem Rudelverband auch zu zwei Würfen kommen. Es ist auch nicht völlig auszuschließen, dass in einem Rudel als Vater nicht nur der Alpha-Wolf in Frage kommt.

Zeigt ein rangniederes Rudelmitglied gegenüber einem ranghöheren Wolf ein Verhalten, das nicht dem Statusunterschied entspricht, löst das meistens eine Aggressivität des ranghöheren gegen das rangniedere Tier aus. Doch die Hierarchie der einzelnen Tiere untereinander ist nicht auf ewig festgelegt. So kann ein rangniederer Wolf in einer erfolgreichen Auseinandersetzung einen höheren Rang erkämpfen und damit seinen Rivalen auf die von ihm vorher eingenommene niedere Stufe verweisen. Bei solchen Raufereien, an denen beide Geschlechter beteiligt sind, geht es überwiegend um die Position der Alpha-Tiere.

Paarungszeit, Geburt und Jungenaufzucht

Die Paarungszeit der Wölfe staffelt sich in Europa von Ende Dezember bis in den April. So dauert diese Periode in

Polen	von Ende Dezember	bis	Ende Februar,
Weißrussland	von Ende Januar	bis	Mitte März,
Süd- und Mittelfinnland	von Ende Februar	bis	Anfang März,
Nordfinnland	im April,		
Italien	im März.		

In Deutschland findet die Hochranz zwischen Ende Februar und Anfang März statt.

In der Regel paaren sich nur die beiden Elterntiere. In der Gehegehaltung wurde beobachtet, dass der Alpha-Wolf an rangniederen, läufigen Fähen meistens kein Interesse zeigt. Dazu kommt noch, dass die Alpha-Wölfin eine empfängnisbereite, im Rang niedrigere Geschlechtsgenossin unterdrückt und damit Paarungsversuche erst gar nicht aufkommen lässt. Genau das gleiche

Schema gilt für die Rüden, deshalb zeichnen sich die Wochen vor der Ranzzeit im Rudel durch erhöhte Aggressivität und Rangordnungskämpfe aus.

Weibchen, bei denen erstmals die Paarungsbereitschaft eintritt, werden zwei bis drei Wochen später läufig als ältere Weibchen. Die Tragzeit beträgt 62 bis 74 Tage. Der Geburtstag der Welpen fällt den unterschiedlichen Deckzeiten entsprechend auf verschiedene Termine: In Polen von März bis Mai, in der Ukraine von Mitte März bis Anfang April, in Weißrussland von Mitte März bis Mai, in Karelien (Russland) von April bis Juni, im nördlichen Finnland im Juni und in Spanien von April bis Mai.

Die Wurfgröße fällt gleichfalls unterschiedlich aus, sie liegt im Durchschnitt bei vier bis sechs Welpen, wobei in freier Wildbahn auch einmal eine Wölfin mit zehn Welpen gefilmt werden konnte. Die Zahl der Jungen ist abhängig von der jeweiligen Region, dem Nahrungsangebot und dem Alter der Wölfin. Sie ist im Süden des Verbreitungsgebietes größer als im Norden und bei Weibchen in den besten Jahren größer als bei älteren weiblichen Tieren.

In der Regel wird im Rudel pro Jahr nur ein Wurf geboren. Wenn die Welpen nach der Geburt sterben, wird die Wölfin im gleichen Jahr nicht mehr läufig. Unter Zoobedingungen hatte eine Wölfin ihre ersten Jungen im Alter von zwei und ihre letzten im Alter von elf Jahren, mit einer Unterbrechung im neunten Lebensjahr. Sie wurde etwas älter als elf Jahre.

Die große Zahl der Jungen wird durch eine hohe Jugendsterblichkeit reduziert.

Aus Polen liegen vorläufige Ergebnisse einer 15 Jahre dauernden Studie vor. Demnach variiert dort die durchschnittliche Individuenzahl eines Rudels zwischen drei und fünf Tieren.

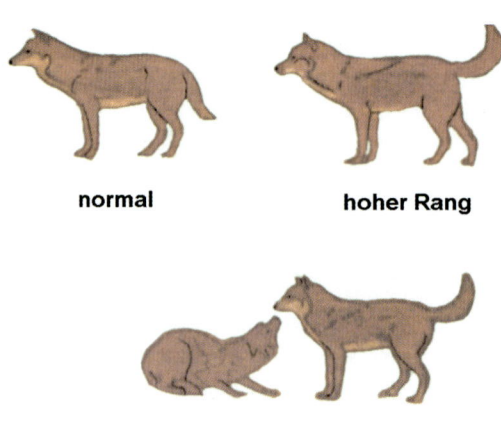

normal   **hoher Rang**   **niedriger Rang**   **unterdrückt**

aktive Unterwerfung   **passive Unterwerfung**

So sterben 60 % schon vor oder während ihres ersten Winters. Von diesem bereits geschwächten Bestand kommen nochmals 45 % als Jährlinge ums Leben.

Skizzen über die Körpersprache des Wolfes

Damit schrumpft die Jugendgeneration eines Jahrganges auf ein Viertel des ursprünglichen Bestandes. Todesursache Nummer eins ist besonders in den ersten Lebensmonaten das Verhungern. Auch Erfrieren kann in nasskalten Frühjahren eine wesentliche Verlustursache für den Nachwuchs sein, da die Welpen in den ersten Tagen nach der Geburt ihre Körpertemperatur noch nicht selbst regulieren können und sehr schnell auskühlen. Später spielen auch Nachstellungen durch die Menschen, Krankheiten und Auseinandersetzungen mit Artgenossen eine Rolle.

Als Wurfplatz werden gern Erd- oder Felshöhlen, große Baumhöhlen, oder oberirdische im Dickicht gelegene Plätze aufgesucht. Erdbaue werden von den Wölfen selbst gegraben, oder sie erweitern die Röhren von Fuchs und Dachsbauten. Doch vorsichtshalber gräbt das Weibchen mehrere Wochen vor der Geburt der Jungen oft mehrere Baue, die möglichst nicht in der Nähe der ersten Anlage liegen. Mitglieder des Rudels können dabei helfen. Ein solches Teamwork wird gern angenommen, denn es gibt viel Arbeit. Der ovale Eingang von 36 bis 64 cm Durchmesser geht in einen mehrfach abknickenden Gang gleicher Dimension über. Dieser endet nach maximal zehn Metern, 1,5 bis 3,5 m unter der Erdoberfläche in einem Kessel, dem Geburtszimmer. Bevorzugte Plätze solcher Kinderstuben sind sandige Böschungen, liegen diese in der Nähe von Wasser sind in dieser Beziehung alle Wolfswünsche erfüllt. Kommt es an den Wurfplätzen zu keinen Störungen, werden sie oft über mehrere Jahre hintereinander benutzt. Das trifft jedoch nicht auf die Wölfe Finnlands zu, die immer einen Neubau bevorzugen. Kommt es am Wurfplatz zu Störungen, zieht die Wölfin mit ihren Jungen in eine der vorsichtshalber angelegten Ersatzunterkünfte.

Die 350 bis 500 g schweren Jungen haben bei der Geburt ein flauschiges graubraunes Fell, ihr Gehörgang ist noch geschlossen, und sie sind blind. Mit neun bis zwölf Tagen öffnen sie die Augen und am 20. Tag setzt ihre Hörfähigkeit ein. Von der Mutter werden sie in Intervallen von vier bis sechs Stunden gesäugt. Schon ab der vierten Lebenswoche bilden neben der Muttermilch herausgewürgte Fleischbrocken einen Nahrungsanteil. In der sechsten Lebenswoche ist die Entwöhnung abgeschlossen, und ab dem vierten Lebensmonat nehmen sie Fleisch direkt auf. Zwischen dritter und vierter Lebenswoche verlassen sie erstmals die Wurfhöhle. Die Gewichtszunahme der Wölfe beträgt nach PULLIAINEN (1965) von der Geburt bis zur 14. Lebenswoche im Durchschnitt 1,2 kg pro Woche, von der 14. bis zur 27. Lebenswoche 0,8 kg pro Woche und danach bis zum Ende des ersten Lebensjahres 0,03 kg pro Woche.

Die Welpenhaare sind bereits in der zehnten Lebenswoche verschwunden und durch die Erwachsenenbehaarung abgelöst worden. Diese wird im Alter von sechs Monaten durch das erste Winterfell ersetzt. Das Rudel, welches sich bisher in der Nähe des Wurfplatzes aufgehalten hat, verlässt diesen acht bis zehn Wochen nach der Geburt, manchmal auch früher, und sucht wech-

Die Körpersprache des Wolfes sagt etwas über seine Stellung innerhalb des Rudels aus. Die Aufnahme zeigt einen Wolf, der eine ängstlich drohende Haltung einnimmt.

selnde „Rendezvousplätze" auf, die jetzt zum vorläufigen Aufenthaltsort der Jungen werden. Das sind geschützt liegende Stellen mit einer lichten Vegetation. Es ist der Aufenthaltsort der Jungtiere und Jährlinge, die nicht an der Jagd teilnehmen; und auch der Ruheplatz, den ältere Wölfe nach der Jagd aufsuchen. An einem solchen Platz halten sich verschiedene Rudel zwischen 14 und

Die Rangordnung und der Zusammenhalt des Rudels werden durch bestimmte Gebärden und Verhaltensweisen aufrechterhalten. Der Leitwolf kann sowohl ein Rüde als auch eine Wölfin sein.

32 Tagen auf. Mit zunehmendem Alter der Jungen wechseln die Wölfe in etwas kürzerem zeitlichem Abstand und über weitere Entfernungen zum nächsten „Rendezvousplatz".

Je nach ihrer Kondition sind sie zwischen dem vierten und sechsten Lebensmonat in der Lage, das Rudel selbst auf größeren Wanderungen zu begleiten.

Im ersten Lebensjahr ist das Wachstum der jungen Wölfe abgeschlossen. Schon im Alter von sechs Monaten ähneln sie im Aussehen den älteren Tieren, und mit zehn bis 12 Monaten sind die wenigen Unterschiede fast ganz verschwunden. Nur die Flanken und der Bauch sind farblich nicht so abgesetzt wie bei älteren Artgenossen, ihr Rumpf wirkt weniger kräftig und ihr Fell flauschiger. Später entfallen alle Unterscheidungsmerkmale.

In der Regel dürfen sich nur die ranghöchsten Tiere paaren, eine Verhaltensweise, die einer Geburtenkontrolle gleichkommt.

Aus Gehegehaltungen weiß man, dass dort aufgewachsene Wölfe im Alter von zwei Monaten für ihre normale Entwicklung pro Tag je 1,6 kg Fleisch benötigen.

An der Aufzucht der Welpen beteiligen sich alle Mitglieder des Rudels, also neben den beiden Elterntieren auch die Jährlinge, teilweise mit wechselnden Funktionen. Die Hauptlast tragen jedoch der Alpha-Wolf und die Alpha-Wölfin, die Eltern. Die ersten Tage nach der Geburt hält sich die Wölfin ständig bei ihren Jungen auf. Bis zu ihrer Entwöhnung im zweiten Lebensmonat bleibt sie die meiste Zeit in der Nähe des Wurfplatzes und schließt sich nur selten dem jagenden Rudel an. Der Alpha-Wolf, aber auch andere Rudelmitglieder tragen ihr Beute zu, welche sie am Wurfplatz auswürgen. Damit versorgen sie die Jungen und ihre Mutter. Bei den Wölfen, die nur paarweise leben, spielt der männliche Wolf bei der Jungenaufzucht eine besonders wichtige Rolle, da hier die helfenden Mitglieder des Rudels entfallen.

Haben die Jungen die dritte Lebenswoche überschritten, bet-

Alpha-Wölfin mit ihren Jungen

Alpha-Wölfin vor ihrem Wurfbau – In den ersten Tagen nach der Geburt der jungen Wölfe hält sich die Alpha-Wölfin in der Nähe des Wurfplatzes auf, denn die noch blinden Jungen werden während dieser Zeit in Intervallen von etwa vier Stunden gesäugt.

teln sie alle von der Jagd heimkehren-den Rudelmitglieder an, die dieser unge-

Wenn der Wolf ein Stück Fleisch in der Hast verschlungen hat, würgt er es wieder heraus, um es in Ruhe zu fressen, oder es ist der Anteil für die Jungen, an deren Fütterung sich die Rudelmitglieder beteiligen.

stümen Begrüßung nicht widerstehen können und die schon verschluckten Beuteteile auswürgen. Später sparen sie sich das Auswürgen und tragen die Beuteteile den Jungen im Fang zu.

Die Geschlechtsreife tritt bei beiden Geschlechtern im Alter von ca. 22 Monaten ein, bei den Männchen etwas später als bei den weiblichen Tieren. Das bedeutet aber nicht, dass sie sich in diesem Alter in freier Wildbahn schon fortpflanzen, das geschieht bei Männchen erst im vierten und bei Weibchen im dritten Lebensjahr.

Tageseinstände sind geschützt liegende Stellen mit einer lichten Vegetation. An solchen Plätzen halten sich verschiedene Rudel 14 bis 32 Tage auf.

Der Wolf als Jäger

Beutespektrum und Nahrung

Der Wolf ist, was das Nahrungsspektrum betrifft, opportunistisch, er frisst alles, was er für genießbar hält, und das dürfte manchmal doch Erstaunen hervorrufen. Wir wissen zwar, dass sein Vetter, der Hund, gelegentlich Gras frisst, aber dass dieses Verhalten auch die Wölfe zeigen, ist wohl weitgehend unbekannt. Das Gras wird von dem Wolf jedoch nicht als Nahrung verwertet, sondern es ummantelt in seinem Verdauungstrakt den harten Kot, der sich durch gefressene Knochen bildet, und wird als „Schmiermittel" unverdaut wieder ausgeschieden (nach WOTSCHIKOWSKY 2006). Daneben zählen in man-

Ehe das Rudel seinen Einstand verlässt, prüfen einzelne Mitglieder die Gerüche, die ihnen der Wind zuträgt.

chen Gebieten Beeren und Früchte, besonders im Winter und Frühjahr, zu der aufgenommenen vegetarischen Nahrung. Bei den Wölfen in der Lausitz wurde dieser vegetarische Nahrungsanteil jedoch nicht festgestellt.

In Italien verspeisten Wolfspopulationen zu einem wesentlichen Teil die auf Müllplätzen abgeladenen Speiseabfälle. Heute ist das weitgehend unmöglich, denn Schlachtabfälle dürfen auf Mülldeponien, die zusätzlich noch mit einer Umzäunung versehen wurden, nicht mehr abgelagert werden (nach WOTSCHIKOWSKY 2006).

Nach Ergebnissen aktueller Nahrungsanalysen an wildlebenden Wölfen machen pflanzliche Nahrungsbestandteile, wenn überhaupt, jedoch nur einen sehr geringen Anteil an der Nahrung aus.

Bei der tierischen Beute haben die Wirbellosen den geringsten Tribut zu entrichten. In der Regel hält sich der Wolf an größere Säugetiere, das sind besonders Paarhufer, wie Rehe und Hirsche. Die kleineren Säuger, die nur einen unwesentlichen Teil des Beutespektrums ausmachen, sind vorwiegend Kaninchen und Hasen.

Welche Tiere den überwiegenden Nahrungsanteil ausmachen, hängt von

Auch im Tageseinstand wechseln sich Ruhe- und Bewegungsphasen der einzelnen Tiere ab.

Das Rotwild steht als Wolfsbeute an erster Stelle. Bei der Jagd auf diese Tiere versuchen die Wölfe, es einzukreisen, so dass es keine Chance auf ein Entkommen hat. Doch im Laufe der Evolution hat das Rotwild gelernt, sich mit seinen Hufen erfolgreich einer Wolfsattacke zu erwehren. Das wiederum wissen die Wölfe und halten sich bevorzugt an schwache oder junge Tiere.

der Faunazusammensetzung des jeweiligen Gebietes ab. So lag in Polen in untersuchten Kotproben der Anteil der Paarhufer, vorwiegend Rehe und Rothirsche, bei 79,9 %. In anderen Regionen Polens ergaben Kotproben und Mageninhaltsanalysen von 31 erlegten Wölfen eine hohe Quote an Rehen und Wildschweinen. In den slowakischen Karpaten wurden auf die gleiche Weise überwiegend Wildschweine festgestellt. In anderen Analysen aus dem gleichen Gebiet zählten mit 93,5 % Paarhufer, meistens Rehe, zur Hauptbeute des Wolfes.

Auf der Iberischen Halbinsel dokumentiert sich das andere Faunaspektrum z. B. bei den wildlebenden Paarhufern durch einen ganz anderen Beuteanteil, der von gering bis mäßig reicht. Hier zeigen sich verschiedene Ergebnisse aufgrund von Kotproben in Portugal mit 3,5 %, 8,2 % sowie 13,6 %, in der spanischen Provinz León 35 %, und in den übrigen Wolfsgebieten Spaniens ergaben

Kotproben, Beutereste und andere Kriterien 13 bis 15 %. Bei den unter menschlicher Obhut stehenden Paarhufern sahen die Verlustzahlen etwas anders aus: Portugal 77,2 %, 52,1 % und 64 %, Spanien 36 bis 58 % sowie 35,3 %

In den Wolfsgebieten Italiens sind neben den Haustieren Wildtiere wie Rehwild, Rotwild und Damwild in unterschiedlicher

Rotwildriss – Die Rissplätze von Rotwild liegen oft im offenen Gelände

Wildschweine nehmen auf der Liste der Beutetiere zwar auch keinen schlechten Platz ein, ihre Nutzung ist aber abhängig von den örtlichen Gegebenheiten, der Jahreszeit und dem Vorkommen anderer Nahrungsquellen. Ihr geringerer Anteil entspricht jedoch im Verhältnis zum Rotwild nicht dem tatsächlichen Faunenspektrum.

Dichte flächendeckend vertreten, während Schwarzwild fast überall in größerer Zahl vorkommt, so dass den Wölfen ein ausreichendes Beutespektrum zur Verfügung steht (nach WOTSCHIKOWSKY 2006). Zusätzlich werden hier auch Rinder und Pferde von den Wölfen gerissen.

In den Rentiergebieten Finnlands liegt der Beuteanteil dieser Geweihträger bei 96,4 %, während im Süden des Landes überwiegend Rinder und Schafe (73,6 %) von Wölfen erbeutet wurden. In den rumänischen Karpaten nehmen Haustiere mit 70 % den Spitzenplatz im Beutespektrum des Wolfes ein, davon beträgt allein der Anteil der Schafe 45,3 %. Diese Ergebnisse wurden durch 1636 Magen-Inhaltsanalysen ermittelt.

In Weißrussland erbeuteten die Wölfe im Belowesher Urwald im Sommer wildlebende und unter menschlicher Obhut stehende Paarhufer etwa zu gleichen Teilen.

Wölfe haben auch Haushunde zum Fressen gern, manchmal sogar mit einem hohen Prozentsatz, wie folgende Zahlen belegen:

Rumänische Karpaten	14,6 %
Süd- und Mittelfinnland	12,4 %
Slowakische Karpaten und Voskár	7,9 %
Portugal	7,0 % und 6,2 %
Spanien	6,4 %

In Russland, Weißrussland, Finnland, Rumänien und Bulgarien sind die Haustiere im Winter in Ställen untergebracht und damit für die Wölfe unerreichbar. Deshalb kommt es zu jahreszeitlichen Schwankungen bei der Zusammensetzung des Beutespektrums, denn während dieser Zeit stehen den Wölfen fast nur Wildtiere als Nahrungsquelle zur Verfügung. Eine andere Situation ergibt sich in den Gebieten mit mildem Klima, in denen die saisonalen Unterschiede geringer ausfallen. Zu diesen gehört Spanien, weswegen sich hier in der Zusammensetzung der Beutetiere keine jahreszeitlich bedingten Unterschiede ergeben.

In den Regionen Europas, wo Wölfe überwiegend Wildtiere jagen, konnten keine durch die Jahreszeiten hervorgerufenen Verschiebungen im Beuteanteil festgestellt werden, ausgenommen davon sind Polen und Spanien.

In Polen verschob sich der Beuteanteil überproportional zum Rothirsch und unterproportional zum Wildschwein. Die polnischen Wölfe halten sich vorwiegend an wilde Huftiere. Die Struktur des örtlichen Huftiervorkommens ist abhängig von der vorherrschenden Art der Waldbewirtschaftung, die unterschiedlich sein kann. Auf dem größten Teil der Waldflächen stocken Wirtschaftswälder, in denen das Reh mit 60 bis 80 %, der Rothirsch mit 15 % sowie Wildschweine und andere Arten mit 5 bis 20 % vertreten sind. Das bevorzugte Wild sind jedoch Rothirsche mit 40 bis 55 % und einem Anteil an vertilgter Biomasse von 70 bis 80 %.

Rehe und Wildschweine nehmen auf der Liste der Beutetiere zwar auch keinen schlechten Platz ein, ihre Nutzung ist aber abhängig von den örtlichen Gegebenheiten, der Jahreszeit und dem Vorkommen anderer Nahrungsquellen. Ihr geringerer Anteil entspricht jedoch im Verhältnis zum Rothirsch nicht dem tatsächlichen Faunaspektrum.

Wölfe können das Rotwild- und teilweise auch das Rehwildvorkommen reduzieren. Sie halten so die Zuwachsraten in Grenzen und verhindern damit eine maximale Dichte, die auf Grund des Nahrungsangebotes möglich wäre. Das hat zwei positive Auswirkungen, die dem Wildbestand selbst und zusätzlich dem Wald zugute kommen. Der reduzierte Wildbestand tritt nicht mehr in Konkurrenz um das vorhandene Futter. Das stärkt seine Kondition und vermindert seine Anfälligkeit gegenüber Krankheiten. Zusätzlich bekommt die natürliche Waldverjüngung mehr Chancen durch weniger Verbissschäden.

Die Einflussnahme des Wolfes auf das Alter und Geschlecht der Beutetierarten ist recht unterschiedlich. Diese Erkenntnisse vermittelt eine Studie im Bialowieza Urwald, bei der Beutereste und Wolfslosungen untersucht wurden. Beim Rotwild müssen Kälber mit 61 % den höchsten Tribut entrichten. Es folgen die erwachsenen weiblichen Tiere mit 31 %. Der geringste Anteil mit 14 bis 27 % entfällt auf die Hirsche. Bei Wildschweinen ist der Anteil der gerissenen Jungtiere mit 94 % noch höher als beim Rotwild. Bei Rehen findet eine solche Selektion der Altersklassen dagegen nicht statt.

Etwas andere Zahlen ermittelte man im Bieszczady Gebirge. Hier lagen beim Rotwild die Verluste erwachsener weiblicher Tiere bei 40 bis 45 % und die der Kälber zwischen 32 und 51 %. Die Hirsche erschienen auch hier mit 9 bis 24 %

Wölfe öffnen beim erbeuteten Tier meistens (jedoch nicht immer) den Bauchraum, wobei Pansen und Darm nicht gefressen werden.

am unteren Ende der Skala, wobei die jüngeren (Kälber und die unter drei Jahre alten Hirsche) bei 61 untersuchten Rissen mit 57 % einen höheren Anteil entrichten mussten als die älteren Tiere. Bei den Wildschweinen überwogen wieder die Frischlinge mit 76 %.

Neben den Wildtieren erbeuten die Wölfe in Polen auch Haustiere. Ihr Anteil ist von Rudel zu Rudel unterschiedlich. Er ist abhängig von der Dichte des Wolfsbestandes, der Größe ihres Territoriums und den von den Bauern getroffenen Abwehrmaßnahmen. Die vom Wolf verursachten

Auch allein oder nur zu zweit sind Wölfe in der Lage, Beute zu machen.

Schäden an Haustieren schwanken zwischen 42.000 und 50.000 Euro pro Jahr. Die Schäden werden zwar vom Staat ersetzt, bedingt durch die Bürokratie meistens aber erst nach einer längeren Wartezeit.

In Spanien, wo die Wolfspopulation gleichermaßen Haustiere und wildlebende Paarhufer reißt, zählten im Sommer mehr Rehe, hauptsächlich Jungtiere, zur Beute des Wolfes.

Die Altersgliederung der von Wölfen gerissenen Rehe und Hirsche entspricht, bezogen auf alle europäischen Wolfsvorkommen, nicht ihrer tatsächlichen Alterspyramide, denn hauptsächlich junge und ganz alte Tiere werden erbeutet. Nur bei den Rentieren Finnlands entsprach der Beuteanteil der wirklichen Alterszusammensetzung.

Jagdverhalten

Gejagt wird im Rudel. Wölfe hetzen die Beute nicht unkoordiniert, sondern sie verfolgen sie mit einer ausgeklügelten Taktik.

Nach Beobachtungen von BARBARA und CHRISTOPH PROMBERGER und JEAN C. ROCHÉ näherten sich in den Karpaten ein oder zwei Wölfe recht auffällig dem Schafscamp. Die Schutzhunde, die die Schafe bewachten, stürzten sich umgehend auf die Eindringlinge, die sich jedoch auf keinen ernsthaften Kampf einließen, sondern sie immer weiter von der ihnen anvertrauten Herde weglockten. Die übrigen Rudelmitglieder hatten dann die Zeit, um in den Pferch einzudringen und Beute zu machen.

Bei der Hirschjagd verteilen sich die Wölfe oft so im Gelände, dass für den Verfolgten kein Fluchtweg mehr offen bleibt. Doch auch die Beutetiere haben im Verlauf der Evolution gelernt, wie sie mit ihren Fressfeinden umzugehen haben. So sind z. B. die auskeilenden Hufe des Rothirsches für den Wolf eine gefährliche Waffe. Das wissen wieder die Wölfe, sie halten sich deshalb lieber an kranke, schwache oder unerfahrene Tiere.

Auch allein oder zu zweit sind Wölfe in der Lage, Beute zu machen. Diese Beobachtung wurde auch im sächsischen Wolfsgebiet gemacht und ist vermutlich eine Anpassung an die Hauptbeute der Lausitzer Wölfe – das Rehwild. Ausgefeilte Jagdstrategien, bei denen mehrere Rudelmitglieder involviert sind, sind zur Erbeutung dieser Tiere offensichtlich nicht notwendig.

Kann ein angepeiltes Beutetier dem ersten direkten Angriff ausweichen, geht die Verfolgungsjagd nur in seltenen Fällen weiter als 3 km. Durch Spuren im Schnee konnten BJÄRVALL und ISAKSON feststellen, dass Elche meistens dem direkten Angriff zum Opfer fielen, während Rentiere erst nach 1,5 km langen Hetzjagden getötet werden konnten. Doch das ist nicht immer die Regel. So liegen durch BJÄRVALL und NILSSON Beobachtungen vor, bei denen zwei Wölfe in einer Nacht bei starkem Schneefall im direkten Angriff ohne vorhergehende Verfolgungsjagd acht Rentiere töteten. Das ist gleichzeitig ein Beweis, dass Wölfe manchmal mehr Tiere erlegen, als sie fressen können.

Bei der Hirschjagd verteilen sich die Wölfe oft so im Gelände, dass für den Verfolgten kein Fluchtweg offen bleibt.

Der Jagderfolg der Wölfe wird von den Arten der Beutetiere, deren Altersklassen, ihrem Geschlecht, der jahreszeitlich bedingten bzw. der individuellen oder genetisch vorgegebenen Körperverfassung beeinflusst. Auf Wölfe bezogen, besteht ein Zusammenhang zwischen Jagderfolg und der Rudelgröße, der Jagdweise und Häufigkeit und im Winter auch von der Schneehöhe und Beschaffenheit.

Größeren Rudeln fällt das Erbeuten von größeren Tieren leichter. Diese werden dann aber auch, bedingt durch die höhere Zahl der Verbandsmitglieder, schneller aufgefressen. So hat die Größe der Beutetiere einen entscheidenden Einfluss auf die Rudelgröße.

Der Jagderfolg der Wölfe wird bei 40 beobachteten Angriffen mit 88 % durch IVANOV vermutlich zu hoch angegeben.

Durch die menschliche Verfolgung bedingt, sind die Wölfe in Europa überwiegend nur in der Nacht aktiv.

Nahrungsbedarf

Über den täglichen Nahrungsbedarf von Wölfen liegen
unterschiedliche Angaben vor.
Sie umfassen ein Spektrum
von durchschnittlich 2 bis 3 kg
Fleisch. Forschungen von FULLER
führten zu dem Ergebnis, dass
ein Wolf im Winter eine Nahrungsmenge aufnimmt, die
6 % seines Körpergewichtes
entspricht. Von einem gerissenen Beutetier bleiben außer
stärkeren Knochen und zähen
Hautpartien nichts übrig.

Ein frisch gesetztes Hirschkalb bringt 8 kg, und ein aus-
gewachsener Hirsch kann es
auf 200 kg Lebendgewicht
bringen. Wir legen jedoch ein
Lebendgewicht von 80 kg zu
Grunde, so viel wiegt ungefähr
ein Schmaltier. Aufgebrochen
sind das etwa 55 kg und davon
sind für den Wolf wieder nur
40 kg verwertbar. Das, was liegen bleibt, sind Fell, Knochen
sowie der Inhalt von Magen
und Darm. Auf Grund dieser
Auflistung benötigt laut WOT-
SCHIKOWSKY ein Wolf 18 Stück
Rotwild pro Jahr, falls, was eher
unwahrscheinlich ist, er nur
von dieser Wildart lebt. Auf ein
Jahr bezogen, sind das bei
einem fünfköpfigen Rudel 90
Stück oder eines alle vier Tage.

Für das Lernvermögen der
Wölfe spricht, dass sie in Finn-
land in der Regel nicht die
Überreste getöteter Haustiere
aufsuchen. Vermutlich aus
Erfahrung wissen sie, dass das
Wiederaufsuchen nicht ganz
ungefährlich ist.

Wölfe sind in der Lage, zwei Wochen und
länger ohne Nahrungsaufnahme auszukommen. Wenn sich die Gelegenheit dazu bietet,

Der Wolf ist, was das Nahrungsspektrum
betrifft, ein Opportunist, das heißt, er frisst
alles, was er für genießbar hält, sogar Gras,
wenn auch mit einem geringen Anteil.

holen sie das Versäumte aber nach, denn dann können sie ihren leeren Magen mit 11 kg Fleisch füllen, das entspricht fast einem Drittel des eigenen Körpergewichts. Manchmal darf es auch ein bisschen mehr sein. Doch solche Fälle sind nicht die Regel, denn die untersuchten Mägen von erlegten Wölfen enthielten nur in den seltensten Fällen mehr als 1,5 bis 2,0 kg Nahrung. Dass sie in einem beachtlichen Prozentsatz auch keine Speisereste enthalten, belegten folgende Untersuchungsergebnisse: In Polen konnte zwar von 31 untersuchten Mägen nur bei einem kein Inhalt festgestellt werden, dagegen waren von 1636 analysierten Mägen rumänischer Wölfe 10,7 % und von 355 Mägen spanischer Wölfe 29,3 % leer. Weiters gibt es bei den Wölfen verschiedener Regionen noch gravierende Unterschiede über Menge und Gewicht des Mageninhaltes. So konnte HELL bei den Wölfen der slowakischen Karpaten im Durchschnitt 1,5 bis 3,0 kg, maximal 5 bis 6 kg ermitteln. CUESTA untersuchte 251 Mägen spanischer Wölfe auf ihren Inhalt und erhielt ein Ergebnis von noch nicht einmal 0,7 kg.

Nach Studien im Bialowieza Urwald riss ein Wolfsrudel dort pro Woche etwa drei Paarhufer. Das ergibt pro Wolf eine tägliche Nahrungsaufnahme von 5,8 kg. In einem Jahr erbeuteten Wölfe beim Rothirsch etwa 12 % und beim Reh ca. 3 % des Frühjahrs- und Sommerbestandes.

Zur Wolfsbeute gehören neben Hirschen, Rehen, Gämsen, Mufflons und Wildschweinen in seltenen Fällen auch die für ihn schwer zugänglichen Steinböcke. Bei kleineren Tieren sind es Hasen, Kaninchen, Murmeltiere und Kleinsäuger. Ergänzend werden kleine Früchte, Insekten, Lurche, Vögel und Reptilien vertilgt. Um seine Verdauung zu verbessern, nimmt der Wolf gelegentlich Gras auf, und als Aasfresser ist er auch auf Mülldepo-

Wölfe sind in der Lage, zwei Wochen und länger ohne Nahrung auszukommen.
Wenn sich Gelegenheit dazu bietet, holen sie das Versäumte nach, denn dann können sie bis zu 11 kg aufnehmen.

Über den täglichen Nahrungsbedarf von Wölfen liegen unterschiedliche Angaben vor. Sie umfassen ein Spektrum von 1,82 kg, 2,64 kg, 2,93 kg bis zu 3 kg. Ermittlungen von FULLER führten zu dem Ergebnis, dass ein Wolf im Winter eine tägliche Nahrungsmenge benötigt, die 6 % seines Körpergewichtes entspricht.

nien zu finden. Allerdings bevorzugt er meistens Wildtiere. Das ist auch der Fall, wenn Haustiere in größerer Zahl in seinem Streifgebiet vorkommen. Eingebürgerte Wildtiere, wie z. B. Mufflons, die an ihre Umgebung noch nicht so angepasst sind, sind für den Wolf eine leichte Beute. Das hat dazu geführt, dass in Italien die Mufflons in einigen Regionen völlig verschwunden sind.

Auch in der Oberlausitz, wo Mufflons in den siebziger Jahren des letzen Jahrhunderts von Jägern angesiedelt wurden, hat der Wolf zum Verschwinden dieser ursprünglich in Sardinien und Korsika heimischen Wildart beigetragen. Mufflons benötigen steile Felsbereiche, um sich dort vor Feinden in Sicherheit zu bringen. Da diese im flachen, sandigen Gelände des Lausitzer Wolfsgebietes fehlen, haben die angesiedelten Mufflons keine Möglichkeit gehabt, ihre spezifische Fluchtstrategie gegenüber den zurückkehrenden Wölfen auszuspielen, und sind heute deshalb aus dem Gebiet weitgehend verschwunden.

Der Wolf kann bei einem Angriff auf eine ungeschützte Herde von Haustieren mehr von ihnen töten, als er fressen kann. So wurden z. B. in der Lausitz 2002 bei zwei Angriffen auf eine Herde 33 Schafe getötet. Solchen Attacken sind jedoch nur wenige Herden ausgesetzt. In den Abruzzen verloren nur 4,1 % der Herdenbesitzer mehr als zwei Tiere. Diese Verluste machten jedoch 30,8 % der ausbezahlen Entschädigungen aus. Ähnliche Erfahrungen ergaben sich bei den Wolfsvorkommen in Mercantour in den französischen Seealpen.

Nach einer Auflistung von WOTSCHIKOWSY benötigt ein Wolf 18 Stück Rotwild pro Jahr, falls, was eher unwahrscheinlich ist, er nur von dieser Wildart lebt.

Verbreitung und Bestandsentwicklung

Ursprünglich war der Wolf fast auf dem gesamten europäischen Kontinent verbreitet, ausgenommen in hochalpinen Regionen und auf einigen Inseln. Der Ausrottungsprozess begann und endete in großen Teilen West- und Mitteleuropas im 18. und 19. Jahrhundert. In der zweiten Hälfte des 19. Jahrhunderts erfasste ein starker Rückgang auch die bisher verschont gebliebenen Bereiche Europas. Im 20. Jahrhundert setzte sich diese Tendenz im Südosten, Osten und Nordosten des Kontinents fort und führte zu einem beträchtlichen Schwund der Vorkommensgebiete.

In den USA überlebten die Wölfe, bedingt durch die intensiven Nachstellungen, nur in Alaska und Minnesota im Grenzbereich zu Kanada. Heute sind sie überall in den USA geschützt, Alaska ausgenommen, wo sie vom 1. Oktober bis 30. April bejagt werden dürfen. Von Kanada aus besiedelten sie wieder die Staaten Washington und Montana, wo sie auch Junge großziehen. Von Montana aus gelangten einige Wölfe nach Idaho und von Kanada und Minnesota nach Dakota. Im Yellowstone Nationalpark klappte die Wiederbesiedlung durch Mitbeteiligung des Menschen.

In China genießt der Wolf als einziger von den hier lebenden zwölf großen Beutegreifern nur in den Provinzen Beijing, Liaonin, Helongijang, Shandong, Yuann und Ninxia Schutz. Der Wolf wird im Land der Mitte wegen seines Fells, seiner Übergriffe auf Haustiere und der Verwendung in der Medizin bejagt.

In Indien leben zwei Unterarten, *Canis lupus pallipes*, der überwiegend im Flachland zu Hause ist, und *Canis lupus lupus*, der sich mehr in den Bergregionen des Himalajas aufhält. Beide Arten sind hier seit 1972 geschützt.

Im Nahen und Mittleren Osten, wo die Tierwelt im 20. Jahrhundert insgesamt

Verbreitung des Wolfes *(Canis lupus)* in Europa

durch motorisierten Fahrzeugverkehr, durch Feuerwaffen und Lebensraumzerstörung stark dezimiert wurde, gehören zum Wolfsrevier noch Saudi-Arabien, Kuwait, Irak, Jordanien, Libanon, Syrien und Israel.

In Europa leben heute Restpopulationen in einem weitgehend zusammenhängenden Areal auf der Iberischen Halbinsel und in Italien, mit einem Trend zur Aufsplitterung und damit auch zur Isolierung einzelner Bestände. Eine ähnliche Entwicklung ist in Jugoslawien und Bulgarien zu beobachten, so dass ein Erhalt dieser Vorkommen nicht gesichert ist. Auf die einzelnen europäischen Länder verteilt, ergibt sich über die Ausbreitung und Entwicklung der Wolfsbestände folgendes Mosaik:

Schweden/Norwegen

Obwohl Schweden und Norwegen weiträumige Waldgebiete besitzen, in denen es ein hohes Vorkommen an Beutetieren gibt, also ein idealer Lebensraum für eine größere Wolfspopulation, wurden die beiden Länder ursprünglich nur von vereinzelten Wölfen oder kleinen Rudeln durchstreift. Es waren Zuwanderer aus Russland und Finnland. Als die Motorschlitten aufkamen, sanken die Chancen der Wölfe, dem Jäger zu entgehen. So wurde der letzte Wolf in Schweden 1965 durch einen Rentierzüchter und in Norwegen 1973 erlegt. Der Grund der rigorosen Verfolgung lag in der Lebensweise der Samen (Lappen), die im nördlichen Schweden auf 40 % der Landesfläche leben und wirtschaftlich und kulturell eng von den Rentieren abhängig sind. Deswegen tolerieren sie keinen der großen Beutegreifer, die ihren Rentierherden Verluste zufügen. Herdenschutzhunde oder wolfssichere Umzäunungen, die die Schäden mindern könnten, lassen sich bei den halb wild und über große Flächen verteilten Rentierherden nur bedingt einsetzen.

Fossilienfunde belegen, dass die ersten Wölfe (*Canis lupus*) vor 2 Millionen Jahren auf dem eurasischen Kontinent auftraten. Heute leben in Europa sechs genetisch unterscheidbare Wolfstypen.

Als die siebziger Jahre des 20. Jahrhunderts zu Ende gingen, sichtete man wieder einen Wolfsrüden in Mittelschweden, im Grenzgebiet zu Norwegen. 1980 tauchte in diesem Gebiet auch eine Wölfin auf. Spätere Untersuchungen ergaben, dass beide Wölfe der finnisch-russischen Population angehörten. Das bedeutet, beide Tiere waren etwa 1500 km durch das gesamte Weidegebiet der Samen gewandert. Im Winter 1982/83 hatten sich die Tiere gefunden. Aus dieser Verbindung gingen 1983 sechs Welpen hervor. Man könnte nun annehmen, dass bei einer solchen Geburtenrate das Vorkommen schnell zunimmt. Das geschah jedoch nicht. Die Gründe hierfür sind vielschichtig. Nur das Alphapaar sorgte für Nachwuchs, Jungwölfe wanderten in alle Himmelsrichtungen ab, erreichten Stockholm und die Südspitze Schwedens, fanden zwar Nahrung, aber keinen Partner, so dass ihr Leben früher oder später, vermutlich nicht durch einen natürlichen Tod endete. Erst 1991, acht Jahre später, kam es zu zwei weiteren Würfen. In der Folgezeit hatte eine zweite Wölfin die gefährliche Wanderstrecke unbeschadet überwunden und verstärkte das Rudel. Doch es vergingen weitere sechs Jahre, bis sich 1997 nochmals drei Würfe nachweisen ließen. Das war endlich der Auslöser für ein jetzt kontinuierlich steigendes Vorkommen, was die von den Behörden veröffentlichten Zahlen für das norwegisch-schwedische Grenzgebiet belegen. Im Winter 2000/2001 lebten hier knapp einhundert Wölfe, aufgesplittet in zehn Rudel und fünf reviermarkierende Paare, sowie einige einzelne Tiere. Das Interessante an dieser Entwicklung ist, dass die Population im Wesentlichen auf Mittelschweden und das anschließende Grenzgebiet Norwegens beschränkt blieb. Das ist ein Areal von 90.000 km², mit einem Umfang von etwa 300 mal 300 km. Auf einen Wolf entfallen somit 1000 km². Das ist jedoch keine Wolfsdichte, sondern eher eine Wolfsdünne, die durch die noch unbesetzten großen Gebiete zwischen den einzelnen Rudeln bedingt ist. Wo Wölfe schon längere Zeit leben, kennt man weit höhere Dichten. Das lässt den Schluss zu, dass die beschriebene Population sich noch weiter im Aufbau befindet.

Um die verschiedenen Interessenslagen der Samen, Schafhalter, Jäger und anderer betroffener Kreise in Einklang zu bringen, beauftragte die schwedische Regierung 1998 eine Kommission aus Fachleuten und Interessensvertretern, um Vorschläge eines Raubtier-Managements auszuarbeiten. Ziel war es, die Erhaltung von Wolf, Bär, Luchs und Vielfraß in vitalen Beständen zu sichern und gleichzeitig die Konfliktsituationen zu minimieren. Da die Populationen der großen Beutegreifer länderübergreifend verbunden sind, wurde die Politik Norwegens und Schwedens aufeinander abgestimmt. Der Schlussbericht der Kommission konnte im Januar 2000 dem Auftraggeber ausgehändigt werden. Danach liegt die festgelegte und tolerierte Zielgröße bei 200 Wölfen, aber nur, wenn ein Austausch mit den finnisch-russischen Populationen gewährleistet ist. Der Norden Schwedens soll wolfsfrei bleiben, während sich im Süden der Bestand kontrolliert weiter ausbreiten kann. Ihr tieferes Schutzziel begründete die Kommission mit der Erfahrung, dass auch bei kleineren Wolfsvorkommen die Überlebenschance gewährleistet sei.

Die Vorschläge der Kommission beinhalteten auch Schadensregelung durch die öffentliche Hand, die in der bisher praktizierten Form beibehalten werden soll. Sie umfasst folgende Punkte:

1. Die Beitragshöhe richtet sich nach der Zahl der im jeweiligen Gebiet lebenden Prädatoren, deren Beutebedarf und dem Marktwert der Rentiere.
2. Sie wird jedes Jahr in Absprache mit dem Parlament der Samen, dem „Sametinget", festgelegt.
3. Verluste an anderen Haustieren werden wie bisher einzeln vergütet, jedoch unter der Voraussetzung, dass der Tierhalter entsprechende Abwehrmaßnahmen getroffen hat.
4. Um die in Schweden verbreitete illegale und teilweise mit grausamen Methoden durchgeführte Tötung der großen Beutegreifer zu verhindern, soll die Wildhut ausgebaut werden.
5. Wird ein Wilderer erwischt, hat er eine Mindeststrafe von 6 Monaten Gefängnis zu erwarten. (Nach WOTSCHIKOWSKY ist trotz dieser drastischen Strafandrohung die Zahl der Wildereien bisher nicht zurückgegangen.)

In Norwegen spielt nicht die Rentier-, sondern, wie bereits erwähnt, die Schafzucht mit über einer Million Tiere die tragende Rolle. Ihre Weidegebiete befinden sich in den Sommermonaten in den norwegischen Fjälls. Norwegen, durch die Ausbeutung seiner Ölvorkommen ein reiches Land, vergütet die durch die großen Prädatoren verursachten Verluste äußerst großzügig. So beliefen sich die Kosten für Präventivmaßnahmen im Jahr 2000 auf umgerechnet ca. 1,5 Millionen Euro.

Doch die vorgesehenen Maßnahmen kamen nicht im vollen Umfang zur Anwendung, denn nur etwa 20 Wölfe rissen im gleichen Jahr 800 Schafe, für die Ausgleichszahlungen geleistet werden mussten. Dem Druck der Schafzüchter nachgebend, veranlasste die norwegische Regierung, um Stärke zu beweisen, den Abschuss der Tiere, denn Wahlen standen vor der Tür. Er wurde von Hubschraubern aus in einer teuren und aufwendigen Aktion vollzogen. Dabei kamen neun Wölfe ums Leben, die Hälfte des norwegischen Vorkommens.

Diese Aktion brachte Norwegen in der internationalen Presse den Ruf „eines halbverrückten Wikingerlandes" ein, dem es an „sozialer Intelligenz fehle". Als sich die Wogen nach den Wahlen im Sommer 2001 wieder glätteten, beschloss die Regierung, bis zum Jahr 2003 eine Strategie auszuarbeiten. In ihr sollte geklärt werden, wie der Bestand der großen Beutegreifer des Landes gesichert werden kann und wie sich die Konflikte zwischen Mensch und Tier so weit wie möglich vermeiden lassen, also fast genau das, was die von Schweden eingesetzte Kommission im Januar 2000 vorgeschlagen hatte.

Doch die Strategie blieb weitgehend Makulatur, denn die norwegische Regierung gab Ende Januar 2005 fünf Wölfe bei einer Gesamtzahl von nur 20 Wölfen zum Abschuss frei. Die Maßnahme diene dem Schutz der Viehbestände, vor allem wären die Schafe akut gefährdet, so lautete die Begründung des norwegischen Umweltministers KNUT AIRLD HAREIDE. Über 100 Farmer erhielten die Bewilligung, Wölfe zu erlegen. Wer als erster einen Wolf vor der Büchse hatte, durfte schießen. Als am 31. Januar der letzte Wolf geschossen war, endete damit eine wahllose Tötung. Von seinem Entschluss ließ sich der „Umweltminister" auch durch die zahlreichen Protest-E-Mails einer WWF-Aktion nicht abbringen, damit wurde er zum Gesetzesbrecher, der sich weder um nationale noch um internationale Gesetze kümmerte. Der Wolf wird in der „Roten Liste" der gefährdeten Arten als „vom Aussterben bedroht" geführt. Selbst die 1979 von der norwegischen Regierung ratifizierte Berner Konvention weist den Wolf als streng geschützte Art aus. So trägt die norwegische Regierung die volle Verantwortung für die Erhaltung dieser Arten. Einer Verantwortung, der sie nicht nachgekommen ist, denn noch im Mai 2003 beschloss diese Regierung den Erhalt von drei Wolfsrudeln. Seit dem Abschuss sind es nur noch zwei.

Doch der WWF begnügte sich nicht nur mit Protesten, sondern erhob Anklage gegen die Norwegische Regierung. Schwedens Umweltministerin LENA SOMMERFELD blieb ebenfalls nicht untätig. Sie kritisierte die Abschüsse aufs Schärfste. Sie warf Norwegen vor, sich der Verantwortung des Wolfsschutzes in Skandinavien zu entziehen, und forderte unverzüglich eine Zusammenarbeit beim Wolfsschutz.

1994 lebten in Südskandinavien insgesamt etwa 120 Wölfe. 2006 waren es 130 bis 150 Tiere.

Finnland

Das Wolfsvorkommen in Finnland lebt in den Regionen entlang der russischen Grenze und ist Teil der ausstrahlenden russischen Population. Ein Vorkommensschwerpunkt liegt in Karelien, wo einzelne Tiere ihre Streifgebiete weit in südliche und westliche Landesteile ausdehnen.

Die Bestandsangaben lagen im Jahr 1979 bei 100, 1984 bei 300 und 1990 wieder bei 100 Wölfen. Eine Zahl, die auch nach der Jahrtausendwende noch bestätigt wurde. Die Jagd auf diese Tiere ist gestattet, die regionalen Bestimmungen für ihre Ausübung sind jedoch unterschiedlich.

Estland

In Estland werden die Wölfe immer noch als Jagdkonkurrenten betrachtet und deshalb auch stark bejagt. Dort ist es sogar gestattet, Wolfsjunge aus den Wurfbauten auszugraben und zu töten. Auch der Staat fördert diese Entwicklung, denn er zahlt für jeden getöteten Wolf eine Prämie von rund 60 Euro. Die Estnischen Jäger stehen auch mit ihrer Meinung im Widerspruch zu international anerkannten Wildbiologen, denn sie vertreten mit ihrer starken politischen Lobby die Meinung, dass ihr 45.000 km² großes Staatsgebiet nur Platz für maximal 30 bis 40 Wölfe bietet. Auf Grund dieser falschen Auffassung wurde durch intensive Bejagung der 1995 500 bis 700 Tiere zählende Bestand auf 160 Tiere im Jahr 1998 reduziert. Dieser Trend setzte sich auch in den Folgejahren fort.

Europäischer Teil der ehemaligen Sowjetunion

Der europäische Teil der ehemaligen Sowjetunion ist bis auf wenige Ausnahmen fast vollständig Wolfsgebiet, welches jedoch auch Lücken und isolierte Bestände aufweist. Die Ausnahmen umfassen den weiten Umkreis von Moskau, die Krim, einige Inseln und den Süden der Ukraine. Im letzten Drittel des 20. Jahrhunderts sank diese Population auf einen Tiefststand, um danach wieder deutlich zuzunehmen. Das führte zu Arealausweitungen, in deren Verlauf wieder Gebiete besiedelt wurden, die vorher vorübergehend frei von Wölfen waren. Diese Gebietserweiterung hatte Auswirkungen auf die westliche Arealgrenze und damit auch auf die benachbarten Länder.

Die recht unterschiedlichen Bestandsschätzungen gehen von 10.000 bis 20.000 Wölfen aus. Sie dürfen über das ganze Jahr bejagt werden, ausgenommen davon sind die Schutzgebiete.

Polen

Polen hat 40 Millionen Einwohner und ist mit 312.685 km² eines der größten Länder Mitteleuropas. Die umfangreichen Waldgebiete bedecken etwa 28 % der Landesfläche und beherbergen viele Pflanzen- und Tierarten. Von den Wäldern sind 89 % in öffentlicher Hand, und ihre Bewirtschaftung wird von der staatlichen Forstverwaltung wahrgenommen. Rotwild, Reh, Wildschwein und Elch sowie

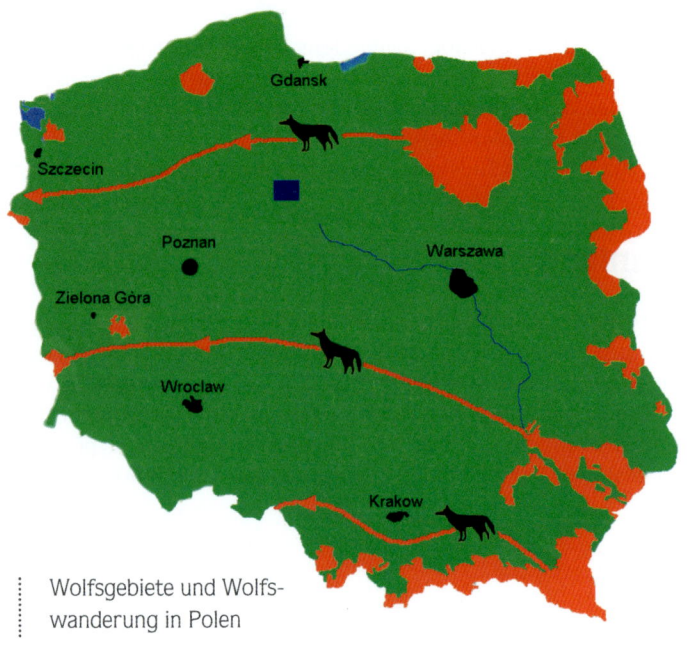

Wolfsgebiete und Wolfswanderung in Polen

eine kleine, isoliert lebende Population des Europäischen Wisents sind die Schalenwildarten, die in Polen vorkommen. Die Anzahl der

Das dichte Winterfell lässt den Wolf noch größer erscheinen.

drei häufigsten Huftierarten umfasste im Jahr 2000 nach einem 40 Jahre währenden Ansteigen 117.500 Stück Rotwild, 597.000 Rehe und 180.300 Wildschweine.

Dagegen hat die Elchpopulation mit etwa 2000 Tieren einen kleinen Bestandsverlust zu verzeichnen. Dass eine so hohe Anzahl an Pflanzenfressern beträchtliche Verbissschäden in den Wäldern verursacht, liegt auf der Hand. So erreichten die Aufwendungen für Forstschutzmaßnahmen um die Jahrtausendwende einen Höchststand von 17,5 Millionen Euro.

Diese Zahlen sind jedoch grobe Schätzungen, denn es ist nicht möglich, den Schalenwildbestand exakt zu ermitteln, denn die beim Zählen angewendeten Hilfsmethoden, wie die Höhe der Verbissschäden oder die Jagdstrecken, ergeben ein höchst ungenaues Bild.

Trotz aller Ungenauigkeiten sind das Bedingungen, die die Anwesenheit von Wolf, Luchs und Bär als Regulatoren eigentlich dringend erfordern. Alle die genannten Arten genießen in Polen Schutzstatus. Der Wolf seit 1998, der Luchs seit 1995 und der Braunbär seit 1957. Der Wolf ist von den drei großen Beutegreifern am stärksten verbreitet. Seine Streifgebiete liegen überwiegend im Nordost-, Ost- und Südteil des Landes. Der Südteil umfasst einen Abschnitt des Karpatenbogens. Die Tiere dort gehören zu den beständigen osteuropäischen Wolfsvorkommen, während die isolierten Bestände in Westpolen nur aus wenigen Tieren bestehen. Nach einer 2001 vorgenommenen und großangelegten Inventur gehen Schätzungen für Gesamtpolen von 115 Wolfsrudeln aus, die insgesamt 510 und pro Rudel vier bis fünf Tiere umfassen. Im Sommer und Herbst 2001 und 2002 konnte man bei 40 Rudeln zwei bis drei Welpen feststellen. Die früher veröffentlichten, doppelt so hohen offiziellen Zahlen basierten auf Zählungen, die in den Jagdbezirken vorgenommen wurden.

Die bedeutendsten Rückzugsgebiete der polnischen Wölfe sind die Karpaten und ihre Ausläufer im Süden des Landes, wo etwa 200 Tiere leben. Länderüberschreitende Wolfsrudel kommen in der polnisch-slowakischen und in der polnisch-ukrainischen Grenzregion vor. Weitere große Verbreitungsgebiete mit etwa 160 bis 190 Wölfen sind die riesigen Waldregionen in Nordostpolen mit dem Bialowieza Urwald (hier gab es vorübergehend eine Wolfsdichte von neun Tieren auf 100 km^2), dem Augustowska Wald, dem Knyszanska Wald und dem Piska Wald. Doch die am dichtesten besetzte Wolfsregion ganz Osteuropas dürften die im äußersten Südosten liegenden Wälder von Bieszczady sein. Es ist das einzige Gebiet Polens, wo der Bestand noch regelmäßig durch die Jagd reguliert wird. Ehe die Jagdsaison im Herbst einsetzt, kommen dort fünf Tiere auf 100 km^2, nach ihrem Ende sind es noch drei. So schöpft man Jahr für Jahr etwa ein Drittel des Bestandes ab. Das bemerkenswerte Vermehrungspotential der Wölfe sorgt jedoch dafür, dass die Population bis zur nächsten Jagdsaison die Verluste wieder ausgeglichen hat.

Westpolen mit seinen großen Waldkomplexen hatte noch bis zum Beginn der 50er Jahre des 20. Jahrhunderts einen guten Wolfsbesatz. Heute leben nur wenige, stark isolierte Rudel dort, die ca. 20 Tiere umfassen. Zwei der Wolfsgebiete ziehen sich entlang der deutsch-polnischen Grenze, der Cedynia Landschaftspark und der Dolnoslaskie Wald. Trotz ihrer geringen Zahl bilden die Rudel dort vermutlich die Hauptquelle für die in Deutschland eingewanderten Tiere.

Obwohl die Wölfe in Polen einem strengen Schutzstatus unterliegen, war in den Jahren vor und nach der Jahrtausendwende ein starker Rückgang der Teilpopulation in Westpolen zu beobachten. Das lässt darauf schließen, dass Verluste, die vermutlich auf illegale Tötung von Wölfen zurückgehen, durch die Zuwanderung zu den inzwischen geschrumpften und isolierten Vorkommen nicht mehr kompensiert werden konnten, denn die uralten Wanderrouten sind weitgehend unterbrochen. Die Gründe dafür liegen vermutlich in der schnellen Entwicklung des Straßen- und Autoverkehrs ab den 90er Jahren des letzten Jahrhunderts. Des Weiteren gibt es in Ost-, Nordost- und Südpolen noch wolfsfreie Wälder, in die überschüssige Tiere ausweichen können.

Das Wolfsvorkommen im Süden Polens und das in der angrenzenden Slowakei ist in einem gemeinsamen Zusammenhang zu sehen. Es bildet die westliche Grenze einer überwiegend zusammenhängenden Population, die bis Russland ihre Fortsetzung findet. Nur vorübergehend konnten sich isolierte Vorkommen im Bereich der Weichsel in nordöstlichen, südöstlichen und im westlichen Landesteil halten.

Nach einem Tiefstand in den Jahren 1970/72 wurde eine ständige Zunahme des Wolfsbestandes beobachtet, der 1987 auf schätzungsweise 900 Tiere angestiegen war. Nach der Jahrtausendwende hat sich das Wolfsvorkommen mit etwa 550 Tieren weitgehend stabilisiert.

Viele der hier geschilderten Aktivitäten, Bestandserhebungen und Schutzmaßnahmen ermöglichte nur die vorbildliche und effektive Arbeit des polnischen Naturschutzverbandes WOLF, der mit Unterstützung von EURONATUR das Projekt „Wolfsnetz" aufbaute. Sein Ziel ist eine umfassende Information der Bevölkerung in den Wolfsgebieten Polens und anderer Länder, nicht nur über Wölfe, sondern auch über die beiden anderen großen Beutegreifer Luchs und Bär. Er richtet sich an alle interessierten Menschen und will diese durch Vorträge, Gespräche, Presseartikel und Seminare für das Schutzthema sensibilisieren. Das Netzwerk soll dazu dienen, Daten zu sammeln und weiterzugeben, die betroffenen Landwirte in Wolfsgebieten mit Schutzmaßnahmen vertraut zu machen und besonders die Schlüsselgruppen wie Förster, Jäger und Landwirte für den Schutz der Beutegreifer zu gewinnen. Alle gewonnenen Erkenntnisse werden in der alle zwei Monate herausgegebenen Zeitschrift des Naturschutzverbandes „Wolfsnetz" veröffentlicht. Seit 1996, als die geschilderten Bemühungen begannen, konnte man schon Schulklassen, Studenten, viele Mitarbeiter von Naturschutzbehörden anderer Länder, Nationalparks, örtliche Verwaltungen und Tausende von Menschen über die großen Beutegreifer informieren. Ein weiteres großes Vorhaben ist ein eigenes Forschungsprojekt in den westlichen, 745 km^2 umfassenden Beskiden, in dem die Dynamik, die Ökologie und Schutzprobleme in diesen Wirtschaftswäldern untersucht werden sollen. Als Ergebnis erhofft man sich Erkenntnisse über die Mechanismen der Anpassung von Wölfen an Bedingungen in Gebieten, in denen forstliche Aktivität und hoher menschlicher Zutritt gegeben sind. Das damit erworbene Wissen wird wichtig für die Einschätzung der existierenden und potentiellen Wolfshabitate in Polen.

Die Verbesserung des Schutzes von Viehherden bildete 2001 und 2002 einen weiteren Schwerpunkt der Tätigkeit. So startete der Naturschutzverband WOLF in der Provinz Slaska in Zusammenarbeit mit der Naturpark-Vereinigung ein neues Herdenschutz-Projekt. Im Verlauf dieser Arbeit befragte man mehr als 40 von Wolfsübergriffen betroffene Herdenbesitzer, besichtigte die Orte der Angriffe und ermittelte das Ausmaß der Schäden. Die Wissenschaftler des Säugetierinstitutes leisteten dabei viel Aufklärungsarbeit über bereits bekannte Möglichkeiten zum Schutz der Herden und entwickelten mit finanzieller Unterstützung von EURONATUR spezielle mobile Zäune, von denen zwei bereits erfolgreich eingesetzt wurden. Zusätzlich versorgte man im Frühjahr 2002 von Übergriffen durch Wölfe betroffene Bauernhöfe mit vier Welpen der Herdenschutzhundrasse Tatra-Gebirgsschäferhund.

Ein Erfolgserlebnis hatten die Naturschützer, als sie im Januar 2002 die Genehmigung eines Antrags zum Abschuss von 50 Wölfen in der polnischen Provinz Podkarpackie durch ein kritisches Mahnschreiben an das polnische Umweltministerium verhindern konnten. Die genannte Provinz liegt in den Karpaten und ist ein Kerngebiet des Wolfsvorkommens.

EURONATUR hat gleich nach der Jahrtausendwende die großflächige Erfassung der Wolfs- und Luchspopulation unterstützt. Die gewonnenen Daten gaben wichtige Hinweise für den Aufbau und die Sicherung von Wanderkorridoren, die auch andere Wildtiere benutzen. Diese Daten bildeten 2002 die Grundlage für verschiedene Schutz- und Managementvorschläge in den Waldgebieten der Provinz Slaska (Schlesien) durch die Naturschutz-Kommission. Die Kerngebiete für Jungenaufzucht und auch die Ruheplätze fanden dabei besondere Berücksichtigung. Zusätzlich ermöglichte EURONATUR die Erarbeitung von wissenschaftlichen Veröffentlichungen für polnische Förster, Jäger und Naturschützer, die den Wolfsschutz zum Inhalt hatten.

Ein gut geschultes Forstpersonal registriert jetzt über das ganze Jahr Wolfs- und Luchsbeobachtungen. Das geschieht in Zusammenarbeit mit der staatlichen Forstbehörde und den polnischen Nationalparkverwaltungen. Bei der praktischen Umsetzung gehen die Mitarbeiter dieser Institutionen, wenn Schnee liegt, gleichzeitig in verschiedenen Walddistrikten auf Spurensuche. Im Sommer liefert das Wolfsgeheul die benötigten Informationen. Auf diese Art lässt sich Zahl und Größe der Rudel ermitteln. Die Auswertung der Daten erfolgt durch eine von dem Naturschutzverband WOLF und dem polnischen Säugetierinstitut entwickelte Methode mit Hilfe der EDV. Die bisherigen Ergebnisse waren schon äußerst hilfreich. So mussten die Zahlen, mit denen das polnische Umweltministerium operierte, von 1070 auf 510 Wölfe korrigiert werden. Ähnliche Fehleinschätzungen gab es bei den Luchsen, deren Bestandsangaben von 290 auf 200 absanken. Das war deshalb für den Wolfs- und Luchsschutz von großer Bedeutung, weil die erhöhten, falschen Zahlen auch die Basis für die Genehmigung von Abschüssen darstellte.

Die Wölfe und Luchse Polens erhalten Nachschub aus den riesigen Waldregionen Litauens, Weißrusslands und der Ukraine. Doch der westliche Teil des Landes bleibt von dieser Zuwanderung weitgehend unberührt, denn es fehlen die notwendigen Wanderkorridore. Deshalb arbeiten die polnischen Naturschützer mit Unterstützung von EURONATUR an der Erstellung eines Konzeptes, welches die Schaffung von Wanderkorridoren in Form von Wäldern und Gebüschstreifen mit bis zu drei Kilometern Breite vorsieht. Das wären neue Lebensräume, die nicht nur für die hier behandelten Beutegreifer eine Brückenfunktion zwischen intakten Naturgebieten erfüllten.

Aufgrund aktueller Zählungen sowie historischer Daten, die die Verbreitung von Wölfen und Luchsen in Polen im 20. Jahrhundert betreffen, hat der junge polnische Wolfsforscher RAFAL KUREK einen entscheidenden Beitrag geleistet, um dieses Vorhaben zu realisieren. Vorher hospitierte er über ein Stipendium der Deutschen Bundesstiftung für Umwelt neun Monate bei EURONATUR. Ihm gelang es, den annähernden Verlauf der Wanderrouten der großen Beutegreifer zu rekonstruieren und die Barrieren festzustellen, die heute ihre Ausbreitung erschweren oder sogar verhindern. Zu einer Umsetzung der gewonnenen Erkenntnisse zählen die Schaffung von Querungshilfen an verschiedenen Autobahnen, z. B. in Form von Grünbrücken, die Anlegung neuer Waldverbindungen durch Aufforstungen und die Ausdehnung noch vorhandener ökologischer Wanderkorridore in Mittelpolen mit seinem geringen und isolierten Waldbestand.

Die polnische Regierung will mit Mitteln aus dem EU-Agrartopf eine Million Hektar unrentabler Landwirtschaftsfläche aufforsten. Deshalb besteht die Chance, dass die Anlegung eines Teiles der geplanten Wildwanderkorridore aus dem Regierungsprogramm finanziert wird.

Slowakei

Die Beskiden und Waldkarpaten sind die Vorkommensgebiete der Wölfe in der Slowakei. Durch Ausbreitungstendenzen in Richtung der Kreise Hummené, Bardejov und Svidnik konnte sich Ende des 20. Jahrhunderts dort ein ständiges Vorkommen bilden.

Nach Schätzungen (HELL) umfasste die Population im ausgehenden 20. Jahrhundert 430 bis 480 Wölfe. Heute wird das etablierte Vorkommen mit 350 Tieren angegeben. Die Wölfe können von September bis Ende Februar bejagt werden, von dieser Regelung ausgenommen ist das Gebiet der Hohen Tatra, wo sie ganzjährig unter Schutz stehen.

Ungarn

In Ungarn existiert seit den 80er Jahren des 20. Jahrhunderts wieder ein kleiner, fortpflanzungsfähiger Wolfsbestand, der 2003 etwa 30 Tiere umfasste. Im Nordosten des Landes überqueren einzelne Wölfe aus der Slowakei, Polen und der Ukraine die Grenze. Zwischen 1960 und 1970 waren auch einzelne Zuwanderer aus dem damaligen Jugoslawien im Südwesten des Landes zu verzeichnen.

Kroatien

Die Zahl der Wölfe in Kroatien liegt nach Schätzungen bei 100 bis 150 Tieren. Sie leben in den Dinarischen Bergen und nehmen gemeinsam mit den Wölfen im benachbarten Slowenien bei der Rückwanderung in die Ostalpen und in weitere Teile Westeuropas eine Schlüsselstellung ein. Weil in Slowenien vermutlich zu viele Wölfe geschossen werden, sind diese Wanderungen jedoch seit Jahren unterbrochen. Auch in Kroatien ist die Sympathie vieler Menschen gegenüber dem Wolf nicht gerade groß. Er steht zwar seit 1995 unter Schutz, und die Wilderei ist hier ebenfalls kein Problem, doch die Höhe der Abschusszahlen können die Jagdverbände selbst festlegen, wobei man oft von zu hohen Beständen ausgeht.

Um einen besseren Überblick über das tatsächlichen Wolfsvorkommen zu erhalten, führt der Projektpartner von EURONATUR DR. DJURO HUBER mit seinem Team von der Universität Zagreb seit 1998 ein Radiotelemetrie-Projekt durch. Außerdem erarbeitete er einen Wolfsmanagementplan, der im Frühjahr 2003 vorlag. Weiterführend startete er mit seinem Team ein ähnliches Wolfs- und

Luchsforschungsprogramm im Kroatischen Hochland. Es soll die Basis für konkrete Naturschutz-aktivitäten schaffen.

Eine weitere entscheidende Bedeutung hat eine verbesserte Bewachung der Schafherden und die Einrichtung sicherer Sommerweiden, denn Herdenschutz ist Wolfsschutz. Bei einem Pilotpro-jekt stellte man einem Schäfer aus dem Dorf Vostane einen Elektrozaun zur Verfügung. Er wird seit dem Sommer 2001 auf seiner sommerlichen Wanderweide in den Bergen und am Winter-pferch verwendet. Die Wahl fiel deswegen auf diesen Schäfer, weil in seiner über 100 Tiere zäh-lenden Herde Wölfe nachweislich bereits mehrere Schafe gerissen hatten, obwohl er gewissen-haft mit seinen Hütehunden für den Schutz der Herde sorgte.

Der Erfolg durch den Einsatz des Elektrozaunes war durchschlagend, es gab keine Wolfsrisse mehr. Obwohl seitdem zwei weitere Zaunausrüstungen zur Verfügung stehen, konnten sie bei den angesprochenen Schäfern nicht das notwendige Interesse erwecken, welches ein sinnvoller Einsatz erfordert.

Um hier Abhilfe zu schaffen, hat DR. DJURO HUBER durch ständige Präsenz gute Kontakte zu einem neu gegründeten örtlichen Verband von Schaf- und Ziegenhirten aufgebaut. In einem Gre-mium, welches den bereits erwähnten neuen Wolfsmanagementplan für Kroatien ausarbeitete, sind die beiden wichtigsten Repräsentanten der Schaf- und Ziegenhirten schon aktiv an Work-shops beteiligt, die DR. HUBER in diesem Zusammenhang organisiert hat.

Diese Unterstützung half nicht nur durch ihre Einwände, sondern auch durch ihre Anregun-gen, die Lücken zwischen Theorie und Praxis zu schließen. Die im Abschnitt „Verbreitung und Bestandsentwicklung Bären – Kroatien" behandelten Grünbrücken über Verkehrsbarrieren sind ein weiterer wichtiger Schritt zum Schutz der Wölfe.

Rumänien

Das rumänische Wolfsvorkommen lebt in den mit Wald bedeckten Berglandschaften des Apu-seni-Gebirges und des Karpatenbogens. Die Verbindungen zu den südlich der Donau liegenden Wolfsgebieten sind vermutlich abgebrochen, was auf einen Bestandsrückgang hindeutet. Über die Entwicklung der isolierten Wolfspopulation im Donaudelta liegen keine Angaben vor.

Der angenommene stabile Wolfsbestand in Rumänien umfasst ca. 3100 Tiere. Die Bejagung ist ganzjährig gestattet, und die Jagdstrecke wird pro Jahr mit etwa 300 erlegten Wölfen angege-ben.

In den südlichen Karpaten, in einem Gebiet bei Brasov, wurde 1993 das Carpathian large Carni-vore Project (ClCP) der Öffentlichkeit vorgestellt. Es dient dem Zweck, den Schutz von den großen Beutegreifern und ihren Lebensräumen in ein Programm der ländlichen Entwicklung zu integrie-ren. Ein zentraler Pfeiler der Aktion ist das Tourismusprogramm „Wölfe, Bären und Luchse in Transsilvanien". 1997 kamen im Rahmen dieser Initiative die ersten Touristen in diese Gegend, die neben dem Nationalpark Piatra Craiului als weitere Attraktionen die Kirchenburgen Siebenbür-gens zu bieten hat. In der nachfolgenden Zeit verzeichnete der Tourismus, der den großen Beute-greifern gilt, jährliche Zuwachsraten von 50 bis 120 %. Zwischen 1997 und 2003 besuchten 3000 Touristen im Rahmen des ClCP-Programmes die Region. Zarnestie im Zentrum des Gebietes hat heute ein breites touristisches Angebot im Programm. Es gibt Übernachtungsmöglichkeiten, Res-taurants und ausgebildete Guides. 150 Personen können hier im Sommer beschäftigt werden. Das ist viel für eine Region, die in der Umbruchsphase viele Arbeitsplätze verloren hat.

Bulgarien

Die bulgarischen Wölfe im westlichen Balkan und im Rhodopen-Gebirge haben Verbindungen zu den Wolfspopulationen in Jugoslawien und Griechenland. Zwei isolierte Vorkommen

leben im bulgarischen Areal des Istrandzda-Gebirges und am Oberlauf der Flüsse Weißer, Schwarzer und Kleiner Lom. Drei Jahrzehnte war hier eine stark rückläufige Tendenz zu beobachten. Doch in den achtziger Jahren des 20. Jahrhunderts setzte eine Trendwende ein, die eine allmähliche Ausbreitung zur Folge hatte, die über den Hohen Balkan weiter nach Osten ausstrahlte.

Ein vom bulgarischen Parlament im Jahr 2000 verabschiedetes Jagdgesetz erlaubt jetzt die Jagd über das ganze Jahr, einschließlich der Aufstellung von Fallen, und ist außerdem verbunden mit verlockend hohen Abschussprämien. So haben die Wölfe in Bulgarien trotz guter Lebensraumbedingungen heute einen schweren Stand. Um diese Entwicklung zu stoppen und umzukehren, setzt sich die Partnerorganisation von EURONATUR, „Balkani Wildlilfe Society", massiv für einen besseren und gesetzlich verankerten Schutz der Wölfe ein.

Verluste an ihren Tieren durch Wölfe haben für die Viehhirten gravierende Folgen, denn es gibt kein vom Staat unterstütztes Entschädigungsprogramm. Sie besitzen keine großen Herden, und ihre wirtschaftliche Lage ist zudem schwierig. Deswegen ist für sie der Einsatz von Herdenschutzhunden, die zunehmend gute Arbeit leisten, von großer Bedeutung. Es wird dabei auf eine fast schon in Vergessenheit geratene Rasse zurückgegriffen, die schon seit 5000 Jahren als zuverlässiger und instinktsicherer Gefährte der Hirten die Schafe vor Wölfen beschützt hat und auch keine

Angst vor seinen wilden Vettern zeigt. Es ist der Karakatchan, der jetzt wieder gezüchtet, ausgebildet und den Schäfern zur Verfügung gestellt wird. Durch diese Vermittlung werden die Wolfsschützer und Schäfer allmählich zu Verbündeten, und viele von ihnen unterstützen schon mit großem Engagement die Zusammenarbeit, denn der Erfolg ist für sie äußerst ermutigend. In 15 Dörfern der Region Kraishte registrierte man seit drei Jahren sämtliche Schäden, die Wolfsangriffe an Schafen und Ziegen verursachten. In diesem Zeitraum schrumpften die Verluste durch Wolfsübergriffe auf die gesamten Herdenbestände umgerechnet auf weniger als 1%. Die Chancen, weitere Hirten von dem Nutzen des Karakatchans zu überzeugen, stehen deshalb nicht schlecht, denn die Herden mit Schutzhunden waren weitaus seltener Wolfsangriffen ausgesetzt als solche, die bisher auf den Schutz verzichteten.

Nach Angaben der nationalen Forstverwaltung sollten im Jahr 2000 angeblich mehr als 1600 Wölfe in Bulgarien leben. Doch diese Zahl ist viel zu hoch angesetzt. Es ist aber bis jetzt aufgrund fehlender Bestandsdaten nicht möglich, diese Zahlen zu widerlegen. Erschwerend ist noch, dass hier die Kreuzungsrate zwischen Wölfen und streunenden Hunden ungewöhnlich hoch ist. Viele Angriffe auf Schafe und Ziegen werden dazu noch den Wölfen angelastet, obwohl sie auf das Konto von Hunden gehen. Als weiterer Minusfaktor des Wolfsschutzes gilt die Wilderei, die seit den politischen Veränderungen 1989 rapide zugenommen hat. Um dem entgegenzuwirken, sind die bulgarischen Wolfsschützer dringend auf internationale Hilfe angewiesen.

Einen notwendigen Aktionsschwerpunkt hat der Naturschutzverband „Balkani Wildlife Society" mit der Erfassung wissenschaftlich fundierter Daten bereits eingeleitet, um die tatsächliche Wolfspopulation realistischer einschätzen zu können. Nur so ist es möglich, auch die Entscheidungsträger von der Notwendigkeit des Wolfsschutzes zu überzeugen. Bei diesen Arbeiten greift man auf bewährte Methoden zurück, indem man Wölfe einfängt und mit Senderhalsbändern versieht. So ist man in der Lage, ihre Aktivität über das ganze Jahr zu registrieren. Im Winter werden ihre Spuren im Schnee verfolgt, was Auskunft über die entsprechende Rudelgröße, das Alter und die Zahl ihrer Mitglieder gibt, während die Exkremente einen Einblick in den Speiseplan des Rudels gewähren.

Die Ergebnisse der gewonnenen Daten bewertet die Arbeitsgruppe WOLF, in der Repräsentanten aller staatlichen und privaten Organisationen Bulgariens, die sich im Wolfsschutz engagieren, vertreten sind. Die Treffen finden regelmäßig statt, und die Mitglieder beraten über Strategien und Prioritäten der nächsten Maßnahmen. Ein Wolfsposter, dessen Produktion EURONATUR unterstützt, wirbt in den Schulen und in der Öffentlichkeit bereits für die Belange des Wolfsschutzes.

Serbien und Montenegro

Die Gebirge südlich der Donau und ein kleineres Gebiet im Norden an der rumänischen Grenze zählen in diesem Balkanland zu den Wolfsarealen.

Die geschätzten Bestände wurden 1974 (ISAKOVIC) mit 1000, 1982 (MECH) mit 3000 bis 4000 und 1990 (GINSBERG und MACDONALD) mit 2000 Tieren angegeben. In den 70er Jahren des letzten Jahrhunderts betrug die Erlegungsrate pro Jahr 1000 Wölfe. Die Jagdbedingungen sind regional unterschiedlich geregelt, die Jagd selbst ist jedoch während des ganzen Jahres zugelassen.

Griechenland

In den bewaldeten Bergen Griechenlands in Epirus, Mazedonien, Thrazien, Thessalien sowie im Pintus-Gebirge sind die Wölfe beheimatet, die im Winter regelmäßig auch tiefer gelegene, angrenzende Gebiete aufsuchen. Bei ihnen handelt es sich jedoch nicht um ein geschlossenes, sondern um ein in mehrere Teile aufgesplittertes Vorkommen. Die Wölfe im nördlichen Teil Griechenlands sind verbunden mit den Artgenossen in Albanien, Jugoslawien, Bulgarien und in der Türkei.

Die Bestandsschätzungen der nicht völlig unter Schutz gestellten Wölfe durch verschiedene Autoren ergeben folgendes Bild: 1982: 2000, 1982: 1000 bis 2000, 1983: 1000 und 1988 nur 500 Tiere. Um 2003 lagen die Angaben bei 400 Tieren. Griechenland ist das einzige Land in Europa, in dem die Zahl der Wölfe abnimmt.

Türkei (europäischer Teil)

Die Verbreitungsgebiete der Wölfe im europäischen Teil der Türkei befinden sich im Istrandza-Gebirge sowie im Westen Kleinasiens am Ulu Dag und in den südwestlich gelegenen Gebirgen.

Österreich

Österreich hat ganz in seiner Nähe Gebiete mit Wolfsvorkommen. Einzelne Tiere konnten hier schon beobachtet werden. Um auf ein weiteres und verstärktes Erscheinen vorbereitet zu sein, hat EURONATUR-Österreich 1989 eine Umwelterziehungskampagne gestartet, damit besonders Jugendliche eine angstfreie Einstellung zum Wolf entwickeln. Als Informationsmaterial dienten Unterrichtsmappen für Lehrkräfte, Aufkleber, Poster und Pressemitteilungen. Im Zuge dieser Aufklärungsarbeit wurden Schüler und Schülerinnen in zwei Jahren in rund 5300 Schulen mit dem Thema „Wolf" vertraut gemacht.

Ein aktuelles Beispiel ist eine Wolfssichtung im Juni 2005 in der Steiermark:

Wolfsbeobachtung in der Eigenjagd Polizek (Perchau am Sattel, Bezirk Murau, Steiermark) von WILLI LIEBCHEN

Als ich an einem Junimorgen des Jahres 2005 gegen 6 Uhr routinemäßig aus dem Fenster unseres Almhauses blickte, um nach dem Weidevieh oder eventuell einem Stück Rehwild zu schauen, nahm ich am Waldrand eine Bewegung wahr. Mit dem Fernglas stellte ich fest, dass es sich um einen kräftigen Wolf handelte. Nachdem meine Frau, die ebenfalls Jägerin ist, den Fotoapparat zur Hand genommen hatte, schossen wir einige Fotos und konnten das Tier rund fünf Minuten lang beobachten. Der Wolf schlich sich an zwei etwas abseits der Mutterkuhherde liegende kleine Kälber an. Die restliche Herde bemerkte dies und bildete sofort einen Verteidigungsring um

diese Kälber. Zwei Kühe griffen den Wolf an, worauf sich dieser wieder in den angrenzenden Wald zurückzog. All das spielte sich in einer Entfernung von nur 75 Metern vom Haus ab. Nach dieser Begegnung wurde der Wolf noch einmal im Bereich des Zirbitzkogels gesehen.

Italien

Die Wölfe in Italien umfassen eine kleinere und vier größere, isolierte Populationen. Sie sind in verschiedene kleine Vorkommensgebiete aufgesplittet, die aber Kontakt zueinander haben, nämlich die westlich von Rom liegende Region Monti della Tolfa, das Sila Gebirge und die Bergkette des Apennin mit drei getrennten Arealen, in dessen äußersten Nordwesten sich 1985 ein kleiner, aber fortpflanzungsfähiger Bestand etablieren konnte.

In Italien war der Wolf nie ganz verschwunden. Doch Anfang 1970 befand sich die Population mit etwa 100 Tieren in einem kritischen Zustand. Es musste damit gerechnet werden, dass dieses kleine Vorkommen als Population längerfristig nicht überleben konnte. Die Beutetiere des Wolfes waren schon am Beginn des 20. Jahrhunderts weitgehend ausgerottet, so bildeten ihre Nahrungsquellen Mülldeponien und Haustiere, was in der Folge zu Konflikten mit den Menschen führte.

Das änderte sich, als die Wölfe 1976 unter Schutz gestellt wurden und damit auch die Giftanwendung wegfiel. Begleitende Maßnahmen waren die Einrichtung eines Entschädigungssystems bei auftretenden Haustierverlusten und breit angelegte Öffentlichkeits-Informationskampagnen. Inzwischen hatten sich auch die Schalenwildbestände erholt, besonders in den Abruzzen.

Norditalien war entgegen vielen Behauptungen ebenfalls nie ganz wolfsfrei. Eine landesweit durchgeführte Bestandsaufnahme ergab, dass einzelne Wölfe die Gegend des Apennins von Tosco-Emiliano durchstreiften, und ein ständiges Vorkommen in der Emilia-Romagna (Florenz) lebte. Sie profitierten nun vom Vorkommen des Schalenwildes, bei welchem man auch eine Bestandserholung, besonders bei den Wildschweinen, feststellen konnte. Die Kehrseite dieser positiven Entwicklung war, dass von 1980 bis 1989 in der Gegend von Genua, Bologna und Florenz mindestens 49 Wölfe getötet wurden.

Den unter Schutz gestellten Wolfsbestand schätzte Boscagli 1984 auf 180 bis 200 und Boitani 1983/84 auf 220 Tiere. 1991 veröffentlichte Schätzungen von Ciucci und Boitani geben 280 bis 300 Wölfe an. 2003 war das noch immer wachsende Wolfsvorkommen auf etwa 400 Tiere angestiegen, die nicht nur in abgelegenen Bergregionen lebten.

Als am 28. Februar 2004 ein junger Wolfs-rüde von einem Auto angefahren wurde, nutzte man die Gelegenheit, bei dem nur geringfügig verletzten Tier im Zuge seiner Freilassung einen Halsbandsender anzu-bringen, der über Satellit die jeweilige Position anzeigte. Zuerst wanderte der Wolf im nördlichen Apennin zwischen Parma und La Spezia umher, um dann nach vielen Umwegen eine westliche Richtung einzuschlagen. Er überquerte mehrmals Autobahnen und durchquerte besetzte Wolfsterritorien. Im Bereich von Genua war er manchmal nur 10 km von der Küste entfernt, und ein Abstecher führte ihn unweit der Stadt Mondovi nördlich der ligurischen Berge in die

Vier Monate alter Wolfswelpe in der Muskauer Heide.

Ebene. Sein nächstes Ziel war in Frankreich das Gebiet des Col de Turini, welches er nach der Über-querung der Seealpen erreichte. Danach suchte er wieder die italienische Seite des Alpenkammes auf, wo er noch im November angepeilt werden konnte. Während des gesamten Beobachtungs-zeitraumes lagen die täglichen Wanderstrecken zwischen 20 und 40 km.

Die Erholung und das Ansteigen des italienischen Wolfsvorkommens sowie seine Ausbreitung bis Piemont und in die Alpenregion wurden von mehreren Faktoren ermöglicht. Dazu gehören die Ausdehnung der Wälder, der Anstieg der Beutetierpopulationen, die Landflucht und die Unter-schutzstellung.

Deutlich wird diese Entwicklung, wenn man die Ausbreitungsfront der etablierten Wölfe betrachtet und dabei die umherziehenden Tiere außer Acht lässt. Sie hat sich von Genua aus in Richtung Mercantour pro Jahr um durchschnittlich 22,8 km vorgeschoben.

Schweiz

Im späten Mittelalter und in der Renaissance waren die Gründe, die zu der Ausrottung des Wol-fes in der Schweiz führten, deckungsgleich mit denen der Nachbarländer.

Wölfe gefährdeten damals den Menschen nicht direkt, sondern indirekt. In den genannten Kul-turepochen bestand die Bevölkerung der Schweiz zu 90 % aus Bauern, die zumeist arm waren und nur wenige Nutztiere besaßen. Sie litten unter Missernten, Wetterunbilden, Frondiensten und Abgabe des Zehnten. Kam zu diesen Erschwernissen noch der Verlust von Haustieren durch Wölfe, konnte das für den Besitzer mit einer Katastrophe enden. Nicht selten galten Übergriffe durch Wölfe als Strafe des Himmels. Als man sie noch mit tyrannischen Herrschern, Hunger, Krankhei-ten und der Übertragung von Tollwut in Verbindung brachte, führte das auch hier zum Mythos des Werwolfes. Durch eine rücksichtslose Ausbeutung des Waldes ging seine Ausdehnung zurück und mit ihm die von ihm abhängigen Wildarten. Die Wölfe waren deshalb immer mehr auf die Haustiere angewiesen, was zu einer gnadenlosen Verfolgung führte. So hatte jetzt in vielen Regionen nicht nur jedermann das Recht, sondern sogar die Pflicht, sich an der Wolfsjagd zu betei-ligen. Abschussprämien und Schussgelder boten einen weiteren Anreiz, an der Wolfshatz mitzu-wirken. Als 1807 die Entwicklung der Gewehre eine Zielgenauigkeit auf 100 m und ihren Einsatz auch bei Regenwetter erlaubte und etwas später zuverlässige Schlagfallen und Strychnin zum Einsatz kamen, war das Schicksal der Wölfe besiegelt. Hier die Daten seiner Ausrottung:

16. Jhd.	Der Wolf ist noch in der ganzen Schweiz anzutreffen.
Mitte 17. Jhd.	In der Ostschweiz, in den Nordalpen und im westlichen Mittelland ist er selten geworden.
1684	Im Kanton Zürich ist der Ausrottungsprozess beendet.
1695	Appenzell ist frei von Wölfen.
1707	Mit der Erlegung des letzen Wolfes in Zug lebt auch in der Zentralschweiz kein Wolf mehr.
1712	Schaffhausen meldet den Abschuss des letzten Wolfes.
1731	Die Schwyz ist wolfsfrei.
1753	Kanton Uri ist wolfsfrei.
1793	Glarus ist frei von Wölfen.
Ende 18. Jhd.	Im Jura, Tessin und Wallis sind die Wölfe noch zahlreich.
1821	Im Engadin wird der letzte Wolf erlegt.
19. Jhd.	Der Niedergang der Wölfe beschleunigt sich.
1762–1842	Die Gemeinde Abbaye im Kanton Waadt meldet die Erlegung von mindestens 80 Wölfen.
1870	Wallis ist frei von Wölfen.
1872	Tessin ist wolfsfrei.
1874	In Solothurn lebt kein Wolf mehr.
bis 1890	Im äußersten Norden des Jura und in der Ajoie werden noch Wölfe beobachtet.

Obwohl als Population ausgerottet, kündeten Einzelbeobachtungen die Rückkehr der Wölfe an: 1908 wird ein Wolf im Tessin getötet; 1914 zwei Wolfssichtungen in Lignerolle (Jura); 27. November 1947: Erlegung des berühmten Wolfsrüden von Eischoll (VS); 9. September 1954: Erlegung eines Weibchens auf einer Alp bei Poschiavo (Graubünden); 1971 wird ein Wolf im Tessin getötet; 13. Dezember 1978: Erlegung eines Wolfes in der Lenzer Heide; 15. Mai 1990: Abschuss eines adulten Männchens in Hägendorf (SO).

Wie bei den Ausführungen über die Wolfsentwicklung in Italien bereits erwähnt, schiebt sich die Ausbreitungsfront der Wölfe in Italien pro Jahr um 22,8 km nach Osten. Überträgt man dieses durchschnittliche Vorrücken auf die 190 km, die Mercantour von der Schweiz trennen, wird das seit 1998 beobachtete häufige Auftreten des Wolfes im Land der Eidgenossen erklärbar.

Insgesamt überschritten nachweislich von 1973 bis 2003 43 Wölfe die Grenze zur Schweiz. Sie alle entstammen der italienisch-französischen Westalpenpopulation.

Die Anwesenheit von Wölfen führte auch zu Haustierverlusten. 117 Schafe und zwei Ziegen wurden vom Juli 1995 bis Mai 1996 in der Region des Großen St. Bernhard durch einen oder mehrere Wölfe gerissen.

Nach der Jahrtausendwende ging es Schlag auf Schlag. Wolfssichtungen im Tessin. Hier tötete ein Wolf am 1. Juli 2003 auf der Alpe Irgili vier und im gleichen Monat auf der Alpe Pontimia elf Schafe und verletzte ein Tier. Aufgrund der genetischen Analyse eines Kotfundes ließ sich feststellen, dass es eine Wölfin war, deren Nachweis in dem Gebiet schon ein Jahr vorher gelang.

Dass sich Verluste in dieser Höhe vermeiden lassen, zeigt ein Beispiel aus der Surselva (GR). Dort hielten sich im Januar 2003 zwei Wölfe auf, von denen später vermutlich nur noch einer präsent war. Er konnte von dem Wildhüter noch im November beobachtet werden. Im dem Gebiet hatten drei Schafherden ihre Weideplätze, von denen sich zwei auf den Sömmerungsalpen befanden. Zwei von ihnen wurden von Hirten und Schutzhunden begleitet, und die Nacht verbrachten sie in einem eingezäunten Gelände. Bei der dritten, eingezäunten Herde fehlte zwar der Hirt, jedoch nicht die (zwei) Schutzhunde. Dass ein solches Konzept funktioniert, zeigt, dass bis zum Dezember nur sechs Schafe entschädigt werden mussten.

Im gleichen Kanton tötete ein Wolf italienischer Herkunft im Januar 2004 in Osco, in der Nähe von Faido in

Langanhaltende hohe Schneelage erleichtert die Jagd auf Schalenwild meist sehr.

der oberen Leventina, eine Ziege. Schon im Dezember 2003 hatte vermutlich dasselbe Tier im gleichen Gebiet drei Ziegen gerissen.

Es handelt sich dabei um den zweiten Nachweis eines Wolfes im Tessin, seit die Alpen durch die Population im Apennin wiederbesiedelt wurden. Der erste lag etwa drei Jahre zurück. Bei Bellizona hatte der Wolf drei Ziegen gerissen. Danach verlagerten sich die Schäden ins Bergell (GR), wo sich die Schadensserie über den ganzen Sommer 2001 fortsetzte. Sie hörte erst auf, als am 29. September 2001 ein Wolfsrüde im Gebiet Margna (GR) durch einen bewilligten Abschuss zur Strecke gebracht wurde.

Eine weitere Wolfsbeobachtung stammte aus Surselva (GR), wo mindestens ein Wolf seinen Aktionsraum hat.

Ab Herbst 2003 war es nicht auszuschließen, dass ein Wolf durch das Waadtländer und Neuenburger Jura streifte.

Auf das Verlustkonto des seit Dezember 2003 in der Leventina (Tessin) herumstreifenden Wolfes kamen bis Mitte 2004 weitere Tiere. Bei vier Angriffen im Verlauf von sechs Monaten riss er elf Ziegen und bei zwei Angriffen drei Schafe. Dazu konnten noch 15 Hirsche und ein Reh durch gefundene Überreste als Wolfsbeute nachgewiesen werden. Um Attacken auf Haustiere in der Zukunft zu erschweren, setzte der Züchter von Milchziegen, der die meisten Verluste erlitten hatte, mit Erfolg Elektrozäune und zwei Herdenschutzhunde ein. Drei weitere Ziegenhalter behalfen sich nur mit Elektrozäunen als vorläufige Präventivmaßnahme.

Bei Schafen ergibt sich durch deren Aufteilung in mehrere Kleinherden keine so verhältnismäßig einfache Problemlösung, denn sie lassen sich nur unter Schwierigkeiten zu größeren Herden zusammenführen. Die Möglichkeit dazu besteht jedoch. In dem vom Wolf durchstreiften Gebiet gibt es immerhin drei behirtete Alpen, auf denen die Schafhalter ihre Tiere sömmern könnten. Auf zweien von ihnen sorgen Hunde für zusätzliche Sicherheit.

Um den Herdenschutz in professionellere Bahnen zu lenken, kam es zur Gründung eines Kompetenzzentrums für Herdenschutz, dem „Centro di competenze protezione greggi Ticino". Die Leitung übernahm die kantonale Arbeitsgruppe Großraubtiere. Sie setzt sich zusammen aus einer Koordinatorin, einem Berater für Herdenschutzhunde und Kleinviehhaltern, die ihre praktischen

Erfahrungen in Abwehrmaßnahmen einbringen. So entstand in der Leventina eine Art Pilotregion, in der Daten über Wolfsangriffe gesammelt, koordiniert und in Schutzmaßnahmen umgesetzt werden. Finanzielle Unterstützung erhielt diese Initiative durch die Tessiner Sektion von Pro Nature und WWF, die 9000 Franken bereitstellten, um die Einführung von Herdenschutzmaßnahmen zu unterstützen.

Die Integration der Hunde in Milchziegenherden bereitete keine Schwierigkeiten. Schon nach 24 Stunden schliefen die Hunde Seite an Seite mit ihren Schutzbefohlenen. Etwas länger dauerte das Akzeptieren durch die Bevölkerung und besonders durch die anderen Tierhalter, die Angriffe durch die Hunde befürchteten, was sich aber als grundlos erwies.

Hier hat sich wieder einmal die Wichtigkeit gezeigt, dass solche Experimente und Maßnahmen fachlich begleitet und von einer offiziellen Instanz gestützt werden, damit vor allem die Tierhalter auch ihre noch skeptischen und abseits stehenden Kollegen für Präventivmaßnahmen gewinnen können.

Interessant ist dabei die Aussage des Tierhalters OLIVER SARRASIN SALEINAZ auf die Frage (veröffentlicht in KORA, Ausgabe 2/04), welche Erfahrungen er bisher mit Hunden gemacht hat: „Die Hunde haben manches Problem gelöst. Seit sie in meiner Herde sind, habe ich keine Verluste durch Füchse, Raben und wildernde Hunde mehr. Auch gestohlen wurde mir seither kein einziges Schaf. Die Anschaffung von Hunden lohnt sich, selbst wenn sich kein Wolf im Gebiet herumtreibt. Und kommt einer, ist man bereit.“

Wolf und Schaf in der Schweiz: Bestätigte Fälle von Wolfsattacken auf Kleinvieh, 1998–2002

Jahr	Anzahl der Angriffe	Anzahl der getöteten Tiere	Bezahlte Entschädigungen in Euro
1998	10	31[*]	21.800
1999	33	138	72.177[**]
2000	52	137	73.502[***]
2001	23	74	12.415
2002	15	38	2.857
Total	133	418	182.751

[*]   inklusive zwei Damhirsche und zwei Mufflons in Gehegehaltung
[**] entschädigt wurden zusätzlich 128 vermisste Schafe
[***] weitere 105 Schafe wurden von einem großen Caniden – Hund oder Wolf – gerissen (Wolf als Täter nicht erwiesen, aber auch nicht ausgeschlossen) und ebenfalls als Wolfsriss entschädigt.

Quelle : Jean-Marc Weber: Wolf monitoring in the Alps, 2nd Alpine Wolf Workshop, Boudevilliers (CH) 17 – 18 March 2003, KORA-Bericht Nr. 18, englisch, November 2003.

Durch die anwachsenden Wolfsbestände in Frankreich und Italien sind weitere Zuwanderungen in die Schweiz vorprogrammiert. Das hat die Schweizer Regierung veranlasst, ein finanziell gut ausgestattetes Wolfsprojekt zu erarbeiten und einem Kompromiss zuzustimmen. Dieser besagt, dass ein Wolf abgeschossen werden kann, wenn er mehr als fünfzig Schafe tötet. Da die meisten Schafe den Sommer über unbewacht auf einer Alpenweide verbringen, fällt es einem Wolf nicht schwer, das gesetzte Limit in kurzer Zeit zu überschreiten.

Doch wenn Präventivmaßnahmen angewendet werden, kann das ganz anders aussehen. Im Kanton Graubünden lebt seit 2002 ein Wolfsrüde, der kaum Schaden verursacht, weil hier die Schafherden mittlerweile geschützt werden. Auf sein Konto kamen 2004 insgesamt nur sieben Schafrisse.

Interessant ist der Schlussbericht der Walliser Wolfskommission über die Auswirkungen im Wallis bei einer Wiederbesiedlung durch den Wolf. So wurde unter anderem ausgeführt, dass der Einfluss auf Wild und Jagd weitaus geringer als erwartet ausfällt. Beutegreifer haben sich meistens auf die ergiebigste Beute spezialisiert. Die zugeführte Energie sollte im Verhältnis zum Energieaufwand durch das Fangen, Zerlegen und Verdauen der Beute möglichst hoch sein. Hirschartige Tiere erfüllen diese Anforderungen bei der Jagd im Rudel am ehesten. Deshalb geht man von der Annahme aus, dass im Alpenraum Rotwild zur bevorzugten Beute gehört. Die Kommission nimmt auch Bezug auf die Wolfspopulation in der Bialowieza in Polen. Dort schöpfen die Wölfe bei den bejagten Rotwildvorkommen bis zu 40 % des jährlichen Zuwachses ab. Dennoch sind sie nicht in der Lage, die Bestände zu regulieren. Ein großer Teil der gerissenen Tiere hätte aufgrund der begrenzten Kapazität des Lebensraumes, der nur eine bestimmte Zahl von Tieren ernähren kann, sowieso nicht überlebt. Die Wölfe jagen hier im Bereich der kompensatorischen Mortalität. Möglich ist, dass sich unter solchen Gegebenheiten das Wachstum und die Expansion der Hirschpopulation verlangsamt, doch deren maximale Größe bestimmt allein der Lebensraum.

Doch zurück zum Wallis, in dem etwa 30.000 wilde Huftiere leben und das damit dem Wolf ein gutes Habitat bietet. Eine demografische Analyse der Wildpopulation zeigt, dass Beutegreifer pro Jahr 675 Stück Rotwild, 1500 Gämsen und 1500 Rehe reißen könnten, ohne dass Jagdplanung und Jagdstrecke dadurch beeinflusst werden. Dieses Nahrungsangebot würde für 55 Wölfe reichen. Doch nun leben im Wallis außerdem etwa 30 Luchse mit ähnlichen Nahrungsansprüchen. Bei dieser Konkurrenz vermindert sich die Zahl der Wölfe auf rund 40 Tiere. So bereitet hier der Einfluss des Wolfes auf den Wildbestand keine Sorge, wenn auch zeitweise mit lokalen Bestandsschwankungen gerechnet wird. Übereinstimmung herrschte bei den Kommissionsmitgliedern, dass die Anwesenheit des Wolfes zu keiner Verringerung der Jagdstrecke führt, die um 2004 bei 1000 Stück Rotwild, 3000 Gämsen und 1000 Rehen lag. Sollte sich die Jagdstrecke dennoch verringern, wäre eine Regulation des Wolfsbestandes in Betracht zu ziehen. In einem solchen Fall müsste man die kantonale Jagdplanung überdenken. Für das Management von Wolf und Huftieren wären 10 bis 15 Wildräume einzurichten.

Könnte es durch die Anwesenheit des Wolfes als positiven Imageträger sogar einen volkswirtschaftlichen Nutzbereich des Tourismus geben? Auch das schlossen die Kommissionsmitglieder nicht aus, z. B. wenn er als ein Stück Wallis wahrgenommen wird, wie das Matterhorn, die Stadel, die terrassierten Weinberge, die Kuhkämpfe oder der Steinbock. Der Wolf hat vor allem bei den Städtern seine Faszination nicht verloren. Eine sozio-ökonomische Studie soll nun seinen Wert als Tourismusfaktor abschätzen. Bei einem vorgeschlagenen Monitoring geht es mitunter darum, die Urheber von Schäden durch genetische Methoden zu identifizieren. Zudem erlaubt es die Radiotelemetrie mit Satellitensendern, die Wanderungen der Wölfe über lange Distanzen und damit auch den Kolonisierungsprozess zu verfolgen sowie die Räuber- und Beutebeziehungen zu untersuchen.

Rechtlicher Status des Wolfes in der Schweiz

Den rechtlichen Status des Wolfes in der Schweiz regelt das Bundesgesetz über Jagd und den Schutz wildlebender Säugetiere und Vögel (Jagdgesetz, JSG). Im Artikel 5, welcher jagdbare Arten und Schonzeiten beinhaltet, ist der Wolf nicht aufgeführt. Jedoch sind alle Tiere, die nicht zu den jagdbaren Arten zählen, geschützt (Artikel 7), und dazu gehört auch der Wolf.

Außerdem gibt es noch die Verordnung über die Jagd und den Schutz wildlebender Säugetiere und Vögel (Jagdverordnung, JSV). Sie enthält seit dem 1. August 1996 besondere Bestimmungen, die den Wolf und andere Tierarten betreffen. Nach Artikel 10 dieser Bestimmungen beteiligt sich der BUND zu 30–50 % an der Vergütung von Schäden, die der Wolf an Haustieren verursacht, jedoch nur, wenn der Kanton den Rest übernimmt. Falls ein Wolf untragbare Schäden anrichtet, kann das Bundesamt für Umwelt, Wald und Landschaft (BUWAL) den Abschuss dieses Wolfes genehmigen. BUWAL hat einen Managementplan erstellt, der den Schutz, Abschuss oder Fang eines Wolfes, die Beurteilung von Schäden sowie die Anwendung und Vergütung präventiver Maßnahmen regelt.

In dem Konzept Wolf in der Schweiz sind Rahmenbedingungen festgelegt, die Konflikte abschwächen sollen, welche durch die Anwesenheit von Wölfen, besonders gegenüber der Viehzucht, zu erwarten sind. Längerfristig soll die Umsetzung des Konzeptes eine Koexistenz zwischen Mensch und Wolf ermöglichen.

Die Schweiz möchte jedoch die Berner Konvention dahingehend ändern, dass für den Wolf nicht mehr der Artikel II gilt, der streng geschützte Arten betrifft, sondern der Artikel III, der den Schutzstatus mindert: geschützte Art, aber Nutzung möglich. Eine solche Umlistung im Anhang II würde den Druck auf regionale Stellen erhöhen, legales Töten zu erlauben. Die Ausweisung illegaler Tötung fällt dann ebenfalls weg, was in einem solchen Fall die internationale Koordination noch schwieriger gestalten würde. Bei einem Treffen der Vertragspartner im Herbst 2004 wurde der Antrag jedoch abgelehnt.

In der KORA Info 3/04 ist ein Artikel von dem Zoologen GERHARD ARNDT veröffentlicht, in dem er das Schweizer Wolfskonzept kritisiert. Die Ausführungen sind so interessant, dass sie hier im Wortlaut übernommen werden. Die Ausführungen tragen den Titel:

Es gibt nicht gute und böse Wölfe – sondern nur Wölfe

Als Zoologe, der in Mittelasien lebt und Erfahrungen mit dem Wolf und seinem Verhalten gegenüber Schafherden gemacht hat, möchte ich mich zum *Konzept Wolf Schweiz* äußern. Dieses krankt an einem grundlegenden Missverständnis: Wölfe lassen sich nicht in zwei Kategorien – Schaden stiftende und normale Tiere – einteilen.

Wölfe halten sich an Beutetiere, die sie mit möglichst geringem Aufwand reißen können. Dazu gehören kranke und schwache Wildtiere und eben auch Haustiere. Kein Wolf wird an einem Schaf vorbeigehen, wenn er es erbeuten kann – selbst, wenn er satt ist.

Der Wolf tötet aufgrund seines natürlichen Verhaltens so viel, wie er kann. Da er im Rudel lebt, macht er auch Beute für die anderen Mitglieder und auf Vorrat.

In der freien Wildbahn kommt das selten vor, am ehesten noch im

Es gibt nicht gute und böse Wölfe – sondern nur Wölfe. Treffender lässt sich der Wolf nicht beschreiben.

Winter, wenn die wildlebenden Tiere geschwächt sind. Den Vorrat nutzen die Wölfe dann zuweilen während mehrerer Monate. Gesunde Wildtiere kann der Wolf nur einzeln erbeuten.

Es ist deshalb nicht möglich, durch raschere Abschüsse im Schadensfall die Situation auch nur minimal zu entschärfen. Wird ein Wolf getötet, tritt früher oder später ein anderer an dessen Stelle, der dann wieder zum Abschuss freigegeben wird. So beschreitet man wieder den mittelalterlichen Weg der Ausrottung.

Der Schaden ist nicht dem Wolf, der schon immer so war, wie er ist, anzulasten, sondern der Bequemlichkeit des Menschen und der Beanspruchung des gesamten Naturraumes ausschließlich für seine eigene Nutzung.

Der Schutz der Schafherden ist der einzige Weg, um das Zusammenleben von Mensch und Wolf zu ermöglichen.

Die Schafzüchter in Mittelasien leben seit Jahrtausenden mit einer intakten Wolfspopulation. Wären sie dazu im Stande, würden sie – genau wie in Europa – den Wolf ausrotten. Dank der riesigen Gebiete konnte sich der Wolf aber gut behaupten und überstand auch die intensive Verfolgung mit modernen Methoden wie Jagd aus der Luft, vom Auto aus und übers ganze Jahr. Da es nicht gelang, die Wölfe zum Verschwinden zu bringen, war die nomadische Viehzucht gezwungen, mit ihnen zu leben.

Vor noch nicht allzu langer Zeit zogen Hunderttausende von Schafen durch die Gebirgsketten. Die einzelnen Herden zählten meist über tausend Tiere. Die Schäden durch den Wolf blieben jedoch gering. Größtenteils waren sie auf Fehler der Hirten zurückzuführen und betrafen verlorene oder nicht beaufsichtigte Schafe.

Wird der Wolf in der Schweiz als einheimische Art akzeptiert, besteht auch keine Notwendigkeit der Populationsregulation durch Abschüsse. Wolfspopulationen werden durch drei Faktoren begrenzt: Mensch, Nahrung und Territorium. Fallen die Haustiere als Nahrungsquelle aus, bleibt das begrenzte Nahrungspotential der wildlebenden Beutetiere.

Beschränkt sind auch die verfügbaren Territorien. Die Wolfspopulation wird sich deshalb auch ohne Regulation durch den Menschen in Grenzen halten.

Unverzüglich abzuschießen sind einzig Rudel, die ihre Scheu gegenüber dem Menschen ablegen.

Kritik des Autors dieses Buches: Der letzte Satz kann so nicht kommentarlos hingenommen werden, denn die Situation in den Wolfsgebieten Asiens, in denen menschliche Ansiedlungen nicht die Dichte vieler europäischer Regionen aufweisen, ist nicht in allen Punkten vergleichbar. In Europa haben sich die Wölfe teilweise dem Leben in dicht besiedelten Kulturlandschaften angepasst. Als Beispiele mögen die Wölfe gelten, die vor den Toren Roms lange Zeit im großen Maße in den Mülldeponien ihre Nahrung suchten, ohne dass sie von den Menschen groß wahrgenommen wurden. Bei der Darstellung der Wolfssituation in Rumänien wurde ein Wolfsrudel geschildert, welches sich am Rand einer 200.000 Einwohner zählenden Stadt etabliert hatte und während der Nacht in der Stadt die Müllhaufen durchstöberte. Bei der Alpha-Wölfin, die Junge führte, reichte die Nacht manchmal nicht für eine genügende Nahrungsbeschaffung aus, so dass sie erst am Tage während des einsetzenden Berufsverkehrs dem Stadtrand zustrebte, ohne Menschen zu gefährden. Die Passanten hielten sie vermutlich für einen der vielen streunenden Hunde. In diesen Fällen wäre ein Abschuss nicht zu rechtfertigen.

Frankreich

Nach Schätzungen umfasste das wachsende Wolfsvorkommen 2004 in Frankreich 55 Tiere. In den italienisch-französischen Alpen gibt es 16 Gebiete mit einer permanenten Wolfspopulation, davon liegen 11 bis 13 auf französischem Territorium. Neun Vorkommen bestehen aus mehr als einem Tier.

Dazu kommen Auftritte von einzelnen Wölfen außerhalb der Alpen: 1994 erlegte man einen Wolf in den Vogesen, 1995 und 1999 je einen im Massiv Central. Aus den Pyrenäen gab es 1999 und 2000 insgesamt drei Nachweise.

Die ersten Wölfe tauchten in Frankreich 1992 im Nationalpark Mercantour auf. Bei einer Wildzählung wurden damals zwei Tiere festgestellt. Bis zur Jahrhundertwende wuchs diese Population um 20 bis 30 % pro Jahr. Anschließend verlangsamte sich dieses Tempo, und die Zunahme erfolgte nicht mehr innerhalb der genannten Region, sondern über die Erschließung neuer Gebiete.

Heute leidet die Population unter illegalen Abschüssen und dem Einsatz von Gift. Der Wolf stand in Frankreich mit gewissen Einschränkungen unter Schutz. Doch die Forderungen einer im November 2002 vom Parlament bestellten Kommission sollten diesen Status ändern. Die Hauptanliegen waren eine Unterteilung in verschiedene Zonen mit unterschiedlichem Schutzstatus für den Wolf:

- Gebiete, in denen der Wolf weiterhin voll geschützt bleibt;
- Gebiete, in denen Wölfe unter bestimmten Voraussetzungen erlegt werden können;
- Gebiete, in denen die Art nicht geduldet wird.

Die ersten zwei Wölfe wurden in Frankreich 1992 in den Seealpen und dort im Nationalpark Mercantour gesichtet. Bis zur Jahrtausendwende wuchs diese Population auf 20 bis 30 % pro Jahr. Anschließend verlangsamte sich dieser Trend und die weiteren Ausbreitungen erfolgten in anschließende Gebiete.

Ausschlaggebend für den Schutzstatus in einem bestimmten Gebiet sollen

Auch der Wolf kann herzhaft gähnen und sich strecken.

die Bedürfnisse der Kleinviehhaltung sein. Die Zuteilung würde in diesem Fall per Erlass des Präfekten erfolgen. Präfekte sind Departementsvertreter der Zentralregierung.

Die wichtigen Umwelt- und Naturschutzorganisationen reagierten auf diese Forderung mit heftiger Ablehnung. Die Argumente der Fédération Nature Environnement (FNE): „Die Vorstellungen, man könne die Lebensräume Frankreichs aufteilen und den Wolf bloß innerhalb von ausgewählten Schutzzonen erhalten, ist biologischer Nonsens, der zum Verschwinden der noch fragilen Population führen wird."

Der Auslöser dieser Diskussionen war ein Vorfall im Nationalpark Mercantour. Am 18. Juli 2002 stürzten 407 Schafe nach einer Raubtierattacke über eine Felswand. Es wurde jedoch nie ganz geklärt, ob Wölfe oder wildernde Hunde die Schafe in den Tod gehetzt hatten. Obschon die Herde im Kerngebiet des französischen Wolfsbestandes ihre Weideplätze hatte, wurde sie weder von Hirten noch von Hunden beaufsichtigt.

Eine erste Reaktion auf die Forderungen seitens der Regierung erfolgte Anfang Juli 2002. Danach kann ein Wolf geschossen werden, wenn er bei zwei Angriffen innerhalb von zwei Wochen mindestens acht Tiere verletzt oder getötet hat. Das bedeutete ein Aufweichen der bisherigen Regelung, die besagte, dass im gleichen Zeitraum bei drei Wolfsangriffen 18 tote oder verletzte Schafe nachgewiesen werden mussten.

Von 1992, als die ersten Wölfe der Apenninpopulation nach Frankreich einwanderten, bis Ende 2002, sind laut offiziellen Statistiken für 1146 von Wölfen gerissene Schafe Entschädigungen gezahlt worden. Im folgenden Jahr, in dem auch die bereits genannten 407 Tiere umkamen, erreichte die Zahl der von Wölfen getöteten Schafe mit 2304 Tieren ihren Höhepunkt.

Zum Vergleich: In den französischen Alpen töten Hunde pro Jahr 15.000 Schafe.

Die Verluste der Schafhalter führten zu Protestaktionen. Das erzeugte einen politischen Druck, die Wölfe abzuschießen. Die Rettung brachte eine Studie der Large Carnivore Initiative for Europe durch ALISTAIR BATH. Aus dieser ging hervor, dass die Mehrheit der Bevölkerung gegenüber dem Wolf positiv eingestellt war. Ein solches Ergebnis kann natürlich kein Politiker ignorieren, denn er will ja (meistens) wiedergewählt werden, so dass die Abschüsse der Wölfe nicht mehr weiter in Erwägung gezogen wurden.

2003 erreichte ein Wolfsrüde den südlichen Ausläufer des Jura und hielt sich im Raum Bugey im Departement Ain auf. Seine Anwesenheit machte sich im Juli durch 14 Schafrisse bemerkbar. Der Tatort war eine Weide südwestlich von Bellegarde, 1100 m über dem Meeresspiegel. Doch die Fortsetzung folgte im gleichen Gebiet mit weiteren Attacken auf mehrere Herden. Die Verluste beliefen sich anschließend auf achtzig tote und verschwundene Schafe sowie ein Rinderkalb.

Doch um den durch diese Zahlen entstehenden falschen Eindruck zurecht zu rücken: In Frankreich leben die Wölfe zu 70 % von Wildtieren, wenn auch in wenigen Gebieten der Anteil an Kleinvieh die 50 % Marke erreicht. Herdenschutzmaßnahmen, die allerdings nicht gratis zu haben sind, können die Verluste um 80 % reduzieren. 4000 bis 16.000 Euro pro Jahr und Herde erfordern in Wolfsgebieten Schutzmaßnahmen, die Behirtung, Hunde und Zäune beinhalten. Die Finanzierung erfolgt zur Zeit durch öffentliche Mittel, denen auch über das Programm LIFE EU-Gelder zufließen.

2004 lag ein neues Wolfskonzept vor, das einen Kompromiss zum Inhalt hatte, nachdem eine vitale Wolfpopulation nicht in Frage gestellt wurde. Im Gegenzug sollte durch sie die Kleinviehhaltung nicht behindert werden. Auch die Kosten für die Gegenmaßnahmen und die Vergütung von Schäden sollen sich in Grenzen halten. In einem dazugehörigen Aktionsplan wurde ein Management des Wolfs gewährleistet, welches die Population nicht gefährdet, zugleich aber auch seine unkontrollierte Ausbreitung verhindert.

Weil ein wirksamer Herdenschutz in ganz Frankreich als nicht bezahlbar eingeschätzt wird, will man im Landwirtschaftsministerium für die Zuschüsse eine Obergrenze von zwei Millionen Euro festlegen. Aus diesem Grund wird erwogen, gemäß Aktionsplan 2004–2008 das Ausbreitungsareal der Wölfe zu beschränken. „Die extensive Kleinviehhaltung bestimmt den Raum, der dem Wolf in Frankreich zugestanden werden kann." Die Abschusszahlen werden durch das Ministerium für Landwirtschaft und Umwelt pro Departement festgelegt. Damit will man eine Zunahme und Ausbreitung des Bestandes in bisher unbesiedelte Gebiete verhindern. Für das Jahr 2004 wurde eine Abschussquote von fünf bis sieben Wölfen vorgesehen. Das entspricht zehn bis 15 % des geschätzten Vorkommens. Im Aktionsplan wird auf neuere Studien verwiesen, die besagen, dass bei einer solchen Abschussquote die Wolfspopulation sogar noch zunehmen kann. Die jagdliche Regulation bezeichnen die Schutzorganisationen jedoch als Tabubruch und einen Verstoß gegen internationales Recht. Als verfrüht und nicht geeignet kritisiert FERGUS (Ours-Loup-Lynx-Conservation) die Abschüsse. Sie würden in diesem Zusammenhang nicht ein einziges Problem der Schafhaltung lösen. Rechtliche Schritte gegen die Abschüsse kündigte inzwischen die ASPAS an (Association pour la protection des animaux sauvages).

Dagegen sieht FERGUS in dem Aktionsplan auch positive Seiten. Dazu gehört, dass man darin die Notwendigkeit einer Zunahme des noch insgesamt kleinen Wolfsvorkommens anerkennt und man auch keine Gebiete festlegt, in denen Wölfe nicht toleriert werden. Das steht im Gegensatz zu der in Landwirtschaftskreisen vertretenen Meinung: Nicht über die Rhône.

Portugal

In Portugal lebt eine Wolfspopulation in den Provinzen Vila Real, Braganca und Viseeu. Die früher gemachten Beobachtungen einzelner Wölfe im Bereich der spanischen Grenze bis zur Sierra Morena sind inzwischen selten geworden. Die stabile Gesamtpopulation wird auf 300 Wölfe geschätzt. Sie steht heute unter Schutz, und die vormalige Bejagung von Oktober bis März ist eingestellt.

Spanien

In Spanien erstrecken sich etablierte Vorkommen im Norden und Nordwesten bis zu den Randgebieten der Sierra de la Demanda, Gurgos, Galizien, Leòn sowie dem Kantabrischen Gebirge. Diese Population breitet sich aus. Der Grund für diese Entwicklung ist eine zurückgehende Besiedlung des ländlichen Raumes, in deren Folge sich der Wald regenerieren konnte, was wieder ein Ansteigen des Wildschwein- und Rehwildbestandes nach sich zog. Weiter profitieren die Wölfe von dem nachlassenden Auslegen von Strychninködern und dem gesetzlich verankerten Schutz.

Ein kleiner, isolierter Bestand in der Sierra Morena ist genauso gefährdet wie der in der Extremadura, welcher jedoch durch wandernde Einzeltiere noch eine Verbindung zu der größeren, geschlossenen Population in Portugal hat. Eine von BLANCO et al. 1990 und 1992 herausgegebene Verbreitungskarte weist gegenüber 1982 gemachten Angaben von GRANDE eine Bestandsausweitung im Norden Spaniens und eine Gebietsverkleinerung im Süden des Landes aus.

DELIBES schätzt das Wolfsvorkommen auf der gesamten Iberischen Halbinsel 1980/81 auf 600 bis 1000 Tiere, BLANCO gibt für 1990 bis 1992 1500 bis 2000 Wölfe an, was auf eine deutliche Zuwachsrate hinweist, denn 2003 wird der als stabil geltende Bestand ohne Abstriche nach unten mit 2000 Tieren angegeben. Die Verstärkung der Wolfspopulation erfolgte im Norden Spaniens, während im Süden, besonders in der Sierra Morena, eine Bestandsschrumpfung eintrat.

Abgelegene Gebirgsregionen in Spanien werden vom Wolf genauso besiedelt wie die von Menschen geprägten Landschaften in der Nähe von Siedlungen.

Der Schaden, den Wölfe in der Extensiv-Weidewirtschaft verursachen, beträgt jährlich etwa 750.000 Euro. Die regionale Aufteilung der Risse zeigt jedoch Unterschiede und ist nicht abhängig von der Wolfsdichte. So sind die Schäden im Gebirge bei den meist unbehirteten Herden größer als im Flachland. Nur ein Viertel der relativ geringen Schäden werden von den Regionalverwaltungen vergütet.

Zum Schutz des spanischen Wolfsvorkommens belebte man die Wanderweide auf den zehn ehemaligen „königlichen" Viehtriebswegen, den Canàdas. Das ist ein Jahrhunderte altes, 124.000 km langes Wegenetz, welches die Sommerweiden in den Gebirgen Nordspaniens mit den Winterweiden in den südlichen Ebenen verbindet und das nach dem neuen spanischen Recht wieder unter Schutz steht. Es wird nicht nur von Schafherden genutzt, sondern auch durch den Wolf und eine Vielzahl anderer Wildtiere. Diese Route vom Süden der Extremadura in die Sierra Gredos konnte im Sommer 2001 allerdings nur eine Herde von Schafen entlangwandern. Die Maul- und Klauenseuche verhinderte einen weiteren Durchtrieb. Für die Wolfspopulation war es ein Gewinn an Lebensraum und eine Verbesserung seiner Nahrungsgrundlage. Bei einer solch langen Wanderung bleiben immer kranke, schwache und verletzte Tiere etwas zurück, und da greift der Wolf als Gesundheitspolizist ein. Dass die Sache funktionierte, beobachteten spanische Wolfsschützer bei der genannten Herde, denn ein Wolfsrudel mit drei Jungen konnte sich eine Zeitlang durch dieses Nahrungsangebot trotz der wachsamen Schutzhunde versorgen. Es gelang ihnen über einen längeren Zeitraum, im Durchschnitt pro Woche ein Schaf zu erbeuten. Da die Hirten auf solchen langen Wanderungen mit Verlusten rechnen müssen, gönnen sie den Wölfen die Überlebensration, solange sich solche Entnahmen in Grenzen halten. Auch ohne Wölfe hätten sie ja Ausfälle gehabt.

Im Norden Spaniens, im Nationalpark Picos d´Europa im Kantrabrischen Gebirge, werden Wölfe für Schafrisse verantwortlich gemacht, die sie gar nicht begangen haben. Wildernde Hunde vergreifen sich dort außer an Schafen noch an Hirschen und Rehen. Die Hirten versuchen mit fatalen Folgen, diesen Hunden mit Giftködern beizukommen. Die wahren Übeltäter erwischen sie mit dieser Methode nicht, dafür umso mehr Wölfe, Bären, Gänsegeier und Uhus, die nach Aufnahme der Giftköder einen qualvollen Tod erleiden müssen. Um dem entgegenzusteuern, arbeiten in neuerer Zeit die Ranger von der spanischen Naturschutzorganisation FAPAS mit den Hirten zusammen. Sie fangen die Hunde ein und bringen sie in eine eigens dafür eingerichtete Finca in den Bergen. Anschließend veröffentlicht man in den Lokalzeitungen Fotos von den Hunden, damit sie von ihren Besitzern abgeholt werden können. Meldet sich niemand, versucht man ihnen ein neues Zuhause zu vermitteln. Schlagen auch diese Bemühungen fehl, schläfert man sie ein. Zusätzlich wird unter Einschaltung der Presse in Zeitungsartikeln eine umfassende und erfolgreiche Aufklärungsarbeit betrieben, um der Bevölkerung die Zusammenhänge zwischen wildernden Hunden und der Ausbringung von Gift, was seltene und geschützte Tierarten gefährdet, nahe zu bringen

Diese Bemühungen blieben nicht unbeachtet. So zeigte der Umwelt-Generaldirektor der Regionalregierung Asturiens Interesse an einem intensiven Informationsaustausch und unterstützte die Aktion gegen wildernde Hunde. Auch mit dem neuen Direktor des Nationalparks Picos d´Europa hat sich eine fruchtbare Zusammenarbeit angebahnt, die mit seinem Vorgänger nicht möglich war. Er ist positiv beeindruckt von der FAPAS-Mitarbeit bei der Lösung des Hundeproblems und unterstützt zudem die Naturschutzorganisation bei der Lösung anderer Probleme.

Europa

An den ökologischen Voraussetzungen kann in Europa die Wiederbesiedlung durch den Wolf nicht scheitern, denn die haben sich in den letzten 150 Jahren wesentlich verbessert. Der Waldanteil hat zugenommen und mit ihm das Vorkommen von Rotwild, Rehen und Wildschweinen, deren Bestandszahlen in der Vergangenheit noch nie so hoch waren wie in der heutigen Zeit. Entgegengesetzt verläuft die Entwicklung der Haustiere, die auf Almen oder im Wald weiden. Durch diese Verschiebung wird auch ein Teil des Konfliktpotentials verringert.

Während sich der Luchs und teilweise auch der Bär bei ihrem Vordringen in neue Streifgebiete oft nur mit Hilfe von zusätzlichen Auswilderungen etablieren können, ist diese Hilfestellung beim Wolf nicht nötig. Er kommt von ganz alleine, wenn man ihn nur lässt.

Obwohl heute in Europa die überwiegenden Teile der Wolfsverbreitungsgebiete in Gegenden liegen, in denen im Durchschnitt pro km^2 nur fünf Personen leben, kommt er hier auch in Gebieten vor, die pro km^2 hundert Menschen bevölkern. Für den Wolf stellt die Anwesenheit des Menschen in Europa keinen begrenzenden Faktor dar. Im umgekehrten Fall lässt sich dieses nicht behaupten, denn der Mensch bemerkt kaum etwas von der Anwesenheit von Wölfen. An einem Beispiel konnte das für Rumänien bereits belegt werden. Ein ähnliches kann aber auch für Italien angeführt werden. Hier hatte sich ein Rudel direkt vor den Toren Roms angesiedelt. Es schlich dort nachts, meist unbemerkt von den Anwohnern, auf den Müllkippen herum und versorgte sich dort mit Kleintieren, Knochen und Essensresten. Die Müllkippen wurden später eingezäunt. Dann gibt es noch die aus einem Gehege entlaufenen Wölfe. So musste ein aus einem belgischen Gehege entwischter Wolf in dem Grenzgebiet Aachen/Eschweiler die Begegnung mit einem Hund mit dem Leben bezahlen, wobei noch zu klären wäre, wer eigentlich der Angreifer war.

Wolf und Mensch

Für die Menschen auf der nördlichen Erdkugel hatte der Wolf schon immer eine große Bedeutung. Die nomadisierenden Jäger und Sammler schätzten seinen Mut, seine Kraft, Ausdauer, Anpassungsfähigkeit und Familiensinn. Das waren Eigenschaften, die auch dem Menschen das Überleben ermöglichten. Das erregte Bewunderung und Respekt, und im gewissen Sinne fühlten sie sich mit dem erfolgreichen Jäger wesensgleich.

Man verstand bald die gegenseitigen Verhaltensweisen und Körpersignale, und aus diesem Verstehen entwickelte sich eine vorsichtige Partnerschaft, deren Vorteile der Mensch schon früh erkannte. Er versuchte sie für sich zu nutzen, und das Produkt der gemeinsamen Geschichte und einer langen Entwicklung war „der beste Freund des Menschen", der Hund.

So spielte der Wolf schon in längst vergangenen Zeiten bei vielen Völkern in ihren Sagen und Märchen eine wichtige Rolle. Bei den Germanen waren es die beiden Wölfe Geri und Freki als Begleiter des Toten- und Kriegsgottes Wotan, der nach dem Weltuntergang vom Fenriswolf verschlungen

Wölfe spielten in längst vergangenen Zeiten bei vielen Völkern in ihren Märchen und Sagen eine wichtige und positive Rolle. Sie bewunderten sie vermutlich wegen ihres Sozialverhaltens, und ihre Jagd galt weitgehend den gleichen Tieren. So zeigt diese Darstellung aus der Eiszeit einen Menschen mit Wolfsmaske. Das lässt den Schluss zu, dass in der menschlichen Mythologie der Wolf schon vor vielen tausenden Jahren eine größere Rolle gespielt hat.

wurde. Nach einer Legende säugte eine Wölfin Romulus und Remus, die späteren Gründer Roms, und in Indien erzählt man Geschichten von jungen Menschenkindern, die von einem Wolfsrudel aufgenommen und aufgezogen wurden.

Doch als der Mensch die Natur zu beherrschen lernte und immer mehr den Respekt vor anderen Lebewesen verlor, trennten sich auch die Wege von Mensch und Wolf. Gut war, was ihm nützte, und alles andere wurde als Unkraut und Raubzeug bezeichnet und mit allen Mitteln bekämpft.

In deutschen Märchen fraß der Wolf nun Rotkäppchen samt Großmutter, und bei den sieben Geißlein erwischte er nur sechs, weil sich das siebente verstecken konnte. So verkörperte er jetzt das Böse. Da der Wolf den persönlichen Kontakt mit den Menschen in der Regel meidet, muss es neben dem aufkommenden Konkurrenzneid noch andere Gründe gegeben haben, ihn als Menschenfresser darzustellen. Die Gründe waren jedoch sekundärer Natur, denn nach dem Sesshaftwerden unserer Vorfahren wurde er später nicht direkt, sondern indirekt lebensbedrohend. Wenn Wölfe in eine Viehkoppel einbrachen und sich an den Haustieren vergriffen, fehlte für den Winter das eingesalzene Fleisch, und der Zehnte an die Obrigkeit konnte gleichfalls nicht abgeführt werden. Das bedeutete für die Betroffenen eine wirtschaftliche Katastrophe, die mit dem Hungertod enden konnte. Deshalb setzte schon bald die systematische Verfolgung des Wolfes ein, zuerst bei den Griechen, später gegen Ende des fünften Jahrhunderts in Burgund durch den Erlass der ersten gegen den Wolf gerichteten Jagdgesetze und im Jahr 813 durch Karl

den Großen, der die erste Institution für die Wolfsjagd schuf. In jeder seiner Grafschaften hatten sich zwei Untertanen nur um diese spezielle Jagd zu kümmern. Aus diesen Wolfsjägern ging in Frankreich eine paramilitärisch aufgebaute Organisation hervor, die so genannte „Louveterie", die direkt dem Kaiser unterstand.

Doch der Schutz der Kleinbauern vor dem Wolf war mit dem Beginn der Feudalherrschaft nicht der einzige Grund für seine Verfolgung. Die Tiere schmälerten auch das Jagdvergnügen der hohen Herrn, indem sie selber Wild rissen und die großen Konzentrationen von Rotwild zerstreuten.

Bei den Mitteln, die bei der Wolfsbekämpfung zum Einsatz kamen, war man nicht zimperlich. Wolfsgruben, verschiedene Eisenfallen, von denen eine aus vier spitzen Dornen bestand und mit einem Stück Fleisch als Köder versehen war. Wenn ein Wolf zubiss, sprangen die Dornen auseinander und bohrten sich in den Rachen des Tieres. Eine weitere Fangmethode waren an Baumästen aufgehängte und mit Fleischködern bestückte Eisenhaken, ähnlich einem Fleischerhaken. Der Wolf sprang hoch, schnappte nach dem Fleisch und blieb mit der Schnauze am Haken hängen.

Die beiden Aufnahmen machen deutlich, wie sich das Verhalten zwischen Mensch und Wolf im Laufe der Zeit verändert hat. Von der Verehrung durch steinzeitliche Jägersippen bis hin zu den Gründern Roms, Romulus und Remus. Später folgten gnadenlose Ausrottung und Märchen vom bösen Wolf wie „Rotkäppchen" und die „Sieben Geißlein".

Lebend gefangenen Wölfen wurde ein ganz offizieller Prozess gemacht, der immer mit einem Todesurteil endete, was man durch Verbrennen auf dem Scheiterhaufen oder durch Erhängen vollstreckte.

Doch wie heute beim Fuchs nutzten in der damaligen Zeit alle Nachstellungen nichts, um den Wolf völlig auszurotten. Deshalb schrieb man ihm übernatürliche Kräfte zu, also ein Bundesgenosse des Teufels und der Hexen – der Werwolf war geboren. Es war der Mensch im Wolfspelz, dem man alle Abgründe menschlichen Tuns zuschrieb: Mord, Totschlag, Sex, Vergewaltigungen, Unglaube und Blutrausch, um nur einige zu nennen. Menschen, die man mit dem Werwolf in Verbindung brachte, endeten auf dem Scheiterhaufen.

Der Werwolfglaube und sein Missbrauch überstanden das Mittelalter und geisterten Unheil stiftend bis in die neueste Zeit. Als das Dritte Reich im Bombenhagel der Alliierten zusammenbrach, ließ die Nazipropaganda den Werwolf entstehen, dessen Mitglieder in den bereits besetzten Gebieten als Partisanen operieren sollten. Es blieb zwar überwiegend ein Hirngespinst, aber mit verheerenden Folgen. So wurden z. B. im Herbst 1945 in der von den Russen besetzten Zone in einer Nacht- und Nebelaktion in Apolda/Thüringen 19 15- bis 18-jährige unschuldige Jugendliche als Werwölfe verhaftet. Fünf von ihnen wurden von einem Militärgericht zum Tode durch Erschießen verurteilt, und die anderen kamen in die berüchtigten Arbeitslager, in denen nochmals während der 10-jährigen Haft vier an den Entbehrungen zu Grunde gingen. Diese Schilderung soll nur ein Fallbeispiel sein, denn von den insgesamt 200.000 von den Sowjets nach Kriegsende verhafteten Deutschen waren ein erschreckend großer Anteil Jugendliche zwischen 15 und 18 Jahren, von denen wieder ein großer Anteil auf Grund unter Folterung erpresster Werwolf-Geständnisse zum Tode verurteilt und erschossen wurde oder unter den unmenschlichen Haftbedingungen in den Lagern starb.

Am Ende des Zweiten Weltkrieges kam eine weiterer Wortbegriff mit Inhalt Wolf voll zur Geltung: Wolfskinder. Ursprünglich bezeichnete man mit diesem Begriff Findelkinder, die in jungen Jahren eine Zeitlang, von Menschen isoliert, aufgewachsen waren und sich aus diesem Grund in ihrem Verhalten von normal aufgewachsenen Kindern unterschieden. Seit Mitte des 14. Jahrhundert wurden 53 solcher Kinder gefunden. Diese Zahl stieg rasant an, als deutsche Kinder und Jugendliche, überwiegend aus Ostpreußen, ihre Eltern in den Wirren der letzten Kriegswochen verloren. Sie zogen meistens in einem erbärmlichen Zustand bettelnd durch das verwüstete Land und versuchten, Litauen zu erreichen, wo sie Hilfe erhofften. Um besser zu überleben, bildeten sie oft Gruppen, wie die Wölfe, deren Überlebenschancen zu zweit oder im Rudel ebenfalls größer sind.

Ein Buch von Petra de Crescentiis gibt treffend eine Einschätzung des Wolfes in früherer Zeit wieder. Sein Titel: „Von dem Wolf, seiner Eigenschaft und Natur". Er beschreibt die Gefahren, die angeblich von Wölfen ausgehen, und führt aus: „Insbesondere aber fallen Wölfe die schwangeren Frauen gern an, damit sie sie zerreißen und fressen."

Für die zwangsweise Beteiligung der Bevölkerung an der Jagd auf Wölfe sorgten von der Obrigkeit verfasste Jagdordnungen und Dekrete. So mussten sich zum Beispiel 1757 in der Jagdordnung des Kurfürstentums Köln die Untertanen jederzeit für Wolfsjagden im Winter bereithalten. Außerdem waren sie verpflichtet, ihnen bekannte Vorkommen von Wölfen den Waldförstern und Amtjägern zu melden. Das Ausheben der „Nester" durften sie jedoch nicht selbst vornehmen, dafür waren Fachleute zuständig. In den Herrschaften von Nordrhein-Westfalen finden sich immer wieder Schriftstücke, die zu einer Intensivierung der Wolfsjagden auffordern. Dazu eine kleine Aufstellung:

1444	durch den Herzog von Berg.
1649	in der Jagd- und Waldordnung des Herzogtums Cleve.
1661	in einer Verfügung des Großen Kurfürsten.
1749	in der Forst-, Jagd- und Fischerei-Ordnung der Grafschaft Wittgenstein.

Prämien für die Erlegung eines Wolfes bildeten einen zusätzlichen Verfolgungsanreiz. So betrug 1730 eine solche von dem Magistrat von Zülpich ausgesetzte Belohnung für jeden getöteten oder „eingebrachten" Wolf zwei Reichstaler. Im Kurfürstentum Köln war die Erlegungsprämie gestaffelt. Für einen Wolf gab es einen und für eine Wölfin zwei Goldgulden. Das scheint jedoch nicht zu dem erwarteten Erfolg geführt haben, denn 1749 erhöhte die Königliche Kriegs- und Domänenkammer das Schussgeld für einen getöteten Wolf auf 16 Reichstaler.

Den Ausrottungsprozess des Wolfes stoppte der Dreißigjährige Krieg (1618–1648). Während dieser Zeit schlugen die Menschen nicht die Wölfe tot, sondern sich selbst. Das brachte dem Wolfsbestand eine Erholungsphase. Doch nach dieser Periode fanden die Nachstellungen, dieses Mal durch die Landesfürsten inszeniert, mit einem Massenaufgebot an Treibern ihre Fortsetzung. Die Wölfe wurden bei solchen Jagten in eine „Stellstatt" getrieben, wo locker befestigte Netze ihre Flucht und das Erschlagen ihr Leben beendete. Im ersten Drittel des achtzehnten Jahrhunderts ging durch die zunehmende Verbesserung der Schusswaffen und den Einsatz von Strychnin die Bestandskurve des Wolfes steil nach unten. Als der napoleonische Krieg begann, war der Wolf in den größten Teilen Deutschlands weitgehend ausgerottet.

An der Wende vom 18. zum 19. Jahrhundert hat man fast jede Erlegung eines Wolfes in jagdlichen Jahrbüchern eingetragen und beschrieben. Als die geschlagenen Armeen Napoleons in wilder Flucht Russland verließen, folgten ihnen auch die Wölfe bis nach Mitteleuropa. Doch diese Landnahme dauerte nur kurze Zeit. 1850 war der Wolf in den

Weil man den Wolf früher trotz aller Nachstellungen nicht völlig ausrotten konnte, schrieb man ihm übernatürliche Kräfte zu, als Bundesgenosse des Teufels und der Hexen. Der Werwolf war geboren. Es war der Mensch im Wolfspelz, dem man alle Abgründe menschlichen Tuns zuschrieb: Mord, Totschlag, Sex, Vergewaltigungen, Unglaube und Blutrausch, um nur einige zu nennen. Menschen, die mit dem Werwolf in Verbindung gebracht wurden, endeten auf dem Scheiterhaufen.

meisten Regionen Deutschlands wieder verschwunden. Bis etwa 1970 fanden gelegentlich sogenannte Streifwölfe über hunderte von Kilometern ihren Weg vom Osten bis nach Mitteleuropa.

Die letzten Wölfe in Elsass, Lothringen und Saarland erlegte man um 1900. Bei Ausbruch des Ersten Weltkrieges lebten auch in den Ardennen und in Ostfrankreich keine Wölfe mehr.

Als in neuerer Zeit bekannt wurde, dass sich ein Wolf in der Lüneburger Heide aufhielt, stornierten in Celle und Lüneburg Tausende von Touristen ihre Zimmerbestellungen. Das zeigt, wie groß auch heute noch die Angst vor dem Wolf ist. Das sind Nachwirkungen des Rotkäppchen- und Sieben-Geislein-Syndroms. Dass eine solche Furcht weitgehend unbegründet ist, belegen die im 18. Jahrhundert angelegten Wolfsakten, die im Preußischen Geheimen Staatsarchiv aufbewahrt werden. In ihnen befindet sich kein einziger Hinweis über die Tötung eines Menschen durch

Wölfe. Zu der gleichen Feststellung kamen in der zweiten Hälfte des 20. Jahrhunderts Forscher aus Jugoslawien, Rumänien und Nordamerika. Laut Untersuchungen gibt das Norwegische Institut für Naturforschung die Zahl der weltweit durch Wölfe verletzten oder getöteten Menschen in den letzten 100 Jahren als verschwindend gering an.

EURONATUR berichtet im Projekt Wolf, Bericht 1999/2000, dass weltweit in den letzten 50 Jahren kein einziger Fall bekannt ist, bei dem Menschen von einem gesunden, frei lebenden Wolf verletzt oder getötet wurden. Berichte von Wölfen, die Menschen verletzt haben sollten, konnten in Europa nicht belegt werden. Ging man der Sache auf den Grund, stellte man in den meisten Fällen fest, dass es sich um wildernde Hunde handelte, die mit Wölfen verwechselt worden waren.

In Nordamerika kam es allerdings sehr wohl zu Übergriffen auf Menschen. Doch wenn man hier Ursache und Wirkung realitiviert, waren die betroffenen Menschen nicht ganz unschuldig. Dabei handelte es sich nämlich um Jäger, die sich mit „Hirschduft" für die Jagd präpariert hatten, um Forscher, die Wölfe aus Fallen holten, und um Personen, die kämpfende Hunde und Wölfe trennen wollten.

In Kanada leben etwa 60.000 Wölfe, und von dort ist kein einziger

Der Werwolf wirkt weiter. Diese Tafel vor dem Amtsgericht in Apolda/Thüringen erinnert an unschuldige Jugendliche, von denen nur ein Teil die Verhaftung durch russische Militärbehörden überlebte.
Den Vorwurf, sie gehörten dem „Werwolf" an, einer nur in der Nazi-Propaganda existierenden Widerstandsgruppe, bezahlten auch die Überlebenden mit dem schlimmsten Abschnitt ihres jungen Lebens.

Fall bekannt, bei dem gesunde Wölfe spontan einen Menschen angegriffen haben.

Der Wolfsexperte LUIGI BOITANI hat in Italien sämtliche Gerüchte über Wolfsangriffe geprüft. Dabei hat er für einen Zeitraum von 20 Jahren keinen einzigen Beweis gefunden, dass ein Wolf Menschen verletzt oder gar getötet hat. In Italien haben Wölfe Jahrtausende in einer Kulturlandschaft überlebt. Sie haben in dieser Zeit gelernt, wie man sich fast unsichtbar in der Nähe des Menschen bewegen und ihm ausweichen kann.

Wenn Wölfe sich wie in der Schweiz in der Nähe von Siedlungen aufhalten, beruht das darauf, dass diese Tiere nicht aus unbewohnten Gegenden eingewandert sind, sondern aus Italien oder Frankreich, wo sie mit Menschen und ihren Einrichtungen vertraut sind.

Auch der Autor dieses Buches hält die Übergriffe auf Menschen durch gesunde, wildlebende Wölfe für unwahrscheinlich. Bei mehrmaligem Aufsuchen des Wolfsrudels in der weiträumigen Gehegezone im Naturpark Bayerischer Wald am zeitigen Morgen zogen sich die Wölfe beim Erblicken des Besuchers umgehend in die nicht oder nur sehr schwer einsehbaren Areale ihres großen Geheges zurück. Die Erlebnisse decken sich mit den Beobachtungen anderer Autoren, die bei den europäischen Wölfen sogar von einer panischen Angst vor den Menschen sprechen. Natürlich gibt es bei diesen lernfähigen Tieren auch Ausnahmen, in einem Fall sogar eine außergewöhnliche. Die Wolfsforscher B. und C. PROMBERGER sowie C. ROCHÉ hatten in den Bergen, etwa 10 km von der rumänischen Großstadt Brasow entfernt, eine Alpha-Wölfin gefangen und besendert. Nur wenige Wochen danach, im April, brachte die Wölfin in einer Baumdickung, nur 2 km vom Stadtrand entfernt, ihre Jungen zur Welt. Das Rudel, zu welchem Wölfin und Welpen gehörte, hatte vermutlich den leichten Nahrungserwerb innerhalb einer Großstadt kennen und schätzen gelernt und durchstöberte nun die Mülldeponie nach menschlichen Speiseresten und ihrem reichlichen Angebot an Ratten, Hunden und Katzen sowie die gut bestückten Futtercontainer des städtischen Zoos. Die

Die Wolfstrophäe im Stadtmuseum Jüterbog ist typisch auf den „bösen Wolf" getrimmt.
Ein Eindruck, der noch durch das unnatürliche Übergebiss verstärkt wird.

Wolfsforscher sahen die Tiere sogar in der Nacht gegen 3 Uhr im Schein der Straßenlaternen, nur wenige Meter von menschlichen Nachtschwärmern unbemerkt, vorbeihuschen. Doch die Alpha-Wölfin, die ja noch ihre Jungen mit Futter zu versorgen hatte, benötigte manchmal für eine ausreichende Nahrungsaufnahme etwas mehr Zeit, so dass sie nicht in der Nacht, sondern während des Berufsverkehrs ohne Hast quer durch die Stadt zog, denn die Kinderstube befand sich am entgegengesetzten Ende von Brasow. Die Leute, die der Wölfin am Tag begegneten, hielten sie vermutlich für einen streunenden Schäferhund, denn nur so lässt sich erklären, dass fast die halbe Welt von diesem Treiben der Wölfe wusste, nur die Brasower nicht. Publik gemacht hatte es der Schweizer Kameramann MARKUS ZEUGIN, der mit einem Filmteam der BBC das Leben der Wölfin dokumentierte, und es in einer ganzen Reihe von Fernsehsendungen zu sehen war.

Es ist davon auszugehen, dass ein wilder Wolf sogar vor Kindern flüchtet, auch wenn er ihnen auf kurze Distanz begegnet. Trotzdem muss man wissen, dass sich jedes Wildtier, wenn es in die Enge getrieben oder verwundet wird, zur Wehr setzen und einen Menschen verletzen kann. Hat also jemand das Glück, einem Wolf zu begegnen, sollte er sich ruhig verhalten, das Tier beobachten, aber nicht in Versuchung kommen, sich ihm anzunähern.

Besonders die Anwesenheit von einzeln umherstreifenden Wölfen bemerkt der Mensch erst, wenn sie tot sind. Als 1976 neun Wölfe aus ihrem Refugium in der bereits genannten Gehegezone im Naturpark Bayerischer Wald ausbrachen, war die Furcht der Bevölkerung und Tourismusbranche so groß (siehe Rotkäppchen-Syndrom), dass sie zum Abschuss freigegeben wurden. Doch bei Vollzug umfasste die Strecke keine neun, sondern zwölf Wölfe.

Wolfskenner sichteten auch in den Wintern nach der Jahrtausendwende im Bayerischen Wald immer wieder einmal Wolfsspuren.

Heute wird die Beziehung zwischen Wolf und Mensch besonders in den Wolfsgebieten durch die Verluste an Haus-, aber auch an Wildtieren beeinflusst. So bemühen sich polnische Landwirte trotz Schadensregulierungen bei Wolfsrissen darum, die unter Schutz stehenden Wölfe wieder zu jagdbaren Tieren zu erklären oder zumindest einzelne Wolfsrudel zum Abschuss freizugeben. Diese Bestrebungen unterstützt besonders der 100.000 Mitglieder umfassende polnische Jagdverband mit seiner einflussreichen Lobby. Seiner Meinung nach mindern die Wildverluste durch Wölfe den Jagderfolg.

Obwohl die Slowakei, die Ukraine und Weißrussland die Berner Konvention unterzeichnet haben, die auch den Wolfsschutz beinhaltet, werden dort Wölfe in großem Umfang bejagd. Das wieder führt zu einer Instabilität des grenzüberschreitenden Wolfsvorkommens in den Karpaten und den östlichen Teilen Polens. Der Wilderei, der die drei großen europäischen Beutegreifer oft in hohem Maße ausgesetzt sind, fallen zum Beispiel nach einer Studie im Bialowieca Urwald 20 % der Wölfe zum Opfer.

Die Ausweisung von Schutzgebieten für Wölfe kann zwar in einer ersten Phase ihre Ansiedlung erleichtern, eine effektive Dauerlösung ist sie aber nicht. Die Begrenzung der Wölfe auf ein Schutzgebiet ist illusorisches Wunschdenken.

Man muss ihnen die Möglichkeit lassen, alle geeigneten Wirtschaftswälder zu besiedeln. Das setzt aber eine Akzeptanz der betroffenen Bevölkerung voraus, bei der Jägern, Förstern und Landwirten eine Schlüsselfunktion zukommt. Das ist nur durch eine umfassende Information zu erreichen, die auch Konfliktlösungen beinhaltet, sowie ein intensives Monitoring des Wolfsvorkommens.

Heute begreifen wir, dass wir mit der Ausrottung des Wolfes zu weit gegangen sind. Können wir nun die Akzeptanz aufbringen, die für eine Wiedergutmachung erforderlich ist? Darf also der Wolf zurückkehren, wenn die genannten Voraussetzungen erfüllt sind? Es gibt mittlerweile viele Menschen, die für diese Vision kämpfen, damit sie eines Tages Wirklichkeit wird.

Vom Wolf zum Hund

Heute besteht kein Zweifel daran, dass der Stammvater aller Hunderassen der Wolf ist. Die Domestikation war ein langwieriger Prozess. Für Europa liegen die frühesten Nachweise einer Domestikation 14.000 Jahre zurück. Sie stammen aus dem Gebiet von Oberkassel bei Bonn. Gesichert ist, dass die Haustierwerdung über einen langen Zeitraum und nicht immer kontinuierlich ablief. Möglich ist, dass Wölfe den umherziehenden Jägersippen folgten, um von ihren Fleischabfällen zu profitieren, oder dass sie junge Wölfe aufzogen und sich daraus allmählich ein Beziehungsgeflecht entwickelte. Möglich ist auch, dass die Menschen in Vorderindien und später in Kleinasien, die den Wolf als Schlachttier zur Fleischversorgung hielten, bei der Haltung erkannten, dass er ihnen auch in anderer Hinsicht nutzen konnte. Sicher ist jedoch, dass die heutigen Hunderassen nichts mit den Hunden der mittel- und jungsteinzeitlichen Jäger zu tun haben. Die ältesten Belege unserer Haushunde sind die Tierbilder der alten niederländischen Maler, die von den Züchtervereinigungen angelegten Zuchtbücher sowie weitere künstlerische und schriftliche Überlieferungen.

Die nahe Verwandtschaft zwischen Wolf und Hund macht sich heute noch in einer teils gewollten und teils ungewollten Weise bemerkbar. Negativ ist eine Hybridisierung zwischen Wolf und Hund, die z. B. in den Abruzzen in Italien ein ernstzunehmendes Artenschutzproblem darstellt und die dann eintritt, wenn einzeln umherziehende läufige Wölfinnen von Hunderüden gedeckt werden. Gewollte Kreuzungen zwischen Wolf und Hund (in Amerika sollen es 300.000 sein) werden heute vom Menschen vorgenommen. In der Jugendphase sind solche Tiere zahm wie Hunde, doch anders als Hunde, die psychisch nie richtig erwachsen werden, fügt sich ein Wolf oder Hybride mit zunehmendem Alter kaum mehr dem Kommando seines Herren. Trotz oder gar wegen der herausragenden Intelligenz ist die Haltung von Wölfen oder Hybriden ein sehr schwieriges Unterfangen, das für den Menschen auch gefährlich werden kann, wenn es zu Rangkämpfen kommt.

Hunde, die noch deutliche Gemeinsamkeiten mit den Wölfen aufweisen, sind der Deutsche Schäferhund, der Sibirische Husky und der Westsibirische Laika.

Schutz von Haustieren vor Beutegreifern

Überall, wo Wölfe und Menschen mit ihrem Vieh in enger Nachbarschaft leben, kommt es zu Verlusten von Haustieren durch Wolfsrisse. Ihr Ausmaß hängt von mehreren Faktoren ab. Das sind die Bewachung der Weidetiere und die Lage der Weiden, der Besatz an Wildtieren sowie der Zustand der Umwelt. In der Vergangenheit haben Hirten in Wolfsgebieten durch das über Jahrhunderte andauernde Zusammenleben mit diesen Beutegreifern gelernt, effektive Schutzmaßnahmen zu entwickeln. Durch das Verschwinden der Wölfe gerieten diese weitgehend in Vergessenheit. Der polnische Naturschutzverband WOLF leistete hier Pionierarbeit, indem er die alten und bewährten Methoden wieder aufspürte und sie mit neuen, von ihm gewonnenen Erkenntnissen der betroffenen Klientel vermittelte.

Herdenschutzhunde

Hunde zum Schutz des Weideviehs wurden von den Hirten schon seit Jahrtausenden eingesetzt. Bei Schafen lebten die Hunde ständig in der Herde, und sie waren auf Grund ihrer Größe in der Lage, Wolfs- als auch Bärenangriffe abzuwehren. Oft legten die Hirten diesen Hunden zum Schutz Stachelhalsbänder an, die ihren Hals bei eventuellen Kämpfen mit den großen Beutegreifern vor Bissen schützten.

Die ersten Hunderassen, die Attacken der großen Beutegreifer auf Viehherden abwehren konnten, stammen vermutlich aus Asien, wo sie schon seit über 5000 Jahren eine solche Aufgabe wahrgenommen haben. Vom Kaukasus oder über die Seidenstraße kamen sie wahrscheinlich zusammen mit wandernden Hirtennomaden bis in unsere Regionen. Über 30 solcher Schutzhunderassen sind zurzeit aus Eurasien bekannt. Als in großen Teilen Europas die Wölfe verschwanden, gerieten auch diese Hunde in Vergessenheit.

Es waren nicht die wiederkehrenden großen Beutegreifer, welche Herdenschutzhunde in die Erinnerung zurückriefen, sondern streunende Hunde, die in Frankreich in den Schafherden große Schäden anrichteten. Deshalb hatte ein Mann namens R. Schmitt die Idee, mit dem Montagne des Pyrénées, dem traditionellen Herdenschutzhund aus den Pyrenäen, diese Entwicklung zu stoppen. Zusammen mit der Vereinigung der Schafzüchter Südfrankreichs startete er 1985 das Programm „Herdenschutzhund". Das Programm war ein voller Erfolg, denn es bewies, dass der Montagne des Pyrénées in der Lage war, effizient Angriffe wildernder Hunde abzuwehren. Bald darauf konnte er diese Schutzaufgabe auch gegenüber anderen großen Beutegreifern erfüllen, seit 1995 in den Seealpen, wo sich wiedereingewanderte Wölfe im Nationalpark Mercantour etabliert haben. Die Schafverluste halten sich hier bei dem Einsatz von Herdenschutzhunden in Grenzen. In benachbarten Schafherden, die auf den Schutz der Hunde verzichteten, sind dagegen die Verluste heute noch hoch. In Italien schützen die Abruzzen- und Maremma-Hunde die Schafherden nicht nur vor Wölfen, sondern auch gegen die geschätzten 80.000 streunenden Hunde. Inzwischen kommen Herdenschutzhunde u. a. auch in Portugal, Norwegen, Frankreich, Bulgarien, der Slowakei und

Bei den Hunden, die eine Schafherde bewachen, unterscheidet man Herdenhunde und Herdenschutzhunde. Die Herdenhunde halten unter der Obhut des Schäfers die Herde zusammen. Herdenschutzhunde dienen dem Schutz der Herde vor Luchs oder Wolf. Ihnen sieht man es schon von der Statur her an, dass sie es mit Wölfen aufnehmen können.

in den Wolfsgebieten Ostdeutschlands zum Einsatz, wo sie ebenfalls die Schaf- und Ziegenherden gegen streunende Hunde und die zurückgekehrten großen Beutegreifer optimal schützen. Wobei optimal zwar effektiv, jedoch nicht hundertprozentig bedeutet.

Bedingt durch Selektion, kann man heute auf etwa 100 Hunderassen zurückgreifen, die im Rahmen der Nutztierhaltung für zwei Aufgaben besonders gut geeignet sind. Dem Zweck entsprechend hat man sie deshalb auch in zwei Gruppen aufgeteilt:

Die erste Gruppe umfasst die Hirtenhunde, die die Herden zusammenhalten und ausbrechende Tiere zurücktreiben. Für die Abwehr von Angriffen der Beutegreifer sind sie jedoch nicht geeignet. Zu ihnen zählen unter anderem Australischer Kelpi, Border-Collie, Schottischer Schäferhund und Polnischer Niederungshütehund (Polski Owczarek Nizinny).

Die eigentlichen Herden-schutzhunde sind größer als die beschriebenen Hirtenhunde, und ihre Fellfarbe entspricht im Idealfall der Fellfarbe ihrer Schützlinge. So haben die Hunde, die die Schafe bewachen eine weiße Fellfarbe und die, die eine solche Aufgabe bei Ziegen wahrnehmen, sind mehrfarbig. Durch diese Anpassung nimmt die Herde den Hund besser als ihr Mitglied wahr, und eine solche Ähnlichkeit passt nicht in das von Wölfen erwartete Erscheinungsbild der angegriffenen Haustiere.

Zur Ausbildung der Herdenschutzhunde gehört, dass sie schon als Welpen mit der Schaf- oder Ziegenherde zusammenleben.

Zu den Herdenschutzhunden gehören zum Beispiel rumänischer Karpaten-schutzhund, Slowakischer Cuvac, Berner Sennenhund, Tatra Herdenschutzhund, Karakatschan, Kuvasz und der bereits erwähnte Montagne de Pyrénées.

Um den Herdenschutzhund vollständig in die Herde zu intrigieren, beginnt das Training mit dem Welpen etwa ab der achten Woche, also in der Periode der Entwöhnung. Zu dieser Erziehungsmethode gehört seine Unterkunft. Eine auf der Weide aufgestellte, geräumige Gitterbox, die ausreichend Platz für einen Liegeplatz, für Ess- und Trinkgeschirr sowie für fünf bis sechs Schafe oder Ziegen bietet. Diese Mitbewohner wechselt man in der Woche einige Male mit den Tieren der benachbarten Herde aus, damit auch sie sich an ihr neues Mitglied gewöhnen können. So erreicht man, dass der Hund sich mit der ganzen Herde verbunden fühlt und seine Schutzmotivation nicht nachlässt, wenn einige Tiere zwecks Verkaufs oder aus anderen Gründen der Herde entnommen werden.

Damit sich die beigesellten Schafe oder Ziegen aus eigenem Antrieb dem jungen Hund nähern, empfiehlt sich als Lockmittel ein in der Box angebrachter Salzleckstein. Durch die gemeinsame Unterbringung lernt der Hund den Geruch der zukünftigen Schutzbefohlenen kennen und baut eine enge soziale Bindung zu ihnen auf. Ist der Hund für die Bewachung von Rindern vorgesehen, wird eine etwas kleinere Box im Kuhstall in der Nähe von den ruhigeren Tieren aufgestellt.

Es ist zwar gestattet, den Welpen während des Fütterns oder während des Kontrollganges zu streicheln, nicht jedoch außerhalb der Herde. Das kann nämlich den Hund veranlassen, sich von der Herde zu entfernen, um den Ort dieser wohltuenden Streicheleinheit wieder aufzusuchen.

Da der angehende Herdenschutzhund wie alle Hunde viel Bewegung benötigt, ist ein Freilauf, am besten auf der Weide, unerlässlich. Ebenso unerlässlich ist es, dass es zu keinem Kontakt mit der Familie des Nutztierhalters kommt, damit die gesamte Aufmerksamkeit und Zutraulichkeit des Hundes ausschließlich auf die zu schützende Herde gelenkt wird.

Im Alter von fünf Monaten darf der Hund den Tag auf der Weide verbringen, muss aber mit Einbruch der Nacht wieder in die Box. Erst ab dem neunten Lebensmonat ist er in der Lage, ohne Aufsicht bei der Herde zu bleiben. Vorher ist er noch zu schwach, um seine Schutzfunktion wahrzunehmen oder die Zudringlichkeiten von aggressiven Kühen und Kälbern abzuwehren.

Das Ende der Ausbildung ist erfolgreich abgeschlossen, wenn der Hund dem weggehenden Menschen nicht mehr folgt und folgende Charakterzüge aufweist:

● Er ist wachsam und begegnet Situationen, wie das Erscheinen von Beutegreifern oder fremden Menschen, mit lautem Bellen.

● Seine Kontrolle über die gesamte Herde ist andauernd effektiv.

● Er ist mit den Weidetieren so verbunden, dass er sie nicht zugunsten anderer Hunde oder Menschen verlässt.

● Er äußert gegenüber Weidetieren keine Aggressivität.

Die Zahl der Hunde sollte der Größe der Herde angepasst sein. In der Regel sollten nach den Erfahrungen der polnischen Naturschutzorganisation WOLF drei bis vier Hunde eine Herde von 300 Weidetieren bewachen. Der Vorteil von mehreren Hunden ist, dass sie in der Gruppe mehr Mut entwickeln und dass Krankheit oder die Ablenkung eines Hundes nicht entscheidend ins Gewicht fallen.

Zusätzliche Erfahrungen liegen aus Frankreich (Haute-Savoie), Spanien (Kantabrisches Gebirge) und Nordamerika vor. Hier sind Herdenschutzhunde ohne jede Behirtung, also mit ihrer Herde völlig allein gelassen und nur von Futterautomaten versorgt, ihrer Schutzfunktion in gewohnter Weise nachgekommen. Das ist jedoch nur möglich, wenn ein Hund korrekt mit den Schafen sozialisiert wurde.

Je nach Rasse kann der Hund erst nach ein bis zwei Jahren den Herdenschutz voll wahrnehmen. Deshalb ist anzuraten, ein System von Hunden schon vor der Ankunft der großen Beutegreifer zu etablieren.

Auch die Schweizer haben sich aus zwingenden Gründen schon mit dem Thema Herdenschutz befassen müssen.

„Der Herdenschutzhund, der Schafe Freund und Besitzer" so betitelt URS FITZE im Umweltmagazin BUWAL 3/2000 (Schweiz) einen Artikel, dessen Inhalt die Möglichkeiten aufzeigt, wie sich Wolfsattacken auf Schafherden vermeiden lassen.

Auch der Wolf ist kurz davor, sich dauerhaft im Wallis niederzulassen. Das gefährdet viele Schafe, die schutzlos den Sommer auf der Alp verbringen. Das von BUWAL initiierte Wolf-Projekt Schweiz will sie mit Herdenschutzhunden und Eseln vor Wolfsattacken bewahren.

Durch den engen Kontakt mit ihren zukünftigen Schutzbefohlenen fühlen sich die Hunde vermutlich selber als Schaf oder Ziege, und ihr Bestreben ist es dann, die Herde vor Luchs- oder Wolfsattacken zu schützen.

„Komm! Spiel mit mir!" Das Lamm hat die Botschaft von Kira, einer einjährigen Hündin der Rasse Montagne des Pyrénées, verstanden. Ohne jede Scheu nähert sich das Jungschaf dem auf dem Rücken liegenden Hund und lässt sich gar auf eine Spielerei ein, die sonst nur unter Junghunden vorkommt: Kira umfasst zärtlich mit ihrer Schnauze die Kehle des Lammes. „Ein Stück weit empfindet sie sich selbst als Schaf",

Die Herdenschutzhunde sollten in der Fellfarbe ihren Schutzbefohlenen nach Möglichkeit nahe kommen.
Die helleren Rassen eignen sich daher eher für Schafe und die dunkleren für Ziegen.

erklärt EVA-MARIA KLÄY, Fachfrau für Schafzucht und Mitarbeiterin beim vom BUWAL ins Leben gerufenen Wolfs-Projekt Schweiz (Teilprojekt von KORA).

Kira lebt inmitten einer 110-köpfigen Schafherde, die DANIELA und RÖBI SCHALBETTER in Grengiols gehört. Zur Herde gestoßen ist die schneeweiße Hündin mit der markanten, länglichen Schnauze als kleiner Balg im Alter von zwei Monaten. Schon da waren ihr Schafe vertraut wie eigene Geschwister: Kira ist inmitten einer Schafherde zur Welt gekommen. Das prägt natürlich und legt die Grundlage für die spätere Arbeit als Herdenschutzhund. Wenn Wölfe und andere Feinde Kiras ungewöhnliche Freunde bedrohen, wird die Hündin in Sekundenschnelle ihr zweites Gesicht zeigen und sie mit allen Mitteln verteidigen. Diese eigenartige Symbiose kann aber nur entstehen, wenn die Herdenschutzhunde von Geburt an einem strikten Programm unterworfen werden: Sie müssen lernen, sich ganz den Schafen zugehörig zu fühlen. Dem Menschen dürfen sie nicht zu nahe gekommen sein und auch keine Zutraulichkeit entwickeln. Streicheleinheiten und Spielereien sind praktisch tabu.

Doch wie verhält sich der Herdenschutzhund gegenüber Wanderern? Das Ergebnis einer eingehenden Untersuchung von dem Schweizer Herdenhundeexperten JEAN-MARC LANDRY ergab, das es bei 1221 protokollierten Begegnungen mit 2071 Personen zu keinem einzigen Angriff kam. Die gleichen Erfahrungen machte man auch in Frankreich, Italien und Polen. Wenn allerdings ein Wanderer eine Herde mit Hunden „überrascht" oder wenn er unbeirrt durch die Drohgebärden der Hunde versucht, die Herde zu durchqueren, fordert er ihre Aggressivität heraus. Es sind zwei Fälle bekannt, bei denen sich Wanderer in Frankreich und in Polen durch ein solches Verhalten einen Biss ins Bein eingehandelt haben.

Über Unterländer wild empört

29 Hunde der Rassen Montagne des Pyrénées und Maremma Abruzzes sind vom Wolfs-Projekt im ganzen Kanton verstreut platziert worden. Daneben kommen auch 17 bewährte Esel in Schafherden zum Einsatz. Mit gutem Grund: Denn mit dem Wolf steht ein Beutegreifer auf dem Sprung

ins Wallis, der viel Widerspruch auslöst. „Wolf und Luchs haben im Lötschental nichts verloren. Sie sind Diebe, die uns die Schafe und das Wild rauben. Wir leben von diesen Tieren. Sie sind unser Zahltag. Würden Sie jemanden in Ihrer Nähe dulden, der Ihnen Ihr Portemonnaie plündert?" Der ergraute Bauer ist aufgebracht. Seine Empörung über jene Unterländer, die den Berglern Raubtiere vor die Nase setzen wollen, ist typisch für die Stimmung vor allem bei den älteren Wallisern. Doch EVA-MARIA KLÄY, lässt sich nicht provozieren. Ihre Stimme bleibt ruhig, als sie den wetternden Alten auf Widersprüche hinweist: „Niemand hat im Wallis Wölfe ausgesetzt. Sie kommen von selbst und ungebeten. Der Luchs ist schon da, der Wolf könnte ihm auch im Lötschental schon bald einmal nachfolgen. Darauf müssen wir vorbereitet sein."

Für die Rückkehr des Wolfes den Boden bereiten

EVA-MARIA KLÄY, ist als Einheimische gut vertraut mit den Problemen, die viele ältere Walliserinnen und Walliser mit der Zuwanderung des Wolfes haben. Solche Diskussionen sind ein wichtiger Bestandteil in der Tätigkeit von ihr und ihren Kollegen PETER OGGIER und JEAN-MARC LANDRY; denn letztlich geht es darum, den Boden für die Rückkehr des Wolfs zu bereiten, der über kurz oder lang im Wallis, aus Italien kommend, Fuß fassen wird. Die Einzeltiere, die im Val Ferret, im Val d´Entremont, im Goms und im Simplongebiet schon aufgetaucht sind, haben die Emotionen jedesmal hochkochen lassen. Vor allem bei Schafhaltern und Jägern lösten die Beutegreifer Entrüstungsstürme aus, weil sie in den Schafherden Dutzende Tiere rissen. „Der Wolf reißt jedes Schaf, das vor ihm flieht, weil sein Jagdinstinkt ganz auf das Fluchtverhalten ausgerichtet ist. Deshalb kann er mehrere Schafe töten, auch wenn er sie gar nicht fressen kann", erklärt die Expertin. „Viele Schafe würden überleben, wenn sie sich ganz still verhielten."

Erstes Wolfsrudel schon bald vor der Tür?

Aufklärung tut dringend not, denn Falschinformationen und Legenden mischen sich in die Argumentationen mancher Wolfsgegner. In den mit schockierenden Bildern aufbereiteten Kampfschriften ist nichts davon zu lesen, dass in zahlreichen Fällen wildernde Hunde und nicht Wölfe für Verluste von Schafen verantwortlich sind – nicht selten Jagdhunde oder die Begleithunde von Wanderern. Doch eines bleibt unbestritten: Die rund 72.000 Schafe im Wallis sind heute Wolfsattacken weitgehend schutzlos ausgeliefert. Nachdem der letzte Wolf aus dem Wallis verschwunden war, konnte man auf einen solchen Schutz verzichten. Verloren gegangen sind dabei aber wertvolle Kulturtechniken, die in früheren Jahrhunderten ein Zusammenleben von Wolf und Mensch möglich gemacht haben. Es brauchte weder Hirten noch Herdenschutzhunde, um die seit den fünfziger Jahren des zwanzigsten Jahrhunderts erheblich vergrößerten Schafbestände im Wallis wirksam zu schützen.

Das hat sich mit der Rückkehr von Luchs und Wolf geändert. Wie lange es dauern wird, bis sich das erste Wolfsrudel im Wallis niederlässt, kann niemand voraussagen. Die Erfahrungen in den französischen Meeralpen lehren aber, dass dies binnen weniger Jahre möglich ist. Viel Zeit bleibt nicht mehr. Deshalb steht beim im April 1999 ins Leben gerufenen Wolf-Projekt Schweiz die Prävention derzeit im Vordergrund. „Es geht primär darum, die Schafe vor Wolfsattacken wirksam zu schützen", sagt KLÄY. Eine intensive Behirtung kommt auf die Dauer schon aus Kostengründen kaum in Frage.

Zu einem besseren Schutz der betroffenen Gebiete in den Schweizer Alpen hat das Bundesamt für Umwelt, Wald und Landschaft ein Präventionsprogramm ausgearbeitet. Es regelt die gezielte Förderung und Unterstützung von Herdenschutzmaßnahmen.

Für die nationale Koordination dieser Herdenschutzmaßnahmen ist seit dem Herbst 2003 der Service romand de vulgarisatin (SRVA) verantwortlich.

Die Koordinationsstelle

- betreut das Herdenschutznetzwerk der betroffenen Regionen, indem sie mit den Kleinvieh- und Herdenschutzhundehaltern Schutzmaßnahmen ergreift;

- koordiniert die Aktivitäten der regionalen Kontaktstellen in den Kantonen;

- leitet eine mobile Eingreiftruppe, die bei Wolfsangriffen während der Sömmerungsperiode in den Alpen unterstützt;

- verwaltet die Unterstützungsbeiträge, die für Präventivmaßnahmen eingesetzt werden und

- sorgt für den Informationsaustausch zwischen den Bundesämtern, den kantonalen Verwaltungen, der Wissenschaft, der landwirtschaftlichen Beratung, den Umweltverbänden und den Kleinviehhaltern.

Herdenschutzhunde in der Schweiz

Nun kehren die Hunde auch ins Wallis zurück. Kira, die unter der Schafherde in Grengiols lebt, hat gute Fortschritte gemacht. Wenn fremde Besucher sich der Herde zu sehr nähern, protestiert sie mit lautem Bellen. Und auch gegenüber vertrauten Menschen zeigt sie ein Verhalten, das beeindruckt: Kira stellt sich zwischen Schafe und Besucher.

Den Sommer verbringt die Schafherde zusammen mit ihrem Herdenschutzhund im Saflischtal auf Weiden, die sich bis auf 2500 Meter Höhe erstrecken. Eine Hirtin beobachtet sie in dieser Zeit. Als zweijährige erwachsene Hündin wird Kira die Aufgabe später allein erfüllen. Ob das klappt, kann niemand prophezeien. EVA-MARIA KLÄY, die diese Herde betreut, ist optimistisch: „Die Hunde machen erstaunliche Fortschritte. Aber sie brauchen Zeit. Und wir Menschen die nötige Geduld."

Auf dem Weg zu den Weidegründen:
Schafe, Herdenschutzesel, Herdenschutzhund und Hirte.

Herdenschutz-
tier Esel

Erstaunen wird dadurch hervorgerufen, dass auch Esel die Funktion eines Herdenschutztieres übernehmen können. In Afrika weiden sie schon lange in Gesellschaft von Ziegenherden und bieten dort die beste Gewähr, dass diese von Gepardenangriffen verschont bleiben, und in Nordamerika schützen sie die Herden vor Kojoten. Die Erklärung ist verhältnismäßig einfach: Esel reagieren empfindlich gegen jede Störung, haben eine große Abneigung gegen alle Hundeartigen und verteidigen

Esel reagieren empfindlich auf jede Störung, haben eine große Abneigung gegen alle Hundartigen und verteidigen ihre Herde gegen Eindringlinge mit einer unwahrscheinlichen Aggressivität. Gegenüber Herdenschutzhunden hat das Grautier noch den kostengünstigen Vorteil, es frisst das Gleiche wie Schafe und Ziegen.

ihre Herde gegen Eindringlinge mit einer unwahrscheinlichen Aggressivität. Dieses Verhalten hat die Schweizer veranlasst, das Grautier ebenfalls in ihre Schafherden zu integieren, um Wolfsangriffe abzuwehren. Das ist eine kostengünstige Angelegenheit, denn als Nahrung nimmt er fast das gleiche auf wie die Schafe. Doch diese Schutzfunktion funktioniert nur bei kleinen Herden, die die Esel überblicken können. Ihr Einsatz auf Alpenweiden hat bisher jedoch nicht überzeugt.

Schutz durch Lappenzäune

Über eine einfache, billige und effektive Art, Weidetiere vor Wolfsattacken zu schützen, kann wieder der polnische Naturschutzverband WOLF berichten, der diese Methode in den Westlichen Beskiden fördert. An einer zwischen zwei Pfosten hängenden Schnur werden im Abstand von 40 cm bunte, überwiegend rote, 50 bis 60 cm lange und 10 cm breite Stofflappen befestigt. Schon vor langer Zeit nutzten die Jäger eine

Den idealen Schutz vor Wolfsattacken auf Haustiere bietet ein so genannter Lappenzaun. Vor diesen flatternden Stofffetzen haben Wölfe eine panische Angst

solche Konstruktion, um mit ihrer Hilfe den Tageseinstand von Wölfen zu umzäunen. Nur ein Abschnitt blieb offen, in dessen Bereich die Jäger die von den Treibern herangetriebenen Wölfe erwarteten und so das ganze Wolfsrudel abschießen konnten. Später wurde diese Methode auch angewendet, um Wölfe für wissenschaftliche Zwecke zu fangen. Warum die meisten Wölfe eine panische Angst vor diesen flatternden Stoffresten haben, ist noch nicht geklärt.

Bei ihrem Einsatz kann man die Lappen um die gesamte Weide aufhängen oder nur den Teil damit umzäunen, in dem die Tiere übernachten. Die Anbringung der Lappen an straff gespannten Schnüren, die an Pfählen angebracht sind, erfolgt außerhalb des eigentlichen Weidezaunes. Der Stoff sollte etwa 15 cm über dem Boden enden und ihn in keinem Fall berühren, damit er ungestört flattern kann.

Die effektive Wirkungsweise dieser flatternden Stoffreihen konnten Viehzüchter im polnischen Teil der Karpaten erproben. Sie hatten von dem Naturschutzverband WOLF zwölf Sätze Lappenzäune bekommen und eingesetzt. In keinem einzigen Fall haben sich bisher Wölfe über den Lappenzaun gewagt. Interessant dabei ist, dass Wölfe eine Herde angriffen, deren Weide sich neben einem solchen Zaun befand, während eine andere, die direkt daneben innerhalb einer solchen Umfriedung untergebracht war, unbehelligt blieb.

Allerdings sollte der Lappenzaun nicht länger als ca. zwei Wochen eingesetzt werden, da ein Gewöhnungseffekt nicht auszuschließen ist.

Die Lappenzäune in der Muskauer Heide wurden vom Internationalen Tierschutzfonds (IFAW) finanziert und dem Wildbiologischen Büro LUPUS zur weiteren Verwendung überlassen. LUPUS informierte die Schafhalter in Sachsen über notwendige Herdenschutzmaßnahmen und stellte ihnen die Zäune leihweise als Sofortmaßnahme gegen mögliche Wolfsangriffe zur Verfügung. Die Nutztierhalter gewannen dadurch die notwendige Zeit für die Installation von langfristigen Schutzmaßnahmen in Form von Elektrozäunen oder Ställen.

Wolfsschutz durch elektrische Zäune

Beim Einsatz von elektrischen Umzäunungen muss man beim Wolf einige Regeln beachten.

Als wolfssicher gelten Stromnetze die straff gespannt sind und über die gesamte Zaunlänge mindestens 3000 Volt aufweisen. Die handelsüblichen Stromnetze sind meistens nur 90 bis 106 Zentimeter hoch, die Wölfe infolge ihrer großen Sprungfähigkeit leicht überwinden können, doch neigen wildlebende Wölfe, die Zäune oder Mauern nicht kennen, grundsätzlich dazu, sich unter einer Barriere hindurch zu zwängen als darüber hinweg zu springen. Sie sind Meister im Untergraben solcher Hindernisse, und ihr dickes Fell ist ein sehr guter Isolator gegenüber schwachen elektrischen Schlägen. Deshalb ist zu beachten, dass der Zaun möglichst dicht am Boden ansetzt. Litzenzäune sollen aus vier bis sechs Drähten bestehen, wobei der unterste nicht mehr als 20 cm Bodenabstand aufweisen darf. Auch die folgenden Litzen sollten nicht mehr als 20 bis 30 cm Abstand zueinander haben. Es wird eine Zaunhöhe von 90 bis 120 cm empfohlen, und die Litzen sollten deutlich sichtbar sein.

In den bekannten Schadensgebieten Norwegens waren 2002 die Verluste durch Wolfsrisse in elektrisch eingezäunten Herden fünf- bis sechsmal geringer als in ungeschützten.

Geringer Wolfsschutz durch Holzzäune

Holzzäune bieten gegenüber Wolfattacken nur bedingt Schutz, da sie von Wölfen untergraben oder seltener auch überklettert werden können. Es sind Fälle bekannt, wo Wölfe ein gerissenes

Schaf über einen 1,5 m hohen Zaun gezogen haben. Wie bereits erwähnt, sind sie auch in der Lage, solche Hindernisse mühelos zu untergraben, wenn man dabei berücksichtigt, dass die unterirdischen Baue, in denen sie ihre Jungen großziehen, eine Länge von 9 m erreichen können. Soll ein solcher Zaun wirksam schützen, muss er 3 m hoch sein und 0,5 m tief in die Erde hinabreichen.

Wölfe in Deutschland

Im Westen Deutschlands konnten sich die Wölfe länger halten als in seinen südöstlichen Regionen. Der Grund dieser Entwicklung lag in der hohen Wolfsdichte in den damaligen Reichslanden, also in Elsass-Lothringen. In Lothringen wurden im Winter 1871/72 zum Beispiel 500 Wölfe erlegt und im Bezirk Trier waren es 1871 noch 114.

Im heutigen Sachsen sind Wölfe schon seit dem Altalluvium durch den Fund eines Wolfsschädels bei Kleinsaubernitz belegt (HERR 1924). Es war jedoch der Mensch, der in historischer Zeit durch Waldrodungen und den Bau von Siedlungen die Ernährungsmöglichkeiten verbesserte. Die offenen Flächen nahmen zu, und das Weidevieh erweiterte das Beutespektrum. (BUTTZECK et al. 1988). Schriftliche Belege weisen darauf hin, dass im 14. Jahrhundert den Wölfen immer intensiver nachgestellt wurde. Wie intensiv verdeutlichen Zahlen aus dem gesamten 17. Jahrhundert, die 5000 erlegte Wölfe beinhalten (WINKELMANN 1996). Im 18. Jahrhundert brach der Wolfsbestand in Sachsen weitgehend zusammen. Um 1800 lebten aber noch Tiere in der Muskauer Heide, das ist genau der Außenposten in Deutschland, welchen sie heute wieder auf ihren Wanderungen erreicht und besiedelt haben. Im 19. Jahrhundert weisen 20 Einzelnachweise (WINKELMANN 1996) darauf hin, dass Sachsen auch in dieser Zeit nicht ganz frei von Wölfen war. Anfang des 20. Jahrhunderts überlebte der erst 1904 erlegte „Tiger von Sabrodt" mehrere Jahre in den Heidegebieten um Hoyerswerda, nicht weit weg von der Muskauer Heide. Weil seine Geschichte die Einstellung der Menschen in der damaligen Zeit gegenüber dem Wolf wiedergibt, soll etwas ausführlicher über sie berichtet werden.

Am Beginn des 20. Jahrhundert erlangte im Grenzgebiet Sachsen/Preußen ein Wanderwolf Berühmtheit, der bis zu seiner Erlegung am 27. Februar 1904 in der sächsischen Neustädter Heide längere Zeit besonders in den Zeitungsartikeln als „Tiger von Sabrodt" Furore machte. Man entdeckte über mehrere Jahre Reste der von ihm gerissenen Tiere, jedoch nie ihn selbst. Trotz intensiver Nachstellungen und der Aussetzung einer hohen Belohnung gelang es lange Zeit nicht, seiner habhaft zu werden. Erst zu dem oben genannten Datum kam der inzwischen sagenumwobene 41 kg schwere Rüde vor die Flinte eines Försters aus Weißkollm. Einen Tag nach seiner Erlegung schrieb eine Zeitung wie folgt: „... seine Vorsicht und Schnelligkeit spotteten allen Nachstellungen. Nachdem er in letzter Zeit wiederholt gespürt worden war, meldete am Sonnabend Herr Revierförster Dommel in Neustadt der königlichen Oberförsterei sichere Anzeichen seiner Anwesenheit, worauf sofort eine große polizeiliche Jagd veranstaltet wurde. Der frisch gefallene Spurschnee ermöglichte es, der Fährte des Tieres zu folgen, zahlreiche aufgebotene Wagen brachten Schützen und Treiber schnell der Spur nach, so dass es am Nachmittag gelang, das Raubtier auf Revier Tschelin einzukreisen. Herr Oberförster DUTMER-BOHLA kam zum Schuss und verwundete es, jedoch wohl nicht tödlich, weil er auf eine große Entfernung schoss. Die verwundete Bestie wandte sich nach einer offenen Fläche, wo Herr Förster Brehmer-Weißkollm auf etwa 30 Meter sie glücklich traf. Das Tier flüchtete noch bis zu einem nahen Dickicht, wo man es bald verendet fand."

Die Jagdzeitschrift Wild und Hund kommentierte den Vorfall so: „Seit nunmehr 100 Jahren ist in der Lausitz im Herzen Deutschlands (damals gehörten Schlesien, Ostpreußen und Teile Pommerns noch zum Deutschen Reich – Anmerkung des Buchautors) kein Wolf mehr geschossen worden, und heute oder vielmehr am 27. Februar 1904 wird eine solche Bestie, die nachweislich fünf Jahre ihr Dasein gestiftet hat, ebendort zur Strecke gebracht!"

Dem Autor dieses Artikels schien es unverständlich, dass der Wolf so lange allen Nachstellungen ausweichen konnte, denn er schrieb weiter: „... dass vier Jahre vergehen mussten, ehe man dem Satan das Handwerk legte, das ist unverzeihlich ... Nun ist Gott sei Dank Ruhe, und den Erfolg werden wir recht bald an unserem Wildbestand merken ... " Diese Zitate, verbunden mit der Wortwahl, machen deutlich, welcher Zeitgeist im kaiserli-

Drei Monate alter Wolfswelpe in der Neustädter Heide.

chen, von Ständen geprägten Deutschland gegenüber einer Kreatur herrschte, die sich an Wild vergriff, welches die Oberschicht für sich beanspruchte.

1970 erreichte die Zahl der Wölfe in Europa ihren Tiefpunkt. Doch dann bewahrheitete sich auch bei den Wölfen in einigen Regionen unseres Kontinents der Titel des Buches: Verfolgt – Ausgerottet – Zurückgekehrt. Von ihren Kerngebieten in Osteuropa und Südeuropa besetzten sie, uralten Wanderwegen folgend, wieder Teile ihrer ursprünglichen Verbreitungsareale, manchmal 2000 km von ihren ursprünglichen Standorten entfernt.

Nachdem sie die Westalpen und Teile Skandinaviens erreicht haben, bahnt sich die gleiche Rückkehr im deutsch-polnischen Grenzbereich an. Die Rückkehr der Wölfe nach Deutschland hat ihren Ursprung in Westpolen, 100 km von der deutschen Grenze entfernt. In dem 2000 km² großen Notecka-Wald im Umfeld von Posen siedelten sich um 1980 zum ersten Mal nach Beendigung des Zweiten Weltkrieges kleinere Wolfsrudel an. Die ursprüngliche Heimat ihrer Vorfahren lag wahrscheinlich in den Masuren oder in den Ostkarpaten. Zehn Jahre später war ihr Bestand trotz Bejagung, einschließlich Wilderei, auf drei bis fünf Rudel mit insgesamt 20 bis 30 Wölfen angewachsen. Für abwandernde Jungwölfe waren nun Oder und Neiße auf ihrem Weg nach Mecklenburg-Vorpommern, Brandenburg, Thüringen oder Sachsen kein Hindernis. Für die Oberen der DDR war die Sache klar, Wölfe gehörten hinter den Ural und hatten auf ihrem Territorium nichts zu suchen. Während des Bestehens der DDR, die den Wolf als ganzjährig jagdbare Tierart führte, wurden 13 Wölfe erlegt.

Später, nach dem Fall der Mauer, galt das Bundesnaturschutzgesetz auch innerhalb der neuen Bundesländer. Das schien sich in den ersten Jahren noch nicht herumgesprochen zu haben, denn noch 1992 wurden in Brandenburg im Verlauf weniger Wochen vier Wölfe illegal geschossen. Insgesamt lag der Nachweis von Wölfen in den neuen Bundesländern in den 90er Jahren bei acht Tieren, wobei es einer 1993 sogar bis an die Grenzen von Berlin schaffte. Es wird vermutet, dass sich bei den Wölfen in freier Wildbahn in Deutschland erstmals nach 150 Jahren Nachwuchs einstellte. Als zuletzt der Rüde durch Abschuss ausfiel, wanderte das Rudel wieder ab. Doch das bedeutete nicht das Aus. Immer wieder belegten überfahrene oder „versehentlich" als wildernde Hunde geschossene Wölfe ihre Anwesenheit. Rudel konnten sich vorerst noch nicht bilden, da der Nachschub aus Polen fehlte. Hier lief trotz oder gerade wegen vollständiger Unterschutzstellung die Wilderei zur Hochform auf. Den kleinen Bestand brachten illegale Abschüsse, das Ausgraben von Welpen und Schlingenstellerei fast zum Erliegen.

Das Wunder von Oberlausitz –
Wolfsrudel etablieren sich

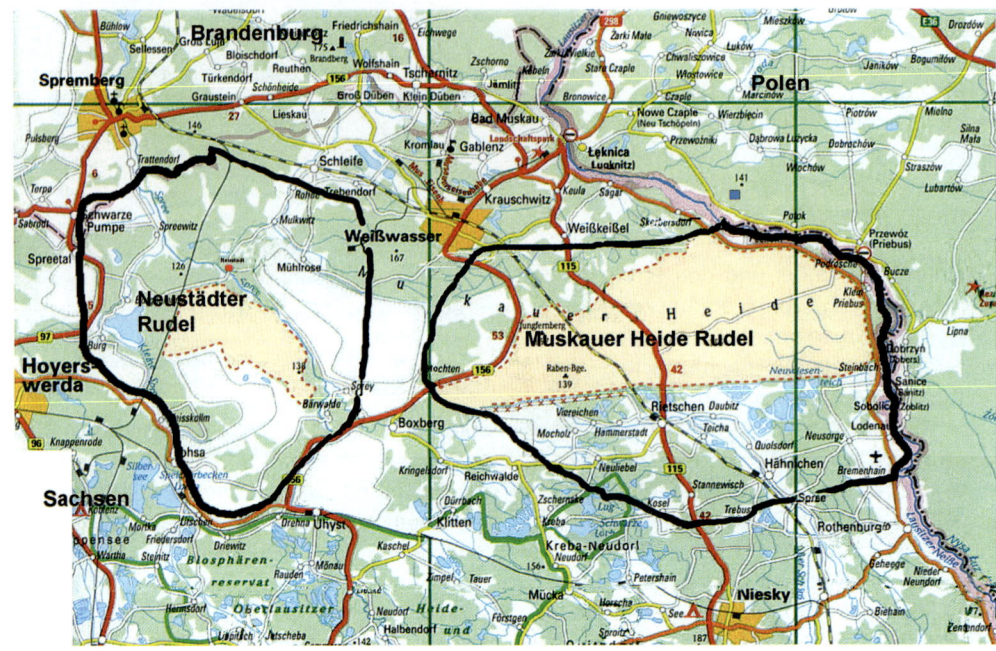

Die Streifgebiete der ersten Wolfsrudel in der Oberlausitz.

Nach einer ersten Wolfssichtung 1996 beobachteten 1998 Mitarbeiter des Forstamtes „Muskauer Heide" auf dem 145 Quadratkilometer großen Truppenübungsplatz Oberlausitz, dessen Waldanteil bei etwa 70 % liegt, zum ersten Mal zwei jagende Wölfe. Die Vermutung, gepaart mit der Hoffnung, lag nahe, dass sich hier die Vorboten oder das Gründungspaar eines Rudels ein neues Territorium erschloss. Das nächste größere Wolfsvorkommen lebte nämlich 600 km entfernt in Polen.

Das Kerngebiet des neuen Wolfsvorkommens umfasst den 168 km² großen und aktiven Truppenübungsplatz „Oberlausitz", auf dem großflächige Kiefernforste das Waldbild bestimmen. Offene und halboffene Gebiete mit Heideflächen, Kiefernsukzessionen und Birkenbeständen nehmen ein weiteres Drittel ein. Zwischen Hoyerswerda und Weißwasser prägen die aktiven und stillgelegten Braunkohlenabbaugebiete Reichswalde und Nochten die Landschaft. Zu diesem vielgestaltigen Mosaik gehören außerdem wieder bewachsene Kippen, frisch kultivierte Flächen, noch im Betrieb befindliche Braunkohlegruben und geflutete Tagbaurestlöcher.

2000	Im Sommer bekamen die beiden Wölfe Nachwuchs in Form von vier Welpen, denen
2001	vermutlich zwei weitere folgten. Damit umfasste das Rudel zwei Alttiere, vier Jährlinge und zwei Welpen.
2002	zieht das Stammrudel in der Muskauer Heide mindestens drei Welpen auf. Rudelgröße jetzt: zwei Alttiere, zwei Jährlinge und drei Welpen. Im Winter 2001/2002 wandern die im Jahr 2000 geborenen vier Jungwölfe in den Raum um Mühlrose und in das etwa 30 km entfernte Gebiet um Neustadt/Spree ab. So können im Winter nur noch zwei markierende Tiere nachgewiesen werden. Eines

der in das Neustädter Gebiet abgewanderten Tiere wird als „Neustädter Wölfin" noch eine wichtige Rolle bei der Etablierung eines weiteren Wolfsrudels spielen. Eine im Jahr 2004 durchgeführte genetische Untersuchung der Erbsubstanz ergab eindeutig, dass sie der polnischen Wolfspopulation angehörte.

2003 wandern zwei der Jungwölfe von dem Jahrgang 2001 ab. Fünf Welpen werden geboren. So gehören jetzt zum Muskauer Rudel zwei Alttiere, drei Jährlinge und fünf Welpen.

Die Neustädter Wölfin paart sich mit einem Haushund. Aus dieser Verbindung gehen neun Hybriden (Hund-Wolf-Mischlinge) hervor. Ein zweiter Altwolf, vermutlich ein Bruder der Wölfin hilft ihr in den ersten drei Monaten bei der Aufzucht der Welpen, obwohl er nicht als Vater in Betracht kommt. Der Rüde ist bereits im Spätherbst nicht mehr anwesend und bleibt verschwunden; zu dieser Zeit sind noch sechs Hybriden am Leben.

Hybriden in freier Wildbahn sind besonders bei dem kleinen labilen Wolfsbestand in der Oberlausitz ein Problem des Artenschutzes.

2004 Anfang des Jahres wird eine Lappjagd durchgeführt. Dabei werden die Wölfe im Neuschnee in einer Dickung zunächst ausfindig gemacht und das Gebiet mit einem 4 km langen Lappenzaun umschlossen.

Mit Hilfe von Treibern werden die Tiere in eine Verengung (Flaschenhals) getrieben und in einem Fallnetz eingefangen. Dabei gelingt es, zwei von noch vier lebenden Hybriden-Welpen einzufangen.

Sie kommen in ein Gehege im Bayerischen Wald.

Die Wölfin, Mutter der Hybriden, geht ebenfalls in die Falle. Sie wird mit einem Sendehalsband versehen und seitdem radiotelemetrisch überwacht. Von den verbleibenden beiden Hybriden-Welpen fehlt seit Mitte Februar 2004 jede Spur. Man kann davon ausgehen, dass sie nicht mehr am Leben sind.

Im Gebiet der Neustädter Wölfin ist seit September wieder ein adulter Wolfsrüde anwesend. Eine 2006 durchgeführte DNA-Analyse ergibt, dass der Rüde aus Polen zugewandert ist. Von dem Rudel in der Muskauer Heide wandern drei Jungwölfe des Jahrganges 2002 ab. Von den fünf im Jahr 2003 geborenen Wölfen sind noch mindesten vier bei den Eltern. So umfasst das Rudel 2004 zwei Alttiere, vier Jährlinge und zwei Welpen, die ein 330 km² großes Gebiet besiedeln.

2005 In dem Rudel in der Muskauer Heide kommen fünf Welpen zur Welt, es besteht somit aus zwei Alttieren, fünf Welpen und zwei Jährlingen.

Genauso produktiv sieht es bei dem Rudel der Neustädter Wölfin aus:

zwei Alttiere, 5 Welpen, geworfen Anfang Mai. Ihr Streifgebiet umfasst 240 km².

Für 2005 ergibt sich ein Gesamtbestand von 16 Wölfen, die ein Gesamtareal von 600 km² in Anspruch nehmen.

2006 Bedingt durch den anhaltenden und langen Winter 2005/2006, der das Schalenwild so schwächte, dass die Wölfe kaum jagen mussten, stieg die Geburtenrate außergewöhnlich an. So zählte der Zuwachs bei dem Rudel in der Muskauer Heide acht Welpen und bei dem Neustädter Rudel sechs Welpen.

Von zwei Rüden, die sich in dem angrenzenden Gebiet südlich der Muskauer Heide aufhielten, war nur noch einer nachzuweisen. So halten sich, wenn man dem Wolf aus dem nahen Spree-Neiße-Kreis dazurechnet, im Bereich von Neustadt und der Muskauer Heide insgesamt 26 Wölfe auf. So umfasst das Rudel in der Muskauer Heide die zwei Alpha-Tiere, drei Jährlinge und acht Welpen und das Neustädter Rudel die beiden Alpha-Tiere, drei Jährlinge und sechs Welpen.

Noch eine kurze Ausführung zu den erwähnten Wolfsmischlingen (Wolf-Hund-Hybriden). Sie unterscheiden sich von echten Wölfen sowohl morphologisch als auch physiologisch. Nach den in Italien und anderen Ländern gemachten Erfahrungen stellen sie keine verstärkte Gefährdung für den Menschen dar. Im Wolfsrudel aufgewachsen, sind sie gegenüber dem Menschen genauso scheu wie die „echten" Wölfe. Bei unerfahrenen Jungtieren kann ein besonderes Interesse gegenüber Haushunden auftreten.

Doch zurück zur Neustädter Wölfin, die in der Regel den Tag in einigen wenigen ruhigen Waldgebieten des Truppenübungsplatzes oder auf sogenannten Kippen verbringt. Kippen sind rekultivierte Tageabbauflächen. Hier ist sie vor Störungen weitgehend sicher. Aktiv ist sie hauptsächlich zwischen der Abend- und Morgendämmerung. Zu dieser Zeit sind nur wenige Menschen unterwegs, und die Dunkelheit wirkt wie eine Tarnkappe. Bei den nächtlichen Streifzügen, legt sie 20 bis 50 km zurück. Dabei berührt sie die Grenzbereiche von Siedlungen, hält sich in der Umgebung des Tageabbaus Nochten und in unmittelbarer Nähe des Kraftwerkes Boxberg auf und überquert Straßen und Bahngleise. Beobachtungen deuten darauf hin, dass die Wölfe meistens allein (159 Auswertungen) oder zu zweit (37 Auswertungen) ihre Streifzüge durchführen, auch wenn sie Angehörige eines Rudels sind. Das hängt vermutlich von der Art ihrer Beutetiere ab, zu denen überwiegend Rehe zählen. Rehe suchen, je nach Jahreszeit, allein oder in kleinen Sprüngen ihre Äsungsplätze auf, die über das ganze Streifgebiet verstreut liegen. Sie lassen sich schon auf Grund ihrer Größe einzeln oder zu zweit besser bejagen als das schwerere Rotwild. Von einem gerissenen Reh können zwei Wölfe ihren Hunger stillen, für weitere langt es nicht. Untersuchungen haben auch ergeben, dass Rehe im Verhältnis zu den Bestandszahlen des Rotwildes und der Wildschweine deutlich mehr Tribut an die Wölfe zahlen müssen als die beiden anderen Wildarten. Wenn Wildschweine Frischlinge führen, steigt der Anteil dieser Wildart an der Wolfsbeute.

Dies ist eine gern gesehene Entwicklung. Allerdings reichen die von Wölfen verursachten Verluste für einen Eingriff in die Bestandsentwicklung des Schwarzwildes offensichtlich nicht mehr aus, denn die Jagdstrecken sind weiterhin ansteigend. Nach WOTSCHIKOWSKY können weder Wölfe noch Jäger die Populationsdynamik des Schwarzwildes wesentlich beeinflussen. Maßgebend für die Schwankungsbreite der Bestandszahlen sind lang andauernde Winter mit viel Schnee und Kälte sowie gute oder schlechte Mastjahre, die durch das jeweilige Bucheckern- und Eichelvorkommen gesteuert werden.

Unter den Rudelmitgliedern (Familienverband) sind es mehr oder weniger nur die Elterntiere, die über eine ausreichende Jagderfahrung verfügen und die die Jagd entscheidend gestalten.

Erste Schwierigkeiten traten in der Oberlausitz auf, als im April 2002 15 Schafe auf einer Weide bei Mühlrose gerissen wurden. Der etwa 20 km vom Kerngebiet des Truppenübungsplatzes Oberlausitz-Westteil entfernt liegende Rissplatz lässt vermuten, dass es sich um die zweijährige Neustädter Wölfin und ihre Geschwister handelte, die aus dem elterlichen Territorium abgewandert waren. Bald darauf verschwanden zwölf weitere Schafe, von denen man einige schwer verletzt auffand. Nach zwei Nächten waren die nächsten Wolfsopfer drei gerissene Schafe und drei, die nach der Wolfsattacke an Kreislaufversagen starben. Diese Schafsverluste fanden natürlich ein entsprechendes Echo in den Publikationsorganen. GESA KLUTH, eine Wildbiologin, die ihre Diplomarbeit über Wölfe schrieb und deren Interesse schon früh diesen Tieren galt, widmete sich nach dem Auftauchen der ersten Wölfe in Sachsen zunächst ehrenamtlich der Erfassung von Informationen über Anzahl, Fortpflanzungserfolg, Streifgebietsgröße und Lebensweise der Tiere. Seit 2002 ist sie, gemeinsam mit ihrer Kollegin ILKA REINHARDT, im Auftrag des Sächsischen Ministeriums für Umwelt und Landwirtschaft für das wissenschaftliche Wolfsmonitoring, das frühzeitige Erkennen und Entschärfen möglicher Konfliktpotenziale und die Öffentlichkeitsarbeit zuständig.

KLUTH und REINHARDT gründeten das wildbiologische Büro LUPUS und wurden zu den Frontfrauen für die Presse und eine der treibenden Kräfte für die Einleitung von Präventivmaßnahmen, zu denen z. B. die Anschaffung von Lappen- und Litzenzäunen sowie die Beratung von Schäfereien gehört. Seit 2004 nehmen sie diese Aufgabe im Auftrag des Staatlichen Museums Görlitz wahr. Mit der Einrichtung einer zentralen

Gesa Kluth und Ilka Reinhardt beim Vermessen von Wolfsspuren

Anlaufstelle, dem Kontaktbüro „Wolfsregion Lausitz", am 13. September 2004, liegen jetzt Öffentlichkeitsarbeit, Unterstützung bei der Lösung von Konflikten im Verhältnis Mensch – Wolf und die Entwicklung von Tourismuskonzepten in den Händen von Frau JANA SCHELLENBERG.

Somit kann sich das wildbiologische Büro LUPUS nunmehr ausschließlich den Monitoring- und Beratungsaufgaben widmen, während das Kontaktbüro „Wolfregion Lausitz" Aufklärungs- und Informationsarbeit in Form von Fachvorträgen, Schulprojekten, Veröffentlichungen und Pressemitteilungen betreibt. In Zusammenarbeit mit der Gemeinde Rietschen und dem Staatlichen Museum Görlitz ist eine Wolfsscheune geplant, in welcher eine anspruchsvolle Ausstellung ihren Platz finden soll.

Eine weitere Planung sieht vor, Jungwölfe mit GPS-GSM Sendern zu versehen, die im Zusammenwirken mit Satelliten den jeweiligen Aufenthaltsort orten und per SMS über ein Modem an den Computer übermitteln. Damit lassen sich die Wanderbewegungen von nicht an ein Territorium gebundenen Wölfen verfolgen, die über weite Strecken führen können. So erhält man Auskunft über Wanderrouten, bevorzugte Aufenthaltsorte, schlecht zu überwindende Barrieren sowie auch über Todesursachen der Wölfe, die die sächsische Wolfsregion verlassen.

Wölfin in der Muskauer Heide

Zu der Bestandsermittlung der sächsischen Wölfe dient vor allem das Abgehen von Spuren im Neuschnee und auf den weiten Sandflächen, die jedoch durch ihre hohe Mobilität und den großen Raumanspruch erschwert wird. Ob sich Welpen in einem Gebiet aufhalten, lässt sich auch durch die so genannte „Heulanimation", dem Nachahmen des Wolfsgeheuls, feststellen. Die Wölfe, besonders die Welpen, lassen sich dadurch zu einer „Antwort" animieren.

Im Allgemeinen scheinen die Lausitzer Wölfe erfahrene und effiziente Jäger von Schalenwild zu sein.

Sie wechseln ständig über die deutsch-polnische Grenze, Beutetiere sind ausreichend vorhanden und an den Lärm eines Truppenübungsplatzes haben sie sich offensichtlich gewöhnt. Zivilen Besuchern ist das Betreten des militärischen Übungsgeländes strengstens untersagt. Die Bevölkerung, durch Publikationsorgane bestens informiert, verfiel nicht in die Hysterie des Rotkäppchensyndroms, wie damals im Bayerischen Wald, als Wölfe aus dem Gehege ausbrechen konnten. Sogar viele deutsche Forst- und Jagdverbände beurteilen die Rückkehr der Wölfe

Vier Monate alter Wolfswelpe in der Muskauer Heide.

nach Deutschland als gute Entwicklung. Zur Festigung dieser insgesamt überwiegend positiven Einstellung der Bevölkerung ist jetzt weiterhin ein intensiver Informations- und Erfahrungsaustausch unerlässlich. Dazu gehören ein wolfsspezifisches Management unter Berücksichtigung effektiver Herdenschutzmaßnahmen und Entschädigungszahlungen bei nachgewiesenen Schafrissen durch Wölfe. Der Zeitrahmen für das Umsetzen der angeführten Maßnahmen ist eng, denn Nachrichten wie aus Sachsen, wo 2002, wie bereits erwähnt, vier Jungwölfe 24 Schafe gerissen oder schwer verletzt haben, können die bisher positive Akzeptanz leicht ins Gegenteil verkehren, obwohl wesentlich mehr Schafe ein Opfer wildernder Hunde werden.

Das Auftauchen der Wölfe in der Oberlausitz hat in den Medien viele Schlagzeilen produziert. Bis Ende 2005 zählte man in regionalen und überregionalen Zeitungen mindestens 700 Beiträge. Dazu kamen viele Berichte in Rundfunk, Fernsehen und Fachzeitschriften. Überwiegend waren diese Publikationen sachlich gehalten und gut recherchiert.

Das sächsische Wolfsmanagement wird von verschiedenen Vereinen unterstützt. Dazu gehören unter anderem die Gesellschaft zum Schutz der Wölfe e. V., NABU, IFAW und der Freundeskreis Wölfe in der Lausitz e. V.

Wolfsregion Lausitz. Ein von Wölfen getötetes Schmaltier nach dem ersten Tag. Wölfe kehren solange zum Riss zurück, bis er aufgefressen ist. Auf die Wölfe Finnlands trifft das jedoch nicht zu. Denn aus Erfahrung haben sie gelernt, dass sie bei einer Rückkehr zum Riss evt. ein Gewehrschuss erwartet.

Wolf, Wild und Jäger in der Oberlausitz

Auf der bereits erwähnten NABU-Tagung am 6. November 2004 ergaben die Ausführungen von Franz Graf von Plettenberg, vom Bundesforstamt Lausitz, die auf teils persönlichen Beobachtungen beruhten, zum Wolf-Wildverhältnis erstaunliche Fakten. Er führte sinngemäß aus, dass viele Jäger ihr jagdliches Handeln damit begründen, dass sie die großen ausgestorbenen Beutegreifer ersetzen müssten, die früher die Wildbestände regulierten. Doch kaum versuchen diese langsam in ihren alten angestammten Revieren wieder Fuß zu fassen, gehören diese Jäger zu der größten Gruppe der Skeptiker und Gegner einer solchen Wiederbesiedlung. Dabei beruhen ihre „sicheren Kenntnisse" über die Wirkung des Wolfes auf Wald und Wild nicht so sehr auf Fakten, sondern auf Mutmaßungen und Spekulationen.

Wolfsregion Lausitz.
Von Außenverletzungen ist bei Wolfsrissen häufig nur wenig zu bemerken.
Dagegen sind die Blutungen unter der Haut aufgrund des kräftigen Zubeißens deutlich auszumachen

Doch wie stellen sich die Fakten dar? In den Revieren Neustadt und Lippen, die das Bundesforstamt Lausitz betreut, werden seit Frühjahr 2002 durchgehend Wölfe gespürt, Mitglieder des Rudels, das von der Neustädter Wölfin gegründet wurde. Dazu gehören Sichtbeobachtungen, Spuren und Risse. Auf die Dauer gesehen, waren es mit hoher Sicherheit nie mehr als zwei erwachsene Wölfe, die im Sommer 2003 die neun und am Jahresende die vier Wolfsmischlinge zu versorgen hatten.

Im Neustädter Revier erscheint der Rotwildbestand im Sommer, Herbst und Winter 2003 aufgrund von häufigen Wildbeobachtungen und Abfährten auf den breiten Sandstreifen auffallend groß.

Der obengenannte Referent erlebte 2003 die intensivste Rotwildbrunft seit 1999.

Mindestens in zwei Fällen gab es zur gleichen Zeit von Wolfsbeobachtungen Sichtungen von ruhig ziehendem Schalenwild. Vom gleichen Ansitz aus kam es vor oder nach mehrmaligen Wolfsbeobachtungen auch zu Sichtungen anderer Wildarten.

Im Jagdjahr 2003 war die Anzahl der geschossenen Rehe in Neustadt um die Hälfte geringer als in den drei Jagdjahren vorher. In dem angrenzenden Bezirk Lippe konnte dagegen der Abschussplan von Rehwild übererfüllt werden.

Bei Versuchen, die Wolfsmischlinge im Januar 2004 aufzuspüren und einzufangen, machte man die Feststellung, dass in der Neustädter Heide Schalenwild und Wölfe den gleichen Raum nutzten. Bei Neuschnee waren frische, sich kreuzende Spuren von Wölfen und Wild keine Seltenheit.

Bei Versuchen, die Wolfsmischlinge mit an Stricken aufgehängten Lappen (Einlappen) in die Enge zu treiben, um sie zu fangen, stellte man in mindestens zwei Fällen fest, dass der Ruheplatz von Wölfen und Schalenwild im gleichen Dickichtbereich lag.

Im Neustädter Revier verlief die Rotwildbrunft 2004 mäßig. Es röhrten weniger Hirsche als in den Jahren zuvor an nicht bekannten Brunftplätzen.

Die Vernetzung von Beobachtungen zwischen eines abends und am folgenden Morgen ansitzenden Försters mit den Telemetrieergebnissen des Büros LUPUS ergaben, dass die Neustädter Wölfin durch ein 150 Hektar großes Waldstück zog, in dem sich der Einstand von einem alten Hirsch, Beihirschen und 15 Stück Kahlwild befand. Der Hirsch röhrte unbeeindruckt und unbelästigt von der Wölfin von abends bis in den Morgen.

Bei der Anwendung der gleichen Kombination zwischen einem Förster und einem Telemetrie-trupp konnte in einem anderen Fall belegt werden, dass sich, nur wenige hundert Meter von einem starken Brunftrudel entfernt, welches ungestört seine Aktivität entfaltete, zwei streifende und später ruhende Wölfe aufhielten.

Die Anwesenheit von Wölfen in der Oberlausitz ist zeitlich noch zu kurz, um endgültige Schlüsse zu ziehen und belegbare Erkenntnisse zu formulieren, doch mit Sicherheit zeichnen sich schon folgende Fakten ab:

● Beutetiere verlassen nicht das Streifgebiet der Wölfe, doch scheinen sie in ihrem Verhalten die Anwesenheit der Wölfe zu berücksichtigen. Anmerkung des Buchautors: Anhand der Ent-wicklung der Jagdstrecken lassen sich Einbußen in der jagdlichen Nutzung der Wildbestände noch nicht erkennen. Die Rothirsch- und Wildschweinabschüsse sind im Wolfsgebiet über das Jahr sogar angestiegen, während die Rehwildabschüsse in etwa gleich geblieben sind. Die Tat-sache, dass die Jagdstrecken trotz der Präsenz der Wölfe nicht rückläufig sind, lässt darauf schließen, dass das Zuwachspotential des Wildbestandes bisher noch nicht abgeschöpft wurde.

● Für Wildschäden, Nichterfüllung der Abschusspläne u. a. dient teilweise jetzt die Anwesen-heit von Wölfen als Vorwand, obwohl auch in wolfsfreien Revieren der Abschussplan des Öfte-ren nicht erfüllt wird.

● Das ganzheitliche Naturverständnis der Jägerschaft ist Voraussetzung für die dauerhafte Etablierung von Wölfen.

Was ergibt sich aus der Anwesenheit von Wölfen für den Jäger?

● Eine kritische Analyse seiner Jagdpraxis und seines Jagdverfahrens;

● eine Hinterfragung auf die Wirkung seiner bei der Jagd angewendeten Praxis auf das Verhal-ten des Wildes. Als Hinweis: Ein Familienrudel des Wolfes, bestehend aus zwei Alttieren, vier Jährlingen und vier Welpen, hat ein Streif- und Jagdgebiet von 25.000 Hektar oder 250 Qua-dratkilometern. Daraus ergibt sich eine Wolfsdichte von 0,04 Wölfen pro 100 Hektar. Auf einen menschlichen Jäger entfallen in der Regel 100 Hektar, daraus ergibt sich eine 25-fache Über-legenheit;

● Ein Nachdenken über Jagdruhezonen, Schwerpunktbejagung, Intervalljagd und revierüber-greifende Bewegungsjagden und

● ein Handeln an den vorgegebenen Gegebenheiten der Natur und nicht in erster Linie an per-sönlichen Jagdfreuden und an der Ausrichtung des finanziellen Ertrages.

Zusammenfassung
Das Wald-Wildproblem ist gravierend.
Das Wald-Wildproblem kann nicht allein durch den Wolf gelöst werden.
Die Anpassungsmechanismen zwischen Wolf und Wild sind in ihrer Funktion weitaus besser als zwischen Wild und Jäger.
Nicht der Wolf benötigt für seine Wildjagd eine Entschuldigung, sondern der Jäger sollte sein Handeln den Gegebenheiten anpassen.

Wolf und Jagd aus der Sicht des Landesjagdverbandes Sachsen e. V.

Nachdem bei Wolf und Luchs, weniger beim Bären, bei ihrem Auftauchen die kritischen Stimmen aus der Jägerschaft überwiegen, sind die Ausführungen von DR. DIETER WEGNER von dem oben genannten Landesverband auf der bereits erwähnten Tagung 2004 in Neustadt/Spree, bei der der Wolf im Vordergrund stand, beachtenswert. Deshalb sollen sie hier ihre Würdigung finden.

Nach seinen Ausführungen gehört die Jagd auf Wölfe der Vergangenheit an. Nicht nur, weil sie seit etwa 100 Jahren weitgehend aus Deutschland verschwunden waren, sondern weil sie heute den höchsten Schutzstatus genießen, der auch in der Berner Konvention verankert ist. Das heißt, dass Fang und Tötung von Wölfen, egal durch welche Personen, ein Verstoß gegen geltende Gesetze sind und entsprechend geahndet werden müssen.

DR. WEGNER sieht es deshalb als ein Geschenk der Natur an, dass sich Wölfe in der Oberlausitz etabliert haben. Als Folge einer intensiven Aufklärungsarbeit unter Jägern und der Bevölkerung, an der auch der Präsident des Landesjagdverbandes einen hohen Anteil hatte, wird der hohe Schutzstatus des Wolfes von der Jägerschaft Sachsens akzeptiert, die Jäger in der Lausitz eingeschlossen. Diese positive Einstellung gegenüber dem Wolf wird z. B. von einem Faltblatt dokumentiert, welches gemeinsam mit dem Landesjagdverband Brandenburg herausgegeben wurde. Der Landesjagdverband legt Wert auf die Feststellung, dass er die ablehnende Haltung gegenüber dem Wolf des nur wenige Mitglieder zählenden Vereins „Sicherheit und Artenschutz" nicht teilt. Die Meinung der Jäger ist, dass wir mit den Wölfen leben können. Eingeschlossen in dieses Meinungsbild sind die Jäger, die in den Streifgebieten der Wölfe ihre Jagd ausüben.

Dem Denken und Handeln der sächsischen Jägerschaft dient als Grundlage das Positionspapier „Wiedereinbürgerung von Großraubwild", welches der Deutsche Jagdschutz-Verband 1997 herausgegeben hat. Die Basis dieses Papiers ist die Berner Konvention von 1997, die FFH-Richtlinie (Fauna und Flora Habitate) von 1992 und die aus dem gleichen Jahr stammende Konvention über Biodiversität von Rio de Janeiro. Auf Grund dieser Konventionen unterstützt der Deutsche Jagdschutz-Verband die natürliche Zuwanderung von Großraubwild.

Die Rückkehr der Wölfe in ihre ehemaligen Streifgebiete unterstreicht, dass diese Gegenden weiterhin als Lebensräume für diese Tiere geeignet sind. Im Rahmen ihrer Hegeverpflichtung, die auch für Arten gilt, die nicht bejagt werden dürfen, ist die Jägerschaft zu einer konstruktiven Zusammenarbeit mit allen Natur- und Tierschutzverbänden bereit. Die von einigen Leuten erhobene Forderung, den Hegebegriff aus dem Jagdgesetz zu streichen, lehnt der Landesjagdverband Sachsen deshalb ab, genauso wie das Aussetzen von Wölfen und die Duldung von Wolfsmischlingen in freier Wildbahn.

1991 beschloss die Internationale Jagdkonferenz, dass alle neu entstehenden Wildtierpopulationen, die der Raubtiere eingeschlossen, eine vertretbare Dichte nicht übersteigen dürfen. Sollte das jedoch der Fall sein, müssen gemeinsam geeignete Maßnahmen überdacht und eingeleitet werden, die eine Korrektur herbeiführen. Das ist aber bei der derzeitigen Anzahl „unserer Wölfe" nicht nötig, so die Aussage des obengenannten Referenten.

Falls sich bei Wölfen lebensfähige Vorkommen etablieren, muss man ihren Nahrungsbedarf selbstverständlich in der Abschussplanung berücksichtigen.

So lange das Wild nicht erlegt ist, ist es herrenlos, das ist jedem Jäger bekannt. Deshalb kann er sich nicht beklagen, wenn in einem Schalenwildgebiet, welches nicht einmal als solches ausgewiesen ist, das Wild von Wölfen dezimiert wird.

Es wird ebenfalls als bekannt vorausgesetzt, dass nur eine einzige Hauptschalenwildart in Schalenwildrevieren in die Hegemaßnahmen einbezogen werden darf. Das bedeutet, dass die Wölfe auf Grund der genannten Fakten die gesetzlichen Festlegungen erfüllt haben.

Wo der Wolf jagt, wächst der Wald, und zwar ohne forstliche Schutzmaßnahmen. Auch die Ausrottung einer Wildart durch die Lausitzer Wölfe ist nicht zu befürchten.

Nach Meinung des Landesjagdverbandes hat das Management zur Bekämpfung des Rotkäppchensyndroms viel zu spät eingesetzt. Bei rechtzeitiger Einführung in Sachsen hätten viele Diskussionen vermieden werden können, und Ängste und Befürchtungen wären erst gar nicht aufgekommen. Als Vorbild wird Brandenburg genannt, welches schneller reagierte und mit Hilfe der Wildbiologischen Gesellschaft München einen Plan erarbeitete und seine Umsetzung mit Arbeitsgruppen sicherte.

[Anmerkung des Buchautors: Diese Aussage entspricht nicht den Tatsachen. Eine Mitte 2006 durchgeführte Meinungsumfrage hat gezeigt, dass die meisten Menschen, die in der Wolfsregion leben, keine Angst vor dem Wolf haben. Bei den Befragten in einem brandenburgischen Vergleichsgebiet war das Rotkäppchensyndrom deutlich stärker ausgeprägt.]

Die dem Landesjagdverband bekannten Tiere stellen noch keine Population dar. Faktoren, die in die Bestandsregelung bei Wölfen eingreifen, ist mit 57 bis 94 % die hohe Sterblichkeit unter den Welpen, der bis zum Jährlingsalter nochmals 45 % zum Opfer fallen. Weitere Verluste treten u. a. durch Verhungern, Tod durch andere Wölfe, Krankheiten und Altersschwäche auf. Zu den Krankheiten, die den Bestand ebenfalls schwächen können, gehören Tollwut, die jedoch durch die Immunisierung der Füchse kaum zu erwarten ist, sowie Staupe und Erkrankungen, die von Parvoviren hervorgerufen werden.

Aus den genannten Gründen befürchten die Jäger, dass sich das Problem der Wölfe biologisch löst.

Da auch Hunde nicht ohne vernünftigen Grund abgeschossen werden dürfen, ist der Abschuss eines Wolfes als Folge einer Verwechslung umso verwerflicher.

Die Zahl der in der Lausitz lebenden Wölfe ergibt noch keine Population. Längerfristig sind zum Überleben des Vorkommens 20 bis 50 Rudel erforderlich, die ein Streifgebiet von insgesamt 5000 bis 10.000 km² benötigen.

Aus allen Erkenntnissen ergeben sich für den Landesjagdverband Sachsen folgende Leitlinien und Notwendigkeiten für den Wolfsschutz, die hier in vollem Wortlaut wiedergegeben werden:

● Oberstes Gebot ist der Schutz des Menschen.
● Schäden an Haustieren werden durch Vorbeugungsmaßnahmen gering gehalten und mit staatlicher Hilfe finanziell kompensiert.
● Wölfe, die übermäßig Schaden verursachen, sollten eliminiert werden.
● Mitwirkung aller Interessensverbände an Entscheidungen, Forschung und Monitoring.
● Öffentlichkeitsarbeit zur Verbesserung des allgemeinen Kenntnisstandes.
● Wenn erforderlich, wird durch Kontrollmaßnahmen eine unerwünscht hohe Population reduziert.
● Problemwölfe werden nur in Ausnahmefällen geschossen.

DR. WEGNER hat sich in einem Beitrag, der in der DJZ erschienen ist, dafür ausgesprochen, dass der Wolf in seiner einstmals angestammten Heimat wieder leben kann.

Zu den vom Landesjagdverband Sachsen gemachten Ausführungen ist noch anzumerken, dass 16 Jäger einen Verein gründeten, der sich Verein „Artenschutz und Sicherheit" nennt und der den Wölfen kritisch gegenüber steht. Als im Januar 2004 ein Gründungsmitglied des Vereins den Antrag auf Abschuss eines Wolfes stellte, wurde dieser auf Grund des gesetzlich verankerten Schutzstatus und des fehlenden Rechtsanspruches auf eine Ausnahmegenehmigung vom Regierungspräsidium in Dresden abgelehnt. Der Antragsteller legte daraufhin Berufung ein. Dem blieb jedoch der Erfolg versagt. 2006 wies das Oberverwaltungsgericht Bautzen einen Berufungsantrag gegen eine vom Verwaltungsgericht Dresden versagte Abschusserlaubnis zurück.

Wölfe in Mecklenburg-Vorpommern

Die ältesten Wolfsnachweise in Mecklenburg-Vorpommern sind etwa 8000 Jahre alt. Jäger der Mittleren Steinzeit, die am Norden des Schweriner Sees ihr Lager aufgeschlagen hatten, jagten auch Wölfe. Sie waren jedoch nur Beifänge der Steinzeitjäger. Ein Regenmoor bildete sich über dem ehemaligen Lagerplatz, und der konservierende Torf bewahrte uns neben vielen anderen Gegenständen die Überreste der damaligen Jagdbeute bis in die heutige Zeit. Insgesamt sind in Mecklenburg-Vorpommern fünf steinzeitliche, ein bronzezeitlicher und drei aus dem frühen Mittelalter stammende Wolfsfunde in Form von Knochen dokumentiert. Orts- und Flurnamen, die auf Wölfe Bezug nehmen, sind in einer Vielzahl über das ganze Bundesland verstreut.

Im 16. und 17. Jahrhundert kam hier die Jagd mit dem „Wolfszeuge" auf. Dieses „Zeug" entsprach dem heutigen Lappenzaun, es waren Schnüre mit befestigten Stofffetzen aus sechs 50 bis 60 Schritt langen Netzen, gefertigt aus starken Hanfmaschen. Die Höhe des Netzes umfasste 22 Maschen, wobei der Durchmesser der einzelnen Masche etwa zehn Zentimeter betrug. An der Jagd beteiligt waren

- Wolfsjäger, meistens Delegierte des Hofjagdamtes,
- Spurreiter, meistens Dorfschulzen die über die im Gebiet befindliche Anzahl der Wölfe Bescheid wussten und sie an die Wolfsjäger meldeten,
- Jäger, Forstbedienstete, die dem Wolfsjäger mit ihrer Ortskenntnis helfen mussten und die Wölfe erschossen, die dem Netzfang entkommen waren,
- Jagdläufer, die Städte und Dörfer zu stellen hatten und die als Treiber bei der Jagd mitwirkten. Sie mussten für ein bis zwei Tage Nahrung und ihre „Waffen", wie Mistgabeln, Spieße, Degen oder feste Stöcke, mit sich führen.

Die Treiberkette, die mit den Schnüren verbunden war, trieb die Wölfe in die Netze, wo sie leicht erlegt werden konnten. Wie bereits erwähnt, haben Wölfe vor flatternden Stofffetzen panische Angst und versuchen deshalb auch nicht, eine so ausgerüstete Treiberkette zu durchbrechen.

Die Wölfe in Brandenburg, denen man ebenfalls stark nachstellte, wechselten nach Mecklenburg-Vorpommern über und wichen so dem Jagddruck aus. Deshalb vereinbarten am 16. Januar 1656 der Kurfürst FRIEDRICH WILHELM VON PREUSSEN und HERZOG GUSTAV ADOLF VON MECKLENBURG einen Vertrag, der die kurfürstlichen Jagdbediensteten ermächtigte, „.... *die vorgewesenen Wölfe über die Mecklenburgischen Grenzen zu verfolgen und zu töten".*

Weil im Dreißigjährigen Krieg der Wolfsbestand zugenommen hatte, verfassten im Jahr 1662 die in Stettin versammelte Ritterschaft und die Prälaten der Städte Hinterpommerns eine Eingabe an die brandenburgische Regierung in Stettin. Sie hatte zum Inhalt, im nächsten Winter in der gesamten Provinz wieder Wolfsjagden abzuhalten.

Aus dem gleichen Grund beschlossen 1669 die pommerschen Landstände in Wolgast, für jeden getöteten Wolf (und Luchs) eine Prämie von drei Reichstalern auszusetzen. Zur Finanzierung wurde eine Wolfssteuer erhoben.

Auf Grund der Kriegswirren des 18. Jahrhunderts nahm die Zahl der Wölfe und damit auch die Zahl der Haustierrisse wieder kräftig zu. Es wird aber auch darauf hingewiesen, dass Pferde und Hausschweine sich mit Erfolg gegen Wölfe zur Wehr setzen konnten. Die Pferde bildeten bei der Annäherung von Wölfen einen Kreis und nahmen ihre Fohlen in die Mitte. Als Waffe setzten sie ihre Hinterhufe ein, die mit so genannten Wolfsnägeln versehen waren.

In Schweineherden übernahmen die Eber und alte Sauen die Verteidigung.

1714 fing man in der Gegend um Schwerin und in der Ribnitzer Heide noch 17 Wölfe.

Um die Bekämpfung der Wölfe voranzutreiben, ordnete man in Berlin am 2. Juni 1725 ein Patent „zur Tilgung der Wölfe" an. Das Patent hatte zum Inhalt, die Prämie für einen getöteten Wolf zu erhöhen und zwar

- für einen alten Wolf von drei auf zehn Reichstaler,
- für einen Mittelwolf von zweieinhalb auf fünf Reichstaler und
- für einen jungen Wolf von einem auf zweieinhalb Reichstaler.

Der Erfolg dieser Maßnahme war mäßig. Bis 1727 musste man in Vorpommern nur Prämien für elf alte, zwei mittlere und einen jungen Wolf auszahlen.

FRIEDRICH DER GROßE erklärte die Wölfe 1767 in einem Edikt für Preußen sogar zu „den allgemeinen Feinden der Nation".

1740 waren die bodenständigen Wölfe auf dem Gebiet des heutigen Mecklenburg-Vorpommerns ausgerottet, von Osten her wanderten aber immer wieder vereinzelt Wölfe ein, die man als Wechselwölfe bezeichnete. Dieser Trend setzte sich bis in die heutige Zeit fort wie aus folgender Aufzählung ersichtlich ist.

- März 1952, ein Wolf fängt sich in einem Forst bei Eickelberg in einer Schlinge (TENUS 1953, BUTZECK, STUBBE ET PIECHOCKI 1988)
- 16. September 1984, in der Leussower Heide wird ein nicht ganz vierjähriger Wolf erlegt. Der Rüde hatte ein Gewicht von 37 kg und eine Kopf-Rumpf-Länge von 119 cm.
- 28. Februar 1987, Erlegung eines 40 kg schweren Wolfsrüden im Jagdgebiet Ramm, ca. 18 km südwestlich von Hagenow.
- 22. Mai 1989, südöstlich von Bad Sülze Erlegung eines Wolfsrüden.
- 9. Januar 1999, 10 km von der polnischen Grenze entfernt wird im Landkreis Uecker-Randow ein etwa 2- bis 3-jähriger Wolfsrüde erlegt.

Wer heute in Mecklenburg-Vorpommern Wölfe beobachten will, dem bietet sich in dem Natur- und Umweltpark in Güstrow eine gute Gelegenheit.

Wölfe in Brandenburg

Das südliche Brandenburg war noch im 16. und 17. Jahrhundert insgesamt Wolfsgebiet, das belegen die 71 Wölfe, die von 1512 bis 1541, also in einem Zeitraum von 29 Jahren, in der Rochauer Heide bei Luckau gefangen wurden. Das änderte sich mit dem ausgehenden 17. Jahrhundert, als eine erbarmungslose Verfolgung der Wölfe einsetzte, die Mitte des 18. Jahrhunderts ihren Höhepunkt erreichte und mit der Auslöschung des letzten fortpflanzungsfähigen Wolfsvorkommens endete. Den nächsten Nachweis für die Anwesenheit eines Wolfes gab ein am 24. März 1961 bei Mehlsdorf im Altkreis Luckau geschossener Rüde.

Eine intensive Bejagung der Wölfe in den 60er und 70er des letzten Jahrhunderts in Westpolen stoppte dann für längere Zeit ihr erneutes Vordringen nach Ostdeutschland. Als man im Nachbarland 1973 den Gifteinsatz bei der Bekämpfung der Wölfe verbot und sie 1975 zum jagdbaren Wild erklärte, war das mit einer mehrmonatigen Schonzeit verbunden. Die damit einsetzende Wiederbesiedlung Westpolens, wenn auch im spärlichen Rahmen, machte sich gleichfalls in Ostdeutschland mit erneuten Sichtungen bemerkbar, denn nach vorsichtigen Schätzungen dürften hier seit dem Ende des Zweiten Weltkrieges die Erlegungszahlen bei 50 Wanderwölfen liegen, wobei der Norden Brandenburgs eine bevorzugte Einwanderungsregion war. Als der Wolf in Folge der Wiedervereinigung bereits Schutz genoss, kamen allein nördlich von Berlin fünf Wölfe durch illegalen Abschuss ums Leben. Doch die Belege über die Anwesenheit von Wölfen in Form von Abschüssen und Verkehrsopfern rissen in Brandenburg und der mittleren Oderregion nicht ab, das beweist auch ein im Raum Frankfurt/Oder gefangener dreibeiniger Wolf.

Um weiter schlüssige Kenntnisse über die Wölfe im Süden Brandenburgs zu erlangen, werden inzwischen mit Erfolg Fotofallen eingesetzt. So konnte am 13. Juni 2006 um 1.07 Uhr nachts ein Wolf mit einer von DR. REINHARD MÖCKEL installierten Fotofalle dokumentiert werden.

Ein weiterer Wolf ist in Brandenburg jedoch sicher belegt. Anfang 2006 fand man eine tote Wölfin am Rande der Autobahn, etwa 3 km vom Grenzübergang Forst (Spree-Neiße) entfernt. Sie wog 28 kg und war neun Monate alt. Sie war vermutlich ein Mitglied des Neustädter Rudels, welche sich auf der Suche nach einem neuen Revier sporadisch von ihrem Rudel abgesondert hatte.

Gedenkstein. Der Gedenkstein ist dem so genannten Mehldorfer Wolf gewidmet, der in seiner nahen Umgebung am 24. März 96 erlegt wurde.

In der Folge wurde die Beweislage über die Anwesenheit von Wölfen im Süden Brandenburgs immer konkreter. Dazu gehören Spurenfunde und drei fotografische Belege. Einen gab es am 15. Februar 2006 bei Graustein östlich von Spremberg, vermutlich ein Jährling von dem Neustädter Rudel, und zwei weitere im Zschornoer Wald zwischen Forst Lausitz und Bad Muskau.

Brandenburg zählt, wenigstens mit seinen Ankündigungen, zu den Bundesländern, die sich auf das Erscheinen des Wolfes vorbereiten. Hier haben die Bemühungen für ein möglichst konfliktfreies Zusammenleben zwischen Mensch und Wolf zumindest einige konkrete Formen angenommen. So hat die Landesregierung der Wildbiologischen Gesellschaft den Auftrag erteilt, in Zusammenarbeit mit den Wildschutzbehörden und den betroffenen Interessensgruppen einen entsprechenden Managementplan auszuarbeiten. Der ehemalige Oberbürgermeister von Potsdam und heutige Ministerpräsident von Brandenburg, MATHIAS PLATZECK, der bei der Fertigstellung des Planes noch Umweltminister von Brandenburg war, hat ihn mit den Worten vorgestellt: „Wir werden den möglichen Zuzug der Wölfe nicht mit Gewalt stoppen, sondern managen."

2006 informierte Brandenburgs Umweltminister und Vorsitzender der Stiftung Natur-Schutz-Fonds Brandenburg DIETMAR WOIDKE über die Wölfe in Brandenburg und die rechtlichen Verpflichtungen zu ihrem Schutz. Dabei überreichte er DR. REINHARD MÖCKEL einen Förderbescheid für die Anschaffung weiterer Fotofallen. DR. REINHARD MÖCKEL ist einer der vielen ehrenamtlichen Helfer, die für die Wiederansiedlung der Wölfe in Brandenburg die notwendigen Daten besorgen und dabei auch Fotofallen einsetzen.

In „Unsere Jagd 6/2006" wird die Meinung vertreten, dass die Kenntnis, ob und wie viele Wölfe vorkommen, die Vorausset-

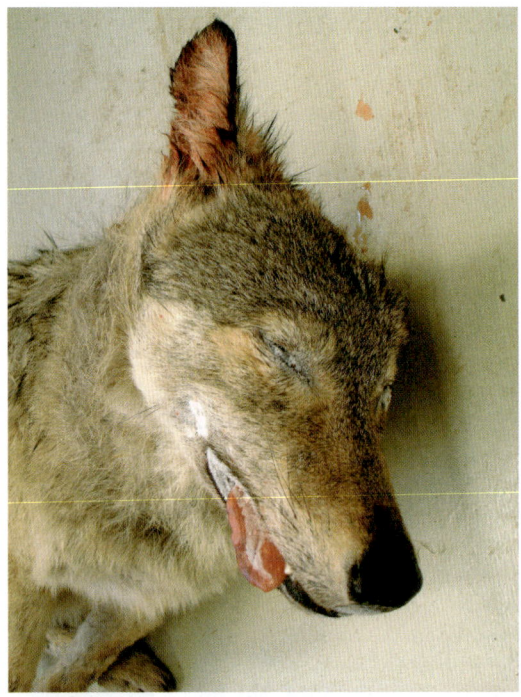

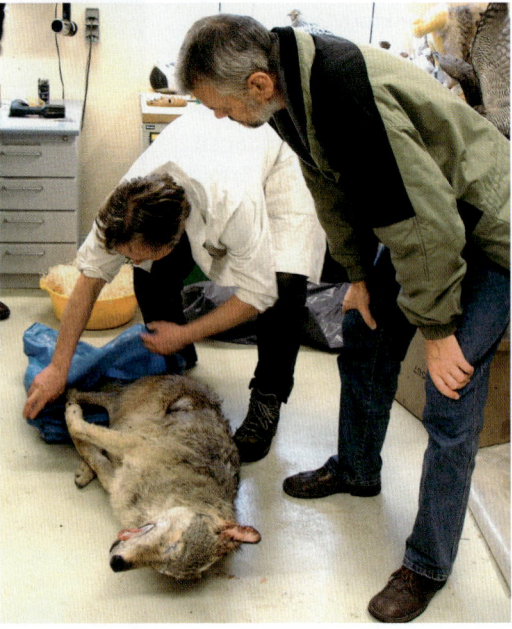

Die am 10. Februar 2006 auf der Autobahn (A15 bei Forst) in Brandenburg überfahrene Wölfin, die vermutlich aus dem Neustädter Rudel stammt. Sie wog 28 kg und war 9 Monate alt.

zung für ein effektives Wolfsmanagement ist. Nach diesen Ausführungen sind die Interessen des Landesjagdverbandes Brandenburg durch das Einwandern von Wölfen unmittelbar berührt. Deshalb wurden von Anfang an konstruktive Gespräche zur Begleitung dieses natürlichen Prozesses geführt und der Wolfsschutz in Brandenburg durch seine Öffentlichkeitsarbeit maßgeblich unterstützt.

Auf Grund des Wildreichtums in Brandenburg ist die natürliche Nahrungsbasis für Wölfe gesichert. Entscheidend dafür, ob diese Tierart wieder in Brandenburg heimisch werden kann, wird der Umgang mit ihr und ihrem Lebensraum sein, so das Presseinfo der genannten Zeitschrift.

2006 war es soweit. Ein Wolf wechselte nach Brandenburg über und hielt sich im Spree-Neiße Kreis in unmittelbarer Umgebung der Stelle auf, an der die junge Wölfin im Frühjahr des gleichen Jahres durch eine Kollision mit einem Fahrzeug zu Tode kam.

Wölfe in Sachsen-Anhalt

Die Zeitschrift „Unsere Jagd" vom September 2005 führte aus, dass sich nach einer Mitteilung des Landesverwaltungsamtes im nördlichen Sachsen-Anhalt Wölfe etabliert haben. Hinweise und Beobachtungen stammen aus dem Bereich der Landkreise Stendal, Ohrekreis und Jerichower Land. Seit dem Frühjahr 2003 wurden einzelne unterschiedliche Tiere durch Fährten, Risse und Sichtbeobachtungen nachgewiesen. Die letzte Sichtbeobachtung war ein Jungwolf, vermutlich Geburtsjahr 2004, der im Februar 2005 an der Elbe südlich von Tangermünde beobachtet wurde. Aufgrund dieser Tatsache bat das Landesverwaltungsamt, den Jagdschutz auf wildernde Hunde auszusetzen, die im Erscheinungsbild einem Schäferhund ähneln.

Wölfe in Bayern

Wie notwendig eine umfassende Aufklärung über Wölfe ist, sollen einige Beispiele aufzeigen.

Am Freitag, den 23. April 2004 fängt ein Hund, von dem man nicht sicher ist, ob es sich tatsächlich um einen Hund handelt, auf einem Bauernhof Hühner. Polizeibeamte sichten dasselbe Tier am Abend des gleichen Tages bei Thalberg im Landkreis Passau. Fachleute des Nationalparks Bayerischer Wald standen zu dieser Zeit nicht zur Verfügung, deshalb wurde ein Wolfskenner aus Grafenau mit der Beurteilung dieser Situation beauftragt. Das Brisante an diesem Sachverhalt ist, dass die Experten vom Nationalpark Bayerischer Wald zu diesem Zeitpunkt in der Nähe der Wolfssichtung Teilnehmer einer Tagung waren und eine Kommunikation mit ihnen aus diesem Grund leicht möglich gewesen wäre. Um den Wolf anzulocken, legte der Mann aus Grafenau einen Köder aus. In der Nacht zum Samstag blieb der Köder vom dem noch nicht sicher bestimmten Hund/Wolf unberührt. Als am Samstagmorgen das Tier mehrmals beobachtet wurde, gelangte der Wolfskenner aufgrund des Aussehens, des Verhaltens und der hinterlassenen Spuren zu dem Schluss, dass es sich hier um einen Wolfsmischling handelte. Die Polizei erteilte die Genehmigung, das Tier abzuschießen, als es im Bereich eines Wildgatters gesichtet wurde. Ihre Begründung lautete, dass eine Gefahr für die Anwohner bestünde. In einem Wald zwischen Hauzenberg und Wegscheid wurde das Tier kurze Zeit darauf geschossen. In den nun folgenden Pressemeldungen verwickelte sich die Polizei Passau in Widersprüche.

Das Tier verhielte sich gegenüber Menschen sehr scheu, deshalb war eine von ihm ausgehende Gefahr für die Bevölkerung auszuschließen.

Die weitere Vorgehensweise sollte das Landratsamt Passau erst nach dem Wochenende fest-legen.

Bleibt die Frage, warum dann vorher die Abschussgenehmigung erteilt wurde? Aufgrund dieser Fakten erstattete die „Gesellschaft zum Schutz der Wölfe" gegen den Schützen und die beteilig-ten Polizeibeamten Anzeige. Am 28. November 2004 teilte das Bayerische Fernsehen in einer Regionalsendung mit, dass das Gerichtsverfahren wegen des Wolfsabschusses eingestellt wurde, obwohl der Abschuss gegen die Bundesartenschutzverordnung, die FFH-Richtlinien der EU, die Berner Konvention und das Washingtoner Artenschutzabkommen verstoßen hatte, nach denen Wolf und Wolfsmischling zu den streng geschützten Arten zählen. In jedem Fall hätte bei der Regierung Niederbayerns ein Antrag auf die Tötung des Tieres gestellt werden müssen.

Nach Meinung von Experten ließ das Aussehen des geschossenen Tieres tatsächlich auf einen reinrassigen Wolf schließen.

Heute besteht bei allen Beteiligten Klarheit darüber, was zu tun ist, falls wieder ein Wolf im Bayerischen Wald gesichtet wird:

1. Eine verbindliche Behördeninformationskette muss garantiert sein.
2. Fachleute müssen durch intensive Beobachtung klären, ob tatsächlich ein Notstand vorliegt.
3. Die Menschen vor Ort sollen informiert und kompetent beraten werden.

Diese Vorgehensweise soll verhindern, dass es in Zukunft wieder zu Schnellschüssen kommt, und sicherstellen, dass ein vorausschauender Umgang mit dem Wolf in Bayern gewährleistet wird.

Der organisierte Naturschutz hilft

Im Rahmen der Umsetzung der vorgesehenen Maßnahmen hat z. B. EURONATUR durch die Betei-ligung am Management von Großschutzgebieten und dem Erwerb von Flächen bereits einen praktischen Beitrag geleistet. Das sind naturbelassene Landschaften, die für Wölfe gut geeignet sind. Vordringlich ist auch der Schutz und die Erhaltung der Zuwanderungskorridore im Bereich der Grenzflüsse Oder und Neiße, die nach Beobachtungen von Grenzschutzbeamten von Wölfen öfters durchschwommen werden.

Ein Sandkastenspiel mit konkreten Fakten

Steht den Wölfen in unserem Land überhaupt genug Nahrung zur Verfügung? Eine Antwort darauf versuchte WOTSCHIKOWSKY anlässlich einer NABU-Tagung am 6. November 2004 in Neu-stadt/Spree zu geben, die hier in Teilen sinngemäß wiedergegeben wird. Er ging davon aus, dass in Sachsen einmal eine Akzeptanz von drei Wölfen auf 100 km^2 in den Rotwildgebieten zu errei-chen ist. Das wären insgesamt 150 Wölfe, von denen einer pro Tag 3 bis 4 kg Fleisch benötigt. Auf das Jahr umgerechnet sind das pro Wolf 700 kg Hirsch und bei 150 Wölfen summiert sich das dann auf 105.000 kg. Auf ein durchschnittliches Lebendgewicht umgelegt, sind das etwa 2700 Stück Rotwild. Die Jagdstrecke beträgt in Sachsen zurzeit 4600 Tiere pro Jahr. Falls diese Ent-nahme durch die Geburtenrate wieder ausgeglichen wird, müssten die Abschusspläne um die Hälfte reduziert werden. Das Gleiche gilt dann auch mehr oder weniger für Reh- und Schwarz-wild. Selbst wenn man weniger Wölfe und weniger oder gar kein Rotwild in dieses Sandkastenspiel mit einbezieht, ändert sich vom Grundsatz her nichts. Das bedeutet wieder, dass die Jäger auf die Hälfte ihrer Jagdstrecke verzichten müssten. Doch wo würde ein Konsens zu finden sein? Jagd auf Rotwild beinhaltet Lust und Last. Lust, einen starken Hirsch zu schießen, und Last, genügend Kahlwild (weibliche Tiere und Kälber) zur Strecke zu bringen. In den Karpaten löste sich das Problem auf eine fast ideale Weise. Die Jäger sind für die Geweihträger zuständig und die Wölfe für das Kahlwild. Vielleicht findet dieser Konsens, den jeweiligen Verhältnissen angepasst, die auch eine Verringerung der Jagdpacht beinhalten, bei Jägern und Wolfsbefürwortern (zu denen schon heute eine große Anzahl von Jägern gehört) die notwendige Zustimmung.

Fazit

Wenn zurzeit auch nicht alles Erforderliche umgesetzt ist, sind schon viele Voraussetzungen für eine weitere Ausbreitung des Wolfes, dem man zu Unrecht den Titel „der Böse" verlieh, geschaffen. Noch etwas hat sich gegenüber früher zum Positiven gewandelt: Deutschland hat sich in der Berner Konvention verpflichtet, die Wiederansiedlung des Wolfes in geeigneten Gebieten zu ermöglichen.

Zum Schluss möchte ich noch zwei Sätze von dem bekannten Wildbiologen URS BREITENMOSER, Schweiz zitieren: „Auch im Ausland nimmt man emotionale Meldungen (gemeint sind Wölfe) eben eher wahr als Fakten. Wir können nur hoffen, dass auch dort reißerische Schlagzeilen weniger zur nachhaltigen Meinungsbildung beitragen als die langweiligen Tatsachen."

Geschichte des Wolfes in chronologischer Kurzform

6000 v. Chr.	Erlegung einzelner Wölfe durch Jägersippen im Bereich des Schweriner Sees.
1500–1600	Jagd auf dem Gebiet des heutigen Mecklenburg-Vorpommern mit Hilfe von „Wolfszeuge".
1505–1615	Im Kanton Freiburg/Schweiz leben 500 Wölfe.
1518–1680	In der Region Vorarlberg/Österreich wurden 48 Wölfe erlegt.
1638–1662	Württemberg ohne Schwarzwald, Wolfsstrecke 150 Tiere.
1666–1678	Württemberg ohne Schwarzwald, Wolfsstrecke 168 Tiere
1692–1802	Jagdstrecke im Schweizer Jura 95 Wölfe.
1718	Jagdstrecke im Schwarzwald 21 bis 23 Wölfe.
1740	Der Bestand an bodenständigen Wölfen auf dem Gebiet des heutigen Mecklenburg-Vorpommerns ist erloschen.
1767	FRIEDRICH DER GROSSE erklärt die Wölfe in einem Edikt zu „den allgemeinen Feinden der Nation"
1815	Im Ruhr-Departement werden noch 41 Wölfe erlegt.
1836	Im Kottenforst bei Bonn wird der letzte Wolf dieser Region erlegt.
1836–1850	Der Wolf ist in den meisten Regionen Deutschlands ausgerottet.
1888	Der Wolfsbestand in der Eifel erlischt.
1891	Der Wolfsbestand im Saarland erlischt.
um 1900	Die letzten Wölfe verschwinden aus Elsass, Lothringen und dem Saarland.
1966	Der schwedische Wolfsbestand erlischt.
bis 1970	Sogenannte Streifwölfe finden immer wieder über Hunderte von Kilometern ihren Weg nach Deutschland.
1973	Der norwegische Wolfsbestand erlischt.
1973–2003	Insgesamt überschritten nachweislich 43 Wölfe die Schweizer Grenze.
1974	Das jugoslawische Wolfsvorkommen zählt 1000 Tiere.
1976	In Italien werden die Wölfe unter Schutz gestellt.
um 1976	Zwei Wölfe leben unbemerkt im Bayerischen Wald.
1979	In Finnland leben 100 Wölfe.
1980/1981	Die gesamte Iberische Halbinsel wird von 600 bis 1000 Wölfen bewohnt.
1982	Die griechische Population zählt noch 2000 Wölfe. Die Zahl der Wölfe in Jugoslawien hat sich auf 3000 bis 4000 Tiere erhöht. In Mittelschweden werden nach der Ausrottung erstmals wieder zwei Wölfe gesichtet.
1983	Die Zahl der Wölfe hat sich in Griechenland innerhalb eines Jahres halbiert, von 2000 Wölfen 1982 auf 1000 Wölfe 1983.
1983–1991	In Mittelschweden kommt es zur Bildung eines Wolfsrudels.
1984	Das finnische Vorkommen ist auf 300 Wölfe angestiegen. In Italien leben 180 bis 200 Wölfe.
1987	Der Wolfsbestand Polens liegt bei 900 Tieren.
1988	Die Wolfspopulation Griechenlands ist seit 1983 nochmals um die Hälfte geschrumpft, sie umfasst jetzt nur noch 500 Tiere.
1989	Die Jagdstrecke in der Slowakei beträgt 112 Wölfe
1990	Die Wolfspopulation in Finnland ist von 300 Tieren 1984 auf 100 Tiere abgesunken. Am 15. Mai wird ein adultes Männchen in der Schweiz bei Hägendorf (SO) geschossen.

1990/1992	Der Bestand auf der gesamten Iberischen Halbinsel ist auf 1500 bis 2000 Wölfe angestiegen.
1991	Ansteigende Entwicklung des Wolfsbestandes in Italien, das Vorkommen zählt 280 bis 300 Tiere.
	In Schweden spaltet sich ein zweites Wolfsrudel von dem ersten ab.
1992	Vier Wölfe werden in Brandenburg erlegt.
1996	Erste Beobachtung von zwei jagenden Wölfen in der Oberlausitz.
1998	Nach ihrer Ausrottung besiedelt das erste Wolfsrudel wieder Deutschland. Streifgebiet ist der 145 km² große Truppenübungsplatz Oberlausitz.
um 1998	Erneut erreichen Wölfe die Schweiz.
2000	Deutschlands erstes Wolfsrudel bekommt Nachwuchs in Form von vier Welpen.
um 2000	Wolfsbestand in der Slowakei umfasst 300 bis 400 Tiere.
	In den europäischen Teilen der ehemaligen Sowjetunion leben schätzungsweise 10.000 bis 20.000 Wölfe. Die slowakische Population zählt 430 bis 480, das rumänische Karpatenvorkommen umfasst 2500 und das in Bulgarien 150 bis 200 Wölfe. Portugal wird von 90 bis 120 Wölfen durchstreift.
2001	Beim ersten Wolfsrudel Deutschlands stellt sich zum zweiten Mal Nachwuchs ein, vermutlich zwei Welpen.
	Das Wolfsvorkommen in Mittelschweden ist auf 100 Tiere angestiegen.
2002	Das Stammrudel in der Muskauer Heide zieht mindestens drei Welpen auf.
2003	In Frankreich leben 50 Wölfe.
	Das wachsende Wolfsvorkommen in Deutschland ist auf zehn Tiere angestiegen.
	Spanien hat mit 2000 Tieren das drittgrößte Wolfsvorkommen Europas.
	Die weiteren stabilen oder wachsenden Wolfsbestände haben in den Ländern Europas folgende Bestandszahlen erreicht:

Bosnien- Herzogowina	400 Tiere
Bulgarien	1000 Tiere
Finnland	100 Tiere
Frankreich	75 bis 105 Tiere
Griechenland	400 Tiere, Tendenz abnehmend
Italien	400 Tiere
Kroatien	50 Tiere
Mazedonien	1000 Tiere
Polen	600 Tiere
Portugal	300 Tiere
Rumänien	3100 Tiere
Skandinavien	100 Tiere
Slowakei	350 Tiere
Slowenien	30 Tiere
Tschechien	10 Tiere
Ungarn	30 Tiere

2004	Im Bayerischen Wald wird ein Wolf geschossen.
2005	In der Oberlausitz leben jetzt zwei Rudel mit insgesamt 16 Tieren auf einer Gesamtfläche von 700 km². Ein weiterer abgewanderter Wolf hat sich als Einzelgänger etabliert.
2006	In der Oberlausitz umfasst das Rudel in der Muskauer Heide zwei Alpha-Wölfe, drei Jährlinge und acht Welpen und das Neustädter Rudel zwei Alpha-Wölfe, drei Jährlinge und sechs Welpen.

Grünbrücken

In Europa werden die Wildhabitate immer mehr durch Verkehrswege, überwiegend Straßen, zerschnitten. Sie bilden Barrieren, die die Wildtiere entweder überhaupt nicht oder nur sehr schwer und unter großen Opfern überwinden können, und behindern oder unterbinden damit auch einen regionalen Austausch der Populationen

Eine wichtige Funktion für die gefahrlose Überquerung der Verkehrssysteme und einen Austausch der Populationen nehmen Wildbrücken ein, wie sie in dem Kapitel „Bären, Kroatien/Slowenien" bereits beschrieben wurden. Aufgrund ihrer Wichtigkeit soll hier noch einmal zusammenfassend und ergänzend auf sie eingegangen werden.

Ein Autofahrer, der in wildreichen Gegenden unterwegs ist, muss immer mit Wild rechnen, welches seine Fahrbahn kreuzt. So kommt es nach einer Studie der forstlichen Versuchs- und Forschungsan-

stalt (FVA) in Freiburg statistisch gesehen in Baden-Württemberg nach Aussage des Biologen STREIN vom Arbeitsbereich Wildbiologie an jedem Tag zu 60 Zusammenstößen mit größeren Wildtieren, die an der unteren Größenskala mit Fuchs und Dachs beginnen.

In Deutschland ereignen sich etwa ein Zehntel der jährlich 200.000 Wildunfälle in Baden-Württemberg, denen in diesem Bundesland mindestens 17.000 Rehe und 1700 Wildschweine zum Opfer fallen. 400 Millionen Euro beträgt der durch solche Kollisionen verursachte Schaden pro Jahr allein in Deutschland. Besonders häufige Unfallstellen liegen an Straßenabschnitten, die Wildwechsel zerschneiden. In Baden-Württemberg gab es bis 2004 zehn Grünbrücken, aber etwa 1000 solcher Unfallschwerpunkte, an denen pro Jahr 20 bis 30 Wildunfälle keine Seltenheit sind. Eine etwa hundert Meter breite Grünbrücke kostet im Durchschnitt drei bis vier Millionen Euro, das ist ein Bruchteil der Summe, die für die Schadensregulierungen aufgewendet werden muss. Als Alternative für solche Bauwerke werden Tunnelröhren unter den Verkehrswegen durchgeführt, die außer von Wildschweinen von keinem anderen größeren Wild angenommen werden. Die gleiche Funktion wie Wildbrücken haben Tallandschaften, die der Verkehr mit Hilfe eines Viaduktes überwindet.

Um herauszufinden, wo die meisten Wildunfälle passieren und mit welchen baulichen Maßnahmen sie sich verhindern lassen, finanziert das Land Baden-Württemberg zur Zeit das größte Forschungsprogramm in Deutschland, welches dieses Thema zum Inhalt hat. Bei der Kartierung

der Unfallschwerpunkte setzt die forstliche Versuchsanstalt auch auf die Mitwirkung von Jägervereinigungen und Jagdpächtern. Sie sollen Stellen melden, an denen es seit 1998 zu mehr als drei Wildunfällen kam.

Zur Wildbrücke gehört ein Zaun, der entlang des Verkehrsweges geführt wird und das Wild zu der Wildbrücke hinlenkt. Inwieweit solche Übergänge angenommen werden, machen die Zahlen von PROF. DR. DJURO HUBER deutlich, der in Kroatien mit einer installierten Lichtschranke das überwechselnde Wild erfasste. So wurden in einem Jahr 548-mal der Braunbär, 55-mal der Wolf, 11-mal der Luchs, 2263-mal das Reh und 1387-mal der Rothirsch registriert.

Deutschland - Österreich
Versicherungsschutz bei Verkehrsunfällen,
verursacht durch die großen Beutegreifer

Wie ist ein Autoschaden in Deutschland versichert, der durch größeres Wild im Allgemeinen und durch die großen Beutegreifer im Besonderen verursacht wird? Nach § 12 der Allgemeinen Kraftfahrbedingungen sind im Rahmen einer Teilkasko-Versicherung Wildschäden grundsätzlich versichert. Dabei gibt es aber Ausnahmen. Auf alle Fälle ist es anzuraten, sich von der Polizei oder dem Jagdpächter eine Wildschadenbestätigung ausstellen zu lassen. Die Unfallspuren sollten erst beseitigt werden, wenn die Versicherung den Schaden geprüft hat. Die Teilkasko-Versicherung hat den Vorteil, dass sich nach der Schadensregulierung die Prämie nicht erhöht, es gibt also keine Rabattrückstufung. Zwei Voraussetzungen müssen dabei aber erfüllt sein. Bei der Unfallverursachung muss sich das Auto in Bewegung befinden, also in Fahrt sein. Sprintet zum Beispiel eine flüchtende Rotte Schwarzwild über das Autodach, fällt der dadurch entstehende Schaden nicht unter den Teilkasko-Schutz. Daneben muss nach einer Entscheidung des Oberlandesgerichtes München (Az: 10 U 4630/85) vom Wild eine typische Gefahr ausgehen. Auch dazu ein Beispiel: Wenn ein Auto mit einem toten Reh kollidiert, ist das keine typische Gefahr.

Noch etwas ist zu beachten. Dieser Teilkasko-Schutz deckt nur Schäden ab, die durch Haarwild und nicht durch Federwild verursacht werden. Wenn also ein Mäusebussard in die Scheibe fliegt, besteht kein Versicherungsschutz. Doch warum wird bei der Nennung der Beispiele nicht auf die drei großen Beutegreifer Bezug genommen? Der Grund ist, hier wird es typisch deutsch, kompliziert. Nach einer unverbindlichen Empfehlung des Gesamtverbandes der Deutschen Versicherungswirtschaft in Berlin (GDV) vom 14. Oktober 2004 werden nur Schäden von Haarwild vergütet, welches im Bundesjagdgesetz § 2 aufgeführt ist. Das sind zum Beispiel Rehe, Hirsche, Füchse und Hasen. Nicht jedoch Luchs, Bär und Wolf, obwohl diese ebenfalls zum Haarwild zählen.

Bei den genannten Unfallschäden geht der Geschädigte leer aus, vorausgesetzt, seine persönliche Versicherung hält sich exakt an die unverbindliche Empfehlung des GDV, oder die Versicherung beinhaltet generell alle Wirbeltiere.

Das völlig veraltete Bundesjagdgesetz ist weitgehend eine Kopie des im Dritten Reich von dem damaligen Reichsjägermeister Göring festgelegten Reichsjagdgesetzes. Dort sind alle Haarwildtierarten aufgeführt, die zu dieser Zeit in Deutschland heimisch waren, dazu zählen zwar solche Exoten wie Sikahirsch und Mufflon, nicht jedoch Luchs, Bär und Wolf.

Alle Versicherer erhalten keine Schadensvergütung, wenn bei einem durch Wild verursachten Ausweichmanöver das Auto von einem Baum gestoppt wird. Das ist nach einem Urteil des Landesgerichtes Wiesbaden (Az: 5 o 87/91) eine nicht versicherte Schreckenssituation. Doch auch hier gibt es wieder eine Ausnahme. Der Versicherungsschutz in der Teilkasko besteht dann, wenn es sich nach § 62 des Versicherungsvertragsgesetzes um eine Rettungsmaßnahme zur Vermeidung eines größeren Schadens handelt, bei der aber vermutlich nicht Luchs, Bär und Wolf die Verursacher sein dürfen.

Mitversichert sind alle die hier genannten Schäden durch eine Vollkasko, auch die selbstverschuldeten, ausgenommen ist grobe Fahrlässigkeit.

In Österreich ist der Versicherungsschutz bei einer Teilkasko-Versicherung weitaus unproblematischer geregelt. Dort ist der Begriff „Haarwild" durch „Tiere" ersetzt worden. Hier werden also die bei einem fahrenden Fahrzeug verursachten Schäden durch einen Bussard genauso ersetzt wie die von einem Luchs, Bären oder Wolf.

LIFE
ein finanzielles Instrument für die Umsetzung von Natur- und Umweltschutzprojekten

Die Europäische Kommission hat 1992 mit LIFE die finanzielle Grundlage für eine weitgehende Förderung von Natur- und Umweltprojekten geschaffen. Die Förderung umfasst mit

- „LIFE Nature"   klassische Naturschutzprojekte
- „LIFE Environment"   neue Entwicklungen im Umweltschutz
- „LIFE Third countries"   Förderung von Umweltschutz z. B. in den EU- Erweiterungsländern.

Zu den in „LIFE Nature" angeführten Naturschutzprojekten gehören die Erhaltung oder Wiederherstellung gefährdeter Lebensräume und Populationen sowie der Schutz gefährdeter Tier- und Pflanzenarten. Die Flora-Fauna-Habitat-Richtlinie (FFH-Richtlinie) bildet dafür den gesetzlichen Rahmen.

Die dritte Phase des LIFE-Projektes deckte den Zeitraum von 2000 bis 2004 ab. Der zur Verfügung gestellte finanzielle Rahmen hatte einen Umfang von 640 Millionen Euro, davon entfielen 300 Millionen Euro auf LIFE-Nature-Projekte.

Somit ist das LIFE-Programm nicht nur ein Instrument, welches die Durchführung der verschiedensten Naturschutzprojekte, sondern auch verstärkt die Zusammenarbeit und Vernetzung der einzelnen Projekte vorantreiben kann.

Danksagung

Bei der Aufstellung einer Buchkonzeption, die die Ausrottungsgeschichte und die Rückkehr der drei großen Beutegreifer Luchs, Bär und Wolf im gesamten europäischen Raum zum Inhalt hat, ist man auf die Mitarbeit und die Kooperationsbereitschaft nationaler und internationaler Verbände, Behörden und Einzelpersonen im großem Maße angewiesen. Nur durch eine solche Zusammenarbeit war es möglich, das Buchkonzept in einer solchen Breite an Informationen und Bildmaterial zu erstellen. Aus diesem Grund gilt mein herzlichster Dank

Herrn Prof. Dr. Hermann Ansorge, Staatliches Museum für Naturkunde, Görlitz
Herrn José Maria Pérez de Ayala vom Centro de Cria del Lince Ibérico, Spanien
Herrn Hansjakob Baumgartner und Herrn Daniel Mattes, KORA, Schweiz, stellvertretend für das KORA-Team
Herrn Urs Breitenmoser, Wildbiologe, Schweiz
Herrn Andreas Berg, Luchsauswilderungsprojekt Harz
Den Mitarbeitern vom BUND, Radolfzell
Herrn Jens Teubner, Naturschutzstation, Zippelförde
Herrn Claus Ding, BUND Regionalverband Schwarzwald Baar Heuberg
Herrn Martin Dornheim, Historiker, Apolda
Herrn Dr. Jürgen H. Eylert, Nordrhein-Westfalen, Forschungsstelle für Jagdkunde und Wildschadenverhütung
Herrn Wolf Hockenjos, Forstamtsleiter a. D., Donaueschingen
Herrn Thomas Holzapfel, Lehrer am Gymnasium Deutenberg, VS-Schwenningen
Frau Dr. Ingrid Hucht-Ciorga, Dezernentin für Niederwild, Landesanstalt für Ökologie, Bodenordnung und Forsten NRW, Forschungsstelle für Jagdkunde und Wildschadensverhütung, Bonn
Herrn Dietmar Huckschlag, FAWF Rheinland-Pfalz
Frau Gesa Kluth, Wildbiologin, Strewitz
Herrn Dr. Ekkehard Köllner, Luchsinitiative Baden-Württemberg
Herrn Norbert Jannek und seinem Team, Heimatmuseum Güterborg
Herrn Dr. Ralph Labes, Schwerin
Herrn Willi Liebchen, Steiermark
Herrn Jean-Marc Landry, Chemin, Schweiz
Herrn Michael Lesching, Initiative pro Luchs, Rheinland-Pfalz
den Mitarbeitern vom NABU Landesverbandes Sachsen e. V., Leipzig
Frau Ingeborg Merz, EURONATUR, Radolfzell
Herrn Dr. Reinhard Möckel, Spremberg (Brandenburg)
Herrn Christian Pichler, stellvertretend für die Mitarbeiter vom WWF Österreich
Frau Jana Schellenberg, Forstwirtin, Leiterin vom Kontaktbüro, „Wolfsregion Lausitz", der ich zum Thema Wolf besonders viele Anregungen verdanke
Herrn Jochen Schmidt, Leipzig
Dr. Rudi Suchand und seinem Team, FFH Freiburg
der Redaktion von „UMWELT", Bundesamt für Umwelt (BAFU), Schweiz
Herrn Gunther Willinger, EURONATUR
Herrn Ulrich Wotschikowsy, Wildbiologe, Oberammergau
Herrn Manfred Wölfle, Naturpark Bayerischer Wald

Mein besonderer Dank gilt jedoch Herrn Mag. Wolfgang Dvorak-Stocker vom Leopold Stocker Verlag GmbH., der erst ein Erscheinen des Buches mit dem großzügigen Bilderspektrum ermöglichte.

Gleichermaßen möchte ich den Fachbereichsleiter des Verlages, Herrn DI Walter Gaigg, für die sehr kooperative Zusammenarbeit bei der Buchgestaltung danken, die auch die Beschaffung einiger Bilder einschließt. Ebenso schulde ich Dank der Lektorin, Frau Mag. Heike Pekarz, die beim Feinschliff des Buchtextes nicht nur akribische Arbeit leistete, sondern auch durch ihr spezielles Fachwissen verblüffte.

Informations- und Kontaktadressen

Bundesministerium für Umwelt, Naturschutz und Reaktorensicherheit
Referat Öffentlichkeitsarbeit, 11055 Berlin, Internet: www.bmu.de

Bund für Umwelt und Naturschutz Deutschland (BUND)
Landesverband Baden-Württemberg e. V.
Mühlbachstraße 2, 78315 Radolfzell-Möggingen
www.bund.net/bawue
Telefon: 07732/150 70, Fax: 07732/150 76 16
Spendenkonto: 4088100, BLZ: 692500 25 Sparkasse Singen-Radolfzell, Stichwort: Luchs

Bund für Umwelt- und Naturschutz Deutschland (BUND)
Regionalverband Schwarzwald-Baar-Heuberg
Geschäftsstelle: Prinz-Eugen-Straße 19, 78048 VS-Villingen
Telefon: 07721/51305, Fax: 07721/502733
Spendenkonto: 59726, BLZ: 694 500 65,
Sparkasse Schwarzwald- Baar, Stichwort: Luchs

Carpathian Large Carnvore Project
Str. Dr. Ioan Sencha 162, RO – 2223 Zarnesti
Info@clcp.ro, http://www.clcp.ro.

Centro de Cria del Lince Ibérico
El Acebuche
Parque Nacional Donana, Matalascanas, 21760 Huelva, Telefon: +34/959/506170

Der Naturschutzverband Wolf
ul. Gòrska 69, 43-376 Godziszka, Polen

Deutsche Wolfsgemeinschaft
German Wolf Association e. V.
Am Steg 43, 34123 Kassel,
Info@woves.de, http://www.wwf.de

EURONATUR
Stiftung Europäisches Naturerbe
Konstanzerstraße 22, D-78315 Radolfzell
Telefon: 07732/92720, Telefax 07732/9272 22
Spendenkonto: 818 2005, Bank für Sozialwirtschaft, Köln, BLZ: 370 205 00

EURONATUR Österreich
Stiftung Europäisches Naturerbe
Brockmanngasse 53, A-8010 Graz, Telefon und Fax: +43/(0)316/ 835 404

FAPAS (Spanien)
Fondo Para la Protecciòn de
Los Animales Salvajes, 33509 La Pereda de Llanes, Telefon: 0034/985401264
Spenden Nr. IBAN ES6720480071800340o, Bic Code CEBAESMM048

FAWF Rheinland-Pfalz
Dietmar Huckschlag
Schloss, 67705 Trippstadt
E-Mail: dietmar.huckschlag@wald-rlp.de
www.fawf.wald-rlp.de

Freundeskreis der Wölfe in der Lausitz e. V.
www.lausitz-wolf.de
Im Proffgarten 13 , 53804 Much-Marienfeld, Telefon: 02245/911374
Bankverbindung: Commerzbank Konto-Nr. 241327600, BLZ: 76040061
1. Vorsitzender und Geschäftsstelle: Uwe Tichelmann, E-Mail: uwetichelmann@lausitzwolf.de
2. Vorsitzende: Heidrun Krug, Winzelbürgstraße 4 , 90491 Nürnberg, Telefon: 0911/5988880
E-Mail:heidrunkrug@web.de
AG Ostsachsen und Südbrandenburg: Claudia Kossack
Mühlstr. 21 , 01920 Oßling OT Döbra, Telefon: 035792/ 50573, E-Mail: claudiaossack@yahoo.de

Gesellschaft zum Schutz der Wölfe e. V.
Bankverbindung Sparkasse Dachau
Kto. Nr. 39 88 42, BLZ: 700 515 40, IBAN: DE35 7005 1540 0000 3966 42, BIC: BYLAEM1DAH
Geschäftsführender Vorstand:
Dr. Peter Blanché, Riedstraße 14, 85244 Riedenzhofen
Telefon: 0049/(0)8139/1666, Mobil: 0171/8647444, Fax: 0049/(0) 8139/995804,
E-Mail: peter.blanche@gzsdw.de
Dr. Rolf Jaeger, Gielwitzer Weg 5, 53119 Bonn
Telefon: 0049/(0)228/661377, Mobil: 0172/3432201
Fax: 0049/(0) 228/9875111, E-Mail: rolfjaeger@gzsdw.de

IFAW Internationaler Tierschutz-Fonds GmbH.
International Fund für Animal Welfare
Kattrepelsbrücke 1, 20095 Hamburg
Telefon: +49/(0)40/866 500-00, Fax: +49/(0)40/866 500-22, Mob.: +49/(0)173/622 7538
E-Mail: info-de@ifaw.org, www.ifaw-de.org

Institut für Landschaftsökologie und Naturschutz Bühl
im NABU – Landesverband Baden-Württemberg e. V.
Sandbachstraße 2, 77815 Bühl
Telefon: 07223/9486-0, Fax 07223/9486-86
E-Mail: info@ilnbüehl.de
Spendenkonto: Sparkasse Bühl, BLZ: 66251434, Konto Nr. 49700

IFAW Internationaler Tierschutz-Fonds GmbH
International Fund for Animal Welfare
Kattrepelsbrücke 1, 20095 Hamburg, Telefon: 040/866 500 – 0, Info-de@faw.org
Spendenkonto IFAW: Bank für Sozialwirtschaft, Kontonummer: 8436300, BLZ: 251 205 10

Kontaktbüro „Wolfsregion Lausitz",
Am Ehrlichthof 16, 02956 Rietschen, Telefon: 035772/46762, Fax: 036772/46771
E-Mail: kontaktbuero@wolfsregion-lausitz.de
KORA – Koordinierte Forschungsprojekte zur Erhaltung
und zum Management der Raubtiere in der Schweiz
Thunstraße 31 , CH-3074 Muri b. Bern, Telefon: 0041/(0)31/951 70 40, Fax: 0041/(0)31/951 90 40
Info@kora.ch, http://www.kora.ch
Spendenkonto: Postscheckkonto 60-189417-3
Bank: UBS AG, Postfach, CH-3000 Bern 9, IBAN Code CH770023 5235 3598 2540R
Account Nr. 235-359825.40R, BIC-Code UBS WCHZH80 A

Landesanstalt für Ökologie, Bodenordnung und Forsten
Nordrhein-Westfalen
Dienstgebäude
Forschungsstelle für Jagdkunde und Wildschadensverhütung
Dr. Jürgen Eylert, Pützchens Chaussee 228, 53229 Bonn, Telefon: 0228/977 55 18,
Telefax: 0228/43 20 23, E-Mail: dezernat46@loebf.nrw.de

Luchsgruppe der Kärntner Jägerschaft
Magereggerstraße 175, A-9020 Klagenfurt

Luchsinitiative Baden-Württemberg e. V.
für die Förderung des Artenschutzes
Vorstand: Dr. Ekkehard Köllner, Eggstraße 20,
79117 Freiburg, Telefon: 0761/7071957
Wolf Hockenjos, Alamannenstraße 20,
78166 Donaueschingen, Telefon: 0771/8979494
Spendenkonto: 18229633 Sparkasse Todtnau, BLZ: 68052l864

NABU – Naturschutzbund Deutschland
Landesverband Baden-Württemberg e. V.
Tübinger Straße 15, 70178 Stuttgart
Telefon: 0711/966 720, Fax 0711/966 72 33
nabu@nabu-bw.de, www.nabu-bw.de

NABU – Naturschutzband Deutschland
Landesverband Sachsen e. V.
Löbauer Straße 68, 04347 Leipzig, Telefon: 0341/233 31 30, Fax: 0341/233 31 33
www.nabu-sachsen.de, landesverband@nabu-sachsen.de
Spendenkonto: Dresdner Bank Leipzig, Konto Nr. 480 375 901, BLZ: 860 800 00

Nationalparkverwaltung Harz
Oderhaus 1, 37444 St. Andreas Berg

Ökologischer Jagdverein – NW e. V.
Im Kettelbach 69, 58135 Hagen, Telefon: 02331/41888, Fax: 02331/463497
Spendenkonto: 43 000 264 Luchsspende, BLZ: 466 500 05 Sparkasse Arnsberg/Sundern

Umweltstiftung
WWF-Deutschland
Rebstöcker Straße 55, 60326 Frankfurt/Main, Telefon: +49/(0)69/617 221, Fax: + 49 (0)69/617 221
E-Mail: info@wwf.de, http://www.wwf.de

Universität für Bodenkultur Wien
Institut für Wildbiologie und Jagdwirtschaft
Departement für Interaktive Biologie und Biodiversitätsforschung
Gregor Mendel Straße 33, A-1180 Wien, Telefon: 0043/1/47654-4450, Fax: - 4459

Verband Deutscher Biologen und Biowissenschaftler
Fachgesellschaft e. V. (VDBIOL)
Corneliusstraße 12, 80469 München, www.vdbiol.de
Spendenkonto: 315 025 1388, BLZ: 700 202 70, Hypovereinsbank München

VAUNA Verein für Arten-, Umwelt- und Naturschutz
Ludwig-Lang-Straße 12, 82487 Oberammergau
Telefon: 08822/92 38 31 oder 34 oder 35, Fax: 08822/935 99 59
E-Mail: info@vauna-ev.d, www.vauna-ev.de
Spendenkonto: 22 08 22, BLZ: 703 500 00, Kreissparkasse Oberammergau

Verein Naturpark Bayerischer Wald e. V.
Geschäftsstelle und Informationshaus
Infozentrum 3, 94227 Zwiesel, Telefon: 09922/80 24 80, Fax: 09922/80 24 81
E-Mail: naturpark-bayer-wald@t-online.de, www.naturpark-bayer-wald.de
Spendenkonto: 22 21 33, BLZ: 741 514 50, Sparkasse Zwiesel

WWF Österreich
Ottakringer Straße 114–115
A-1160 Wien, Telefon: +43/(0)1/488 17-0, Fax: + 43/ (0)1/488 17-29
E-Mail: wwf@wwf.at, www.wwf.at
Konto: 194400, Postbank BLZ: 60000, IBAN AT 61 6000 0000 0194 4000, BIC-Code: OPSKATWW

WWF Schweiz
Hohlstraße 110, Postfach, CH-8010 Zürich
Telefon: +41/(0)44/1297 21 21, Fax: +41/(0)44/1297 21 00
E-Mail: service@wwf.ch, www.wwf.ch
Postscheckkonto 80-470-3

Umweltstiftung
WWF Deutschland, Rebstöcker Straße 55, 60326 Frankfurt/Main
E-Mail: Info@wwf.de, www.wwf.de

Schaugehege

Alternativer Bärenpark Worbis
Duderstädter Straße 36 a, 37339 Worbis
Telefon: +49/(0)3607463043, Fax: +49/(0)3607420941
E-Mail: info@baerenpark.de, www.baer.de

Nationalpark Bayerischer Wald
Gehegezone, großzügige naturbelassene Gehege für Luchs, Bär und Wolf
Nationalparkverwaltung Bayerischer Wald
Hans-Eisenmann-Haus, Böhmstraße 35, 94556 Neuschönau/Bayerischer Wald
Telefon: +49/(0)8558/9615, Fax: +49/(0)8558/2618

Steinwildpark Steinwasen
Steinwasen 1, 79254 Oberried
Telefon: +49/(0)7602/94468-0, Fax: +49/(0)7602/94468-21
E-Mail: info@steinwasen-park.de, www.steinwasen-park.de

Wolfspark Merzig
Waldstraße 206, 66663 Merzig, Tel./Fax: +49/(0)6861/911 818

Bezugsquellen von Telemetriegeräten

Andreas Wagner, Telemetrieanlagen,
Herwarthstr. 22 D-50672 Köln
Telefon: + 49/(0)221/514966, Fax: +49/(0)221/9521867
E- Mail: info@wagener-telemetrie-de

TVP Positioring AB
Bandygatan 2, SE-711 34 Lindesberg
Sweden
Telefon: +46/581/171 95, Fax: +46/581/171 96
VAT no: SE556573240001
Info@televilt.se, www.televilt.se

Literatur

Anders O., Sacher P., Naturschutz im Land Sachsen-Anhalt, 42. Jahrgang, 2005, Heft 2, S. 3–12

Ansorge Hermann, Kluth Gesa, Hahne Susanne, Die Ernährungsökologie frei lebender Wölfe in Sachsen in: „Wölfe in Sachsen – Ein Geschenk der Natur", NABU, 2005

Baumgartner H., KORA (Schweiz); Koordinierte Forschungsprojekte zur Erhaltung und Management der Raubtiere in der Schweiz, Info 2/03, 3/03, 2/04, 3/04, Bericht März 2005

Blanché Dr., P., Menschen und Wölfe in Wölfe in Sachsen – Ein Geschenk der Natur, NABU Sachsen, 2005

Breitenmoser U., Haller H., Zur Nahrungsökologie des Luchses (Lynx lynx) in den Schweizer Nordalpen, Z. Säugetierkunde 52, 1987, S. 168–191

Breitenmoser U., Haller H., Blankenhorn H. J., Anderegg R., Luchs und Schaf, 9/90 Infodienst Wildbiologie und Ökologie, Zürich

Bundesamt für Umwelt, Wald und Landschaft, Bern, Luchsumsiedlung Nordostschweiz, LUNO, Bericht über die Periode 2001 bis 2003, 2005

Cabo R., Reiseführer Natur Spanien, BLV Verlagsgesellschaft mbH, München 1995

Capt S., Lüps P., Nigg H., Fivaz F., Kora Bericht Nr. 24, Relikt oder geordneter Rückzug in Réduit-Fakten zur Ausrottunggeschichte des Braunbären Ursus arctos in der Schweiz, 2005

Cerveny J., Okarma H., Caching prey in trees by Eurasian lynx, Acta Theriologica 47, 2002, 5, S. 505–508

Domig P., Stellungnahme der Oberwalliser Schafzüchter zum Luchsproblem, Wildtiere 1/91, Infodienst Wildbiologie und Ökologie, Zürich

Eiberle K., Lebensweise und Bedeutung des Luchses in der Kulturlandschaft

Eylert Dr., J. H., LÖBF-Mitteilungen 2/06

EURONATUR (Stiftung Europäisches Naturerbe) Projekt Luchs, Bericht 1999/2001
Eine Heimat für den Luchs, Rettet die europäischen Großkatzen,
Projekt Luchs-Projektbericht 2002–2004, Heft 4/2000 – Artenschutz, Braunbären
Projekt: Wolf, Projekt Wolf–Bericht 1999/2000, Projekt: Braunbären in Europa,
Projekt Bär – Der Projektbericht 2000–2002, Heft 1/2004

Festetics, A. (Hg.), Der Luchs in Europa – Verbreitung – Wiedereinbürgerung, Räuber – Beutebeziehung, Greven, 1980

Gernhäuser S., Ein Meinungsbild zum Luchs in Bayern, Wildbiologische Gesellschaft München e. V., Wotschikowsky, Nr. 10/Mai 1991

Goßmann-Köllner S., Eisfeld D., Zur Eignung des Schwarzwaldes als Lebensraum für den Luchs (Lynx lynx), Zeitschrift, Mitteilung des Badischen Landesvereins für Naturkunde und Naturschutz. Mit Art Landesv. Naturkunde und Naturschutz NF 15 (1), 1990, S. 177–246

Grzimek H. Dr., H. C. Gzimeks Tierleben, Band 12, Zürich 1967

Haglund B., De stora rovdjurens vintervanor, (winter habits of the Lynx (lynx lynx L.) and wolverine (Gulo gulo L.) as revealed by trackig in the snow), Viltrevy 4, 1966, S. 81–299

Haller H., Breitenmoser U., Der Luchs – Verfolgt, ausgerottet und wieder eingebürgert, Schweizer Bund für Naturschutz, Basel 1984

Hell P., Schutz und Erhaltung des Luchses in Europa, Z. Jagdwiss., 1972, S. 32–36

Hell P., Artenschutz verhindert notwendige Regulierung, Deutsche Jagdzeitung, April 1991

Hespeler P., Luchse, Rehe, Emotionen, Wild und Hund, 92. Jahrgang, Hamburg und Berlin 1989

Hockenjos W., Neun Gründe für den Schwarzwald-Luchs, Zeitschrift des Schwarzwaldvereins, Der Schwarzwald, Heft 4, Jahrgang 90

Hucht-Ciorga I., Dr., Studien zur Biologie des Luchses
Jagdverhalten, Beuteausnutzung, innerartliche Kommunikation und an den Spuren fassbare Körpermerkmale, Schriften des Arbeitskreises Wildbiologie und Jagdwissenschaft an der Justus Liebig Universität, Gießen, Stuttgart 1988
Von der Arbeit der Luchsberater, Rheinisch-Westfälischer Jäger, Heft 7, 2006

Kaphegyi A. M. u. U., Luchs-Monotoring Schwarzwald, EURONATUR, Forstzoologisches Institut der Universität Freiburg.

Kluth G., Gruschwitz M., Ansoge H., Naturschutzarbeit in Sachsen, 44. Jahrgang, 2002

Kluth G., Reinhardt I., Wölfe in der Oberlausitz – Entwicklung und aktueller Status 2004 in: Wölfe in Sachsen – Ein Geschenk der Natur, NABU Sachsen, 2005

Kontaktbüro „Wolfsregion Lausitz", Rietschen, 2005 brieflich von Jana Schellenberg

KORA (Schweiz) Koordinierte Forschungsprojekte zur Erhaltung und zum Management der Raubtiere in der Schweiz Info 2/03, 3/03, 2/04, KORA Bericht 24, 2005

Kratochvil J. et. al., History of the distribution of the lynx in Europe, Acta sc. Nat. Brno 2 (4), 1968, S. 1–50

Luchsgruppe, Der Luchs – Erhaltung und Wiedereinbürgerung in Europa, Grafenau 1978

Luchsinitiative Baden-Württemberg, Mitgliederbriefe

Lesching M., Mit Pinselohr im Dialog, Eine Kommunikationsstrategie für den Luchs *(Lynx lynx)* im Pfälzer-Wald, 2001

Ministerium für Umwelt und Forsten Rheinland Pfalz, Umweltjournal Rheinland-Pfalz, Hilfe für den Luchs

Mosterin J., Dr., Internationaler Herausgeber, Fauna, Band 5, Lausanne 1977

NABU Sachsen, Wölfe in Sachsen – Ein Geschenk der Natur, Mai 2005

Naturpark Bayerischer Wald e. V., „Luchs-Nachrichten", Nr. 1., Februar 2002, Nr. 2, Mai 2002, Nr. 3, Juni 2003, Nr. 4, Mai 2004

Nellis C. H., Wetmore S. P. und Keith L. B.: Lynx – prey interactions in central Alberta, J. Wildl, Manage. 36, 1972, S. 320–329

Niethammer J., Krapp F., Handbuch der Säugetiere Europas, Raubsäuger, Aula Verlag GmbH, Wiesbaden 1993

Nowak S., Myslajek R. W., Wolfsschutz in Polen, Aktivitäten des Naturschutzverbandes Wolf, 2002

Pädagogisches Zentrum des Landes Rheinland-Pfalz, Bad Kreuznach, PZ-Informationen 11/2001, Der Luchs im Grenzüberschreitenden Biosphärenreservat Pfälzerwald – Vosges du Nord. Umwelterziehung praktisch aktuell 1/02, Heimlich, still und leise – der Luchs kehrt zurück

Plettenberg (Graf von) F., Wald, Wild, Wolf und Mensch, Wölfe in Sachsen – Ein Geschenk der Natur, NABU Sachsen 2005

Prieß B., Erschossen im Morgengrauen

Promberger C. und B., Roché J. C., Faszination Wolf, Franckh-Kosmos Verlags GmbH & Co., Stuttgart 2002

Pulliainen E., Winter diet of Fellis lynx L. in SE Finnland as compared with the nutrition of other northern lynex, Z. Säugetierkunde 46, 1981, S. 249–259

Rabeder G., Nagel D., Pacher M., Der Höhlenbär, Jan Thorbecke Verlags GmbH & Co., Stuttgart 2000, Herausgegeben von Koenigswald v. W.

Reichelt G., Naturschutz und Jagd, Faltblatt

Reichholf J. Dr., Der farbige Naturführer – Säugetiere, Mosaik Verlag GmbH, München 1983

Möckel Dr., R., Wölfe in Brandenburg – Chronik der Wiederbesiedlung bis Dezember 2004, in: Wölfe in Sachsen – Ein Geschenk der Natur, NABU, 2005

Scherzinger W., Der Luchs im Bayerischen Grenzgebirge, Arbeitsgruppe Luchs in der ARGE Fischotter

Schellenberg J., Über die Arbeit des Kontaktbüros „Wolfsregion Lausitz", in: Wölfe in Sachsen – ein Geschenk der Natur, NABU Sachsen 2005

Schneider C., SZ, Naturschützer wollen den Luchs locken 16. 5. 91

Schnidrig H., Wie häufig sind Bärenangriffe? Bundesamt für Umwelt BAFU, Schweiz, Heft 1/2006

Schweizer Tierschutz STS, Basel, Mensch lass uns Frieden schließen

Sommer R., Der Wolf in Mecklenburg-Vorpommern, Vorkommen und Geschichte, Stock & Stein Verlag, Schwerin 1999

Stern H., Schröder W., Vester F., Dietzen W., Rettet die Wildtiere, Pro Natur Verlag, Stuttgart 1980

Stubbe M., Krapp F., Handbuch der Säugetiere Europas, Raubsäuger, Teil 1, AULA Verlag Wiesbaden 1992

Suchand, R.. Dr., Presseveröffentlichung über Grünbrücken, Südwest-Presse 2005

Thurn V., Der Luchs kehrt nach Mitteleuropa zurück, natur 5/91

Thor und Pegel, Zur Wiedereinbürgerung von Luchsen, Gutachten der Wildforschungsstelle Aulendorf, 1992

Ueckemann E., Kulturgut Jagd, Landwirtschaftsverlag GmbH, Münster-Hiltrup 1994

UMWELT, (Schweiz) Bundesamt für Umwelt, Wald und Landschaft, BUWAL 3/2000

Umweltbundesamt, Österreich, Rauer G., Gutleb B., Der Braunbär in Österreich, Band 88, 1997

Umweltbundesamt, Österreich, Rauer G., Aubrecht P., Gutlieb B., Kaczensky P., Knauer F., Plutzar Ch., Slotta-Bachmayr L., Walzer C., Zedrosser A., Der Braunbär in Österreich, Band 110, 2001

Wegner Dr. D., Landesjagdverband Sachsen e. V., Wolf und Jagd, Beitrag in: „Wölfe in Sachsen – Ein Geschenk der Natur", NABU Sachsen, 2005

Wölfl E., Verein Bayerischer Wald e. V., Luchs-Nachrichten Nr. 1 bis 4

Wotschikowski U., „ Die Chancen unserer Wölfe: Reicht der Raum für genug Nahrung? Beitrag in: „Wölfe in Sachsen – Ein Geschenk der Natur", NABU Sachsen 2005

WWF Österreich – Braunbär-LIFE-Projekt, Bären Newsletter 2002–2005, Internet

Zachariae G., Elstrodt W., Hucht-Ciorga I., Aktionsräume und Verteilung erwachsener Luchse, *Lynx lynx* (L) im Hinteren Bayerischen Wald, Z. Säugetierkunde 52, 1987, S. 9–20

Bildnachweis

Angst, Christof, KORA, Seite 86
Baumgartner Barbara, Seite 234
Bremer. Michael, Seite 265
Breitenmoser, Urs, Seite 142
Centro de Cria de Lince Ibérica, Luis Diez Klink, Seite 154, 155, 158, 160, 161, 163, 164, 165, 166
Danegger, Manfred, Titelbild unten
EURONATUR, Seite 163, 288
Gaigg, Walter, DI, Seite 213, 214, 215
Gerstl, Norbert, Seite 211
Gruhl, Hermann J., Seite 237
Haizinger, Seite 244
Hucht-Ciorga, Ingrid, Dr., Luchsskizze, Seite 48
Kalb, Julian, Seite 196, 200 (2 Bilder), 255, 304
Koerner, Sebastian, Seite 308, 337, 341, 342
KORA, Schweiz, Seite 92, 142
Koske, Heinz, Seite 72
Landry, Jean-Marc, Seite 328, 329, 330, 331, 333
Liebchen, Willi, Seite 307
Luchsnachrichten, Nr. 2, Mai 2002, Seite 97
Luksch, Dieter, Lehrmittel, Wendelstraße 19, 85540 München, Telefon: 089/437 488 65,
   Fax: 089/430 3081, Seite 261, 262, 264
   Präparate und Exponate aus der Wanderausstellung „Tiere der Eiszeit"
Meyers, Stefan, Seite 217, 279
Migros, Michael, Seite 299, 310, 316
Pluto, Elena, Seite 321
Rauer, Georg, WWF Österreich, Seite 216 (2 Bilder), 218, 223
Schilling, Adolf, Seiten 171, 286, 287
Stadtmuseum Jüterbog, Seite 325, 349
Schweizer Naturschutz STS, Seite 24, 91
Teubner, Jens, Seite 350
Tschudi, von F., Luchsdarstellung aus: „Das Tierleben der Alpenwelt", (9. Auflage, Leipzig 1872),
   Seite 56
Umweltbundesamt und WWF Österreich, Seite 206, Entschädigungszahlungen und Schadens-
   typen (Bären in Österreich)
Volkmer, Karl-Heinz, Seite 231
Wildbiologisches Büro LUPUS, Seite 286, 288, 334, 342, 343
Willinger, Gunter, EURONATUR, Seite 157
Zimmermann, Fridolin, KORA, Seite 53
alle übrigen Fotos vom Autor

Stichwortverzeichnis